INTRODUÇÃO AOS SISTEMAS DE DISTRIBUIÇÃO DE ENERGIA ELÉTRICA

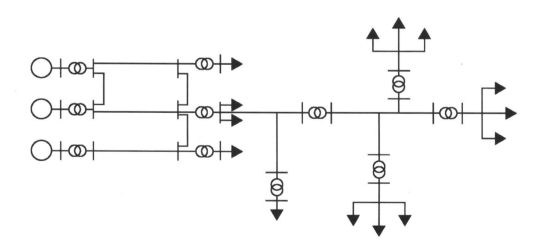

Blucher

NELSON KAGAN
Professor Titular
Escola Politécnica da Universidade de São Paulo

CARLOS CÉSAR BARIONI DE OLIVEIRA
Professor Doutor
Escola Politécnica da Universidade de São Paulo

ERNESTO JOÃO ROBBA
Professor Emérito
Escola Politécnica da Universidade de São Paulo

INTRODUÇÃO AOS SISTEMAS DE DISTRIBUIÇÃO DE ENERGIA ELÉTRICA

2ª edição revista

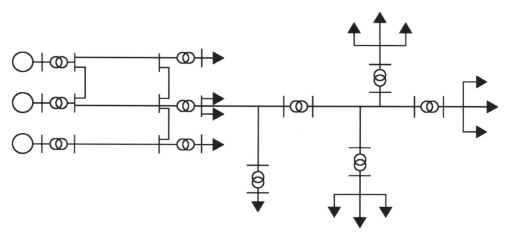

Introdução aos sistemas de distribuição de energia elétrica, 2. ed.
© 2010 Nelson Kagan
       Carlos César Barioni de Oliveira
       Ernesto João Robba

Editora Edgard Blücher Ltda.

5ª reimpressão - 2020

Blucher

Rua Pedroso Alvarenga, 1245, 4º andar
04531-012 - São Paulo - SP - Brasil
Tel.: 55 11 3078-5366
editora@blucher.com.br
www.blucher.com.br

Segundo Novo Acordo Ortográfico, conforme 5. ed.
do *Vocabulário Ortográfico da Língua Portuguesa*,
Academia Brasileira de Letras, março de 2009.

É proibida a reprodução total ou parcial por quaisquer
meios sem autorização escrita da editora.

Todos os direitos reservados pela Editora Edgard Blücher Ltda.

FICHA CATALOGRÁFICA

Kagan, Nelson
    Introdução aos sistemas de distribuição de energia
elétrica / Nelson Kagan, Carlos César Barioni de Oliveira,
Ernesto João Robba. 2ª edição – São Paulo: Blucher, 2010.

ISBN 978-85-212-0539-5

1. Energia elétrica 2. Energia elétrica - distribuição
3. Energia elétrica - sistemas 4. Energia elétrica -
transmissão I. Oliveira, Carlos César Barioni de. II. Robba,
Ernesto João. III. Título.

10-08560   CDD-621.31

Índices para catálogo sistemático:
1. Sistemas de distribuição de energia: Engenharia elétrica

PREFÁCIO

O setor elétrico brasileiro, assim como em muitas partes do mundo, tem sofrido grandes transformações nos últimos anos. Por um lado, houve um processo de grandes mudanças em sua estrutura, com a desverticalização das empresas de energia elétrica e a criação de empresas com funções e responsabilidades específicas de geração, transmissão e distribuição. Da privatização de grande parte das empresas distribuidoras, surgiu a necessidade de órgãos reguladores para o estabelecimento de novas regras para a prestação dos serviços públicos de fornecimento de energia elétrica aos consumidores finais. Ao mesmo tempo, a incrível evolução tecnológica, que criou a chamada era digital, propicia o surgimento de equipamentos elétricos cada vez mais sofisticados, porém altamente sensíveis à qualidade de fornecimento da energia elétrica. Finalmente, a crescente conscientização da população brasileira com relação aos seus direitos de consumidor, e a necessidade premente de garantir a universalização do acesso, torna a energia elétrica um produto indispensável e que é requerido cada vez mais, não só em intensidade como também em qualidade.

Todas essas mudanças trouxeram novos desafios aos profissionais que atuam nas empresas do setor elétrico. Particularmente aqueles das empresas de distribuição, que são o elo direto de conexão dos consumidores com o sistema, necessitam hoje de uma formação técnica bastante sólida e ampla, para a correta compreensão dos problemas e das possíveis soluções a serem adotadas.

Os autores deste livro se especializaram, ao longo de suas carreiras profissionais, além de suas atividades didáticas como professores de engenharia elétrica na Escola Politécnica da Universidade de São Paulo, no estudo e desenvolvimento de projetos de pesquisa e desenvolvimento voltados aos problemas técnicos dos sistemas de distribuição, em suas várias áreas: planejamento, operação, proteção, engenharia e qualidade, dentre outras.

Tanto nos cursos de graduação, como de pós-graduação e de especialização ministrados, e também nos contatos com nossos colegas engenheiros das empresas, sentimos falta de referências bibliográficas mais específicas que fornecessem o embasamento teórico, com o grau de profundidade necessário, para o entendimento dos aspectos técnicos básicos que regem o funcionamento dos sistemas de distribuição.

Isto nos motivou a escrever este livro, com o intuito de auxiliar na formação e especialização de engenheiros elétricos para atuação na área de distribuição de energia elétrica.

Trata-se de um livro introdutório, podendo ser utilizado nos níveis de graduação ou de pós-graduação. Os capítulos foram preparados de forma tal que podem ser consultados de maneira independente, conforme o interesse ou necessidade do leitor, sem a obrigatoriedade de seguir a ordem em que foram organizados, embora exista uma sequência lógica em sua composição.

No primeiro capítulo apresentamos uma visão geral da **constituição dos sistemas de potência**, enfocando os sistemas de geração, transmissão e distribuição, com maior ênfase, obviamente, neste último. São apresentados, de forma geral, os principais tipos de configurações ou arranjos e formas operativas das redes de subtransmissão, subestações, redes primárias, transformadores de distribuição e redes secundárias.

O segundo capítulo trata da **classificação da carga e dos fatores típicos** utilizados para sua representação nos estudos das redes de distribuição. São apresentados os conceitos e as definições de demanda, diversidade da carga, fatores de demanda, de utilização, de carga e de perdas. Também são apresentados conceitos básicos de tarifação da energia elétrica, sem no entanto abordar este tema de forma mais detalhada, que foge ao escopo deste livro.

No terceiro capítulo tratamos do estabelecimento da **corrente admissível dos condutores** utilizados em linhas de distribuição. Apresentamos os conceitos e o equacionamento térmico para a obtenção da corrente admissível em regime permanente, ou seja, para condição normal de operação, e em regime de curta duração, ou seja, quando da ocorrência de um curto-circuito na rede. Para a corrente admissível em regime permanente, são considerados os cabos nus, muito utilizados em redes aéreas, os cabos protegidos, que vêm sendo cada vez mais utilizados em áreas urbanas, e os cabos isolados, utilizados principalmente em redes subterrâneas.

O quarto capítulo é dedicado ao cálculo de **parâmetros elétricos de linhas aéreas e subterrâneas**. Apresentamos o cálculo das chamadas constantes quilométricas, impedância série e capacitâncias em derivação, em termos de componentes de fase e de componentes simétricas, para as linhas aéreas, com a utilização do método das imagens, e para linhas que utilizam cabos isolados. Neste caso, o cálculo torna-se mais complexo, e são considerados separadamente no cálculo a parte interna dos cabos e o meio externo onde estão instalados.

Os **transformadores de distribuição** são objeto do quinto capítulo. Inicialmente, relembramos de forma sucinta o princípio de funcionamento e a determinação do circuito equivalente para um transformador monofásico. Em seguida, analisamos os transformadores trifásicos, com enfoque ao cálculo de desequilíbrios de tensão e de corrente para transformadores nas ligações em triângulo e em estrela. Consideramos aqui que o leitor já conhece a análise dos vários tipos de ligação de transformadores trifásicos, com o cálculo de correntes e tensões de fase e de linha, para sistemas equilibrados ou desequilibrados, pois o assunto já foi amplamente abordado em várias outras publicações. Finalmente, abordamos com maior grau de profundidade o problema do carregamento admissível de transformadores. Apresentamos o equacionamento térmico de transformadores resfriados a óleo, e o cálculo da perda de vida e da vida útil estimada em função da curva de carga diária.

No sexto capítulo enfocamos o **estudo de fluxo de potência** da rede. Iniciamos o capítulo pela modelagem da carga e da rede. Para a representação da carga no sistema, analisamos seu comportamento em função da tensão, através dos modelos de potência, corrente e impedância constante com a tensão. Analisamos também a distribuição da carga na rede, carga concentrada e uniformemente distribuída, a representação da carga por sua demanda máxima e pela utilização de curvas de carga típicas. Apresentamos os modelos de linha curta (impedância série), linha média (π nominal) e linha longa (π equivalente), e o cálculo da queda de tensão em um trecho de rede, em função do modelo utilizado para a representação da carga. Em seguida, detalhamos as formulações para os estudos de fluxo de potência em redes radiais, considerando os casos de redes trifásicas simétricas com cargas equilibradas e sua extensão para redes assimétricas com cargas desequilibradas. Finalmente, apresentamos os métodos para estudo de fluxo de potência em redes que operam em malha, com a representação matricial da rede e os métodos de Gauss e Newton-Raphson.

Os **estudos de curto-circuito** são o objeto do sétimo capítulo. Introduzimos o assunto analisando a natureza da corrente de curto-circuito e as suas componentes transitórias e de regime permanente. Apresentamos em seguida o equacionamento para a obtenção das correntes, tensões e potências nos estudos de curto-circuito trifásico, fase terra, dupla fase e dupla fase à terra. Nos defeitos envolvendo a terra, são considerados os defeitos francos e os com impedância de defeito. Apresentamos ainda uma análise da relação entre as correntes de curto-circuito e dos fatores de sobretensão em função das impedâncias de sequência nula e direta, definindo os sistemas aterrados e isolados. Finalizamos o capítulo estendendo as formulações dos estudos de curto-circuito para redes em malha, com a representação matricial da rede para o cálculo das impedâncias equivalentes de Thèvenin.

No oitavo e último capítulo, tratamos do tema da **qualidade do serviço**, basicamente entendida como a continuidade do fornecimento de energia elétrica. Iniciamos com uma introdução sobre a qualidade de energia elétrica, apresentando os conceitos básicos de qualidade do serviço e de qualidade do produto. Em seguida, apresentamos os principais indicadores utilizados para a avaliação da continuidade de fornecimento, como DEC, FEC, END, DIC, FIC. Na sequência, mostramos a metodologia utilizada pela ANEEL para o estabelecimento de metas de qualidade de serviço a serem obtidas pelas empresas distribuidoras. Finalmente, apresentamos uma metodologia para avaliação da continuidade de fornecimento *a priori*, ou seja, um método de simulação para se obter estimativas dos indicadores.

Os autores
São Paulo, novembro de 2004

CONTEÚDO

1   *Constituição dos sistemas elétricos de potência* 1

1.1   Introdução 1
1.2   Sistema de geração 4
1.3   Sistema de transmissão 6
1.4   Sistema de distribuição 6
     1.4.1   Sistema de subtransmissão 6
     1.4.2   Subestações de distribuição 9
     1.4.3   Sistemas de distribuição primária 13
          1.4.3.1   Considerações gerais 13
          1.4.3.2   Redes aéreas – Primário radial 14
          1.4.3.3   Primário seletivo 15
          1.4.3.4   Redes subterrâneas – Primário operando em malha aberta 16
          1.4.3.5   Redes subterrâneas – *Spot network* 16
     1.4.4   Estações transformadoras 17
     1.4.5   Redes de distribuição secundária 19
          1.4.5.1   Introdução 19
          1.4.5.2   Redes secundárias aéreas 19
          1.4.5.3   Rede reticulada 19

2   *Fatores típicos da carga* 21

2.1   Classificação das cargas 21
     2.1.1   Introdução 21
     2.1.2   Localização geográfica 21
     2.1.3   Tipo de utilização da energia 22
     2.1.4   Dependência da energia elétrica 22
     2.1.5   Efeito da carga sobre o sistema de distribuição 23
     2.1.6   Tarifação 23
     2.1.7   Tensão de fornecimento 24
2.2   Fatores típicos utilizados em distribuição 24
     2.2.1   Demanda 24
     2.2.2   Demanda máxima 25
     2.2.3   Diversidade da carga 26
     2.2.4   Fator de demanda 31
     2.2.5   Fator de utilização 32
     2.2.6   Fator de carga 33
     2.2.7   Fator de perdas 35
     2.2.8   Correlação entre fator de carga e fator de perdas 38
     2.2.9   Curva de duração de carga 40
2.3   Conceitos gerais de tarifação 44

Corrente admissível em linhas ... 47
- 3.1 Introdução ... 47
  - 3.1.1 Considerações gerais ... 47
  - 3.1.2 Seções da série milimétrica ... 49
  - 3.1.3 Seções definidas pela American Wire Gage ... 49
  - 3.1.4 Cabos isolados ... 50
- 3.2 Corrente admissível em cabos ... 53
  - 3.2.1 Introdução ... 53
  - 3.2.2 Equacionamento térmico – Pequenas variações de corrente ... 53
  - 3.2.3 Equacionamento térmico – Grandes variações de corrente ... 57
  - 3.2.4 Corrente de regime – Cabos nus ... 60
    - 3.2.4.1 Considerações gerais ... 60
    - 3.2.4.2 Dispersão do calor por convecção ... 60
    - 3.2.4.3 Dispersão de calor por irradiação ... 62
    - 3.2.4.4 Calor absorvido por radiação solar ... 62
  - 3.2.5 Corrente de regime – Cabos protegidos ... 63
    - 3.2.5.1 Conceitos básicos de transferência de calor – Modelo análogo ... 63
    - 3.2.5.2 Cálculo de condutor protegido imerso ao ar ... 66
  - 3.2.6 Corrente de regime – Cabos isolados ... 69
    - 3.2.6.1 Introdução ... 69
    - 3.2.6.2 Perdas no condutor ... 70
    - 3.2.6.3 Perdas na blindagem e na armação ... 72
    - 3.2.6.4 Perdas dielétricas na isolação ... 72
    - 3.2.6.5 Procedimento geral de cálculo para redes com mútuas térmicas ... 72
  - 3.2.7 Corrente admissível – Limite térmico ... 81
    - 3.2.7.1 Cabos nus ... 81
    - 3.2.7.2 Cabos protegidos ... 81
    - 3.2.7.3 Cabos isolados ... 82

Constantes quilométricas de linhas aéreas e subterrâneas ... 83
- 4.1 Introdução ... 83
- 4.2 Constantes quilométricas de linhas aéreas ... 84
  - 4.2.1 Considerações gerais ... 84
  - 4.2.2 Cálculo da admitância em derivação – Capacitância ... 85
  - 4.2.3 Elementos série – Impedância ... 87
- 4.3 Constantes quilométricas de cabos isolados ... 95
  - 4.3.1 Introdução ... 95
  - 4.3.2 Impedâncias série ... 96
  - 4.3.3 Capacitância em derivação ... 99

Introdução aos Sistemas de Distribuição de Energia Elétrica

Transformadores de potência 111
- 5.1 Introdução 111
- 5.2 Transformadores monofásicos 111
  - 5.2.1 Considerações gerais 111
  - 5.2.2 Princípio de funcionamento 111
  - 5.2.3 Corrente de magnetização 113
  - 5.2.4 Circuito equivalente 115
- 5.3 Transformadores trifásicos 119
  - 5.3.1 Considerações gerais 119
  - 5.3.2 Ligação triângulo 120
  - 5.3.3 Ligação estrela 128
- 5.4 Carregamento admissível de transformadores 131
  - 5.4.1 Introdução 131
  - 5.4.2 Equacionamento térmico 133
    - 5.4.2.1 Temperatura do óleo durante transitórios 133
    - 5.4.2.2 Temperatura do óleo em regime permanente 135
    - 5.4.2.3 Constante de tempo térmica do óleo 136
    - 5.4.2.4 Equação térmica do ponto quente 137
    - 5.4.2.5 Correção do valor da resistência ôhmica do enrolamento 138
    - 5.4.2.6 Variação da temperatura ambiente 139
    - 5.4.2.7 Perda de vida de transformadores 140
    - 5.4.2.8 Valores característicos para transformadores 142
  - 5.4.3 Vida útil de transformadores 142

Fluxo de potência 149
- 6.1 Introdução 149
- 6.2 Modelagem da rede e da carga 150
  - 6.2.1 Considerações gerais 150
  - 6.2.2 Representação de ligações de rede 151
    - 6.2.2.1 Representação de trechos de rede 151
    - 6.2.2.2 Representação de transformadores 155
  - 6.2.3 Representação da carga em função da tensão de fornecimento 156
    - 6.2.3.1 Considerações gerais 156
    - 6.2.3.2 Carga de potência constante com a tensão 157
    - 6.2.3.3 Carga de corrente constante com a tensão 158
    - 6.2.3.4 Carga de impedância constante com a tensão 158
    - 6.2.3.5 Composição dos modelos anteriores 159
- 6.3 A representação da carga no sistema 161
  - 6.3.1 Considerações gerais 161
  - 6.3.2 Carga concentrada e carga uniformemente distribuída 161
  - 6.3.3 Carga representada por sua demanda máxima 162
  - 6.3.4 Carga representada por curvas de carga típicas 163
- 6.4 Cálculo da queda de tensão em trechos de rede 165
  - 6.4.1 Considerações gerais 165
  - 6.4.2 Trecho de rede trifásica simétrica com carga equilibrada 167
  - 6.4.3 Trecho de rede trifásica assimétrica com carga desequilibrada 177

6.5	Estudo de fluxo de potência em redes radiais	179
	6.5.1 Considerações gerais	179
	6.5.2 Ordenação da rede	180
	6.5.3 Fluxo de potência em redes radiais trifásicas simétricas e equilibradas	184
	6.5.4 Cálculo do fluxo de potência nos trechos e perdas na rede	185
	6.5.5 Cálculo do fluxo de potência com representação complexa	193
	6.5.6 Cálculo do fluxo de potência em redes assimétricas com carga desequilibrada	204
6.6	Estudo de fluxo de potência em redes em malha	207
	6.6.1 Considerações gerais	207
	6.6.2 Métodos de Solução	209
	6.6.2.1 Considerações gerais	209
	6.6.2.2 Solução do sistema de equações pelo método de Gauss	209
	6.6.2.3 Solução do sistema de equações por triangularização da matriz	210
	6.6.2.4 Solução do sistema de equações pelo método de Newton-Raphson	216

7 *Curto-circuito* 221

7.1	Introdução e natureza da corrente de curto-circuito	221
7.2	Análise das componentes transitórias e de regime permanente	224
	7.2.1 Considerações gerais	224
	7.2.2 Componente de regime permanente	224
	7.2.3 Componente unidirecional	226
7.3	Estudo de curto-circuito trifásico	231
	7.3.1 Cálculo da corrente de curto-circuito	231
	7.3.2 Potência de curto-circuito	239
	7.3.3 Barramento infinito e paralelo das potências de curto-circuito	243
7.4	Estudo do curto-circuito fase terra	247
	7.4.1 Cálculo de correntes e tensões	247
	7.4.2 Curto-circuito fase à terra com impedância	253
	7.4.3 Potência de curto-circuito fase à terra	255
7.5	Estudo dos curtos-circuitos dupla fase e dupla fase à terra	256
	7.5.1 Curto-circuito dupla fase	256
	7.5.2 Curto-circuito dupla fase à terra	258
	7.5.3 Curto-circuito dupla fase à terra com impedância	260
7.6	Análise de sistemas aterrados e isolados	262
	7.6.1 Considerações gerais	262
	7.6.2 Análise de defeito fase à terra	262
	7.6.3 Análise de defeito dupla fase à terra	264
	7.6.4 Sistemas aterrados e isolados	266
7.7	Estudo de curto-circuito em redes em malha	270
	7.7.1 Considerações gerais	270
	7.7.2 Representação matricial da rede	271
	7.7.3 Cálculo das correntes de curto-circuito	274

Introdução aos Sistemas de Distribuição de Energia Elétrica

8 **Qualidade do serviço**...279
8.1 Introdução – Uma visão de qualidade de energia...279
8.2 Continuidade de fornecimento...285
    8.2.1 Avaliação da continuidade de fornecimento *a posteriori*............................285
    8.2.2 Avaliação da continuidade de fornecimento *a priori*.................................297

Anexo I – Matrizes de rede..307
    AI.1 Considerações gerais..307
    AI.2 Matriz de admitâncias nodais...307
        AI.2.1 Definição...307
        AI.2.2 Montagem da matriz de admitâncias nodais...311
    AI.3 Matriz de impedâncias nodais...313
        AI.3.1 Definição...313
        AI.3.2 Montagem da matriz de impedâncias nodais..314
    AI.4 Correlação entre tensões e correntes numa rede...315
    AI.5 Solução de sistemas de equações lineares..317
        AI.5.1 Introdução...317
        AI.5.2 Retrossubstituição...318
        AI.5.3 Triangularização da matriz...319
        AI.5.4 Correção do termo conhecido após a triangularização da matriz............320

Anexo II – Ordenação da Rede no Método de Newton-Raphson........................325
    AII.1 Método de ordenação do jacobiano...325

CONSTITUIÇÃO DOS SISTEMAS ELÉTRICOS DE POTÊNCIA

1.1 INTRODUÇÃO

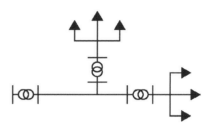

Os sistemas elétricos de potência têm a função precípua de fornecer energia elétrica aos usuários, grandes ou pequenos, com a qualidade adequada, no instante em que for solicitada. Isto é, o sistema tem as funções de produtor, transformando a energia de alguma natureza, por exemplo, hidráulica, mecânica, térmica ou outra, em energia elétrica, e de distribuidor, fornecendo aos consumidores a quantidade de energia demandada, instante a instante. Em não sendo possível seu armazenamento, o sistema deve contar, como será analisado a seguir, com capacidade de produção e transporte que atenda ao suprimento, num dado intervalo de tempo, da energia consumida e à máxima solicitação instantânea de potência ativa. Deve-se, pois, dispor de sistemas de controle da produção de modo que a cada instante seja produzida a energia necessária a atender à demanda e às perdas na produção e no transporte. Identificar-se-á, em tudo quanto se segue, os blocos de produção de energia por sua designação corrente de "blocos de geração"; destaca-se a impropriedade do termo, de vez que, não há geração de energia, mas sim, transformação entre fontes de energia diferentes.

Aqui, no Brasil, face ao grande potencial hídrico existente, predomina a produção de energia elétrica pela transformação de energia hidráulica em elétrica, usinas hidroelétricas, e estando os centros de produção, de modo geral, afastados dos centros de consumo, é imprescindível a existência de um elemento de interligação entre ambos que esteja apto a transportar a energia demandada. Sendo o montante das potências em jogo relevante e as distâncias a serem percorridas de certa monta, torna-se inexequível o transporte dessa energia na tensão de geração. Assim, no diagrama de blocos da fig. 1.1, sucede ao bloco de geração o de elevação da tensão, no qual a tensão é elevada do valor com o qual foi gerada para o de transporte, "tensão de transmissão". O valor dessa tensão é estabelecido em função da distância a ser percorrida e do montante de energia a ser transportado.

Por outro lado, em se chegando aos centros de consumo, face à grande diversidade no montante de potência demandada pelos vários consumidores, variável desde a ordem de grandeza de centenas de MW até centenas de W, é inviável o suprimento de todos os usuários na tensão de transmissão.

Exige-se, portanto, um primeiro abaixamento do nível de tensão para valor compatível com a demanda dos grandes usuários, "tensão de subtransmissão". O abaixamento de tensão é feito através das "subestações de subtransmissão", que são supridas através de linhas de transmissão, suprindo, por sua vez, linhas que operam em nível de tensão mais baixo, "tensão de subtransmissão" ou "alta tensão". Ulteriores abaixamentos no nível de tensão, em função das características dos consumidores, são exigidos. Assim, o sistema de subtransmissão supre as "subestações de distribuição", que são responsáveis por novo abaixamento no nível de tensão para a "tensão de distribuição primária" ou "média tensão". A rede de distribuição primária, por sua vez, irá suprir os transformadores de distribuição, dos quais se deriva a rede de distribuição secundária ou rede de baixa tensão, cujo nível de tensão é designado por "tensão secundária" ou "baixa tensão".

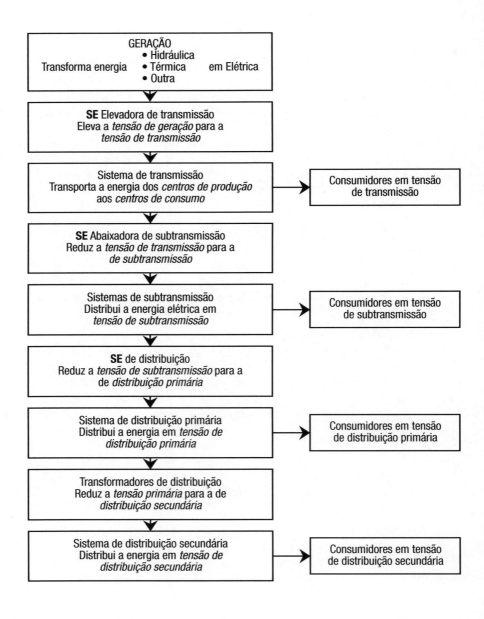

Figura 1.1
Diagrama de blocos do sistema.

Assim, conforme apresentado na fig. 1.1, os sistemas elétricos de potência podem ser subdivididos nos três grandes blocos:

- **Geração**, que perfaz a função de converter alguma forma de energia em energia elétrica.
- **Transmissão**, que é responsável pelo transporte da energia elétrica dos centros de produção aos de consumo.
- **Distribuição**, que distribui a energia elétrica recebida do sistema de transmissão aos grandes, médios e pequenos consumidores.

Os valores eficazes das tensões, com frequência de 60 Hz, utilizados no Brasil, que estão fixados por decreto do Ministério de Minas e Energia, estão apresentados na Tab. 1.1, onde se apresentam as áreas do sistema nas quais são utilizadas. Apresenta-se também algumas tensões não padronizadas ainda em uso.

No sistema de geração, a tensão nominal usual é 13,8 kV, encontrando-se, no entanto, tensões desde 2,2 kV até a ordem de grandeza de 22 kV. Destaca-se ainda a existência de pequenas unidades de geração, que podem ser conectadas diretamente no sistema de distribuição.

Na fig. 1.2, apresenta-se um diagrama unifilar típico de um sistema elétrico de potência, onde se destaca a existência de três usinas, um conjunto de linhas de transmissão, uma rede de subtransmissão, uma de distribuição primária e três de distribuição secundária. Observa-se que o sistema de transmissão opera, no caso geral, em malha, o de subtransmissão opera radialmente, podendo, desde que se tomem cuidados especiais, operar em malha. O sistema de distribuição primária opera, geralmente, radial e o de distribuição secundária pode operar quer em malha, quer radialmente.

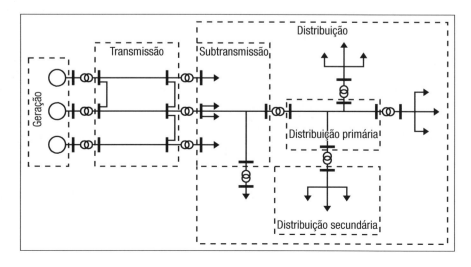

Figura 1.2
Diagrama unifilar de sistema elétrico de potência.

1. 2 SISTEMA DE GERAÇÃO

Obtém-se energia elétrica, a partir da conversão de alguma outra forma de energia, utilizando-se máquinas elétricas rotativas, geradores síncronos ou alternadores, nas quais o conjugado mecânico é obtido através de um processo que, geralmente, utiliza turbinas hidráulicas ou a vapor. No caso de aproveitamento hidráulico, o potencial disponível é definido pela queda-d'água, altura de queda e vazão, podendo ter-se usinas desde algumas dezenas de MW até milhares de MW.

Assim, a título de exemplo, a usina Henry Borden, na Serra do Mar, em São Paulo, conta com potência instalada de 864 MW, ao passo que a Usina de Itaipu conta com potência instalada de 12.600 MW. Por outro lado, dentre as usinas térmicas, que se baseiam na conversão de calor em energia elétrica, há aquelas em que o vapor produzido numa caldeira, pela queima do combustível, aciona uma turbina a vapor que fornece o conjugado motor ao alternador. Como combustível dispõe-se, dentre outros, do óleo combustível, carvão, bagaço de cana, ou madeira. Nas centrais atômicas, como é o caso da Usina de Angra dos Reis, o calor para a produção do vapor é obtido através da fissão nuclear.

As usinas hidráulicas apresentam um tempo de construção bastante longo, com custo de investimento elevado, porém, seu custo operacional é extremamente baixo. Para melhor visualização do vulto das obras necessárias, cita-se, a título de exemplo, a usina de Itaipu[1], que dispõe de 18 unidades geradoras, 9 operando em 60 Hz e 9 em 50 Hz, com tensão nominal de 18 kV (+ 5% – 10%), potência nominal 823,6 MVA, para as unidades em 50 Hz, e 737,0 MVA, para as em 60 Hz, tendo cada unidade peso total de 3.343 t (50 Hz) e 3.242 t (60Hz). Apresenta bacia hidrográfica com área de drenagem de 820.000 km^2, reservatório com área de 1.350 km^2, extensão de 170 km, cota máxima de 220 m e volume de água de $29 \times 10^9 \, m^3$. Suas barragens principais e laterais, que são construídas em concreto, terra e enrocamento, apresentam um comprimento total de 7.760 m, altura máxima de 196 m e exigiram, em sua construção, volumes de 8.100 m^3 de concreto e $13,2 \times 10^6 \, m^3$ de terra e en-

[1] Fonte:
site www.itaipu.gov.br

Tabela 1.1 – Tensões usuais em sistemas de potência			
Tensão (kV)		Campo de aplicação	Área do sistema de potência
Padronizada	Existente		
0,220/0,127	0,110	Distribuição secundária (BT)	Distribuição
0,380/0,220	0,230/0,115	Distribuição secundária (BT)	Distribuição
13,8	11,9	Distribuição primária (MT)	Distribuição
34,5	22,5	Distribuição primária (MT)	Distribuição
34,5	88,0	Subtransmissão (AT)	Distribuição
69,0	88,0	Subtransmissão (AT)	Distribuição
138,0	88,0	Subtransmissão (AT)	Distribuição
138,0	440,0 750,0	Transmissão	Transmissão
230,0	440,0 750,0	Transmissão	Transmissão
345,0	440,0 750,0	Transmissão	Transmissão
500,0	440,0 750,0	Transmissão	Transmissão

rocamento. Seu vertedouro apresenta largura total de 390 m, comprimento total da calha mais a crista de 483 m, contando com 14 comportas de $20 \times 21,34 \text{ m}^2$ e com capacidade máxima de descarga de 62.200 m^3/s. Seus condutos forçados têm comprimento de 142 m e diâmetro de 10,5 m que garantem descarga nominal de 690 m^3/s. A entrada em operação das primeiras duas unidades geradoras deu-se em 1984, e completou-se a entrada em operação das dezoito unidades em 1991.

Por sua vez, as usinas térmicas apresentam tempo de construção e custo de investimento sensivelmente menores, apresentando, no entanto, custo operacional elevado, em virtude do custo do combustível.

As primeiras situam-se, geograficamente, onde haja disponibilidade de água com desnível que permita a construção, através de barragens, do reservatório, exigindo, em geral, a construção de sistema de transmissão. Destaca-se ainda como inconveniente o alagamento de áreas férteis, perda de terrenos produtivos, e possíveis modificações no clima da microrregião. As térmicas, por sua vez, também necessitam de água, para a condensação do vapor, porém, em ordem de grandeza menor que a consumida pelas hidráulicas, o que permite maior grau de liberdade em sua localização, podendo situar-se em maior proximidade dos centros de consumo. Tal fato se traduz pela redução de investimentos no sistema de transmissão. Apresentam como inconveniente a emissão, na natureza, de poluentes, resíduos da combustão, e, conforme seu tipo, a utilização de combustível não renovável. De modo geral, sempre que haja disponibilidade de energia hidráulica a opção de maior economicidade é a das usinas hidrelétricas.

Atualmente vão ganhando espaço as turbinas a gás, que já permitem a construção de unidades geradoras de até 500 MW. Outro aspecto assaz importante da geração é representado pelo "uso múltiplo", isto é, o vapor produzido na caldeira, usualmente supersaturado, é utilizado para o acionamento da turbina a vapor que produz eletricidade, e sua descarga libera vapor, à temperatura mais baixa, para aplicações industriais e para, através de máquina térmica, produção de frio. Este tipo de aplicação aumenta muito o rendimento de todo o processo, chegando a viabilizar sua utilização em grandes indústrias ou grandes centros de consumo. Salienta-se, ainda, a "*cogeração*", em que indústrias de grande porte geram a energia elétrica que necessitam e injetam o excedente na rede de distribuição.

O Brasil, que dispõe de um dos maiores potenciais hidráulicos do mundo, conta, basicamente, com quatro grandes bacias:

- Bacia Amazônica;
- Bacia do São Francisco;
- Bacia do Tocantins;
- Bacia do Paraná;

das quais a última, por sua maior proximidade com os grandes centros de consumo, é a mais explorada. A bacia Amazônica está praticamente inexplorada, o que é justificado por seu afastamento dos centros de consumo, que exigiria a construção de sistema de transmissão sobremodo caro. Além disso, em se tratando de região de relevo sensivelmente plano, seria necessário o alagamento de enormes áreas.

1.3 SISTEMA DE TRANSMISSÃO

O sistema de transmissão, que tem por função precípua o transporte da energia elétrica dos centros de produção aos de consumo, deve operar interligado. Tal interligação é exigida por várias razões, dentre elas destacando-se a confiabilidade e a possibilidade de intercâmbio entre áreas. A título de exemplo, destaca-se a existência de ciclos hidrológicos diferentes entre as regiões de São Paulo, onde o período das chuvas corresponde ao verão, e do Paraná, onde tal período concentra-se no inverno. Deste modo, a operação interligada do sistema permite que, nos meses de verão, São Paulo exporte energia para o Paraná, e que no inverno importe energia do Paraná.

O esgotamento das reservas hídricas, próximas aos centros de consumo, impôs que fosse iniciada a exploração de fontes mais afastadas, exigindo o desenvolvimento de sistemas de transmissão de grande porte, envolvendo o transporte de grandes montantes de energia a grandes distâncias. Este fato exigiu que as tensões de transmissão fossem aumentadas, com grande esforço de desenvolvimento tecnológico. Atualmente, no mundo, há linhas operando em tensões próximas a 1.000 kV. Outra área que ganhou grande impulso é a transmissão através de elos em corrente contínua, atendidos por estação retificadora, do lado da usina, e inversora, do lado do centro de consumo. O Brasil apresenta-se dentre os pioneiros nessa tecnologia, tendo em operação no sistema o elo em corrente contínua de Itaipu, que é um dos maiores do mundo pela potência transportada e pela distância percorrida. Opera com dois bipolos nas tensões de + 600 kV e – 600 kV em relação à terra, que corresponde a tensão entre linhas de 1.200 kV. Desenvolve-se desde Itaipu até Ibiúna, SP, cobrindo uma distância de 810 km e transportando uma potência de 6.000 MW.

Para distâncias relativamente pequenas, que representam a maioria do sistema de transmissão, as linhas são trifásicas e operam em tensão na faixa de 230 a 500 kV, percorrendo centenas de quilômetros. Subestações, SEs, de transmissão ocupam-se em realizar as interligações e compatibilizar os vários níveis de tensão.

Exige-se elevada confiabilidade dos sistemas de transmissão, de vez que são os responsáveis pelo atendimento dos grandes centros de consumo. Esse objetivo é atendido através de rigorosos critérios de projeto e de operação e da existência, obrigatória, de capacidade de transmissão ociosa e de interligações. Na fig. 1.3 apresentam-se as principais linhas de transmissão e bacias hidrográficas brasileiras.

1.4 SISTEMA DE DISTRIBUIÇÃO

1.4.1 SISTEMA DE SUBTRANSMISSÃO

Este elo tem a função de captar a energia em grosso das subestações de subtransmissão e transferi-la às SEs de distribuição e aos consumidores, em tensão de subtransmissão, através de linhas trifásicas operando em tensões, usualmente, de 138 kV ou 69 kV ou, mais raramente, em 34,5 kV, com capacidade de transporte de algumas dezenas de MW por circuito, usualmente de 20 a 150 MW. Os consumidores em tensão de subtransmissão são representados, usualmente, por grandes instalações industriais, estações de tratamento e bombeamento de água.

O sistema de subtransmissão pode operar em configuração radial, com possibilidade de transferência de blocos de carga quando de contingências. Com cuidados especiais, no que se refere à proteção, pode também operar em malha. Para elucidar este conceito, na fig.1.4 apresentam-se trechos da rede de transmissão, em 345 kV, e o fechamento de malha através da rede de subtransmissão, 138 kV. Na condição normal, fig.1.4a, observa-se, inicialmente, a impossibilidade de controle da distribuição do fluxo de potência na rede de subtransmissão, isto é, ter-se-á sua distribuição em obediência às leis de

Figura 1.3
Bacias hidrográficas brasileiras (Fonte: www.ons.org.br).

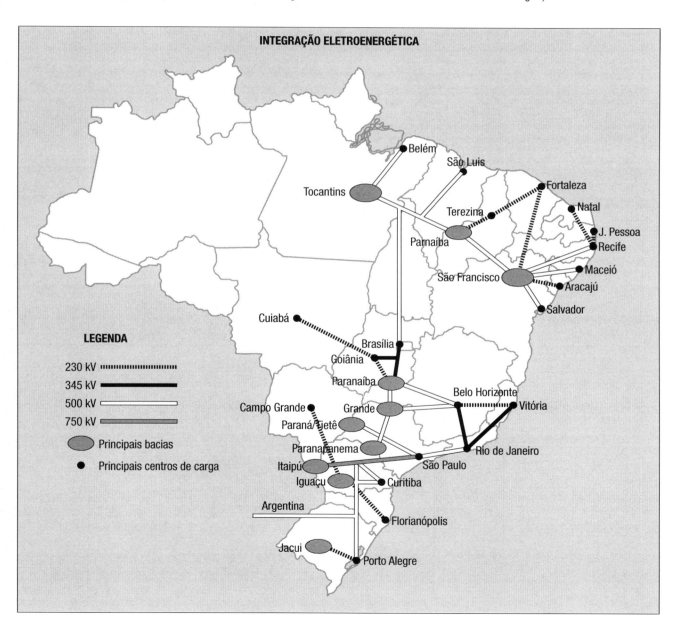

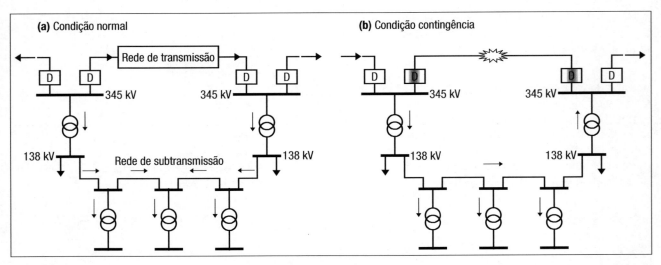

Figura 1.4
Operação da subtransmissão em malha.

Ohm e Kirchhoff. Já na condição de contingência, fig.1.4 b, quando, devido a existência de defeito, ocorrerá a isolação do trecho de transmissão, pela abertura dos dois disjuntores extremos, passando a carga a jusante do sistema de transmissão a ser suprida pela rede de subtransmissão, com inversão no sentido do fluxo pelo transformador. Evidentemente, esta situação é inviável, exigindo-se que o sistema de subtransmissão conte com dispositivos de proteção que bloqueiem o fluxo de potência em sentido inverso nos transformadores das SEs de subtransmissão. Observa-se que o fechamento de malha entre as redes de transmissão e de subtransmissão exige cuidados especiais no que tange à filosofia de proteção a ser adotada.

Na fig. 1.5 apresentam-se esquemas típicos utilizados em redes de subtransmissão, onde se destacam arranjos com suprimento único, configuração radial, fig.1.5 a, e arranjos com duas fontes de suprimento. Dentre estes, o da fig. 1.5 b apresenta maior continuidade de serviço e flexibilidade de operação. Em todos os arranjos o bloco situado imediatamente a montante do transformador, "chave de entrada", representa um disjuntor, uma chave fusível ou uma chave seccionadora. A seguir analisar-se-á, sucintamente, cada um dos arranjos.

- Rede 1: este arranjo, fig. 1.5 a, que apresenta, dentre todos, o menor custo de instalação, é utilizável quando o transformador da SE de distribuição não excede a faixa de 10 a 15 MVA, como ordem de grandeza. Sua confiabilidade está intimamente ligada ao trecho de rede de subtransmissão, pois, como é evidente, qualquer defeito na rede ocasiona a interrupção de fornecimento à SE. A chave de entrada, que visa unicamente à proteção do transformador, é usualmente uma chave fusível, podendo, no entanto, ser utilizada uma chave seccionadora, desde que o transformador fique protegido pelo sistema de proteção da rede de subtransmissão.

- Rede 2: neste arranjo, fig. 1.5 b, observa-se que, para defeitos a montante de uma das barras extremas da rede de subtransmissão ou num dos trechos da subtransmissão, o suprimento da carga não é interrompido permanentemente. As chaves de entrada são usualmente disjuntores ou chaves fusíveis, dependendo da potência nominal do transformador. Estas chaves têm a função adicional de evitar que defeitos na SE ocasionem desligamento na rede de subtransmissão.

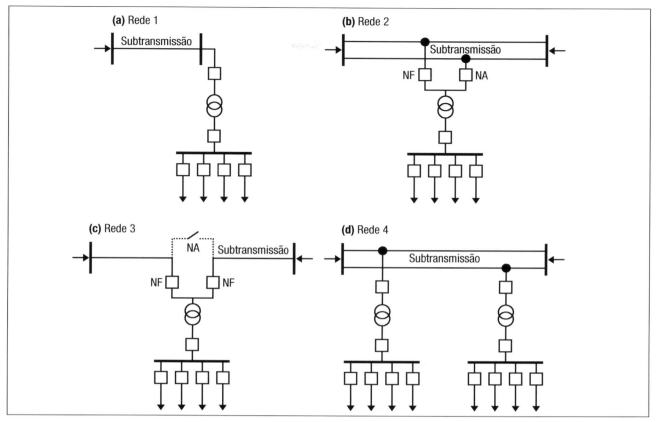

Figura 1.5
Arranjos típicos de redes de subtransmissão.

- Rede 3: neste arranjo, fig. 1.5 c, o barramento de alta da SE passa a fazer parte da rede de subtransmissão e a interrupção do suprimento é comparável com a do arranjo anterior, exceto pelo fato que um defeito no barramento de alta da SE impõe o seccionamento da rede, pela abertura das duas chaves de entrada. Elimina-se este inconveniente instalando-se a montante das duas chaves de entrada uma chave de seccionamento, que opera normalmente aberta. As chaves de entrada são usualmente disjuntores.

- Rede 4: este arranjo, fig. 1.5 d, que é conhecido como "*sangria*" da linha, é de confiabilidade e custo inferiores aos das redes 2 e 3. É utilizável em regiões onde há vários centros de carga, com baixa densidade de carga. As chaves de entrada devem ser fusíveis ou disjuntores, tendo em vista a proteção da linha.

1.4.2 SUBESTAÇÕES DE DISTRIBUIÇÃO

As subestações de distribuição, SEs, que são supridas pela rede de subtransmissão, são responsáveis pela transformação da tensão de subtransmissão para a de distribuição primária. Há inúmeros arranjos de SEs possíveis, variando com a potência instalada na SE.

Assim, em SEs que suprem regiões de baixa densidade de carga, transformador da SE com potência nominal na ordem de 10 MVA é bastante fre-

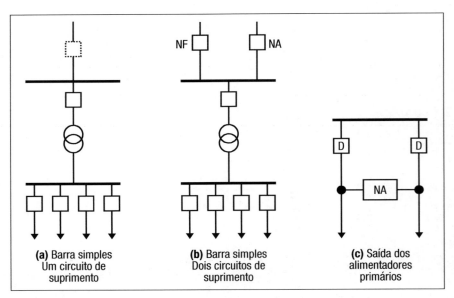

Figura 1.6
SE com barra simples.

quente a utilização do arranjo designado por "*barra simples*", fig. 1.6, que apresenta custo bastante baixo. Este tipo de SE pode contar com uma única linha de suprimento, fig. 1.6 a, ou, visando aumentar-se a confiabilidade, com duas linhas, fig. 1.6 b.

Quando suprida por um único alimentador, disporá, na alta tensão, de apenas um dispositivo para a proteção do transformador. Sua confiabilidade é muito baixa, ocorrendo, para qualquer defeito na subtransmissão, a perda do suprimento da SE. Aumenta-se a confiabilidade dotando-se a SE de dupla alimentação radial, isto é, o alimentador de subtransmissão é construído em circuito duplo operando-se a SE com uma das duas chaves de entrada aberta. Havendo a interrupção do alimentador em serviço, abre-se sua chave de entrada, NF, e fecha-se a chave NA do circuito de reserva. Para a manutenção do transformador ou do barramento é necessário o desligamento da SE. Normalmente, instalam-se chaves de interconexão, na saída dos alimentadores primários, fig. 1.6 c, que operam na condição NA, e quando se deseja proceder à manutenção dos disjuntores de saída transfere-se, em hora de carga leve, por exemplo, de madrugada, toda a carga de um alimentador para o outro e isola-se o disjuntor.

Em regiões de densidade de carga maior aumenta-se o número de transformadores utilizando-se arranjo da SE com maior confiabilidade e maior flexibilidade operacional. Na fig. 1.7, apresenta-se o diagrama unifilar de SE com dupla alimentação, dois transformadores, barramentos de alta tensão independentes e barramento de média tensão seccionado. Neste arranjo, ocorrendo defeito, ou manutenção, num dos transformadores, abrem-se as chaves a montante e a jusante do transformador, isolando-o. A seguir, fecha-se a chave NA de seccionamento do barramento e opera-se com todos os circuitos supridos a partir do outro transformador.

Evidentemente cada um dos transformadores deve ter capacidade, na condição de contingência, para suprir toda a demanda da SE. É usual definir-se, para SEs com mais de um transformador a potência instalada, S_{inst}, como sendo a soma das potências nominais de todos os transformadores,

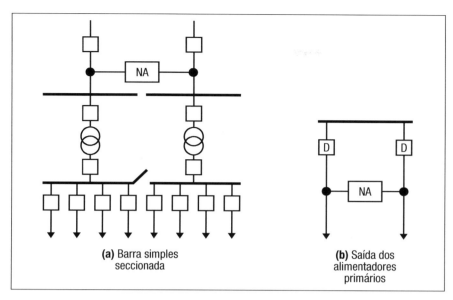

Figura 1.7
SE com dois transformadores.

e *"potência firme"*, S_{firme}, aquela que a SE pode suprir quando da saída de serviço do maior transformador existente na SE. No caso de uma SE com "n" transformadores, de potências nominais $S_{nom}(i)$, com i = 1, ..., n, admitindo-se que o transformador "k" é o de maior potência nominal e que, em condição de contingência, os transformadores podem operar com sobrecarga, em pu, de f_{sob}, valor clássico 1,40, isto é, 40 % de sobrecarga, e que seja possível a transferência de potência, S_{trans}, para outras SEs, pela rede primária, através de manobras rápidas de chaves, ter-se-á para a potência firme o valor:

$$S_{inst} = \sum_{i=1,n} S_{nom}(i)$$
$$S_{firme} = f_{sob} \cdot \sum_{\substack{i=1,n \\ i \neq k}} S_{nom}(i) + S_{trans} \quad (1.1)$$

A título de exemplo, seja uma SE com dois transformadores de 60 MVA, com fator de sobrecarga em contingência de 1,20. Nestas condições, sem transferência de carga para outras SEs, resulta para a potência firme 60 × 1,2 = 72 MVA. Ou seja, em condição normal de operação cada transformador operará com somente 36 MVA, que representa 60% da potência nominal.

Destaca-se que, quando a potência firme é maior que a instalada, fixa-se a firme igual à instalada. Exemplificando, no caso de uma SE que dispõe de 4 transformadores de 25 MVA, que o fator de sobrecarga em contingência é 1,40 e que seja possível a transferência, pela rede primária, quando de contingência de até 5 MVA, resulta:

$$S_{inst} = 4 \cdot 25 = 100 \, MVA$$
$$S_{firme} = 1,4 \cdot 3 \cdot 25 + 5 = 110 \, MVA$$

Para este caso, a potência firme é fixada em 100 MVA.

Para a manutenção dos disjuntores dos circuitos primários, o procedimento utilizado é o mesmo do arranjo precedente.

Figura 1.8
SE com barramentos duplicados.

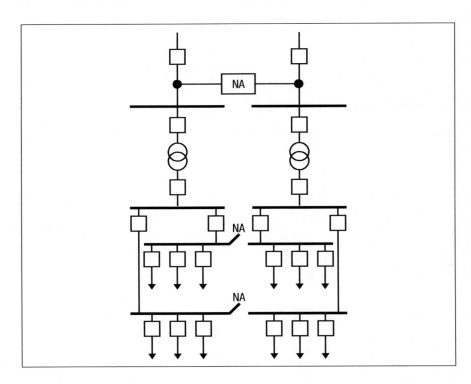

Uma evolução desse arranjo está apresentada na fig. 1.8, em que se distribuiu os circuitos de saída em vários barramentos, permitindo-se maior flexibilidade na transferência de blocos de carga entre os transformadores.

Uma possibilidade de aumentar a flexibilidade para atividades de manutenção dos disjuntores da SE é a utilização do arranjo de barra principal e transferência. Na fig. 1.9 apresenta-se o diagrama unifilar deste arranjo, destacando-se que: todos os disjuntores são do tipo extraível, ou contam com chaves seccionadoras em ambas as extremidades; o disjuntor que perfaz a interligação entre os dois barramentos é designado por disjuntor de transferência. Em operação normal o barramento principal é mantido energizado e o

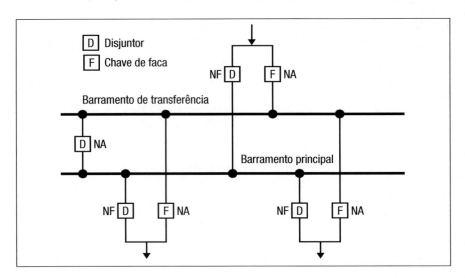

Figura 1.9
SE com barra principal e de transferência.

de transferência desenergizado, isto é, o disjuntor de transferência é mantido aberto. Desejando-se realizar manutenção, corretiva ou preventiva, num qualquer dos disjuntores, o procedimento resume-se nos passos a seguir:

- Fecha-se o disjuntor de transferência, energizando-se o barramento de transferência.
- Fecha-se a chave seccionadora do disjuntor que vai ser desligado, passando a saída do circuito a ser suprida pelos dois barramentos.
- Abre-se o disjuntor e procede-se à sua extração do cubículo, ou, caso não seja extraível, abre-se suas chaves seccionadoras, isolando-o.
- Transfere-se a proteção do disjuntor que foi desenergizado para o de transferência.

Ao término da manutenção o procedimento é o inverso, isto é:
- Insere-se o disjuntor no cubículo, ou fecham-se suas chaves.
- Abre-se a chave seccionadora de transferência.
- Abre-se o disjuntor de transferência e retorna-se a proteção ao disjuntor principal.

Neste arranjo de SE, para a manutenção do barramento principal, é necessária sua desenergização, impossibilitando o suprimento aos alimentadores. Este inconveniente pode ser sanado utilizando-se um barramento adicional, "barramento de reserva".

1.4.3 SISTEMAS DE DISTRIBUIÇÃO PRIMÁRIA

1.4.3.1 Considerações gerais

As redes de distribuição primária, ou de *média tensão*, escopo primordial deste livro, emergem das SEs de distribuição e operam, no caso da rede aérea, radialmente, com possibilidade de transferência de blocos de carga entre circuitos para o atendimento da operação em condições de contingência, devido à manutenção corretiva ou preventiva. Os troncos dos alimentadores empregam, usualmente, condutores de seção 336,4 MCM, permitindo, na tensão de 13,8 kV, o transporte de potência máxima de cerca de 12 MVA, que, face à necessidade de transferência de blocos de carga entre alimentadores, fica limitada a cerca de 8 MVA. Estas redes atendem aos consumidores primários e aos transformadores de distribuição, *estações transformadoras*, ETs, que suprem a rede secundária, ou de baixa tensão. Dentre os consumidores primários destacam-se indústrias de porte médio, conjuntos comerciais (*shopping centers*), instalações de iluminação pública etc. Podem ser aéreas ou subterrâneas, as primeiras de uso mais difundido, pelo seu menor custo, e, as segundas, encontrando grande aplicação em áreas de maior densidade de carga, por exemplo zona central de uma metrópole, ou onde há restrições paisagísticas.

As redes primárias aéreas apresentam as configurações:
- primário radial com socorro;
- primário seletivo;

e as redes subterrâneas podem ser dos tipos:
- primário seletivo;
- primário operando em malha aberta;
- *spot network*.

1.4.3.2 Redes aéreas – Primário radial

As redes aéreas são construídas utilizando-se postes, de concreto, em zonas urbanas, ou de madeira tratada, em zonas rurais, que suportam, em seu topo, a cruzeta, usualmente em madeira, com cerca de dois metros de comprimento, na qual são fixados os isoladores de pino. Utilizam-se condutores de alumínio com alma de aço, CAA, ou sem alma de aço, CA, nus ou protegidos. Em algumas situações particulares, utilizam-se condutores de cobre. Os cabos protegidos contam com capa externa de material isolante que se destina à proteção contra contatos ocasionais de objetos, por exemplo, galhos de árvores, sem que se destine a isolar os condutores. A evolução tecnológica dos materiais isolantes permitiu a substituição da cruzeta por estrutura isolante, sistema *spacer cable*, que permite a sustentação dos cabos protegidos. Este tipo de construção apresenta custo por quilômetro maior que o anterior. Apresenta como vantagens a redução sensível da taxa de falhas e, pela redução do espaçamento entre os condutores, a viabilização da passagem da linha por regiões em que, face à presença de obstáculos, era impossível a utilização da linha convencional, com cruzeta.

As redes primárias, fig. 1.10, contam com um tronco principal do qual se derivam ramais, que usualmente são protegidos por fusíveis. Dispõem de chaves de seccionamento, que operam na condição normal fechadas, "chaves normalmente fechadas, NF", que se destinam a isolar blocos de carga, para permitir sua manutenção corretiva ou preventiva. É usual instalar-se num mesmo circuito, ou entre circuitos diferentes, chaves que operam abertas, "chaves normalmente abertas, NA", que podem ser fechadas em manobras de transferência de carga. Na fig. 1.10 estão apresentados dois circuitos que se derivam de uma mesma subestação. Supondo-se a ocorrência de defeito entre as chaves 01 e 02, do circuito 1, ter-se-á, inicialmente, o desligamento do disjuntor na saída da SE e, posteriormente, a equipe de manutenção identificará o trecho com defeito e o isolará pela abertura das chaves 01 e 02. Após a isolação do trecho com defeito, fecha-se o disjuntor da SE restabelecendo-se o suprimento de energia aos consumidores existentes até a chave 01, restando os a jusante da chave 02 desenergizados. Fechando-se a chave NA de "socorro externo" 03, restabelece-se o suprimento desses consumidores através do circuito 02. Destaca-se que o circuito 02 poderia derivar-se de outra SE.

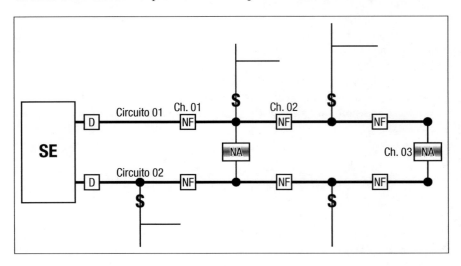

Figura 1.10
Diagrama unifilar de rede primária.

Evidentemente o circuito 02 deve ter capacidade para transporte da carga transferida. Assim, um critério usual para a fixação do carregamento de circuitos, em regime normal de operação, é o de se definir o número de circuitos que irão receber a carga a ser transferida. Usualmente dois circuitos socorrem um terceiro, e estabelece-se que o carregamento dos circuitos que receberão carga não exceda o correspondente ao limite térmico. Assim, sendo:

n   número de circuitos que irão absorver carga do circuito em contingência;
S_{term} carregamento correspondente ao limite térmico do circuito;
S_{reg} carregamento do circuito para operação em condições normais;

resulta para cada um dos circuitos que teriam absorvido a carga do circuito em contingência, um carregamento dado por:

$$S_{term} = S_{reg} + \frac{S_{reg}}{n}$$

donde o carregamento de regime é dado por:

$$S_{reg} = \frac{n}{n+1} S_{term} \qquad (1.2)$$

que no caso de dois circuitos de socorro corresponde a 67 % da capacidade de limite térmico. O advento da automação, com chaves manobradas à distância, permite aumentar a flexibilidade (maior "n") e, consequentemente, maior carregamento dos alimentadores em operação normal, S_{reg}.

1.4.3.3 Primário seletivo

Neste sistema, que se aplica a redes aéreas e subterrâneas, a linha é construída em circuito duplo e os consumidores são ligados a ambos através de chaves de transferência, isto é, chaves que, na condição de operação normal, conectam o consumidor a um dos circuitos e, em emergência, transferem-no para o outro. Estas chaves usualmente são de transferência automática, contando com relés que detectam a existência de tensão nula em seus terminais, verificam a inexistência de defeito na rede do consumidor, e comandam o motor de operação da chave, transferindo automaticamente o consumidor para o outro circuito. Evidentemente a tensão do outro circuito deve ser não nula. Na fig. 1.11 apresenta-se diagrama unifilar de primário seletivo.

Fig. 1.11
Primário seletivo.

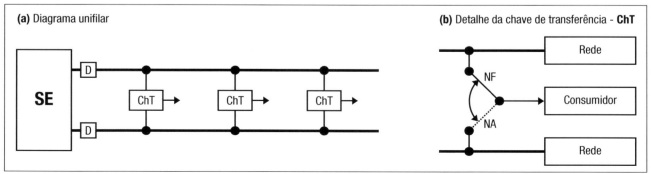

Neste arranjo cada circuito deve ter capacidade para absorver toda a carga do outro, logo, o carregamento admissível em condições normais de operação deve ser limitado a 50% do limite térmico.

1.4.3.4 Redes subterrâneas – Primário operando em malha aberta

Na fig.1.12 apresenta-se o diagrama unifilar de circuito primário operando em malha aberta.

Este tipo de arranjo apresenta custo mais elevado que o anterior, sendo aplicável tão somente em regiões de altas densidades de carga, com grandes consumidores. Usualmente é construído somente em alimentadores subterrâneos. Neste arranjo, fig. 1.12, os consumidores são agrupados em barramentos que contam com dois dispositivos de comando nas duas extremidades (disjuntores) e o alimentador, que se deriva de duas SEs diferentes, ou de dois disjuntores das mesma SE, está seccionado, num ponto conveniente, através de disjuntor que opera aberto na condição normal, NA. Quando da ocorrência de defeito num trecho qualquer da rede tem-se sua isolação, pela abertura dos dois disjuntores da extremidade do trecho, e os barramentos que restaram desenergizados passam a ser supridos pelo disjuntor NA, que tem seu acionamento comandado automaticamente. Este arranjo, que apresenta custo elevado, exige um sistema de proteção sobremodo sofisticado. O circuito opera, em condição normal, com 50% de sua capacidade, porém, deve dispor de reserva para absorver, quando de contingências, a carga total.

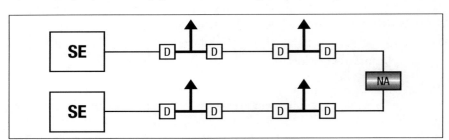

Figura 1.12
Primário em malha aberta.

1.4.3.5 Redes subterrâneas – *Spot network*

Nestas redes, cada transformador de distribuição, com potência nominal de 0,5 a 2,0 MVA, é suprido por dois ou três circuitos. Os circuitos que compõem o *spot network* podem derivar-se de uma única SE ou de SEs distintas.

Na fig. 1.13 apresenta-se o diagrama unifilar de uma rede do tipo *spot network* com dois circuitos que se derivam de uma mesma SE. Observa-se, no barramento de paralelo dos dois circuitos, nos transformadores, a existência de uma chave especial, *NP*, designada por *network protector*, que tem por finalidade impedir o fluxo de potência no sentido inverso. Assim, assumindo-se a existência de um curto-circuito num dos trechos da rede ter-se-á a circulação de correntes apresentadas na fig. 1.14. Observa-se que todos os NP do circuito onde se estabeleceu o curto-circuito são percorridos por corrente em sentido inverso e, de consequência, irão abrir, isolando-se, após a abertura do disjuntor da SE, todo o circuito com defeito. As cargas do sistema estarão energizadas pelo outro circuito.

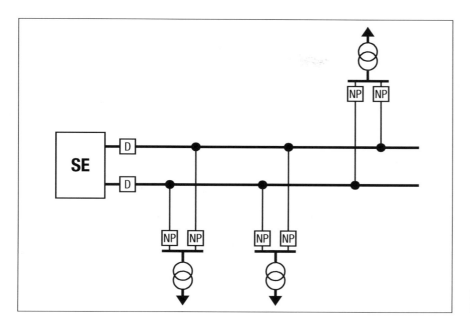

Fig. 1.13
Rede spot network.

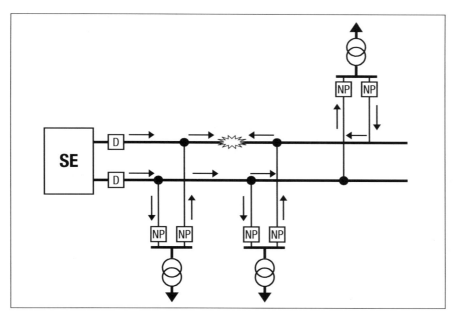

Figura 1.14
Correntes de defeito em rede spot network.

A confiabilidade deste sistema é muito alta, porém o custo das redes em spot network é muito elevado, justificando-se sua utilização somente em áreas de grande densidade de carga. A rede do Plano Piloto de Brasília foi construída em *spot network* com dois e três circuitos que se derivam de SEs diferentes.

1.4.4 Estações transformadoras

As estações transformadoras, ETs, são constituídas por transformadores, que reduzem a tensão primária, ou média tensão, para a de distribuição secundária, ou baixa tensão. Contam, usualmente, com para-raios, para a proteção contra sobretensões, e elos fusíveis para a proteção contra sobrecorrentes, instalados no primário. De seu secundário deriva-se, sem proteção alguma, a rede secundária. Nas redes aéreas utilizam-se, usualmente, transformadores trifásicos, instalados diretamente nos postes. Em geral, suas potências nominais são fixadas na série padronizada, isto é, 10,0 – 15,0 – 30,0 – 45,0 – 75,0 – 112,5 e 150 kVA.

No Brasil, a tensão de distribuição secundária está padronizada nos valores 220/127 V e 380/220 V, havendo predomínio da primeira nos Estados das regiões sul e sudeste e da segunda no restante do país. O esquema mais usual consiste na utilização de transformadores trifásicos, com resfriamento a óleo, estando os enrolamentos do primário ligados em triângulo e os do secundário em estrela, com centro estrela aterrado. Utilizam-se ainda, em alguns sistemas, transformadores monofásicos e bancos de transformadores monofásicos. Na fig. 1.15, ilustra-se um banco de dois transformadores monofásicos na ligação triângulo aberto no secundário. Um dos transformadores, que supre os consumidores monofásicos de baixa tensão a dois ou três fios, conta, no secundário, com derivação central, apresentando tensão nominal, não padronizada, de 230/115 V. As cargas trifásicas são supridas através das fases A, B e C. Observa-se que o valor eficaz da tensão entre o ponto C e a derivação central, ponto N, é $V_{CN} = 230\sqrt{3/2} = 199{,}2$ V, inviabilizando a ligação de qualquer carga entre esses dois terminais. O fio que se deriva do ponto C é correntemente chamado de *"fase alta"*.

Nas redes subterrâneas, a ET, usualmente utilizando transformador trifásico, pode ser do tipo *pad mounted*, quando o transformador é instalado abrigado em estrutura em alvenaria ao nível do solo, ou em cubículo subterrâneo, *vault*, quando o transformador deve ser do tipo submersível.

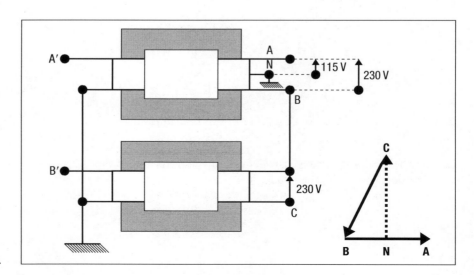

Figura 1.15
Transformador na ligação triângulo aberto.

1.4.5 REDES DE DISTRIBUIÇÃO SECUNDÁRIA

1.4.5.1 Introdução

Da ET, deriva-se a rede de baixa tensão, 220/127 V ou 380/220 V, que pode operar em malha ou radial e que supre os consumidores de baixa tensão, consumidores residenciais, pequenos comércios e indústrias. Alcança, por circuito, comprimentos da ordem de centenas de metros. Destaca-se o predomínio, nesta rede, de consumidores residenciais.

Observa-se que a natureza de cada segmento do sistema define implicitamente o grau de confiabilidade que dele é exigido, em função do montante de potência transportada. Assim, como é evidente, nesta hierarquia de responsabilidade, o primeiro elemento é a SE de subtransmissão, responsável pela transferência de potência da ordem da centena de MVA, e o último é a rede de baixa tensão, na qual a potência em jogo é da ordem de dezenas de kVA. Nesse contexto, a rede de distribuição secundária usualmente não conta com recurso para o atendimento de contingências.

1.4.5.2 Redes secundárias aéreas

As redes secundárias aéreas podem ser radiais ou em malha. Na fig. 1.16 apresenta-se a evolução da rede, que inicia em malha, fig. 1.16 a, e quando alcança seu limite de carregamento, evolui para configuração radial, através da instalação de outro transformador e seccionamento da malha nos pontos A e A′, fig. 1.16 b.

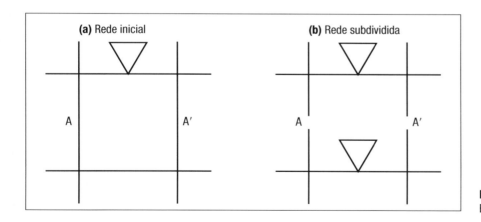

Figura 1.16
Evolução de rede de baixa tensão.

1.4.5.3 Rede reticulada

A rede reticulada, como o próprio nome indica, é constituída por um conjunto de malhas que são supridas por transformadores trifásicos, com seus terminais de baixa tensão inseridos diretamente nos nós do reticulado, conforme fig. 1.17. Entre dois nós é usual utilizar-se, em cada fase, três cabos em paralelo. Isto é feito visando aumentar a confiabilidade e a capacidade de carregamento do sistema. Destaca-se que este tipo de rede, face a apresentar custo

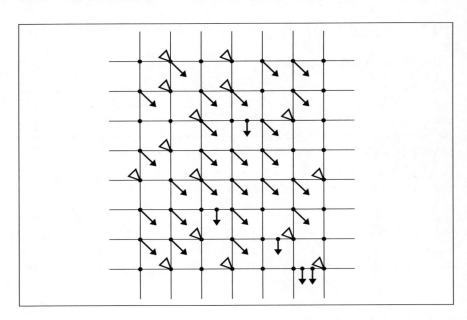

Figura 1.17
Rede secundária reticulada.

extremamente elevado, não é mais construído. Existe em áreas centrais de grandes metrópoles, São Paulo, Rio de Janeiro, Curitiba etc., onde foi instalado há mais de trinta anos.

FATORES TÍPICOS DA CARGA

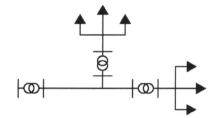

2.1 CLASSIFICAÇÃO DAS CARGAS

2.1.1 INTRODUÇÃO

As cargas dos consumidores supridos por um sistema de potência têm várias características que lhes são comuns, tais como:

- localização geográfica;
- finalidade a que se destina a energia fornecida;
- dependência da energia elétrica;
- perturbações causadas pela carga ao sistema;
- tarifação;
- tensão de fornecimento,

e, a partir de tais características típicas pode-se fixar critérios de classificação dos consumidores, ou melhor, da carga de tais consumidores, cuja análise será objeto de itens subsequentes, nos quais serão fixados critérios de classificação, sem que haja preocupação com suas implicações no estudo da evolução da demanda, "mercado".

2.1.2 LOCALIZAÇÃO GEOGRÁFICA

O sistema de distribuição deve atender consumidores de energia elétrica situados nas cidades e nas zonas rurais, portanto, é óbvia a divisão da área atendida pelo sistema em zonas, tais como: zona urbana, zona suburbana e zona rural. Destacam-se as peculiaridades típicas de cada zona, por exemplo, nos bairros centrais da zona urbana tem-se, em geral, densidade de carga elevada, com consumidores constituídos por escritórios e lojas comerciais, tendo período de funcionamento bem definido e hábitos de consumo comuns a todos eles. Além disso, tal zona geralmente está toda edificada sendo raro o surgimento de novos consumidores, do que resulta crescimento de carga apenas vegetativo, isto é, devido ao surgimento de novos equipamentos elétricos. Já nos bairros periféricos, tem-se densidade de carga menor, com predomínio de consumidores residenciais, podendo existir, ainda, consumidores comerciais e industriais. Finalmente, a zona rural caracteriza-se por densidade de carga muito baixa, consumidores residenciais e agroindustriais, com hábitos de consumo bastante diferentes dos demais.

2.1.3 TIPO DE UTILIZAÇÃO DA ENERGIA

A finalidade para a qual o usuário consome a energia elétrica pode servir de critério para a classificação das cargas, destacando-se:

- cargas residenciais;
- cargas comerciais de iluminação e condicionamento do ar em prédios, lojas, edifícios de escritórios etc.;
- cargas industriais trifásicas em geral, com predomínio de motores de indução;
- cargas rurais de agroindústrias, irrigação etc;
- cargas municipais e governamentais (serviços e poderes públicos);
- carga de iluminação pública.

Estes critérios de classificação são importantes em estudos de planejamento, pois permitem identificar, no caso geral, hábitos de consumo, instantes em que há a maior demanda e variações de tensão produzidas, por exemplo, pela partida de motores.

2.1.4 DEPENDÊNCIA DA ENERGIA ELÉTRICA

Levando-se em conta os prejuízos que a interrupção no fornecimento de energia elétrica ocasiona ao consumidor, as cargas podem ser classificadas em sensíveis, semissensíveis e normais.

Por cargas sensíveis entende-se aquelas em que a interrupção, mesmo momentânea, no fornecimento de energia elétrica acarreta prejuízo enorme devido à perda de produção já feita ou, então, causa danos à instalação. Exemplificando: durante o processo de produção do fio *rayon*, havendo interrupção de fornecimento, ocorrerá a ruptura do fio com a consequente perda da produção já feita. Por outro lado, em altos-fornos, com sopradores acionados eletricamente, a interrupção do fornecimento ocasiona o escoamento da massa fundida com a obstrução dos canais de insuflamento de ar, exigindo a parada do alto-forno por meses. Num hospital, a interrupção, mesmo momentânea, põe em risco a vida humana: centros cirúrgicos, centros de tratamento intensivo, CTI, ou unidades de tratamento intensivo, UTI. Evidentemente, essas instalações contarão com sistemas *no-break*.

As cargas semissensíveis são aquelas em que interrupções de cerca de 10 minutos não ocasionam os prejuízos apresentados pelas sensíveis, perda de produção ou danificação da instalação, porém, interrupções de maior duração provocarão o mesmo tipo de prejuízos. Por exemplo, num microcomputador, operando com *no-break*, que usualmente conta com autonomia de 15 minutos, que esteja processando um caso que demore algumas horas, ter-se-á a perda de toda a atividade já desenvolvida. Por outro lado, no caso de um edifício comercial, cuja ventilação seja feita através de instalação de condicionamento de ar centralizada, a interrupção do fornecimento poderá obrigar a suspensão de todas as atividades.

Finalmente, cargas normais são aquelas em que a interrupção do fornecimento não acarretará os prejuízos citados, porém, é indubitável que qualquer interrupção sempre causa prejuízos, por exemplo, num prédio de apartamentos o condômino somente poderá alcançar seu apartamento subindo a pé pelas escadas, ou, não havendo bombeamento de água dos reservatórios enterrados para os da cobertura, ocasionará falta de água. Numa residência, além de impossibilitar ao consumidor de desfrutar de suas horas de lazer, pode ocasionar prejuízos com a deterioração de alimentos ou produtos conservados no *freezer* ou na geladeira.

Para a concessionária, a interrupção sempre causa prejuízo à sua imagem, ao seu faturamento, além das eventuais penalidades impostas pelos órgãos reguladores. Por outro lado, à nação causa prejuízo devido a não haver produção e, de consequência, estas interrupções podem afetar o P.I.B. do país.

2.1.5 EFEITO DA CARGA SOBRE O SISTEMA DE DISTRIBUIÇÃO

Conforme o ciclo de trabalho as cargas podem ser classificadas em:

- transitórias cíclicas;
- transitórias acíclicas;
- contínuas.

Assim, as primeiras duas são aquelas que não funcionam continuamente, porém o fazem, a primeira, com ciclo de trabalho periódico, e a segunda com ciclo aperiódico. As cargas transitórias impõem ao projeto do sistema soluções mais elaboradas, especialmente em se tratando de cargas de grande potência, de vez que podem ocasionar perturbações indesejáveis.

2.1.6 TARIFAÇÃO

Outro critério de classificação das cargas é o modo como é faturada a energia fornecida, isto é, os usuários são divididos em categorias, por faixa de tensão, a cada uma delas correspondendo tarifação diferenciada. A classificação usual de consumidores por este critério é:

- residenciais;
- comerciais;
- industriais;
- poderes públicos;
- serviços públicos;
- iluminação pública;
- rural.

2.1.7 TENSÃO DE FORNECIMENTO

Como o próprio nome indica, o critério de classificação, neste caso, baseia-se na classe de tensão nominal de fornecimento. Assim, genericamente, tem-se: consumidores em baixa tensão ou secundários, consumidores em média tensão ou primários, consumidores em tensão de subtransmissão e consumidores em alta tensão ou em tensão de transmissão, conforme detalhado no capítulo anterior.

2.2 FATORES TÍPICOS UTILIZADOS EM SISTEMAS DE DISTRIBUIÇÃO

2.2.1 DEMANDA

Em conformidade com as normas técnicas, define-se: "*A **demanda** de uma instalação é a carga nos terminais receptores tomada em valor médio num determinado intervalo de tempo*". Nessa definição entende-se por "carga" a aplicação que está sendo medida em termos de potência, aparente, ativa ou reativa, ou ainda, em termos do valor eficaz da intensidade de corrente, conforme a conveniência. O período no qual é tomado o valor médio é designado por "intervalo de demanda". Observa-se que, fazendo-se o intervalo de demanda tender a zero, pode-se definir a "demanda instantânea". Para cada aplicação, pode-se levantar, num determinado período, por exemplo o dia, a curva da demanda instantânea em função do tempo, obtendo-se a "curva instantânea de demanda no período". Evidentemente, nessa curva ocorrerão flutuações muito grandes na demanda, sendo, portanto, prática corrente tomar-se a curva de demanda do período considerando-se um intervalo de demanda não nulo, usualmente 10 ou 15 minutos.

Na fig. 2.1 apresenta-se curva de carga diária genérica, com intervalo de demanda não nulo. Destaca-se que se a demanda representar potência ativa a área sob a curva corresponderá à energia consumida diariamente.

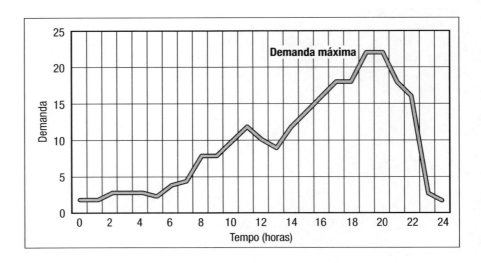

Figura 2.1
Curva diária de demanda.

2.2.2 DEMANDA MÁXIMA

Ainda em conformidade com as normas técnicas, define-se: "A **demanda máxima** de uma instalação ou sistema é a maior de todas as demandas que ocorreram num período especificado de tempo". Não se deve confundir o período durante o qual a demanda foi observada com o intervalo de demanda. Assim, é evidente que quando se fala em demanda máxima é imprescindível que se especifique o período durante o qual a demanda, com intervalo de demanda prefixado, foi observada, ou seja deve-se dizer: demanda máxima diária, mensal, ou anual, conforme o período de observação tenha sido o dia, o mês ou o ano, respectivamente. Usualmente, omite-se o intervalo de demanda que é tomado em 10 ou 15 minutos.

Exemplo 2.1

Um consumidor industrial tem uma carga que apresenta demanda instantânea de 20 kW, que se mantém constante durante dois minutos, ao fim dos quais passa bruscamente para 30 kW, mantém-se constante durante dois minutos e assim continua de 10 em 10 kW até atingir 70 kW, quando se mantém constante por dois minutos ao fim dos quais cai abruptamente para 20 kW e repete o ciclo.

Pede-se determinar a demanda dessa carga com intervalos de demanda de 10, 15 e 30 minutos, admitindo-se que o instante inicial seja o correspondente ao princípio dos dois minutos com 20 kW.

Solução

a. Demanda com intervalo de demanda de 10 minutos. A energia nos primeiros 10 minutos, fig. 2.2, é dada por:

$$\varepsilon_{10\,min.} = (20 + 30 + 40 + 50 + 60) \cdot 2 = 400 \text{ kW}_{minuto}$$

logo a demanda é dada por:

$$D_{10\,min.} = 400/10 = 40 \text{ kW}$$

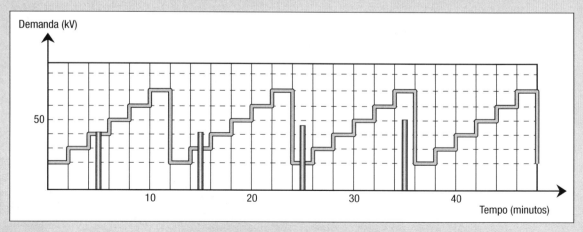

Figura 2.2 Curva de demanda.

Observa-se que, ao longo do tempo, a demanda, com intervalo de demanda de 10 minutos, irá variar em função da variação cíclica da demanda instantânea, conforme apresentado na tab. 2.1.

Tabela 2.1 Demandas – Intervalo 10 minutos

Intervalo	Demandas instantâneas no intervalo (kW)					Energia (kW minuto)	Demanda (kW)
1	20	30	40	50	60	400	40
2	70	20	30	40	50	420	42
3	60	70	20	30	40	440	44
4	50	60	70	20	30	460	46
5	40	50	60	70	20	480	48
6	30	40	50	60	70	500	50
7	20	30	40	50	60	400	40

b. Demanda para intervalo de demanda de 15 minutos. Para os 15 minutos iniciais, tem-se:

$$\varepsilon_{15\,min.} = (20 + 30 + 40 + 50 + 60 + 70 + 20) \times 2 + 30 \times 1 = 610 \text{ kW minuto}$$

logo a demanda é dada por:

$$D_{15\,min.} = 610/15 = 40,6 \text{ kW}$$

Deixa-se ao leitor o cálculo da demanda para os intervalos de tempo subsequentes.

c. Demanda para intervalo de demanda de 30 minutos. Para os 30 minutos iniciais, tem-se:

$$\varepsilon_{30\,min.} = (20 + 30 + 40 + 50 + 60 + 70 + 20 + 30 + 40 + 50 + 60 + 70 + 20 + 30 + 40) \times 2$$

$$= 1.260 \text{ kW minuto}$$

logo a demanda é dada por:

$$D_{30\,min.} = 1.260/30 = 42 \text{ kW}$$

Deixa-se ao leitor a determinação da demanda nos intervalos de tempo subsequentes.

2.2.3 DIVERSIDADE DA CARGA

Um alimentador opera durante o dia com carga variável, logo, deverá ser estudado para a condição de demanda máxima, pois é ela que imporá as condições mais severas de queda de tensão e de aquecimento. Assim, no estabelecimento da demanda máxima põe-se a questão: será a demanda máxima de um conjunto de consumidores igual à soma de suas demandas máximas individuais ? Obviamente, a resposta é não, pois existe em todos os sistemas uma diversidade entre os consumidores resultando para a demanda máxima do conjunto valor, via de regra, menor que a soma das demandas máximas individuais. Assim, define-se: "A demanda diversificada de um conjunto de cargas, num dado instante, é a soma das demandas individuais das cargas, naquele instante". Formalmente, para um grupo de "n" cargas cuja demanda diária é dada por $D_i(t)$, com $i = 1, 2, ..., n$, a demanda diversificada do conjunto de cargas é expressa por:

2.2 — Fatores Típicos Utilizados em Sistemas de Distribuição

$$D_{div}(t) = \sum_{i=1,n} D_i(t)$$

(2.1)

Em particular, a demanda máxima diversificada corresponde ao instante t_a, em que ocorre a demanda máxima do conjunto de cargas, isto é:

$$D_{div,\,máx} = D_{div}(t_a) = \sum_{i=1,n} D_i(t_a)$$

(2.2)

Define-se, ainda, a "demanda diversificada unitária" do conjunto de n cargas, $d_{div}(t)$, como sendo:

$$D_{div}(t) = \frac{1}{n} \cdot \sum_{i=1,n} D_i(t)$$

(2.3)

Define-se, também, o fator de diversidade do conjunto de cargas como: "O fator de diversidade de um conjunto de cargas é a relação entre a soma das demandas máximas das cargas e a demanda máxima do conjunto". Formalmente tem-se:

$$f_{div} = \frac{\displaystyle\sum_{i=1,n} D_{máx,\,i}}{D_{div,\,máx}}$$

(2.4)

Evidentemente, o fator de diversidade, que é um adimensional, é sempre não menor que um, alcançando a unidade quando as demandas máximas de todas as cargas do conjunto ocorrerem no mesmo instante.

Define-se, ainda, o fator de coincidência, que é o inverso do fator de diversidade, isto é:

$$f_{coinc} = \frac{1}{f_{div}} = \frac{D_{div,\,máx}}{\displaystyle\sum_{i=1,n} D_{máx,\,i}}$$

(2.5)

que também é adimensional, porém não maior que um.

Finalmente, define-se o fator de contribuição: "O fator de contribuição de cada uma das cargas do conjunto é definido pela relação, em cada instante, entre a demanda da carga considerada e sua demanda máxima". Este fator, que é adimensional, é sempre não maior que um. Em particular, seu valor é unitário quando, no instante considerado, sua demanda coincide a demanda máxima. Destaca-se que o fator de contribuição é sobremodo importante para o instante da demanda máxima do conjunto, quando é definido como "fator de contribuição para a demanda máxima". Observe-se que, conhecendo-se a demanda máxima, $D_{máx,i}$, e o fator de contribuição para a demanda máxima, $f_{cont,i}$, de cada uma das n cargas (i = 1, 2, ..., n) que compõem um conjunto, obtém-se a demanda máxima do conjunto pela equação:

$$D_{máx,\,conj} = D_{div,\,máx} = \sum_{i=1,n} D_{máx,\,i} \cdot f_{cont,\,i}$$

(2.6)

A eq. (2.6) permite estabelecer a correlação entre os fatores de contribuição de coincidência, isto é:

$$f_{coinc} = \frac{\sum\limits_{i=1,n} D_{máx,\, i} \cdot f_{cont,\, i}}{\sum\limits_{i=1,n} D_{máx,\, i}} \qquad (2.7)$$

Há dois casos particulares que devem ser destacados:

a.   Cargas com demandas máximas iguais

Neste caso tem-se $D_{máx,i} = D$, logo resulta

$$f_{coinc} = \frac{\sum\limits_{i=1,n} D_{máx,\, i} \cdot f_{cont,\, i}}{\sum\limits_{i=1,n} D_{máx,\, i}} = \frac{D \cdot \sum\limits_{i=1,n} f_{cont,\, i}}{n \cdot D} = \frac{\sum\limits_{i=1,n} f_{cont,\, i}}{n} = f_{cont-médio} \qquad (2.8)$$

isto é, o fator de coincidência é igual ao valor médio do fator de contribuição.

b.   Cargas com fatores de contribuição iguais

Neste caso tem-se $f_{cont,i} = f_{cont}$, logo resulta

$$f_{coinc} = \frac{\sum\limits_{i=1,n} D_{máx,\, i} \cdot f_{cont,\, i}}{\sum\limits_{i=1,n} D_{máx,\, i}} = \frac{f_{cont} \cdot \sum\limits_{i=1,n} D_{máx,\, i}}{\sum\limits_{i=1,n} D_{máx,\, i}} = f_{cont} \qquad (2.9)$$

isto é, o fator de coincidência é igual ao de contribuição, independentemente das demandas máximas de cada carga.

Para melhor ilustrar os conceitos envolvidos, seja o caso de um conjunto de consumidores residenciais que disponham de um chuveiro elétrico de potência fixa, como única carga. Nessas condições, a demanda máxima de todas as residências será igual, porém, devido a hábitos de consumo diferentes entre os consumidores, por exemplo: um consumidor utiliza o chuveiro de manhã e à tarde, outro somente pela manhã, outro somente à noite e assim por diante, os fatores de contribuição não serão iguais, assumindo valores 1 ou 0, conforme o usuário utilize ou não o chuveiro elétrico no instante da demanda máxima. Assumindo-se que n' consumidores utilizem o chuveiro elétrico na hora da demanda máxima, resultará para o fator de coincidência valor n'/n, ou seja, igual ao fator de contribuição médio das cargas, conforme eq. (2.8).

Supondo-se agora, para análise da demanda máxima do mesmo grupo de consumidores, que a única carga de cada consumidor seja uma geladeira, e que as mesmas sejam de potências distintas. Nestas condições, as demandas máximas das residências serão diferentes, visto que as capacidades das geladeiras não são iguais, porém, os fatores de contribuição, considerando mesmo ciclo de funcionamento de todas as geladeiras, serão aproximadamente iguais entre si e unitários, logo, o fator de coincidência, que será igual ao de contribuição, conforme eq. (2.9), assumirá valor unitário.

Assim, pode-se alcançar a demanda máxima do conjunto de consumidores residenciais, agora dispondo dos chuveiros elétricos e das geladeiras, lembrando que os eventos funcionamento do chuveiro e da geladeira são independentes, através dos passos a seguir:

- A demanda máxima de cada um dos consumidores, "i", será dada pela soma das potências instaladas do chuveiro elétrico e da geladeira, isto é:

$$D_{máx, i} = P_{chuv,i} + P_{gel,i}$$

- A demanda máxima do conjunto contará com a soma das demandas de n′ chuveiros elétricos e com a soma das potências instaladas em geladeiras, isto é:

$$D_{máx-conj} = n′ \times P_{chuv} + \sum_{i=1,n} P_{gel,1}$$

Observa-se que, aplicando-se o mesmo raciocínio às demais cargas de uma residência, pode-se estimar, com boa aproximação, os fatores de coincidência e de contribuição de todo o conjunto.

Exemplo 2.2

Um sistema elétrico de potência supre uma pequena cidade que conta com 3 circuitos, que atendem, respectivamente, cargas industriais, residenciais e de iluminação pública. A curva diária de demanda de cada um dos circuitos, em termos de potência ativa, kW, está apresentada na tab. 2.2.

Pede-se:

- A curva de carga dos três tipos de consumidores e a do conjunto.
- As demandas máximas individuais e do conjunto.
- A demanda diversificada máxima.
- O fator de contribuição dos três tipos de consumidores para a demanda máxima do conjunto.

Solução

Da fig. 2.3, onde se apresentam as curvas de carga dos três tipos de consumidores e a do conjunto, resulta:

$$D_{máx\ IP} = 50\ kW$$

$$D_{máx\ Res} = 1.450\ kW\ das\ 18\ às\ 19\ horas$$

$$D_{máx\ Ind.} = 1.100\ kW\ das\ 13\ às\ 15\ horas$$

$$D_{máx\ Conj} = 1.900\ kW\ das\ 18\ às\ 19\ horas$$

Os fatores de diversidade e coincidência são dados por:

$$f_{div} = \frac{50 + 1.450 + 1.100}{1.900} = \frac{2.600}{1.900} = 1,368 \quad e \quad f_{coinc} = \frac{1}{f_{div}} = \frac{1}{1,368} = 0,731$$

2 — Fatores Típicos da Carga

Tabela 2.2 Demanda para exemplo 2.2

Hora do dia	Iluminação pública	Carga residencial	Carga industrial	Hora do dia	Iluminação pública	Carga residencial	Carga industrial
0-1	50	70	200	12-13	--	130	900
1-2	50	70	200	13-14	--	90	1100
2-3	50	70	200	14-15	--	80	1100
3-4	50	70	350	15-16	--	80	1000
4-5	50	80	400	16-17	--	100	800
5-6	--	95	500	17-18	--	420	400
6-7	--	90	700	18-19	50	1450	400
7-8	--	85	1000	19-20	50	1200	350
8-9	--	85	1000	20-21	50	1000	300
9-10	--	85	1000	21-22	50	700	200
10-11	--	95	900	22-23	50	200	200
11-12	--	100	600	23-24	50	50	200

A demanda máxima do conjunto ocorre das 18 às 19 horas, portanto, os fatores de contribuição dos três tipos de consumidores são dados por:

$$f_{cont\,IP} = \frac{50,0}{50,0} = 1,0 \qquad f_{cont\,RES} = \frac{1.450,0}{1.450,0} = 1,0 \qquad f_{cont\,IND} = \frac{400,0}{1.100,0} = 0,364$$

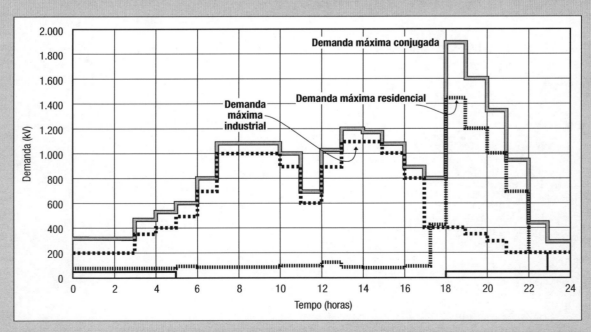

Figura 2.3 Curvas de carga para exemplo 2.2.

2.2.4 FATOR DE DEMANDA

O fator de demanda de um sistema, ou de parte de um sistema, ou de uma carga, num intervalo de tempo τ, é a relação entre a sua demanda máxima, no intervalo de tempo considerado, e a carga nominal ou instalada total do elemento considerado. Destaca-se que a demanda máxima do sistema e a carga nominal do sistema devem, obrigatoriamente, ser medidas nas mesmas unidades, quer de corrente, quer de potência, ou sejam, ambas as grandezas devem estar expressas em A, ou em W, ou em VAr ou em VA. Formalmente resulta:

$$f_{dem} = \frac{D_{máx}}{\sum_{i=1,n} D_{nom,i}} \qquad (2.10)$$

onde
$D_{máx}$ demanda máxima do conjunto das "n" cargas, no intervalo de tempo considerado;
$D_{nom,i}$ potência nominal da carga i.

O fator de demanda, que é um adimensional, geralmente é não maior que um. No entanto, pode alcançar valores maiores que um quando o elemento considerado está operando em sobrecarga. Por exemplo, para um motor, cuja corrente nominal é de 100 A, e que no intervalo de tempo considerado está operando em sobrecarga, absorvendo corrente de 120 A, resultará fator de demanda de 1,2.

Para melhor esclarecer o conceito de fator de demanda, seja o caso de um trecho de alimentador primário que supre conjunto de três transformadores, cujas potências nominais, potências instaladas, e demandas máximas mensais estão apresentadas na fig. 2.4.

Os fatores de demanda individuais dos três transformadores são dados por:

$$f_{dem-trafo1} = \frac{160,0}{150,0} = 1,067 \qquad f_{dem-trafo2} = \frac{60,0}{75,0} = 0,800$$

$$f_{dem-trafo3} = \frac{375,0}{300,0} = 1,250$$

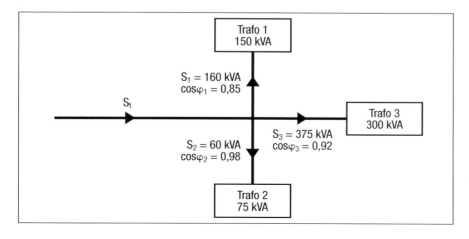

Figura 2.4
Bloco de carga de alimentador primário.

e, para o conjunto resulta:

$$P_t = S_1.\cos\varphi_1 + S_2.\cos\varphi_2 + S_3.\cos\varphi_3 = 160,0 \times 0,85 + 60,0 \times 0,98 +$$
$$+375,0 \times 0,92 = 539 \text{ kW}$$

$$Q_t = S_1.\text{sen}\varphi_1 + S_2.\text{sen}\varphi_2 + S_3.\text{sen}\varphi_3 = 160,0 \times 0,527 + 60,0 \times 0,199 +$$
$$+375,0 \times 0,392 = 243,26 \text{ kVAr}$$

$$S_t = \sqrt{\left(539,80^2 + 243,26^2\right)} = 592,08 \text{ kVA}$$

$$f_{dem-conj} = \frac{S_{conj}}{\sum\limits_{i=1,n} S_{nom,\,i}} = \frac{592,08}{150 + 75 + 300} = 1,128$$

Exemplo 2.3

As potências instaladas, em kW, para os consumidores do ex. 2.2 são:

- iluminação pública   50 kW;
- cons. Residenciais   2.500 kW;
- cons. Industriais   1.600 kW.

Pede-se os fatores de demanda, diários, individuais dos consumidores e total da cidade.

Solução

Tem-se:

$$f_{dem-IP} = \frac{50,0}{50,0} = 1,0 = 100,0\%$$

$$f_{dem-RES} = \frac{1.450,0}{2.500,0} = 0,58 = 58,0\%$$

$$f_{dem-IND} = \frac{1.100,0}{1.600,0} = 0,687 = 68,7\%$$

$$f_{dem-conj} = \frac{1900,0}{50,0 + 2.500,0 + 1.600,0} = \frac{1.900,0}{4.150,0} = 0,458 = 45,8\%$$

2.2.5 FATOR DE UTILIZAÇÃO

O fator de utilização de um sistema, num determinado período de tempo τ, é a relação entre a demanda máxima do sistema, no período τ, e sua capacidade. Obviamente essa definição aplica-se também a parte de um sistema. Este fator, que é adimensional, é calculado definindo-se a demanda máxima e a capacidade nas mesmas unidades. Destaca-se que a capacidade do sistema é obrigatoriamente expressa em unidades de corrente ou de potência aparente. Seu valor é usualmente não maior que um, porém, quando o sistema

2.2 — Fatores Típicos Utilizados em Sistemas de Distribuição

está operando em sobrecarga, assume valor maior de um. Evidentemente esta última condição operativa, no caso geral, não deve ser aceita. Formalmente, sendo:

$D_{máx}$ demanda máxima do sistema no período τ;
C_{sist} capacidade do sistema;
f_{util} fator de utilização do sistema,

resulta:

$$f_{util} = \frac{D_{máx}}{C_{sist}} \qquad (2.11)$$

Destaca-se que, enquanto o fator de demanda exprime a porcentagem da potência instalada que está sendo utilizada, o de utilização exprime a porcentagem da capacidade do sistema que está sendo utilizada.

No exemplo do item precedente, fig. 2.4, o tronco do alimentador tem capacidade para transportar 1,2 MVA, logo, seu fator de utilização é:

$$f_{util} = \frac{592,08}{1.200,00} = 0,4934 = 49,34\%$$

ou seja, sob o ponto de vista de carregamento, o tronco está operando com uma reserva de 50,66%.

2.2.6 FATOR DE CARGA

Define-se fator de carga de um sistema, ou de parte de um sistema, como sendo a relação entre as demandas média e máxima do sistema, correspondentes a um período de tempo τ. O fator de carga, que é adimensional, é sempre não maior que um. Observa-se que para fator de carga unitário corresponde um sistema que está operando, durante o período de tempo τ, com demanda constante. Formalmente, sendo:

$D_{média}$ demanda média do sistema no período τ;
$D_{máx}$ demanda máxima do sistema no período τ;
$d(t)$ demanda instantânea no instante t;
f_{carga} fator de carga do sistema no período τ,

resulta:

$$f_{carga} = \frac{D_{média}}{D_{máx}} = \frac{\int d(t).dt}{D_{máx}.\tau} \qquad (2.12)$$

Multiplicando-se numerador e denominador da equação que exprime o fator de carga pelo período de tempo resulta:

$$f_{carga} = \frac{D_{média} \cdot \tau}{D_{máx} \cdot \tau} = \frac{\text{Energia absorvida no período } \tau}{D_{máx} \cdot \tau} = \frac{\varepsilon}{D_{máx} \cdot \tau} \qquad (2.13)$$

ou

$$\varepsilon = D_{máx} \cdot \tau \cdot f_{carga} = D_{máx} \cdot H_{eq} \qquad (2.14)$$

onde, o produto do fator de carga pela duração do período, τ, é definido por "horas equivalentes", H_{eq}, representando o período durante o qual o sistema deveria operar com sua demanda máxima para se alcançar a mesma energia que operando em sua curva de carga.

Exemplo 2.4

Pede-se determinar para o ex. 2.2 o fator de carga diário dos três tipos de consumidores e do conjunto.

Solução

As energias absorvidas diariamente são dadas por:

ε_{IP} = 11 × 50 = 550 kWh

ε_{RES} = 4 × 70 + 80 + 95 + 90 + 3 × 85 + 95 + 100 + 130 + 90 + 2 × 80 + 100 + 420 + 1450 + 1200 + +1000 + 700 + 200 + 50 = 6.495 kWh

ε_{IND} = 3 × 200 + 350 + 400 + 500 + 700 + 3 × 1.000 + 900 + 600 + 900 + 2 × 1.100 + 1.000 + 800 + + 2 × 400 + 350 + 300 + 3 × 200 = 14.000 kWh

ε_{CONJ} = 550 + 6495 + 14000 = 21.045 kWh

donde resulta

$$f_{carga-IP} = \frac{550}{50 \times 24} = 0,4583 = 45,83\% \qquad f_{carga-RES} = \frac{6.495}{1.450 \times 24} = 0,186 = 18,6\%$$

$$f_{carga-IND} = \frac{14.000}{1.100 \times 24} = 0,530 = 53,0\% \qquad f_{carga-CONJ} = \frac{21.045}{1.900 \times 24} = 0,4615 = 46,15\%$$

Exemplo 2.5

Estabelecer o valor da tarifa mensal, em termos de energia, a ser aplicado a uma carga de modo que se remunere a demanda máxima, com custo C_{dem}, e a energia, com custo C_{en}.

Solução

A demanda máxima, $D_{máx}$, de uma carga que absorve energia mensal ε, com fator de carga f_{carga}, é dada por:

$$D_{máx} = \frac{\varepsilon}{720 \cdot f_{carga}}$$

em que o fator 720 representa o número de horas do mês. Ora, como se deseja a remuneração da demanda máxima e da energia, o custo mensal, C_{mensal}, será dado por:

$$C_{mensal} = D_{máx} \cdot C_{dem} + \varepsilon \cdot C_{en} = \left(\frac{C_{dem}}{720 \times f_{carga}} + C_{en} \right) \cdot \varepsilon$$

ou seja, a tarifa mensal, T_{men}, a ser aplicada sobre a energia é dada por:

$$T_{men} = \frac{C_{dem}}{720 \cdot f_{carga}} + C_{en}$$

2.2.7 FATOR DE PERDAS

Define-se, para um sistema, ou parte do sistema, o "fator de perdas" como sendo a relação entre os valores médio, $p_{médio}$, e máximo, $p_{máximo}$, da potência dissipada em perdas, num intervalo de tempo determinado, τ, isto é:

$$f_{perdas} = \frac{\text{Perda média em } \tau}{\text{Perda máxima em } \tau} = \frac{p_{média}}{p_{máxima}} = \frac{\int p(t) \cdot dt}{p_{máxima} \cdot \tau} \qquad (2.15)$$

onde $p(t)$ representa o valor da perda instantânea no instante t.

Analogamente ao procedimento adotado no item precedente, multiplicando-se numerador e denominador da equação acima pelo intervalo de tempo, τ, resulta:

$$f_{perdas} = \frac{p_{média} \cdot \tau}{p_{máxima} \cdot \tau} = \frac{\text{Energia perdida no intervalo } \tau}{p_{máxima} \cdot \tau} \qquad (2.16)$$

ou seja, a energia perdida no intervalo de tempo τ é dada por

$$\varepsilon_{perdas} = p_{máxima} \cdot \tau \cdot f_{perdas} = p_{máxima} H_{eq,p.} \qquad (2.17)$$

onde o produto do intervalo de tempo pelo fator de perdas exprime as "horas equivalentes para perdas", $H_{eq,p}$, isto é, o número de horas que a instalação deverá funcionar com a perda máxima para que o montante global das perdas seja igual àquelas verificadas no período considerado.

Exemplo 2.6

Um alimentador trifásico, operando na tensão nominal de 22 kV, supre um conjunto de cargas. Conhecendo-se:

a. o comprimento da linha, 10 km;
b. a impedância série da linha 1,0 + j 2,0 ohms/km;
c. a curva diária de carga do conjunto de cargas (fig. 2.5),

pede-se o fator de perdas e a energia dissipada na linha.

Solução

a. Cálculo do fator de perdas

A potência ativa dissipada na linha, em cada instante, é dada por

$$p(t) = 3 \, R \, I^2(t)$$

onde, R é a resistência ôhmica da linha (10 × 1,0 = 10 ohms), I(t) é o valor eficaz da corrente no tempo t. Assumindo-se que a tensão seja mantida constante, pode-se transformar a curva diária de carga, dada em termos de potência aparente, na curva diária de carga, dada em termos de corrente (A). De fato, dividindo-se as ordenadas por $\sqrt{3}\,V$ obtêm-se as correntes, pois que:

$$I(t) = \frac{S(t)}{\sqrt{3} \cdot V} = \frac{S(t)}{\sqrt{3} \times 22} = 0,026243 \times S(t) \, A$$

onde a potência aparente $S(t)$ é expressa em kVA.

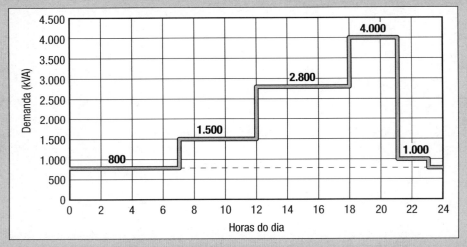

Figura 2.5 Curva diária de carga.

Por outro lado, pode-se converter a curva diária de carga, em termos de potência aparente, na curva diária de perdas, em termos de potência ativa, bastando, para tanto lembrar que:

$$p(t) = 3 \times R \, I^2(t) = 3 \times R \times \left(\frac{S(t)}{\sqrt{3} \times V}\right)^2 = \frac{3 \times 10}{\left(\sqrt{3} \times 22\right)^2} S^2(t) = 0,020661 \times S^2(t) \, W$$

$$p(t) = 20,661 \times 10^{-6} \times S^2(t) \, kW$$

donde se conclui que é suficiente multiplicar a escala de ordenadas ao quadrado pela constante acima.

Da fig. 2.6, onde está apresentada a curva diária de perdas, em termos de kW, obtém-se perda diária de energia de 2.343,178 kWh e perda máxima de 330,578 kW, donde:

$$f_{perda} = \frac{2.343,178}{330,578 \cdot 24} = 0,295$$

Observa-se que o cálculo pode ser simplificado, sem que haja necessidade da determinação da curva diária de perdas, lembrando que a perda em cada intervalo de tempo é dada por:

$$\varepsilon_{p,i} = K \cdot D_i^2 \cdot t_i$$

onde:
$\varepsilon_{p,i}$ energia perdida no intervalo de tempo i de duração t_i;
D_i demanda, em termos de potência aparente, no intervalo de tempo i de duração t_i;
K fator multiplicativo para cálculo da perda.

e o fator de perdas será dado, conforme sua definição, por:

$$f_{perda} = \frac{\sum_{i=1,n} K \cdot D_i^2 \times t_i}{K \times D_{máx}^2 \cdot \sum_{i=1,n} t_i} = \frac{K \cdot \sum_{i=1,n} D_i^2 \times t_i}{K \times D_{máx}^2 \cdot \sum_{i=1,n} t_i} = \frac{\sum_{i=1,n} D_i^2 \times t_i}{D_{máx}^2 \cdot \tau}$$

isto é, independe da constante K, logo independe da resistência do trecho e da tensão nominal, sendo função tão somente do aspecto da curva de carga. Para o exemplo tem-se:

$$f_{perda} = \frac{800^2 \cdot 7 + 1.500^2 \cdot 5 + 2.800^2 \cdot 6 + 4.000^2 \cdot 3 + 1.000^2 \cdot 2 + 800^2 \cdot 1}{4.000^2 \cdot 24} = \frac{113,410 \cdot 10^6}{384 \cdot 10^6} = 0,295$$

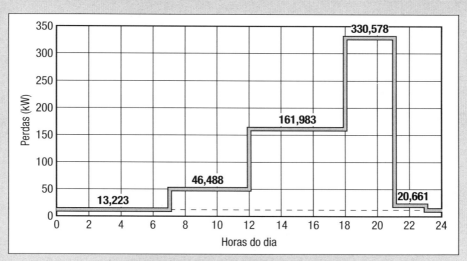

Figura 2.6 Curva diária de perdas.

Destaca-se que quando a curva de carga diária é fornecida em termos de potência ativa, ou potência reativa, com fator de potência variável durante o dia impõe-se que ela seja convertida em curva de carga diária, em termos de potência aparente.

2.2.8 CORRELAÇÃO ENTRE FATOR DE CARGA E FATOR DE PERDAS

Neste item proceder-se-á à pesquisa da correlação entre os fatores de carga e perdas. A análise terá por base consumidor cuja curva de carga, com duração T, apresente demanda dada por:

$$D = D_1 \text{ para } 0 \leq t < t_1$$
$$D = D_2 \text{ para } t_1 \leq t < T,$$
$$\text{com } D_2 \leq D_1$$

Nessas condições o fator de carga será dado por:

$$f_{carga} = \frac{\dfrac{D_1 \times t_1 + D_2 \times (T - t_1)}{T}}{D_1} = \frac{D_1 \times t_1 + D_2 \times (T - t_1)}{D_1 \times T} = \frac{t_1}{T} + \frac{D_2}{D_1}\left(1 - \frac{t_1}{T}\right)$$

Considerando-se que no intervalo T a tensão, V, e o fator de potência, $\cos\varphi$, da carga mantenham-se constantes e lembrando que, em sistemas trifásicos simétricos e equilibrados, as perdas são dadas pelo triplo do produto do quadrado da intensidade de corrente pela resistência ôhmica do trecho considerado, R, pode-se afirmar que as perdas, $p(t)$, são proporcionais ao quadrado da demanda, isto é:

$$p(t) = K \times D^2(t)$$

em que o valor de K, em função da natureza da demanda, está apresentado à tab. 2.3.

Tabela 2.3 Fator K	
Natureza da demanda	**Equação da constante K**
Corrente	$3 \cdot R$
Potência aparente	R / V^2
Potência ativa	$R/(V \cdot \cos \varphi)^2$
Potência reativa	$R/(V \cdot \text{sen } \varphi)^2$
Observações: R – resistência ôhmica do trecho; V – Tensão de linha na carga; φ - Ângulo de rotação de fase entre tensão e corrente. N.B.: Devem ser utilizadas unidades compatíveis	

Assim, ter-se-á:

$$f_{perdas} = \frac{\dfrac{K \times D_1^2 \times t_1 K \times D_2^2 \times (T - t_1)}{T}}{K \times D_1^2} = \frac{D_1^2 \times t_1 + D_2^2 \times (T - t_1)}{D_1^2 \times t_1} = \frac{t_1}{T} + \left(1 - \frac{t_1}{T}\right)$$

A seguir, exprime-se os valores do tempo e da demanda em por unidade, utilizando-se T e D_1 como valores de base para o tempo e para a demanda, resultando:

2.2 — Fatores Típicos Utilizados em Sistemas de Distribuição

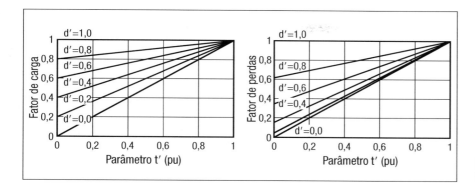

Figura 2.7
Curvas dos fatores de carga e de perdas.

$$t' = \frac{t_1}{T} \quad e \quad d' = \frac{D_2}{D_1}$$

$$f_{carga} = t' + d'(1-t') = (1-d')t' + d'$$

$$f_{perdas} = t' + d'^2(1-t') = (1-d'^2)t' + d'^2$$

Num sistema de coordenadas cartesianas, as curvas dos fatores de carga e de perdas, em função de t', parametrizadas em d', são retas, fig. 2.7, para as quais destacam-se os três casos particulares a seguir:

a. quando t' tende a 1 (um), ou d' tende a 1 (um), representando curva de carga constante, tem-se:

$$f_{perdas} = f_{carga} = 1$$

b. quando d' tende a 0 (zero), representando carga constante durante tempo t' e demanda nula após esse tempo, tem-se:

$$f_{perdas} = f_{carga} = t'$$

c. quando t' tende a 0 (zero), representando curva de carga com ponta de duração muito pequena, tem-se:

$$f_{perdas} = d',$$
$$f_{carga} = d'^2$$

ou seja, $f_{perdas} = f_{carga}^2$.

Assim, o valor do fator de perdas deve estar compreendido entre aqueles dois valores limites e, a quaisquer outros valores dos parâmetros, t' e d', corresponderá valor interno a esse intervalo, assegurado por uma equação do tipo:

$$f_{perdas} = kf_{carga} + (1-k)f_{carga}^2 \tag{2.18}$$

onde k apresenta valor entre 0 e 1.

Na fig. 2.8 apresentam-se as duas curvas limites e uma curva intermediária, com k = 0,3.

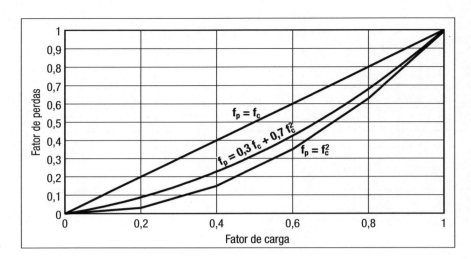

Figura 2.8
Correlação entre fatores de carga e perda.

2.2.9 CURVA DE DURAÇÃO DE CARGA

Conforme foi visto, a curva de carga de um consumidor, ou de um conjunto de consumidores, fornece todas as informações pertinentes ao comportamento da carga e à sua solicitação ao sistema que a supre. Observa-se, no entanto, que a curva de carga diária varia, durante a semana, sensivelmente, dos dias úteis, de 2ª a 6ª feira, para os dias festivos, sábado e domingo. Tal variação é mais acentuada ao longo do ano, quando varia com a estação, com o período de férias etc. Assim, há um sem-número de aplicações em que se quer estabelecer limites, com uma visão macroscópica do comportamento da carga. Por exemplo, deseja-se determinar o número de horas ao longo do ano em que a carga é não maior que um certo montante, ou ainda, estabelecer a probabilidade de ocorrência de demandas em certa faixa de valores. Para tanto, define-se, para um dado período de tempo, a "curva de duração da carga" que permite estabelecer durante quanto tempo a demanda é não menor que um certo valor.

Assim, para a construção da curva de duração de carga o procedimento a ser seguido resume-se nos passos:

- ordenam-se, em ordem decrescente, as demandas verificadas no período;
- determina-se, para cada valor da demanda, o tempo durante o qual ela ocorreu;
- acumulam-se, na ordem das demandas decrescentes, os tempos de ocorrência de cada uma delas;
- procede-se à construção da curva de carga estabelecendo-se o valor dos patamares de demanda para cada um dos intervalos de tempo acumulados.

A fig. 2.9 ilustra uma dada curva de duração de carga.

Da análise da curva da fig. 2.9, observa-se que durante 100 horas a demanda é não menor que 1.800 kW e nas 720 h do mês, a demanda é não menor que 400 kW. Observa-se que exprimindo-se a curva de duração de carga em

2.2 — Fatores Típicos Utilizados em Sistemas de Distribuição

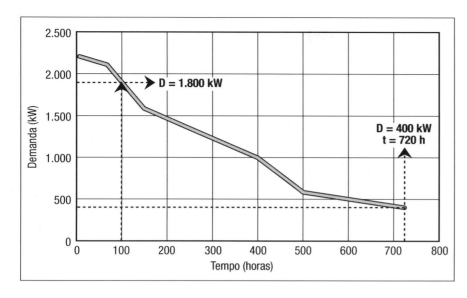

Figura 2.9
Curva mensal de duração de carga.

por unidade, tomando-se como valores de base para o tempo 720 horas e de potência ativa a demanda máxima, 2.200 kW, alcança-se a curva da fig. 2.10, onde, observa-se que demandas não menores que 0,70 pu (1.540 kW) ocorrem durante 22% do tempo, isto é, a probabilidade que a carga exceda 70% da demanda máxima é 22%.

Na fig. 2.11 apresenta-se a curva de distribuição de probabilidade de que a carga seja não menor que um dado valor ou, a que lhe é complementar, que seja não maior que um dado valor. Da figura observa-se que:

- Cargas menores que 0,18 pu têm probabilidade 0 de ocorrência.
- Cargas maiores que 0,18 pu têm probabilidade 1 de ocorrência.
- Cargas menores que 0,4 pu têm probabilidade 0,4 de ocorrência.
- Cargas maiores que 0,4 pu têm probabilidade 0,6 de ocorrência.

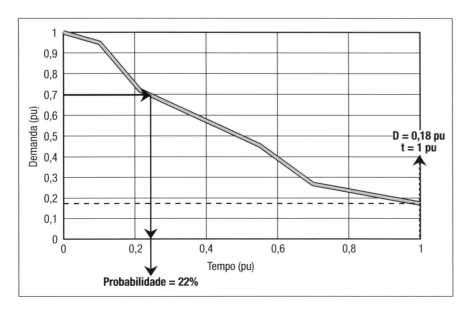

Figura 2.10
Curva mensal de duração de carga em por unidade.

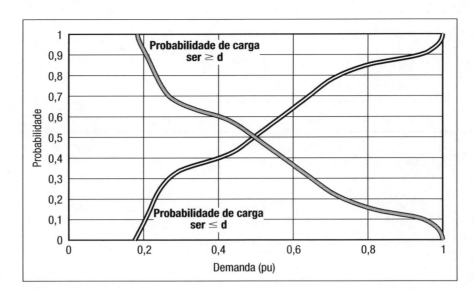

Figura 2.11
Curva de distribuição de probabilidades.

Exemplo 2.8

A demanda medida, durante uma semana, de um consumidor comercial está apresentada na tab. 2.4, onde as demandas estão em kW e o fator de potência mantém-se constante nos intervalos.

Tabela 2.4 Medições para exemplo 2.8									
Hora (h)	00 às 07	07 às 08	08 às 09	09 às 12	12 às 13	13 às 14	14 às 15	15 às 20	20 às 24
Dias úteis - 2ª a 6ª feira									
Demanda (kW)	180	350	1.200	1.000	1.300	700	900	1.500	180
Fator de potência	0,85	0,85	0,92	0,89	0,93	0,90	0,91	0,89	0,85
Dias festivos - Sábado e domingo									
Demanda (kW)	180	180	180	180	180	320	320	200	180
Fator de potência	0,85	0,85	0,85	0,85	0,85	0,88	0,88	0,85	0,85

Pede-se:

- a curva de duração semanal desse consumidor;
- a energia absorvida semanalmente pelo consumidor;
- os fatores semanais de carga e de perdas.

Solução

Inicialmente determina-se, tab. 2.5, as demandas, ordenadas em ordem decrescente, com suas durações no período e suas durações acumuladas. A partir desses valores desenham-se as curvas de duração de carga em termos de potência ativa (kW) e aparente (kVA), fig. 2.12.

A energia absorvida semanalmente pelo consumidor é dada pela área sob a curva da fig. 2.12-a, que vale:

$$\varepsilon_{semanal} = 94.500 \text{ kWh}$$

O fator de carga é dado por:

$$f_{carga} = \frac{94.500}{1.500 \cdot 168} = 0,375$$

Analogamente, obtém-se para o fator de perdas:

$$f_{perdas} = \frac{\int p^2(t) \cdot dt}{p_{máx}^2 \cdot \tau} = \frac{122.051,0}{1.685,4^2 \times 168} = 0,2558$$

Observe-se que utilizando-se a equação empírica de correlação entre fator de carga e perdas, com k=0,3, resulta

$$f_{perdas} = 0,3 \cdot f_{carga} + 0,7 \cdot f_{carga}^2 = 0,2105$$

A fig. 2.13 apresenta a curva de duração de carga, com os tempos em % do período semanal e os valores de demanda em pu da demanda máxima. Neste caso, a área sob a curva representa o fator de carga para a semana.

Tabela 2.5 Demandas e durações

Demanda (kW)	Fator de potência	Demanda (kVA)	Duração (h)	Duração acumulada (h)	Período de ocorrência Dias úteis	Período de ocorrência Dias festivos
1.500	0,89	1.685,4	25	25	15 às 20 horas	-----
1.300	0,93	1.397,8	5	30	12 às 13 horas	-----
1.200	0,92	1.304,3	5	35	08 às 09 horas	-----
1.000	0,89	1.123,6	15	50	09 às 12 horas	-----
900	0,91	989,0	5	55	14 às 15 horas	-----
700	0,90	777,8	5	60	13 às 14 horas	-----
350	0,85	411,8	5	65	07 às 08 horas	-----
320	0,88	363,6	4	69	-----	13 às 15 horas
200	0,85	235,3	10	79	-----	15 às 20 horas
180	0,85	211,8	55 + 34 = 89	168	00-07 e 20-24	00-13 e 20-24

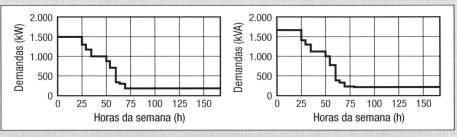

Figura 2.12 Curvas de duração de carga. a. Curva de duração em kW; b. Curva de duração em kVA.

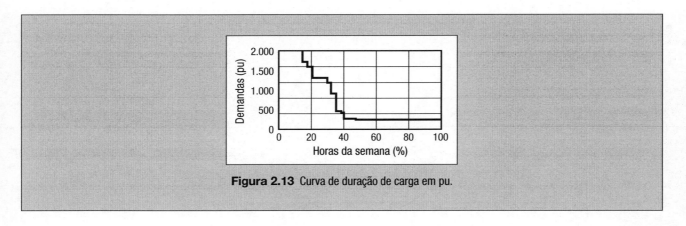

Figura 2.13 Curva de duração de carga em pu.

2.3 CONCEITOS GERAIS DE TARIFAÇÃO

A tarifa da energia elétrica tem por finalidade remunerar a concessionária dos investimentos no sistema e dos custos operacionais. Deve-se lembrar que o sistema está construído de modo a atender à demanda máxima, que, conforme já foi visto, tem duração diária de cerca de duas horas, assim, é razoável considerar-se estrutura tarifária que leve em conta tarifação da demanda máxima verificada e da energia absorvida, "tarifa binômia".

Para melhor esclarecer esse conceito, seja o caso de dois consumidores, que apresentam as curvas diárias de carga da fig. 2.14, na qual um tem fator de carga baixo, demanda máxima muito grande, 50 kW, e energia absorvida pequena, 200 kWh, e, o outro apresenta fator de carga alto, demanda máxima pequena, 20 kW, e energia absorvida grande, 380 kW. Evidentemente a maior parte do investimento feito na rede destina-se ao atendimento do consumidor 1, demanda de 50 kW.

Assim, caso a tarifação fosse feita somente pela energia suprida, quando nessa tarifa deveria estar compreendida a amortização da instalação, o consumidor 2 pagaria o 65,5% do total e o 1, responsável pelo investimento da concessionária, somente o 34,5%. Esta distorção é sanada pela tarifa bi-

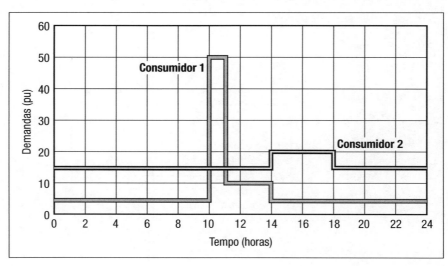

Figura 2.14
Curvas de carga diárias.

nômia que remunera a amortização do investimento pela tarifa de demanda e os custos operacionais pela de energia, isto é, sendo C_{dem} a tarifa mensal correspondente à demanda, R$/kW/mês, que representa o custo mensal de amortização da instalação, e $C_{energia}$ a tarifa mensal de energia, R$/kWh, que representa o custo operacional, o faturamento mensal será:

- Consumidor 1 $50\ C_{dem} + 200\ C_{energia}$
- Consumidor 2 $20\ C_{dem} + 380\ C_{energia}$

ou seja, o consumidor 1 paga pela amortização de 71,4% do investimento e por 34,5% do custo operacional, enquanto o 2 paga por 28,6% da amortização e por 65,5% do custo operacional. Evidentemente, trata-se de um exemplo para o esclarecimento do conceito de tarifa binômia, destacando-se que, na realidade, a instalação seria dimensionada pela demanda diversificada (50 + 15 = 65 kW) e seria razoável que o consumidor 2 pagasse somente a demanda que incide na hora de ponta (15 kW).

O problema de fixação da tarifa se afigura de maior complexidade que o exemplo simplista apresentado, pois que, deve levar em consideração, dentre outros, fatores pertinentes à disponibilidade de água nos reservatórios, *ano seco* ou *ano úmido*, à estação do ano, período de seca ou de chuva etc. Por sua complexidade, o assunto foge ao escopo deste livro.

REFERÊNCIAS BIBLIOGRÁFICAS

[1] Westinghouse Electric Corporation, Electric Utility Engineering Reference Book – *Distribution systems*, 1959

[2] ASA – *American Standard Definitions of Electric Terms* – ASA C42.35, 1957.

[3] ABNT - NBR 5456 – *Eletricidade geral* – Terminologia.

[4] ABNT - NBR 5460 – *Sistemas elétricos de potência* – Terminologia.

CORRENTE ADMISSÍVEL EM LINHAS

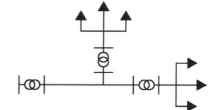

3.1 INTRODUÇÃO

3.1.1 CONSIDERAÇÕES GERAIS

Os cabos utilizados nos sistemas de distribuição da energia elétrica contam com o alumínio ou o cobre, este, mais raramente, como material condutor. Conforme as características da rede, utiliza-se condutores nus, protegidos ou isolados, onde, por condutores protegidos entende-se aqueles que contam com capa de material isolante, a qual se destina a proteger a linha contra contatos acidentais, por exemplo, roçar de ramos de árvores pela ação do vento. Destaca-se que a capa de proteção não garante a isolação dos condutores da linha.

Para a melhor compreensão das características construtivas de cabos é imprescindível que se teçam breves comentários pertinentes ao cálculo mecânico de linhas. Assim, as linhas aéreas, que são suportadas por postes ou torres, ao serem lançadas apresentam um perfil de catenária, fig. 3.1, e estão submetidas a esforço de tração devido à combinação dos esforços oriundos de seu peso próprio e da pressão do vento. Evidentemente, a tração mecânica a ser aplicada aos cabos da linha, para limitar a flecha a valor aceitável, deve ser inferior, com coeficiente de segurança, à carga de escoamento do material. Nessas condições, o vão da linha e o peso do cabo definem o esforço correspondente ao peso próprio que, para um mesmo cabo, varia linearmente, desprezando-se a catenária, com o vão da linha.

Os cabos de alumínio, nus ou protegidos, que são utilizados em linhas aéreas são designados por **CA**, cabo de alumínio, ou **CAA**, cabo de alumínio com alma de aço. Os primeiros não contam com reforço mecânico algum, ao passo que os segundos contam com alma de aço, que é responsável pela sustentação do esforço mecânico.

O cabo CA é um encordoado concêntrico de condutores compostos de uma ou mais camadas helicoidais (coroas) de fios de alumínio, usualmente de mesmo diâmetro. As camadas helicoidais sucessivas são enroladas em sentidos opostos. A primeira camada, fio central, é constituída por um único

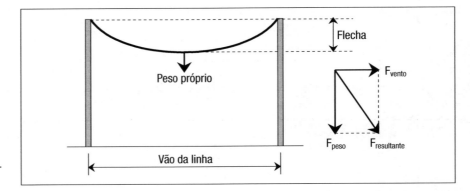

Figura 3.1
Características mecânicas de linhas aéreas.

fio, a segunda camada contará com 6 fios e a cada camada subsequente são adicionados 6 fios, de modo que se terá no total 7, 19, 37, 61 fios conforme o cabo disponha de 2, 3, 4 ou 5 camadas. Assim, para cabos CA, com fios de mesmo diâmetro, o número total de fios, n_{fios}, em função do número de camadas, $n_{camadas}$, é dado por:

$$n_{fios} = 1 + 6 + 12 + ... + 6(n_{camadas} - 1)$$

onde se observa que do segundo ao último termo tem-se uma progressão aritmética de razão 6, logo:

$$n_{fios} = 1 + \frac{6 + 6(n_{camadas} - 1)}{2}(n_{camadas} - 1) = 3n_{camadas}^2 - 3n_{camadas} + 1 \quad (3.1)$$

Para os cabos CAA a construção é similar, exceto pelo fato de que nas camadas iniciais utiliza-se fios de aço e nas mais externas fios de alumínio. Quando os fios de aço e alumínio apresentam o mesmo diâmetro a eq. 3.1 é aplicável. Na fig. 3.2 apresenta-se a seção reta de um cabo CA, com 19 fios de alumínio, e de um CAA, com 7 fios de aço e 30 fios de alumínio. Os cabos CAA são identificados, dentre outros elementos, pelos números de fios de alumínio e de aço, assim, para o caso da fig. 3.2 ter-se-á cabo CAA 30 Al/7 Aço, ou, mais simplesmente, cabo CAA 30/7. A eq. 3.1 não é aplicável aos cabos CAA quando os diâmetros dos fios de aço e alumínio forem diferentes.

Os cabos CAA são utilizados, mais correntemente, em linhas de subtransmissão que apresentam os maiores vãos. Nas redes de distribuição em média tensão urbanas, estando o vão limitado a cerca de 30 a 40 m, utilizam-se, mais correntemente, cabos CA. Para as redes rurais pode-se utilizar os cabos CA ou CAA nus ou protegidos, em função das características da área onde a rede se desenvolve. Finalmente, nas redes de baixa tensão utiliza-se cabos CA protegidos ou nus.

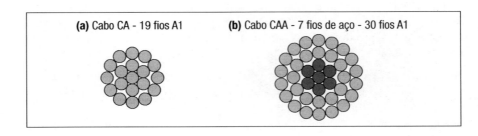

Figura 3.2
Cabos CA e CAA.

3.1.2 SEÇÕES DA SÉRIE MILIMÉTRICA

As normas brasileiras definem que a identificação dos condutores, quanto à área da seção transversal, é feita, pela sua seção nominal, em mm^2. Na tab. 3.1 apresenta-se a série de seções nominais normalizadas. Destaca-se que as normas aceitam, mesmo não as recomendando, outras seções nominais, tais como 1.400 mm^2 e 1.800 mm^2. Na identificação de um cabo, além do material de que é constituído, são utilizados ainda o tipo de têmpera do material condutor, a classe de encordoamento, o tratamento dado ao cabo: cabos redondos concêntricos normais e cabos redondos compactados, a existência ou não de revestimento nos fios elementares, por exemplo: fios nus ou fios de cobre estanhados. Para o caso de cabos de alumínio os fios podem ser recobertos com materiais resistentes às intempéries.

Tabela 3.1 Seções nominais								
Seções nominais normalizadas (mm^2)								
0,5	0,75	1	1,5	2,5	4	6	10	16
25	35	50	70	95	120	150	185	240
300	400	500	630	800	1000	1200	1600	2000

3.1.3 SEÇÕES DEFINIDAS PELA AMERICAN WIRE GAGE

A série de seções nominais da American Wire Gage, AWG, mesmo não sendo aceita pelas normas brasileiras merece detalhamento, pois que seu uso é extremamente difundido em sistemas elétricos de potência.

A AWG, também conhecida por Brown & Sharp Gage (BSG), que foi idealizada em 1867 por J. R. Brown, caracteriza-se pelo fato que aos diâmetros sucessivos da série correspondem os passos sucessivos no processo de trefilação. Cada seção nominal é identificada por um código numérico sequencial, "*bitola*", que se estende desde o código 36, correspondente à seção de menor diâmetro, até o código 1. Conta ainda com os códigos adicionais 0 (1/0), 00 (2/0), 000 (3/0) e 0000 (4/0). Evidentemente quanto maior for o número de código tanto menor será o diâmetro do condutor. Na AWG os diâmetros das seções nominais estão em progressão geométrica. Para a determinação da razão da progressão geométrica, r, observa-se que às seções extremas, 4/0 AWG e 36 AWG, correspondem diâmetros de 0,4600" e de 0,0050", respectivamente, e que existem 38 termos entre esses dois (números inteiros de 35 a 1, inclusos, e 1/0, 2/0, 3/0). Isto é,

$$r = \sqrt[39]{\frac{0,4600}{0,0050}} = \sqrt[39]{92} = 1,1229322 \tag{3.2}$$

O diâmetro, d_n, de um condutor de qualquer seção nominal, n, é obtido a partir do diâmetro, d_0, da seção nominal inicial por:

$$d_n = d_0 . r^n \tag{3.3}$$

Das eqs. (3.2) e (3.3), sendo $r^3 = 1,415991 \cong \sqrt{2}$ e $r^6 = 2,005031 \cong 2$, conclui-se que:

- a cada três códigos de bitolas dobra-se a área da seção transversal do cabo;
- a cada seis códigos de bitola dobra-se o diâmetro do cabo;

ou seja, conhecendo-se a seção da área transversal de três bitolas sucessivas conhece-se a seção de todos os cabos da série.

Para cabos maiores do que o 4/0 AWG substitui-se a série AWG pela área de sua seção reta em MCM. Assim, define-se o "circular mil", CM, que representa a área de um condutor circular cujo diâmetro é um milésimo de polegada, isto é:

$$1 \text{ CM} = \frac{\pi \cdot 0,001^2}{4} = 0,785398 \times 10^{-6} \text{ polegadas ao quadrado}$$

ou

$$1 \text{ CM} = \frac{\pi \cdot 0,0254^2}{4} = 0,506707 \times 10^{-3} \text{ mm}^2$$

sendo essa unidade muito pequena, define-se, seu múltiplo, o MCM, que corresponde a 1.000 CM, isto é, 1 MCM = 0,506707 mm².

Exemplo 3.1

Pede-se determinar:

a. A área, em MCM, de um cabo 4/0 AWG, cuja seção transversal é 107,22 mm².

b. A área, em mm², e o diâmetro, em mm, de um cabo de 250 MCM.

Solução

a. Para o cabo 4/0 AWG resulta:

$$107,22/0,506707 = 211,6 \text{ MCM.}$$

b. Para o cabo de 250 MCM tem-se:

$$S = 250 \times 0,506707 = 126,675 \text{ mm}^2 \quad e \quad d = 12,70 \text{ mm}$$

3.1.4 CABOS ISOLADOS

O pioneiro no transporte de energia por cabos subterrâneos foi Sebastião Ferranti, que em 1891 projetou e construiu a primeira linha em cabo subterrâneo para o suprimento da cidade de Londres a partir de uma usina situada a cerca de 10 km de distância, operando na tensão de 10 kV. Houve, daquela data até os dias presentes, grande evolução na técnica de construção de cabos para linhas subterrâneas, dispondo-se de inúmeros tipos de cabos. Em que pese a diversidade de técnicas de construção de cabos, pode-se asseverar que qualquer cabo consiste nos três componentes básicos a seguir:

3.1 — Introdução

- Condutor metálico, em cobre ou alumínio, que se destina a estabelecer o contato elétrico entre o ponto de suprimento e a carga;

- A isolação do cabo, também chamada de dielétrico ou isolante, que evita o risco de contato direto entre objetos, ou pessoas, com o condutor energizado;

- A proteção externa que tem por finalidade proteger o cabo contra a penetração de umidade, danificação mecânica, ataque químico ou eletroquímico ou, ainda, contra qualquer outra influência externa que seja passível de prejudicar o funcionamento do cabo.

Os cabos, quanto à isolação, podem ser classificados nas três grandes famílias:

- cabos isolados com papel impregnado;
- cabos isolados com dielétricos sintéticos;
- cabos isolados por gases comprimidos;

exigindo-se da isolação, independentemente do tipo utilizado, alta rigidez dielétrica, alta resistência de isolação, grande durabilidade, resistividade térmica razoavelmente baixa, características não higroscópicas, imunidade a ataques químicos, facilidade de manuseio e o menor custo possível, consistente com as exigências anteriores.

Os cabos utilizados em sistemas de distribuição contam, em sua grande maioria, com isolação constituída por dielétricos sintéticos, notadamente, os termoplásticos cloreto de polivinila, "PVC", polietileno, "PE", e os termofixos polietileno reticulado, "XLPE", borracha etileno propileno, "EPR", policloropreno, "neoprene". Estes dielétricos são polímeros, isto é, substâncias que contam com longas macromoléculas obtidas de moléculas curtas ou grupos de moléculas. Destaca-se que os termoplásticos apresentam redução sensível em sua resistência mecânica quando operam em temperaturas de 75 °C. Acima de 100°C, as deformações tornam-se sobremodo consideráveis. Por outro lado, os termofixos apresentam melhor desempenho, em função da temperatura, graças à conversão da estrutura molecular linear dos termoplásticos numa estrutura molecular multidirecional, contando com diversas interligações. Na tab. 3.2 apresentam-se, para os diferentes dielétricos, as temperaturas de operação em regime permanente e em curto-circuito.

Tabela 3.2 Temperaturas de operação para dielétricos		
Dielétrico	**Temperatura admitida (°C)**	
	Operação contínua	**Operação curto-circuito**
Papel impregnado	65 – 80	160 – 250
PVC	70	150 – 160
PE baixa densidade	70	120
PE alta densidade	80	160
XLPE	90	250
EPR	90	250

Entre o condutor e a isolação usualmente utiliza-se uma camada semicondutora, constituída de fita de papel carbono, que tem a finalidade principal de uniformizar o campo elétrico na superfície do condutor e reduzir os gradientes de potencial. Nos casos dos dielétricos sintéticos tem ainda a finalidade de preencher os espaços vazios existentes na superfície do fio condutor.

À camada isolante segue-se a "blindagem", que é constituída por uma capa metálica, fios dispostos helicoidalmente sobre a isolação, ou por tubo extrudado, ou por fitas. A blindagem tem as finalidades de: confinar o campo elétrico no interior do condutor; obter simetria radial do campo elétrico, minimizando a possibilidade de descargas superficiais; reduzir o risco de choque elétrico, quando a blindagem está aterrada; proteger o cabo de tensões induzidas e limitar a radiointerferência. Entre a isolação e a blindagem utiliza-se capa semicondutora, com as mesmas funções descritas anteriormente.

Após a blindagem podem ser utilizadas capas internas, constituídas por material isolante, capa metálica, designada por "armação" que tem a função de proteger o cabo de tensões ou danos mecânicos, e capa de cobertura, constituída por material isolante, que se destina a proteger a armação contra o contato com agentes externos que poderiam ocasionar sua corrosão.

Os cabos podem contar com uma única veia, cabo unipolar, ou com mais de uma veia, cabos multipolares, em particular bipolares quando contam com duas veias, tripolares com três veias. Ainda podem ser do tipo pré-reunido, quando se procede à torção de cabos unipolares "reunindo-os" num único cabo. Na fig. 3.3 apresenta-se um cabo unipolar contando com os elementos: condutor, camada semicondutora, isolação, camada semicondutora, blindagem e capa externa de cobertura.

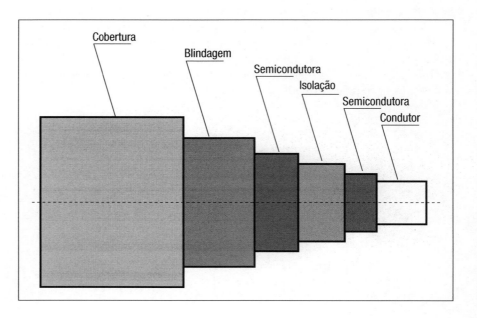

Figura 3.3
Detalhe de cabo unipolar.

3.2 CORRENTE ADMISSÍVEL EM CABOS

3.2.1 INTRODUÇÃO

A fixação da corrente admissível em condutores está ligada ao valor da temperatura que ele atingirá devido ao calor produzido pela circulação de corrente, efeito Joule. No caso particular de cabos isolados acresce-se ao calor produzido no condutor aquele devido à circulação de corrente pelas capas metálicas, blindagem e armação, e às perdas dielétricas na isolação. Observa-se que a temperatura alcançada pelo condutor está ligada ao valor da intensidade de corrente que o percorre e ao tempo durante o qual tem-se a circulação de corrente. Assim, define-se:

- Corrente admissível para regime permanente, ou para fator de carga de 100%, que representa aquela intensidade de corrente que circulando continuamente pelo condutor produz elevação de sua temperatura, sobre a do ambiente, de valor especificado. Observa-se que tal elevação de temperatura deve estar limitada de modo a não danificar nem o condutor, nem suas emendas.

- Corrente admissível para regime de curta duração, que corresponde ao caso de ocorrer um curto-circuito na linha que é rapidamente interrompido pelos dispositivos de proteção, quando tem-se corrente de elevada intensidade circulando pelo condutor durante tempo muito curto.

Os critérios para a fixação dos valores da corrente admissível em cabos serão objeto de itens subsequentes em função do tipo de cabo utilizado: nus, protegidos ou isolados. No entanto, cumpre destacar que nos cabos nus a temperatura influi sobre suas propriedades mecânicas e nas emendas, nos protegidos além desses fatores há que se considerar a danificação da capa protetora e nos cabos isolados a deterioração da isolação.

3.2.2 EQUACIONAMENTO TÉRMICO – PEQUENAS VARIAÇÕES DE CORRENTE

O estudo térmico do aquecimento de um cabo pela circulação de corrente é um problema de transferência de calor cuja solução rigorosa nem sempre é possível, pois que, há diversos fatores cuja determinação é sobremodo difícil. Destaca-se, no entanto, que para as aplicações práticas que se tem em vista uma solução aproximada é bastante satisfatória.

Inicialmente, visando simplificar o tratamento, considerar-se-á o caso de um condutor nu, sem o efeito da radiação solar, para, a seguir, introduzirem-se as correções para o caso de cabos protegidos e isolados. Assim, um condutor percorrido por corrente torna-se sede de produção de calor por efeito Joule ($I^2 r$), calor esse que em parte é transferido ao ambiente e em parte é acumulado em seu interior determinando o aumento de sua energia interna e de sua temperatura. A equação que rege o balanço térmico é:

$$\text{Calor produzido por efeito Joule} =$$
$$= \text{Calor transferido ao ambiente} +$$
$$+ \text{Calor acumulado no cabo}$$

Para o tratamento analítico do problema serão estabelecidas as hipóteses simplificativas a seguir:

a. Durante o aquecimento e em regime a temperatura é uniforme em toda a massa do condutor e, em particular, a temperatura é igual em todos os pontos de sua superfície externa.

b. O condutor se constitui num corpo de capacidade térmica, Q (Joule/°C) bem definida e está imerso num meio homogêneo, no qual, a certa distância do condutor a temperatura é constante, "temperatura ambiente".

c. Para variações pequenas da temperatura a resistividade do condutor será assumida constante.

Nessas condições, a equação que rege o balanço térmico, por unidade de comprimento de cabo, é dada por

$$W\,dt = Q\,d\theta + A\,K\,\theta\,dt \qquad (3.4)$$

onde:
$W = RI^2$ quantidade de calor produzida por efeito Joule (W);
$Q = cp$ capacidade térmica do condutor (Joule/°C);
c calor específico do condutor (Joule/°C kg);
p peso do condutor (kg);
$d\theta$ variação da temperatura do condutor (°C) durante o intervalo de tempo dt;
A área da superfície do condutor emissora de calor (m^2);
K coeficiente de dispersão do calor (W/°C m^2) que engloba irradiação e convecção;
θ diferença de temperatura entre o condutor e o ambiente (°C).

Admitindo-se que o coeficiente de dispersão de calor, K, também chamado por alguns autores de adutância específica integral, é constante durante o processo de aquecimento e que W e Q também são constantes e independentes da temperatura, a eq. (3.4) é uma equação diferencial linear de primeira ordem a coeficientes constantes. Para sua integração divide-se ambos os membros por Q e multiplica-se, ambos os membros por $e^{\frac{KA}{Q}t}$, obtendo-se

$$\frac{W}{Q}s^{\frac{KA}{Q}t} = e^{\frac{KA}{Q}t}\frac{d\theta}{dt} = \frac{KA}{Q}\theta e^{\frac{KA}{Q}t} = \frac{D}{DT}\left[\theta e^{\frac{KA}{Q}t}\right]$$

que integrada fornece:

$$\theta e^{\frac{KA}{Q}t} = \frac{W}{KA}e^{\frac{KA}{Q}t} + B \qquad (3.5)$$

onde B é uma constante de integração a ser determinada a partir das condições iniciais. Assim, supondo-se no instante inicial, t = 0, que a diferença de temperatura entre o meio e o condutor seja θ_0 resulta:

$$B = \theta_0 - \frac{W}{KA}$$

donde, resulta:

$$\theta = \theta_0 e^{-\frac{KA}{Q}t} + \frac{W}{KA}\left(1 - e^{-\frac{KA}{Q}t}\right) \qquad (3.6)$$

Por outro lado, lembrando que na condição de regime permanente todo o calor produzido é disperdido, isto é, $d\theta = 0$, determina-se da eq. (3.4) a temperatura de regime, θ_{reg}:

$$\theta_{reg} = \frac{W}{KA} \qquad (3.7)$$

Além disso, como o termo Q/KA apresenta a unidade de tempo (Joule/Watt), será designado por constante de tempo térmica, T, isto é:

$$T = \frac{Q}{KA} = \frac{Q \cdot \theta_{reg}}{W} = \frac{c \cdot p \, \theta_{reg}}{W} \qquad (3.8)$$

resultando para a equação do aquecimento:

$$\theta = \theta_0 e^{-\frac{t}{T}} + \theta_{reg}\left(1 - e^{-\frac{t}{T}}\right) \qquad (3.9)$$

No caso particular da temperatura inicial do condutor ser igual à temperatura ambiente, $\theta_0 = 0$, resulta:

$$\theta = \theta_{reg}\left(1 - e^{-\frac{t}{T}}\right) \qquad (3.10)$$

que representa a equação geral de aquecimento do condutor, que está representada na fig. 3.4, onde foi considerada a temperatura em por cento da temperatura de regime e o tempo em pu da constante de tempo térmica.

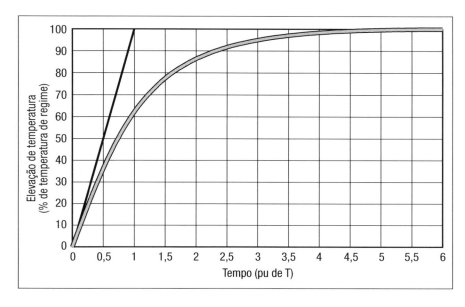

Figura 3.4
Curva de aquecimento do condutor.

Observa-se, ainda, eq. (3.8), que a constante de tempo térmica representa a relação entre a quantidade de calor armazenada no condutor e a produzida por efeito da circulação da corrente.

Acerca do coeficiente K, que diz respeito à transferência de calor do condutor ao meio, salienta-se que seu valor é extremamente variável dependendo das dimensões, da forma e da disposição da superfície dispersora do calor e da configuração do meio no qual está o fluido de resfriamento. A título exclusivamente elucidativo, apresenta-se sua ordem de grandeza para casos particulares:

- condutores nus de seção reta grande imersos no ar: $K \cong 10$ W/°C·m²;
- condutores nus de diâmetro de 0,5 mm imersos no ar: $K \cong 50$ W/°C·m²;
- condutores nus de seção reta grande, com ventilação forçada (velocidade do ar 30 m/s): $K \cong 120$ a 150 W/°C·m²;
- condutores nus imersos na água: $K \cong 500$ W/°C·m².

Para um condutor nu, de diâmetro d, comprimento λ e resistividade ρ, percorrido por corrente I, pode-se determinar a partir da eq. (3.7) sua temperatura de regime. De fato, sendo:

$$W = I^2 R = I^2 \frac{\rho\ell}{S} = I^2 \frac{4\rho\ell}{\pi d^2} \quad e \quad A = \pi d\ell \tag{3.11}$$

resulta:

$$\theta_{reg} = \frac{W}{KA} = I^2 \frac{4\rho\ell}{\pi d^2} \frac{1}{K\pi d\ell} = \frac{4\rho}{K\pi^2} \frac{I^2}{d^3} \tag{3.12}$$

que, em função da densidade de corrente, δ, no condutor resulta:

$$\theta_{reg} = \frac{4\rho}{K\pi} \frac{I^2}{d^3} = \frac{\rho d}{4K} \frac{I^2}{\dfrac{\pi^2 d^4}{16}} = \frac{\rho d}{4K} \delta^2 \tag{3.13}$$

Da eq. (3.13), supondo-se K constante com o diâmetro, observa-se que: para se manter a elevação de temperatura constante a densidade de corrente deve variar com a variação do diâmetro,. Isto é, ao se aumentar o diâmetro deve-se reduzir a densidade de corrente de modo a se manter a igualdade:

$$d\delta^2 = constante$$

Exemplo 3.2

Um condutor de cobre está sendo percorrido, há muito tempo, por corrente de 40 A e sua temperatura é de 45°C, sendo a temperatura ambiente de 30°C. Pede-se a temperatura atingida pelo condutor quando em regime permanente com corrente de 80 A.

Solução

Admitindo-se que a constante K e a resistência do condutor não variem com a temperatura ter-se-á:

$$\theta_{reg80A} = \frac{W_{80A}}{KA} \quad e \quad \theta_{reg40A} = \frac{W_{40A}}{KA}$$

ou

$$\theta_{reg80A} = \frac{W_{80A}}{KA} \theta_{reg40A} = \frac{80^2}{40^2}(45 - 30) = 60 \ °C$$

logo a temperatura de regime do condutor será de 90°C.

Na hipótese de se considerar a variação da resistência com a temperatura, sendo R_{40} a resistência do condutor para a corrente de 40 A e R_{80} a resistência para a corrente de 80 A, ter-se-á:

$$\theta_{reg80A} = \left[\frac{I'}{I}\right]^2 \frac{R_{40}\left[1 + \alpha\left(\theta_{reg80A} - \theta_{reg40A}\right)\right]}{R_{40}}\theta_{reg40A} = \left[\frac{I'}{I}\right]^2 \left[1 + \alpha\left(\theta_{reg80A} - \theta_{reg40A}\right)\right]\theta_{reg40A}$$

sendo: $[I' / I]^2 = [80 / 40]^2 = 4$, $\alpha = 0{,}00308 \ C^{-1}$ e $\theta_{reg40A} = 45 - 30 = 15 \ °C$, resulta:

$$\theta_{reg80A} = \frac{1 - 0{,}00308 \cdot 15}{1 - 60 \cdot 0{,}00308}60 = 70{,}20 \ °C$$

que corresponde a temperatura do condutor de 100,20 °C.

3.2.3 EQUACIONAMENTO TÉRMICO – GRANDES VARIAÇÕES DE CORRENTE

Proceder-se-á, neste item, ao estudo do transitório térmico no caso dos condutores serem percorridos por corrente de grande intensidade com tempo de circulação muito pequeno. É o caso típico de ocorrência de um curto-circuito na rede, quando a intensidade de corrente alcança valor muito elevado, porém, a atuação dos dispositivos de proteção a interrompe rapidamente. Neste caso algumas das hipóteses simplificativas do item precedente devem ser modificadas, isto é:

- A resistividade ôhmica do condutor é variável, durante o transitório, com sua temperatura. Assim, sendo ρ_0 e ρ_θ a resistividade do material condutor nas temperaturas 0 e θ°C e α o coeficiente de variação da resistividade com a temperatura, resulta:

$$\rho_\theta = \rho_0 \ (1 + \alpha \ \theta) \tag{3.14}$$

- Todo o calor produzido por efeito Joule é armazenado no condutor, isto é, assume-se que o tempo durante o qual há circulação de corrente é muito pequeno não ocorrendo, durante o transitório, troca de calor com o meio. Nessas hipóteses a equação que descreve o transitório passa a ser:

$$I^2 \frac{\rho\ell}{S}dt = c\,p\,d\theta \qquad ou \qquad I^2 \frac{\rho_0\left(1+\alpha\,\theta\right)\ell}{S}dt = c\,p\,d\theta \tag{3.15}$$

ou ainda,

$$\frac{I^2\,\ell}{S}dt = \frac{c\,p}{\rho_0}\frac{d\theta}{1+\alpha\theta} \tag{3.16}$$

que integrada desde o instante em que ocorreu o curto-circuito, temperatura θ_{inic}, até o de interrupção da circulação da corrente, tempo t e elevação de temperatura θ_{cc}, fornece:

$$\frac{I^2\ell}{S}t = \int_{\theta_{inic}}^{\theta_{cc}} \frac{cp}{\rho_0}\frac{d\theta}{1+\alpha\theta} = \frac{cp}{\rho_0}\ln\frac{1+\alpha\theta}{1+\alpha\theta_{inic}} \tag{3.17}$$

Por outro lado, sendo γ o peso específico do material de que é feito o cabo, resulta $p = S\gamma\,\ell$, logo:

$$\frac{I^2\,\ell}{S}t = \frac{cS\gamma\,\ell}{\rho_0}\ln\frac{1+\alpha\theta_{cc}}{1+\alpha\,\theta_{inic}} \tag{3.18}$$

ou

$$\left[\frac{I}{S}\right]^2 t = \frac{c\gamma}{\rho_0}\ln\frac{1+\alpha\theta_{cc}}{1+\alpha\theta_{inic}} \tag{3.19}$$

Nas aplicações de curto-circuito é usual supor-se que o condutor estava operando, há muito tempo, com sua corrente admissível de regime permanente, isto é, a temperatura inicial é a correspondente ao regime permanente. Além disso a temperatura admissível em curto-circuito é aquela que não causa dano ao condutor. Logo, dado o condutor, o segundo membro da eq. (3.19) é uma constante, ou seja, $\left[\frac{I}{S}\right]^2 t =$ constante. Substituindo-se na eq. (3.19)

os valores do calor específico, peso específico, resistividade e coeficiente de variação da resistividade e convertendo-se o logaritmo neperiano para decimal, obtém-se para o cobre e o alumínio as equações:

$$-\text{ Para o cobre:} \qquad \left[\frac{I}{S}\right]^2 t = 0,1157\log\frac{234+T_{cc}}{234+T_{reg}}$$

$$-\text{ Para o alumínio:} \qquad \left[\frac{I}{S}\right]^2 t = 0,0487\log\frac{228+T_{cc}}{228+T_{reg}} \tag{3.20}$$

onde:

I   intensidade da corrente de curto-circuito (kA);
S   área da seção transversal do condutor (mm^2);
T_{cc} temperatura máxima admissível no condutor em curto circuito (°C);
T_{reg} temperatura admissível em regime permanente (°C);
t   tempo durante o qual houve circulação da corrente de curto-circuito (s).

Exemplo 3.3

Para os condutores com seção nominal de 120, 240, 300 e 400 mm² de uma família de condutores de alumínio, isolados com PVC, termoplástico, com temperaturas admissíveis em regime permanente e em curto-circuito de 90 e 160 °C, respectivamente, pede-se as curvas do tempo de suportabilidade da corrente de curto-circuito.

Solução

Da eq. (3.20) resulta:

$$\text{Const.} = 0{,}0487 \log \frac{228 + T_{cc}}{228 + T_{reg}} \cdot 0{,}0487 \log \frac{388}{318} = 0{,}004208$$

$$t = 0{,}004208 \left[\frac{S}{I}\right]^2$$

Para as seções especificadas e corrente de 10 kA resultam os valores apresentados à tab. 3.3.

Tabela 3.3 Ex. 3.3 – Tempos para corrente de 10 kA				
Seção nominal (mm²)	120	240	300	400
Tempo (s)	0,606	2,424	3,787	6,733

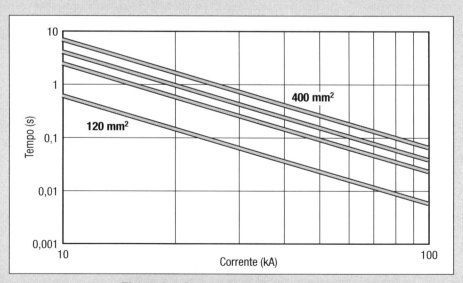

Figura 3.5 Curvas tempo-corrente para Ex.3.3.

3.2.4 CORRENTE DE REGIME – CABOS NUS

3.2.4.1 Considerações gerais

No caso de condutores nus, instalados ao ar livre, para o estabelecimento da corrente admissível em regime permanente, calcula-se o calor dissipado por convecção, forçada ou natural, por irradiação e o calor recebido do sol, obtendo-se a corrente admissível através da equação:

$$I^2 R = Q_{conv} + Q_{irrad} - Q_{sol}$$

onde:

I   corrente admissível, em A;

R   resistência ôhmica do condutor, na temperatura de regime, em ohm/km;

Q_{conv} calor dissipado por convecção, em W/km;

Q_{irrad} calor dissipado por irradiação, em W/km;

Q_{sol} calor recebido do sol, em W/km.

Determinando-se, conforme será visto a seguir, os valores de Q_{conv}, Q_{irrad} e Q_{sol}, alcança-se o valor da corrente admissível através da equação:

$$I = \sqrt{\frac{Q_{conve} + Q_{irrad} - Q_{sol}}{R}}$$

3.2.4.2 Dispersão do calor por convecção

A equação utilizada para o cálculo do calor transferido ao meio por convecção, conforme se demonstra na teoria de transferência de calor, depende do número de Reynolds, $\Re$, que é dado por:

$$\Re = \phi \cdot \delta \cdot \nu/\pi \tag{3.21}$$

onde:

ϕ - diâmetro do condutor, em m;

δ - densidade do ar, em kg/m^3;

ν - velocidade do ar, em m/h;

μ - viscosidade do ar, em kg/m.h.

Assim, determinando-se os valores de todos os parâmetros, que dependem da temperatura, utilizando-se a média entre a temperatura ambiente e a externa do cabo, tem-se:

a. $\Re < 0,1$ — Convecção natural.

  a1. Ao nível do mar

$$Q_{conv} = 3712,7204 \cdot \phi^{0,75} \cdot \theta^{1,25} \text{ (W/km)} \tag{3.22}$$

  a2. A grandes altitudes (h > 1.000 m)

$$Q_{conv} = 364,1618 \cdot \delta^{0,5} \cdot \phi^{0,75} \cdot \theta^{1,25} \text{ (W/km)} \tag{3.23}$$

b. $0,1 \leq \Re < 1.000$

$$Q_{conv} = 1.000 . (1,01 + 0,3710 . \Re^{0,52}) . \tau_{term} . \theta \ (W/km) \qquad (3.24)$$

onde:

τ_{term} condutividade térmica do ar, W/m.°C;

θ elevação da temperatura do condutor sobre o ambiente, em °C.

c. $1.000 \leq \Re < 18.000$ (Número de Reynolds entre 1.000 e 18.000)

$$Q_{conv} = 169,5 . \Re^{0,6} . \theta . \tau_{term} \ (W/km) \qquad (3.25)$$

Os valores das constantes físicas do ar, viscosidade, densidade e condutividade térmica, em função da temperatura estão apresentados na tab. 3.4.

Tabela 3.4 Constantes físicas do ar						
Temperatura (ºC)	Viscosidade (kg/m.h)	Densidade do ar em função da altitude (kg/m³)				Condutividade térmica (W/m.ºC)
		h = 0,0 m	h=1.524 m	h=3.048 m	h=4.572 m	
0,0	0,0618	1,2927	1,0749	0,8874	0,7289	0,0793
5,0	0,0627	1,2703	1,0572	0,8730	0,7160	0,0807
10,0	0,0635	1,2479	1,0380	0,8570	0,7032	0,0820
15,0	0,0644	1,2254	1,0188	0,8426	0,6904	0,0833
20,0	0,0653	1,2046	1,0028	0,8282	0,6792	0,0843
25,0	0,0661	1,1854	0,9868	0,8138	0,6680	0,0856
30,0	0,0670	1,1662	0,9707	0,8009	0,6584	0.0869
35,0	0,0679	1,1469	0,9547	0,7881	0,6472	0.0880
40,0	0,0686	1,1277	0,9687	0,7753	0,6359	0,0893
45,0	0,0695	1,1101	0,9243	0,7625	0,6263	0.0905
50,0	0,0704	1,0941	0,9099	0,7513	0,6167	0.0917
55,0	0,0711	1,0765	0,8954	0,7401	0,6071	0.0930
60,0	0,0720	1,0588	0,8810	0,7273	0,5975	0.0942
65,0	0,0728	1,0444	0,8682	0,7176	0,5879	0.0954
70,0	0,0735	1,0300	0,8570	0,7080	0,5815	0.0967
75,0	0,0744	1,0156	0,8442	0,6984	0,5735	0.0978
80,0	0,0752	1,0044	0,8362	0,6904	0,5671	0.0991
85,0	0,0759	0,9868	0,8218	0,6776	0,5559	0.1003
90,0	0,0766	0,9739	0,8105	0,6696	0,5494	0.1015
95,0	0,0775	0,9595	0,7977	0,6600	0,5414	0.1025
100,0	0,0783	0,9467	0,7881	0,6504	0,5334	0.1040

3.2.4.3 Dispersão de calor por irradiação

Para o calor disperdido por irradiação tem-se, pela equação de Stefan-Boltzmann:

$$Q_{irr} = 0,00017825 \; \phi \; . \; \varepsilon \; . \; (T_{CON}^4 - T_{AMB}^4) \; (W/km) \tag{3.26}$$

onde:

T_{CON} temperatura do condutor, K;
T_{AMB} temperatura ambiente, K;
ε emissividade da superfície do condutor.

A literatura técnica fixa para condutores novos e condutores negros valores da emissividade de 0,23 e 0,9, respectivamente. Usualmente utiliza-se valor médio da emissividade de 0,5, considerando-se os cabos envelhecidos.

3.2.4.4 Calor Absorvido por Radiação Solar

A equação completa para o calor absorvido do sol é:

$$Q_{sol} = \sigma \; . \; Q_s \; . \; A' \; . \; sen\gamma \; (W/km) \tag{3.27}$$

onde,

Q_{sol} calor recebido do sol, em W/km;
σ coeficiente de absorção da radiação solar;
Q_s calor total irradiado pelo sol, em W/km^2;
A' área projetada do condutor, em m^2 por km de comprimento, e

$$\gamma = \cos^{-1} [\cos H_C \; . \; \cos(Z_C - Z_L)] \tag{3.28}$$

com

H_C Altitude do sol, em graus;
Z_C Azimute do sol, em graus;
Z_L Azimute da linha, em graus.

Valores típicos do coeficiente de absorção da radiação solar são: 0,23, para condutores novos e 0,91, para condutores enegrecidos. Valores típicos do calor recebido por uma superfície exposta aos raios do sol, ao nível do mar, estão apresentados na tab. 3.5.

Observa-se que o cálculo do calor absorvido pelo condutor devido à irradiação solar pode ser feito utilizando-se a equação aproximada, eq. (3.29), válida para o território brasileiro, estimada a partir de valores médios dos parâmetros envolvidos:

$$Q_{sol} = 500.000 \; . \; \phi \; (W/km) \tag{3.29}$$

Tabela 3.5 Irradiação solar		
Altitude solar H_C (graus)	Q_s (W/m²)	
	Atmosfera clara	Atmosfera com poluição
5	233,6	135,6
10	432,7	240,0
15	583,4	328,3
20	693,2	421,9
25	769,6	501,6
30	828,8	570,5
35	877,3	618,9
40	912,8	662,0
45	940,8	694,3
50	968,7	726,6
60	1.000,0	770,7
70	1.022,6	809,4
80	1.031,2	833,1
90	1.037,6	849,3
Fator de correção da altitude		
Altitude (m)	Fator multiplicativo	
3.810	1,15	
7.620	1,25	
11.430	1,30	

3.2.5 CORRENTE DE REGIME – CABOS PROTEGIDOS

3.2.5.1 Conceitos básicos de transferência de calor – Modelo análogo

Quando num meio existe um gradiente de temperatura, a experiência demonstra que há uma transferência de energia no sentido da região da temperatura maior para a menor. A transferência de calor por unidade de área pode ser expressa pela equação:

$$W = -KA \frac{\partial \theta}{\partial x} = - \frac{1}{\rho_{\text{térm}}} A \frac{\partial \theta}{\partial x}$$

(3.30)

onde, W representa o calor transferido através da área A e $\partial \theta/\partial x$ é o gradiente de temperatura na direção do fluxo de calor. A constante K é designada por "condutividade térmica" do material e seu inverso, $\rho_{\text{térm}}$, é a "resistividade térmica" do material. O sinal negativo, na eq. (3.30), que é chamada de "lei de Fourier da condução de calor", indica que o fluxo de calor ocorre no sentido da diminuição de temperatura.

Pode-se observar que a eq. (3.30) é formalmente análoga à equação de um campo elétrico, ou seja:

$$J = -\sigma E$$

ou

$$I = -\frac{1}{\rho} A \frac{\partial V}{\partial x}$$

onde
J   densidade de corrente;
σ   condutividade elétrica do meio;
E   campo elétrico;
ρ   resistividade elétrica do meio;
I   corrente elétrica
V   diferença de potencial;

isto é:

- O fluxo de calor que flui, em watts, é análogo à corrente, em ampères.

- A resistência térmica, em °C/W ou em °K/W, é análoga à resistência elétrica, em Ω.

- A capacidade de um corpo em absorver calor, na condição transitória (capacitância térmica em Joule/°C ou Joule/°K) é análoga à capacitância elétrica, em Farad.

Na tab. 3.6 apresentam-se as grandezas pertinentes aos campos térmicos e suas análogas elétricas.

Assim, seja um condutor cilíndrico, com diâmetro d_c, envolvido por capa protetora de material isolante com diâmetro externo d_{isol}. O condutor está sendo percorrido por corrente I, logo, está produzindo, por efeito Joule, quantidade de calor $W = I^2 r$. Deseja-se estabelecer a relação entre as elevações de temperaturas, sobre o ambiente, na superfície do condutor, θ_c, e na capa de proteção, θ_{isol}. Assim, da fig. 3.6, considerando-se num raio genérico $\mathbf{x}$, com $0,5\ d_c \leq \mathbf{x} \leq 0,5\ d_{isol}$, um elemento de espessura dx e sendo $\rho_{térm}$ a resistividade térmica da capa de proteção, a relação entre a variação de temperatura, $d\theta$, por quantidade de calor, W, absorvida pelo elemento dx, por unidade de comprimento do condutor, resulta, da eq. (3.30)

$$dR = \frac{d\theta}{W} = \rho_{térm} \frac{dx}{2\pi x}$$

Tabela 3.6 Análogos elétricos de campos térmicos		
Grandeza	**Campo térmico**	**Análogo elétrico**
Resistividade	$\rho_{térm}$ (m.°C/W)	$\rho(\Omega . mm^2/km)$
Resistência	$R_{térm} = \rho_{térm} .l /S$ (°C/W)	$R = \rho . l /S (\Omega)$
Força de campo	Diferença de temperatura θ (°C)	Diferença de potencial V (V)
Fluxo	Fluxo térmico W (W)	Corrente I (A)
Relação básica	$\theta = W . R_{térm}$	$V = R . I$
Armazenamento energia	[Calor absorvido ou disperdido num volume τ devido a variação de temperatura $\Delta\theta$] = $C_{térm} . \Delta\theta$	[Carga ou descarga de um capacitor devido a variação ΔV da diferença de potencial] = C . ΔV

3.2 — Corrente Admissível em Cabos

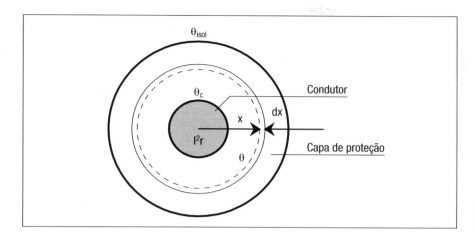

Figura 3.6
Condutor com capa protetora.

que estendido a toda a camada protetora, resulta:

$$R = \int_{r_c}^{r_{isol}} \frac{\rho_{térm}}{2\pi} \frac{dx}{x} = \frac{\rho_{térm}}{x}[\ln x]_{r_c}^{r_{isol}} = \frac{\rho_{térm}}{2\pi} \ln \frac{d_{isol}}{d_c} \quad (3.32)$$

Para o caso de um cabo protegido imerso no ar, tem-se o circuito elétrico análogo representado na fig. 3.7, resultando as equações:

$$\theta_{capa} = \theta_{cond.} - WR_{térm.-capa} \text{ e}$$
$$\theta_{meio} = \theta_{capa} - WR_{térm.-meio} \text{ ou}$$
$$\theta_{cond.} = (R_{térm.-capa} + R_{térm.-meio})W \quad (3.33)$$

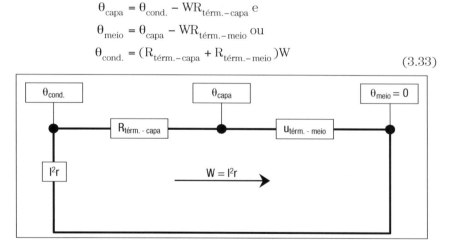

Figura 3.7 Circuito elétrico análogo ao térmico.

Exemplo 3.4

Um cabo protegido, imerso ao ar, está operando com temperatura de 90 °C, a temperatura externa da capa de proteção é 71,4 °C e a temperatura ambiente é 30 °C. Os diâmetros externos do condutor e da capa de proteção valem, respectivamente, 12,4 mm e 22,0 mm. A resistência ôhmica do condutor, medida em corrente alternada na temperatura de operação, é 0,1589 Ω/km e a resistividade térmica da capa é de 3,5 m °C/W. Pede-se a corrente que está fluindo pelo condutor e a resistência térmica do meio.

Solução

A resistência térmica da capa de proteção vale:

$$R_{térm} = \frac{\rho_{térm}}{2\pi} \ln \frac{d_{capa}}{d_{cond}} = \frac{3,5}{2\pi} \ln \frac{22,0}{12,4} = 0,319°C/W \cdot m \text{ ou}$$

$$R_{térm} = 0,000319°C/W \cdot km$$

As elevações de temperatura do condutor e da capa de proteção valem:

$$\theta_{cond} = 90 - 30 = 60 \ °C \quad e \quad \theta_{capa} = 71,4 - 30 = 41,4 \ °C$$

donde o fluxo de calor, I^2R, é dado por:

$$I^2 R = \frac{\theta_{cond} - \theta_{capa}}{R_{térm}} = \frac{60 - 41,4}{0,000319} = 58.307,21 \ W/km$$

donde:

$$I = \sqrt{\frac{58.307,21}{0,1589}} = 605,76 \ A$$

A resistência térmica do meio, R_{meio}, é dada por:

$$R_{meio} = \frac{41,4}{58.307,21} = 7,092 \times 10^{-3} \ °C/W.km$$

3.2.5.2 Cálculo de condutor protegido imerso ao ar

Na prática, a temperatura da capa de proteção não é conhecida *a priori*, impossibilitando a solução direta do equacionamento térmico, resultando na necessidade de utilização de processo iterativo. Este processo iterativo, que está ilustrado no diagrama de blocos da fig. 3.8, resume-se nos passos a seguir:

Passo 0 - Inicializa-se a temperatura da capa de proteção no valor da temperatura do condutor.

Passo 1 - Calcula-se, para a temperatura da capa externa, o calor transferido ao meio (cfr. item 3.2.4).

Passo 2 - Calcula-se a temperatura no condutor através da eq. (3.39).

Passo 3 - Caso não tenha sido alcançada a convergência, corrige-se a temperatura da capa de proteção utilizando-se um fator de aceleração e retorna-se ao passo 1. Repete-se o procedimento até se alcançar a convergência ou até se alcançar o número máximo de iterações.

No diagrama de blocos, as grandezas indexadas com "(i)" referem-se à iteração "i" e $F_{aceler.}$ representa o fator de aceleração.

3.2 — Corrente Admissível em Cabos

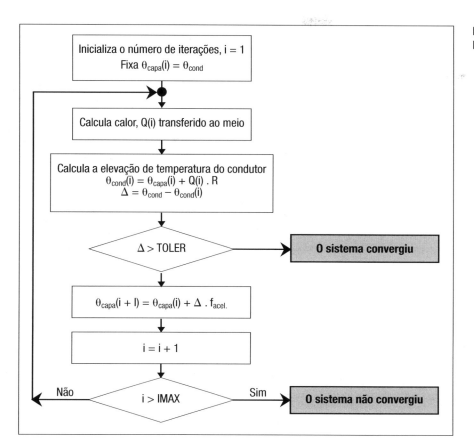

Figura 3.8
Diagrama de blocos.

Exemplo 3.5

Para um condutor protegido são dados:

a. diâmetro do condutor: 12,4 mm;
b. temperatura de regime permanente: 90 °C;
c. resistência do condutor em corrente alternada na temperatura de operação: 0,1589 Ω/km;
d. material de proteção EP, com resistividade térmica 3,5 mK/W;
e. diâmetro externo da capa de proteção: 22 mm;
f. instalação ao nível do mar, velocidade do vento de 2 km/h e temperatura ambiente de 30 °C;
g. emissividade da superfície do condutor 0,5.

Pede-se determinar a corrente de regime permanente de modo que o condutor opere com sua temperatura estabelecida.

Solução

Para a iteração inicial, assumindo-se a temperatura da capa de proteção igual a 89 °C, um pouco inferior à do condutor, tem-se, para a temperatura média, 0,5 (89 + 30) = 59,5 °C:

- densidade do ar, interpolada linearmente na tab. 3.4: 1,06057 kg/ m³;
- viscosidade do ar, interpolada linearmente na tab. 3.4: 0,07191 kg/ m.h;
- condutividade térmica do ar, interpolada linearmente na tab. 3.4: 0,02866 W/ m. °C;
- número de Reynolds:

$$\Re = \frac{\phi \delta v}{\mu} = \frac{0,022 \times 1,06057 \times 2000,0}{0,07191} = 648,937$$

logo, da eq. (3.24):

$$Q_{conv.} = 1.000 \left(1,01 + 1,3507 \times \Re^{0,52}\right) C_{Térm}\theta =$$
$$= 1.000 \left(1,01 + 1,3507 \times 648,937^{0,52}\right) \times 0,02866 \times (89 - 30) =$$
$$= 67.937,45 \text{ W/km}$$

e da eq. (3.26)

$$Q_{irr} = 0,00017825 \; \phi \; \varepsilon \left(T_{CON}^4 - T_{AMB}^4\right)\theta =$$
$$= 0,00017825 \times 0,022 \times 0,5 \times \left[(273 + 89)^4 - (273 + 30)^4\right] =$$
$$= 17.144,08 \text{ W/km}$$

logo, sendo a resistência térmica da isolação

$$R_{térm} = \frac{\rho_{capa}}{2\pi} \ln \frac{d_{capa}}{d_{cond}} = \frac{3,5 \times 10^{-3}}{2\pi} \ln \frac{22,0}{12,4} = 0,000319 \; °C/W \cdot km$$

a elevação da temperatura do condutor será:

$$\theta_{cond.}^{(1)} = \theta_{capa} + (Q_{conv.} + Q_{irr})R_{térm} =$$
$$= 59,0 + (67.937,45 + 17.144,08) \times 0,000319 = 86,1722 \; °C$$

à qual corresponde temperatura de 116,1722°C, donde corresponde correção:

$$\Delta = 90,0 - 116,1722 = -26,1722 \; °C$$

e a nova temperatura da capa de proteção, com fator de aceleração igual a 0,5, será:

$$89,0 - 26,1722 \times 0,5 = 75,9139 \; °C$$

Os valores para os passos sucessivos estão apresentados à tab. 3.7, onde o cálculo foi interrompido quando o desvio em duas iterações sucessivas foi não maior que 0,001.

Ao final do processo iterativo resultou temperatura na cobertura de 71,039 °C e a corrente máxima é dada por:

$$I = \sqrt{\frac{47.540,72 + 11.024,87}{0,1589}} = 607,098 \text{ A}$$

Iteração número	Temperatura média °C	Densidade kg/m³	Viscosidade kg/m.h	Número Reynolds	Convecção W/km	Irradiação W/km	Temperatura condutor °C	Delta °C
1	59,500	1,06057	0,07191	648,937	67934,45	17144,08	116,1722	-26,1722
2	52,957	1,08369	0,07081	673,348	52882,06	12533,03	96,8060	-6,8060
3	51,255	1,08968	0,07058	679,355	48945,69	11415,79	91,7890	-1,7890
4	50,808	1,09126	0,07051	680,940	47911,18	11127,55	90,4720	-0,4720
5	50,690	1,09167	0,07050	681,359	47638,23	11051,87	90,1246	-0,1246
6	50,659	1,09178	0,07049	681,470	47566,14	11031,91	90,0329	-0,0329
7	50,650	1,09181	0,07049	681,499	47547,09	11026,63	90,0087	-0,0087
8	50,649	1,09182	0,07049	681,507	47542,06	11025,24	90,0023	-0,0023
9	50,648	1,09182	0,07049	681,509	47540,72	11024,87	90,0006	-0,0006

Tabela 3.7 Resultados por iteração

3.2.6 CORRENTE DE REGIME – CABOS ISOLADOS

3.2.6.1 Introdução

Os cabos isolados, conforme já visto, além do condutor contam, obrigatoriamente, com a isolação e podem contar com capas metálicas: blindagem e armação. As capas metálicas, quando existirem, estão, usualmente, aterradas, logo, são sede de circulação de corrente e portanto fontes de injeção de calor pelo efeito Joule. Além disso, a isolação, estando situada entre o condutor e a blindagem será sede de perdas dielétricas. Assim, por exemplo, para o caso de um circuito constituído por três cabos unipolares diretamente enterrados, suficientemente afastados para que seja possível desprezar a influência mútua dos condutores, ter-se-á o circuito elétrico análogo representado na fig. 3.9. Destaca-se que o cabo conta com os blocos: condutor, semicondutora, isolação, semicondutora, blindagem, capa interna 1, armação, capa interna 2 e cobertura. Além disso $\theta_{meio} = 0$. No circuito elétrico análogo foram omitidas as camadas semicondutoras por apresentarem espessura muito pequena.

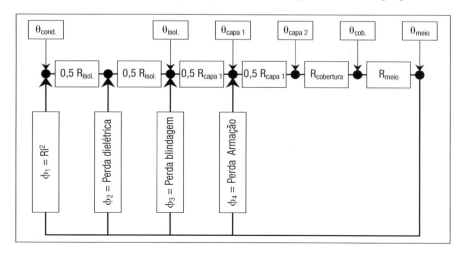

Figura 3.9
Circuito elétrico análogo.

3 — Corrente Admissível em Linhas

Quanto aos tipos de cabos utilizáveis destacam-se: unipolares, bipolares, tripolares e pré-reunidos, estes últimos sendo instaláveis somente ao ar. Quanto ao modo de instalação destaca-se:

- ao ar com ou sem exposição à radiação solar;
- ao ar em eletrodutos, com ou sem exposição ao sol;
- diretamente enterrados;
- enterrados em eletrodutos;
- em canaletas enterradas;
- em bancos de dutos;

e o equacionamento, no caso geral, depende do tipo de cabo e do modo de instalação.

3.2.6.2 Perdas no condutor

A "resistência ôhmica efetiva", R_t, de um condutor é dada pela relação entre a potência dissipada no condutor, por efeito Joule, e a intensidade de corrente que o percorre. Assim, a uma temperatura "t" do condutor tem-se:

$$R_t = \frac{\text{Potência dissipada no condutor}}{I^2}$$
(3.34)

onde R_t é medido em Ω/km, a potência dissipada em W/km e a intensidade de corrente em A. Destaca-se que haveria a igualdade entre a resistência em corrente contínua e a efetiva somente quando a distribuição do campo de correntes no interior do condutor fosse uniforme. Por outro lado, pode-se calcular a resistência efetiva a partir da resistência em corrente contínua, corrigida para a temperatura de operação, levando-se em conta os efeitos pelicular e de proximidade com outros condutores. A existência, no interior do condutor, de campo variável no tempo ocasiona o adensamento da corrente na superfície do condutor, efeito pelicular, que se traduz por aumento na resistência. Por outro lado, o campo produzido, no interior do condutor, por cabos vizinhos produz nova distorção na distribuição de correntes, efeito de proximidade.

A resistência em corrente contínua de um condutor, $R_{CC}(t)$, é dada por:

$$R_{cc}(t) = \rho_t \frac{\ell}{S} \Omega$$
(3.35)

onde, para a resistividade, comprimento e área da seção reta pode ser utilizado qualquer conjunto de unidades compatíveis. Usualmente define-se a resistência ôhmica, $R_{CC}(t)$, em Ω/km, resistividade, ρ_t, em $\Omega \cdot mm^2 / km$, comprimento do cabo, ℓ, 1 km, e S, seção reta do condutor, em mm^2. Por outro lado a resistividade dos materiais condutores varia linearmente com a temperatura, obedecendo a equação

$$\rho(t) = \rho(20) \cdot [1 + \alpha_{20}(t - 20)]$$
(3.36)

onde o coeficiente de variação da resistividade, α_{20}, a 20 °C vale 0,00393 °C^{-1} para o cobre e 0,00403 °C^{-1} para o alumínio.

3.2 — Corrente Admissível em Cabos

Considerando-se o escopo deste livro, não se procederá ao estudo analítico dos efeitos pelicular e de proximidade, recomendando-se texto de eletromagnetismo e os artigos apresentados na bibliografia. A equação geral para a correção da resistência em corrente alternada devido ao efeito pelicular é:

$$Y_s = \frac{X_s^4}{192 + 0,8X_s^4} \quad \text{onde} \quad X_s^2 = \frac{8\pi f}{R_{cc}} 10^{-4} K_s$$

$$(3.37)$$

em que

R_{CC} resistência em corrente contínua, para a temperatura "t", em Ω/km;
f   frequência da rede, em Hz;
K_s coeficiente determinado experimentalmente que leva em conta o tipo de construção do cabo, tab. 3.8.

Para o efeito de proximidade para cabos tripolares ou unipolares utiliza-se a equação:

$$Y_p = \frac{X_p^4}{192 + 0,8X_p^4} \left(\frac{d_c}{s}\right)^2 \left[0,312\left(\frac{d_c}{s}\right)^2 + \frac{1,18}{\dfrac{X_p^4}{192 + 0,8X_p^4} + 0,27} \right]$$

$$\text{com} \quad X_p^2 = \frac{8\pi f}{R_{cc}} 10^{-4} K_p$$

$$(3.38)$$

em que:

K_p coeficiente determinado experimentalmente que leva em conta o tipo de construção do cabo, tab. 3.8;
s   média geométrica da distância entre os eixos dos três cabos, em mm;
d_c diâmetro do condutor, em mm.

Tabela 3.8 Valores experimentais K_s e K_p para condutores de cobre

Tipo de condutor	Construção			
	Não impregnada		Impregnada	
	K_s	K_p	K_s	K_p
Redondo encordoado normal	1	1	1	0,8
Redondo compactado	1	1	1	0,8
Redondo segmentado	---	---	0,435	0,37
Anular	---	---	---	0,6
Setorial	1	1	1	0,8

[Fonte ABNT NBR 11301/1990]

Finalmente a resistência ôhmica do condutor é dada por:

$$R_{CA} = R_{CC} (1 + Y_s + Y_p) \qquad\qquad (3.39)$$

3.2.6.3 Perdas na blindagem e na armação

As perdas na blindagem são devidas à presença de correntes circulantes e de correntes parasitas. Seu cálculo depende do tipo de cabo, do material utilizado na blindagem e de seu modo de construção, do tipo de aterramento, e de seu modo de instalação. Assim sendo, seu equacionamento foge ao escopo do livro. Recomenda-se a consulta a livros texto de cabos e à norma ABNT NBR 11301/1990. As mesmas observações são válidas para as armações. As perdas nas blindagens e armações são expressas em função da perda Joule no condutor, isto é, define-se o fator de perdas da blindagem ou armação, λ, como sendo a relação entre a perda na capa metálica e a no condutor.

3.2.6.4 Perdas dielétricas na isolação

As perdas dielétricas na isolação são dadas por:

$$W_d = 2\pi f C V^2 tg\delta \tag{3.40}$$

em que
W_d perda dielétrica por condutor de fase, em W/km;
f   frequência de operação, em Hz;
C   capacitância da isolação por fase, em μ F/km;
V   valor eficaz da tensão entre o condutor e a blindagem da isolação, em kV;
tg δ fator de potência dielétrica da isolação.

3.2.6.5 Procedimento geral de cálculo para redes com mútuas térmicas

Quando os cabos que constituem os vários circuitos estão instalados próximos ocorrerá, pelo meio onde estão instalados, transferência de calor entre eles. Para levar este efeito em consideração definem-se as "mútuas térmicas" que representam a quantidade de calor transferida de um cabo para o outro. Define-se "grupo de condutores" que é constituído, para cabos unipolares, pelo conjunto de condutores contíguos de um circuito e para os multipolares pelo conjunto de veias isoladas que os compõem. Observa-se que entre os condutores que compõem um grupo, por estarem em contato, não há mútua entre eles. Deste modo o conceito de mútuas térmicas é estendido para "grupos de condutores".

O procedimento de cálculo baseia-se na resolução, iterativa, de um sistema matricial obtido a partir da representação dos cabos ou grupos de cabos que compõem os circuitos em estudo através de redes térmicas análogas.

Na análise serão considerados os seguintes modos de instalação para circuitos monofásicos a dois ou três fios ou trifásicos a três ou quatro fios:

- diretamente enterrados;
- enterrados em eletrodutos;
- em bancos de dutos.

Para circuitos instalados diretamente enterrados, enterrados em eletrodutos ou em bancos de dutos, assume-se a linearidade do meio e aplica-se o

3.2 — Corrente Admissível em Cabos

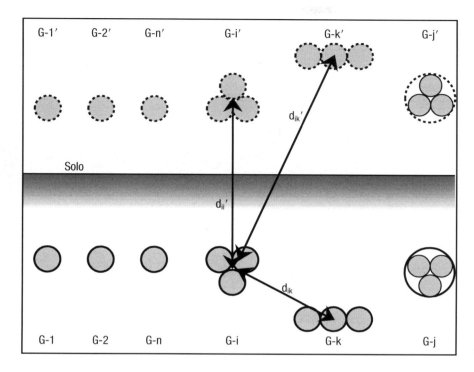

Figura 3.10 Grupos de condutores.

método das imagens para o cálculo da transferência de calor entre cabos não contíguos de um circuito e entre cabos de circuitos distintos.

Assim, a título de exemplo, fig. 3.10, tem-se:

- circuito instalado na configuração horizontal, ou vertical, espaçado, onde cada cabo constitui um grupo, G-1, G-2, ..., G-n;
- circuito instalado na configuração trifólio cerrado, onde os três cabos em trifólio constituem um grupo, G-i;
- circuito instalado na configuração horizontal, ou vertical, contíguo, onde os três cabos constituem um grupo, G-k ;
- circuito construído utilizando cabo multipolar, onde as três veias isoladas constituem um grupo, G-j.

Deste modo, a temperatura de um condutor genérico "i", pertencente a um grupo, é aumentada devido aos demais grupos de condutores, de um total de "n" grupos, de:

$$\Delta\theta(i) = \frac{\rho_{solo}}{2\pi} \sum_{\substack{k=1,n \\ k \neq i}} \left[W_{tot}(k) \cdot \ln \frac{D_{ik''}}{D_{ik}} \right] \quad (3.47)$$

onde:
$\Delta\theta(i)$ elevação na temperatura de um condutor do grupo "i" em graus K;
$W_{tot}(k)$ calor dissipado nos condutores do grupo "k" em W/km;
ρ_{solo} resistividade térmica do meio em km.K/W;
$D_{ik'}$ distância entre o eixo central do grupo "i" e o eixo central da imagem, em relação à terra, do grupo "k", em mm;
D_{ik} distância entre os eixos dos grupo "i" e "k", em mm.

3 — Corrente Admissível em Linhas

Admitindo-se o caso de "n" grupos de cabos imersos num meio homogêneo, resulta, para um cabo de um grupo genérico "i", pertencente a um circuito trifásico com cabos unipolares não contíguos, a rede térmica equivalente da fig. 3.11, e, sendo:

- θ_{CONi} elevação da temperatura do condutor "i" sobre o ambiente, graus K;
- θ_{ISOi} elevação da temperatura da isolarão do condutor "i" sobre o ambiente, graus K;
- θ_{CA1i} elevação da temperatura da capa não metálica 1 do condutor "i" sobre o ambiente, graus K;
- θ_{CA2i} elevação da temperatura da capa não metálica 2 do condutor "i" sobre o ambiente, graus K;
- θ_{EXTi} elevação da temperatura da superfície externa do condutor "i" sobre o ambiente, graus K;
- P_i calor dissipado por efeito Joule no condutor "i", W/km;
- $P_{i,isol}$ calor dissipado pelas perdas dielétricas no condutor "i", W/km;
- $\lambda_{1i}*P_i$ calor dissipado pelas perdas na capa metálica 1, W/km;
- $\lambda_{2i}*P_i$ calor dissipado pelas perdas na capa metálica 2, W/km;
- T_{1i} resistência térmica da isolação do condutor "i", kmK/W;
- T_{2i} resistência térmica da capa não metálica 1 do condutor "i", kmK/W;
- T_{3i} resistência térmica da capa não metálica 2 do condutor "i", kmK/W;
- T_{4i} resistência térmica do meio para o condutor "i", kmK/W;
- M_{ki} mútua térmica entre o grupo "k" e o "i", kmK/W, para: k = 1, 2, 3, …, n e k diferente de i;

Para o circuito considerado resulta:

$$\theta_{coni} = \left[T_{i1} + \left(1 + \lambda_{1i}\right) \cdot T_{2i} + \left(1 + \lambda_{1i} + \lambda_{2i}\right) \cdot \left(T_{3i} + T_{4i}\right) \right] \cdot P_i +$$
$$+ \left[\frac{T_{i1}}{2} + T_{2i} + T_{3i} + T_{4i} \right] \cdot P_{i,isol} + \sum_{\substack{k=1\ldots n \\ k \neq i}} \left\{ \left[\left(1 + \lambda_{1k} + \lambda_{2k}\right) \cdot P_k + P_{k,isol} \right] \cdot M_{ki} \right\}$$

(3.42)

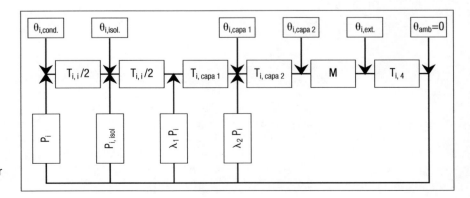

Figura 3.11
Rede elétrica análoga para cabo unipolar enterrado.

onde M_{ki} representa a mútua térmica entre o grupo "k" e o grupo "i", que é dada por:

$$M_{ki} = \frac{m_k \rho_{solo}}{2\pi} \ln \frac{D_{ik'}}{D_{ik}} \qquad (3.43)$$

onde m_k representa o número de condutores ativos presentes no grupo "k" e as demais variáveis têm o mesmo significado apresentado na eq. (3.41).

Lembrando que a perda dielétrica, $P_{i,isol}$, depende somente da tensão, isto é, independe da temperatura, pode-se agrupar os elementos da eq. (3.42) separando-se os termos que dependem da temperatura daqueles que independem, isto é:

$$\theta_{coni} = \Big[T_{1i} = \left(1 + \lambda_{1i}\right) \cdot T_{2i} + \left(1 + \lambda_{1i} + \lambda_{2i}\right) \cdot \left(T_{3i} + T_{4i}\right) \Big] \cdot P_i +$$
$$+ \sum_{\substack{k=1\ldots n \\ k \neq 1}} \left(1 + \lambda_{1k} + \lambda_{2k}\right) \cdot P_k \cdot M_{ki} +$$
$$+ \left[\frac{T_{i1}}{2} + T_{2i} + T_{3i} + T_{4i} \right] \cdot P_{i,isol} + \sum_{\substack{k=1\ldots n \\ k \neq 1}} W_k \cdot M_{ki} \qquad (3.44)$$

A eq. (3.44) estendida a todos os grupos presentes no estudo resulta no sistema de equações expressas matricialmente por:

$$[T_{CON}] = [A] \cdot [P] + [B] \cdot [P_{isol}] \qquad (3.45)$$

em que:

$[T_{CON}]$ vetor das elevações de temperatura, sobre o ambiente, nos cabos de cada grupo;

$[A]$ matriz quadrada dos coeficientes de perdas Joule, $n*n$;

$[P]$ vetor das perdas Joule nos condutores dos grupos;

$[B]$ matriz quadrada dos coeficientes das perdas dielétricas;

$[P_{isol}]$ vetor das perdas dielétricas nos condutores dos grupos.

Das eqs. (3.44) e (3.45) observa-se que os elementos da diagonal das matrizes [A] e [B] são dados por:

$$A_{ii} = T_{1i} + \left(1 + \lambda_{1i}\right) \cdot T_{2i} + \left(1 + \lambda_{1i} + \lambda_{2i}\right) \cdot \left(T_{3i} + T_{4i}\right)$$
$$B_{ii} = \frac{T_{i1}}{2} + T_{2i} + T_{3i} + T_{4i} \qquad (3.46)$$

e os elementos fora da diagonal são dados por:

$$A_{ik} = \left(1 + \lambda_{1k} + \lambda_{2k}\right) \cdot \frac{\rho_{solo}}{2\pi} \cdot \ln \frac{D_{ik'}}{D_{ik}}$$
$$B_{ik} = \frac{\rho_{solo}}{2\pi} \cdot \ln \frac{D_{ik'}}{D_{ik}} \qquad (3.47)$$

Lembrando que os cabos podem estar operando com a temperatura do condutor fixada *a priori*, condição 1, quando se quer determinar a corrente admissível, ou, com a corrente do cabo fixada *a priori*, quando se quer determinar a temperatura, condição 2. Assim, ordenando-se as equações dos grupos de condutores de modo que os grupos com condição operativa 1 precedam os com condição 2 e particionando-se as matrizes em correspondência a última equação de grupos com condição operativa 1 resulta o sistema matricial:

$$\left[\begin{array}{c} \theta_{con,da} \\ \hline \theta_{con,in} \end{array}\right] = \left[\begin{array}{c|c} A_{in,in} & A_{in,da} \\ \hline A_{da,in} & A_{da,da} \end{array}\right] \cdot \left[\begin{array}{c} P_{in} \\ \hline P_{da} \end{array}\right] + \left[\begin{array}{c|c} B_{in,in} & B_{in,da} \\ \hline B_{da,in} & B_{da,da} \end{array}\right] \cdot \left[\begin{array}{c} P_{isol,in} \\ \hline P_{isol,da} \end{array}\right] \qquad (3.48)$$

onde:

$[T_{CON,DA}]$ vetor das elevações de temperatura conhecidas dos condutores, condição operativa 1;

$[T_{CON,IN}]$ vetor das elevações de temperatura incógnitas dos condutores, condição operativa 2;

$[P_{IN}]$ vetor da perdas Joule a serem determinadas;

$[P_{DA}]$ vetor da perdas Joule conhecidas;

$[P_{ISOL,IN}]$ vetor das perdas dielétricas dos grupos com condição operativa 1;

$[P_{ISOL,DA}]$ vetor das perdas dielétricas dos grupos com condição operativa 2;

A partir de processo iterativo sobre a equação matricial (3.48) determinam-se as temperaturas dos condutores na condição 1 e as correntes dos condutores da condição 2.

Para o caso de um único cabo, isto é, quando todos os cabos dos grupos que constituem a rede estão suficientemente afastados para que as mútuas térmicas possam ser consideradas nulas, tem-se o equacionamento a seguir, que se embasa no circuito elétrico análogo da fig. 3.11.

Para o meio tem-se:

$$\theta_{ext} = \left(1 + \lambda_1 + \lambda_2\right) P\, T_4 + P_{isol}\, T_4 \qquad (3.49)$$

isto é:

$$P = \frac{\theta_{ext}}{\left(1 + \lambda_1 + \lambda_2\right) T_4} - \frac{P_{isol}}{1 + \lambda_1 + \lambda_2} \qquad (3.50)$$

Para todo o circuito tem-se:

$$\theta_{cond} = \theta_{ext} + \left[T_1 + \left(1 + \lambda_1\right) T_2 + \left(1 + \lambda_1 + \lambda_2\right) T_3 \right] P + \left(\frac{T_1}{2} + T_2 + T_3 \right) P_{isol} \qquad (3.51)$$

Substituindo-se o valor de P da eq. (3.56) na (3.57) resulta:

$$\theta_{cond} = \left[1 + \frac{T_1 + \left(1 + \lambda_1\right) T_2 + \left(1 + \lambda_1 + \lambda_2\right) T_3}{\left(1 + \lambda_1 + \lambda_2\right) \cdot T_4} \right] \theta_{ext} +$$

$$+ \left[\frac{T_1 + \left(1 + \lambda_1\right) T_2 + \left(1 + \lambda_1 + \lambda_2\right) T_3}{1 + \lambda_1 + \lambda_2} - \left(\frac{T_1}{2} + T_2 + T_3 \right) \right] P_{isol} \qquad (3.52)$$

donde resulta:

$$\theta_{ext} = \frac{\theta_{cond} + \dfrac{\dfrac{T_1}{2} - \left(\lambda_1 + \lambda_2\right)\dfrac{T_1}{2} - \lambda_2 T_2}{1 + \lambda_1 + \lambda_2} P_{isol}}{1 + \dfrac{T_1 + \left(1 + \lambda_1\right)T_2 + \left(1 + \lambda_1 + \lambda_2\right)T_3}{\left(1 + \lambda_1 + \lambda_2\right)T_4}}$$ (3.53)

Na hipótese de cabo imerso ao ar protegido da radiação solar, o valor de T_4 é dado por:

$$T_4 = \frac{1}{\pi d h \theta_{ext}^{1/4}}$$ (3.54)

onde o parâmetro h é obtido em função das condições de instalação (cfr. NBR 11301).

A partir das eqs 3.53 e 3.54, determina-se a temperatura externa por processo iterativo.

Exemplo 3.6

Determinar a corrente admissível num circuito trifásico constituído por três cabos unipolares isolados, na configuração trifólio cerrado. São dados:

- Condutor: diâmetro 12,92 mm; área da seção reta: 120 mm^2, material alumínio compactado; resistência em corrente contínua a 20 °C: 0,253 Ω/km.
- Camada semicondutora: espessura 0,6 mm.
- Isolação: XLPE, termofixa, resistividade térmica: 3,5 m.K/W; constante dielétrica relativa: 2,5; fator de potência dielétrica: tg δ = 0,004, tensão mínima para cálculo das perdas dielétricas: 127 kV, espessura: 3,0 mm.
- Camada semicondutora: espessura 0,8 mm.
- Blindagem: coroa circular de fios de cobre; 16 fios de diâmetro 0,70 mm, passo de 300 mm; aterrada nas duas extremidades de cada seção elétrica.
- Cobertura: material PE; resistividade térmica: 3,5 m.K/W, espessura 1,6 mm.
- Temperatura máxima do condutor: 90 °C, temperatura do meio: 25 °C, resistividade térmica do solo 1,0 mK/W.
- Tensão de operação 13,8 kV com frequência de 60 Hz.
- Cabos diretamente enterrados com distância do centro do grupo à superfície do solo de 1.000 mm. A resistividade térmica do solo é de 1 mK/W.

Solução

a. Diâmetros externos dos blocos:
d_{cond} = 12,92 mm
d_{sem1} = 12,92 + 2 × 0,6 = 14,12 mm;
$d_{isol.}$ = 14,12 + 2 × 3,5 = 21,12 mm;
d_{sem2} = 21,12 + 2 × 0,8 = 22,72 mm;
$d_{blin.}$ = 22,72 + 2 × 0,7 = 24,12 mm;
$d_{ext.}$ = 24,12 + 2 × 3,5 = 31,12 mm

donde a distância entre os eixos dos cabos é 31,12 mm.

b. Resistência do condutor

$$R_{90} = 0{,}253 \cdot [\,1 + (90 - 20) \times 0{,}00403] = 0{,}3244\ \Omega/\text{km}$$

Fatores para efeito pelicular e de proximidade:

$$K_p = K_s = 1$$

logo:

$$X_s^2 = X_p^2 = \frac{8\pi f 10^{-4}}{R_{90}} = \frac{8\pi \times 60 \times 10^{-4}}{0{,}3244} = 0{,}464847$$

donde:

$$Y_s = \frac{X_s^4}{192 + 0{,}8 \times X_s^4} = \frac{0{,}216083}{192 + 0{,}8 \times 0{,}216083} = 0{,}001124$$

$$Y_p = \frac{X_s^4}{192 + 0{,}8 \times X_s^4}\left(\frac{d_{cond}}{s_{eq}}\right)^2\left[0{,}312\left(\frac{d_{cond}}{s_{eq}}\right)^2 + \frac{1{,}18}{\dfrac{X_s^4}{192 + 0{,}8 \times X_s^4} + 0{,}27}\right] =$$

$$= 0{,}001124\left(\frac{12{,}92}{31{,}12}\right)^2\left[0{,}312\left(\frac{12{,}92}{31{,}12}\right)^2 + \frac{1{,}18}{0{,}001124 + 0{,}27}\right] = 0{,}000854$$

logo

$$R_{CA90} = 0{,}3244 \cdot (1 + 0{,}001124 + 0{,}000854) = 0{,}3246\,\Omega/\text{km}$$

c. Perdas dielétricas

As perdas dielétricas serão desprezadas, pois que, devem ser consideradas para tensões de operação superiores a 127 kV.

d. Blindagem

A seção equivalente da blindagem é calculada através de (cfr. NBR 11301):

$$F_{passo} = \sqrt{1 + \left(\frac{\pi d_{médio}}{p}\right)^2} = \sqrt{1 + \left(\frac{\pi \times 23{,}42}{300}\right)^2} = 1{,}03$$

$$S_{eq} = \frac{\pi n_{fios} d_{fio}^2}{e F_{passo}} = \frac{\pi \times 16 \times 0{,}7^2}{4 \times 1{,}03} = 5{,}9781\ \text{mm}^2$$

e sua resistência ôhmica a 20 °C é dada por:

$$R_{blin.\,20} = 17{,}241/5{,}9781 = 2{,}8840\ \Omega/\text{km}$$

e a 90 °C tem-se

$$R_{blin.\,90} = 2,8840\,(1 + 0,00393 \times 70) = 3,6774\;\Omega/km$$

o fator de perdas para a blindagem é dado por:

$$\lambda = \frac{R_{blin.90}}{R_{CA90}}\,\frac{1}{1 = \left(\dfrac{R_{blin.90}}{X}\right)^2}\;com$$

$$X = 4\pi f\;10^{-4}\ln\frac{2\cdot s}{d_{médio}} = 4 \times \pi \times 60 \times 10^{-4}\ln\frac{2 \times 31,12}{23,42} = 0,073694\;\Omega/km$$

$$\lambda = \frac{3,6774}{0,3246}\,\frac{1}{1 + \left(3,6774/0,073694\right)^2} = 0,00455$$

e. Resistências térmicas da isolação e da capa de cobertura

Para a isolação tem-se:

$$T_{isol} = \frac{\rho_{isol}}{2\pi}\ln\frac{d_{isol}}{d_{cond}} = \frac{3,5}{2\pi}\ln\frac{22,72}{24,12} = 0,314433\;mK/W$$

Para a cobertura tem-se:

$$T_{cob.1} = \frac{\rho_{cob}}{2\pi}\ln\frac{d_{cob.1}}{d_{blin.}} = \frac{3,5}{2\pi}\ln\frac{31,12}{24,12} = 0,141940\;mK/W$$

f. Resistência térmica do meio

Para o solo sendo o fator "u" dado por (cfr. NBR 11301):

$$u = \frac{2L}{D_{tot}} = \frac{2 \times 1.000}{31,12} = 64,2673$$

resulta:

$$T_{meio} = \frac{1,5}{\pi}\rho_{meio}\left[\ln(2\cdot u) - 0,630\right] =$$

$$= \frac{1,5}{\pi} \times 1 \times \left[\ln(2 \times 64,2673) - 0,630\right] = 2,017861\;mK/W$$

g. Cálculo da temperatura externa

Da eq. (3.59) particularizada para o caso em estudo, onde se destaca o fator 3 no denominador, fig 3.12, resulta:

$$\theta_{ext} = \frac{\theta_{cond}}{1 + \dfrac{T_{iso} + \left(1 + \gamma_1\right)T_{cap1}}{3\left(1 + \gamma_1\right)T_{meio}}} = \frac{65}{1 + \dfrac{0,314433 + 1,00455 \times 0,141940}{3 \times 1,00455 \times 2,017861}} = 60,4565\;°C$$

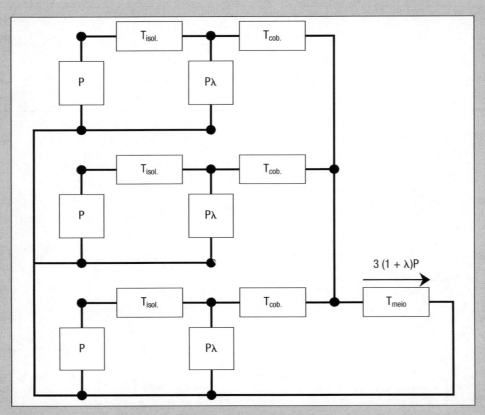

Figura 3.12 Circuito elétrico análogo.

Por outro lado da eq. (3.62) resulta, para os três cabos em trifólio:

$$P_{total} = \frac{\theta_{ext}}{(1+\lambda_1) \cdot T_{meio}} = \frac{60,4565}{1,00455 \cdot 2,017861} = 29,8250 \text{ W/m}$$

$$P = \frac{P_{total}}{3} = 9,9417 \text{ W/m}$$

donde as elevações de temperatura das várias partes:

$$\theta_{isol} = \theta_{cond} - P \cdot T_{isol} = 65,0 - 9,9417 \cdot 0,314433 = 61,8740 \text{ °C}$$
$$\theta_{cob1} = \theta_{isol} - P \cdot (1+\lambda) \cdot T_{cob1} =$$
$$= 61,8740 - 9,9417 \cdot 1,00455 \cdot 0,141940 = 60,4565 \text{ °C}$$

A seguir deve-se corrigir a resistência da blindagem, que depende da temperatura, e proceder a novas iterações até se alcançar a convergência. Deixa-se esta atividade ao leitor.

Após a convergência, resulta P = 9,9604 W/m e a corrente:

$$I = \sqrt{\frac{P}{R_{CA\,90}}} = \sqrt{\frac{9,9604}{0,0003246}} = 175,17 \text{ A}$$

3.2.7 CORRENTE ADMISSÍVEL – LIMITE TÉRMICO

3.2.7.1 Cabos nus

A corrente admissível de uma linha aérea, também chamada "corrente admissível de limite térmico", é definida em função da elevação tolerável da temperatura dos condutores, sobre o ambiente. Na definição desse valor há vários fatores que devem ser levados em conta, dentre os quais se destaca:

- A flecha máxima que se verifica numa linha aérea e, de consequência, o vão livre mínimo, a ser mantido entre os condutores energizados e o solo, *clearence* mínimo, está ligado à tensão operativa da linha, sendo, pois, um dado do projeto mecânico da linha. Por outro lado, tal flecha é uma função crescente da temperatura do condutor, impondo, quando do projeto mecânico, que se defina a temperatura máxima de operação. É usual, no projeto mecânico, definir-se o valor de projeto da temperatura ambiente e o da elevação da temperatura do condutor. Assim, por exemplo, para uma linha definida por 30 + 60 °C entende-se que seu projeto mecânico foi elaborado para temperatura ambiente de 30 °C e elevação da temperatura dos condutores de 60 °C.

- As emendas dos cabos, que representam o ponto de maior ocorrência de defeitos, impõem restrições à temperatura máxima na qual ele deve operar. De fato, com as variações de temperatura, ao longo do dia, as emendas dilatam-se e contraem-se, permitindo a penetração de umidade e impurezas do ar, que irão se traduzir por um aumento da resistência de contato entre o condutor e a emenda. Com o aumento da resistência de contato tem-se aquecimento localizado no ponto da emenda o que irá agravar o problema. Destaca-se que esse fenômeno é cumulativo e introduz ulterior restrição na temperatura operativa do condutor;

Quando a linha é percorrida pela corrente de curto-circuito, aceita-se aumentar a temperatura admissível no condutor até o limite da perda de suas características mecânicas, visto que, tal corrente é de curta duração, ordem de grandeza máxima de segundos. Este limite pode ser fixado em até 340 °C para cabos do tipo CA, cabo de alumínio sem reforço, e em até 645 °C para os cabos CAA, condutor de alumínio com alma de aço. Destaca-se que neste último caso todo o esforço mecânico é suportado pela alma de aço, que nessa temperatura ainda mantém suas características mecânicas (temperatura de fusão do aço 1.450 °C). O valor da corrente que corresponde a essa temperatura é definido como "corrente admissível em curto-circuito".

3.2.7.2 Cabos protegidos

Nestes cabos o elemento mais crítico aos efeitos da temperatura é a capa de proteção, que é de material termoplástico ou termofixo. Assim, as correspondentes aos limites térmico e de curto-circuito são fixadas em função do material de cobertura.

3.2.7.3 Cabos isolados

Tal como no caso anterior as temperaturas para o estabelecimento dos limites térmico e de curto-circuito são fixadas em função das especificações do cabo.

REFERÊNCIAS BIBLIOGRÁFICAS

[1]   HOUSE, H. E. e TUTTLE, P. D. *Current Carrying Capacity of ACSR*. AIEE Transactions, pp. 58-41, February 1958

[2]   ABNT, *Cálculo da capacidade de condução de corrente de cabos isolados em regime permanente* (fator de carga 100%) - NBR 11301 – Set./1990.

[3]   IEC, *Calculation of the continuous current rating of cables* (100% load factor) – IEC 287 – 1982

[4]   IEC, *Calculation of the cyclic and emergency current rating of cables* – IEC 853 – 1985

[5]   WEEDY, B. M., *Underground transmission of electric power* – John Wiley & Sons, 1980.

[6]   KING, S. Y., HALFTER, N. A., *Underground power cables*. Longman Inc. New York, 1982.

CONSTANTES QUILOMÉTRICAS DE LINHAS AÉREAS E SUBTERRÂNEAS

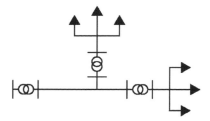

4.1 INTRODUÇÃO

Qualquer linha, seja ela aérea ou subterrânea, apresenta parâmetros série: resistências ôhmicas, indutâncias próprias e mútuas, e parâmetros em derivação: condutâncias, geralmente desprezíveis, e capacitâncias. Ao conjunto desses parâmetros dá-se o nome de "constantes quilométricas" da linha, originando-se seu nome do fato que os parâmetros são medidos ou calculados para comprimento de linha de um quilômetro. As constantes quilométricas são definidas quer em termos de componentes de fase, quer em termos de componentes simétricas.

Destaca-se que as distâncias entre os condutores de fase, por razões construtivas, não são iguais entre si. O mesmo ocorre entre os cabos de fase e o neutro. Este fato, conforme será visto posteriormente, leva a existência de impedâncias próprias e mútuas diferentes entre os cabos de fase. Na prática, essa situação é contornada realizando-se "transposições" ao longo da linha, isto é, a cada terço do comprimento total os cabos das fases A, B e C sofrem rotação de posições. Em outras palavras, no primeiro terço da linha os cabos das fases "A", "B" e "C" ocupam as posições P1, P2 e P3; no segundo terço da linha passam a ocupar as posições P2, P3 e P1; finalmente, no terceiro terço, são transpostos para as posições P3, P1 e P2. Nessas condições, o valor total da impedância série, por exemplo, será a soma das componentes de cada posição. Visando que os cabos de fase ocupem a mesma posição no início e fim da linha é usual efetuar-se 4 transposições, como indicado na fig. 4.1.

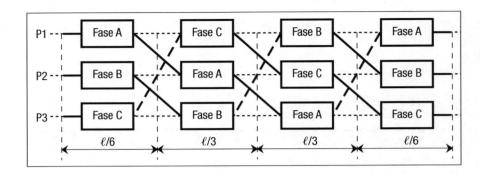

Figura 4.1 Transposição de linha.

4.2 CONSTANTES QUILOMÉTRICAS DE LINHAS AÉREAS

4.2.1 CONSIDERAÇÕES GERAIS

O cálculo das constantes quilométricas é realizado utilizando-se o método das imagens [1, 2, 7, 8], isto é, considera-se a rede constituída por seus condutores e pelas suas imagens em relação ao plano do solo, Fig. 4.2. Numeram-se, sequencialmente, os condutores de fase e, a seguir, os cabos guarda, ou o neutro, se existir, e definem-se as coordenadas do centro de todos os condutores, num sistema de coordenadas cartesianas ortogonais, com o eixo das abcissas coincidente com o plano do solo.

Dadas as diferenças de tratamento para os elementos em derivação e em série, divide-se sua determinação nos tópicos a seguir.

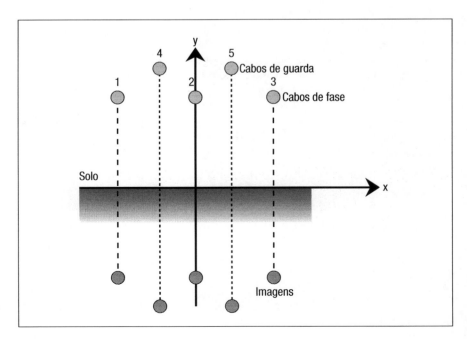

Figura 4.2
Método das imagens e sistema de coordenadas.

4.2.2 CÁLCULO DA ADMITÂNCIA EM DERIVAÇÃO – CAPACITÂNCIA

Para a obtenção das capacidades da linha aérea o procedimento seguido resume-se em:

- Monta-se a matriz, [P], dos coeficientes de potenciais de Maxwell, cujos termos são dados por:

$$P_{ii} = K \ln\left[\frac{D_{ii'}}{r_i}\right] \quad (i = 1, \ell, n)$$

$$P_{ik} = K \ln\left[\frac{D_{ik'}}{r_{ik}}\right] \quad (i = 1, \ell, n \quad e \quad i \neq k) \qquad (3.67)$$

onde,

$K = 2 \times c^2 \times 10^{-4} = 18 \times 10^6$ km/F = 18 km/μF (A unidade 1/F é definida, por muitos autores como sendo "*daraf*");

c é a velocidade da luz, em km/s;

$D_{ii'}$ é a distância entre o centro do condutor i e sua imagem i';

$D_{ik'}$ é a distância entre o centro do condutor i e o da imagem, k', do condutor k;

D_{ik} é a distância entre o centro do condutor i e o do condutor k;

r_i é o raio do condutor i. (Destaca-se que as unidades de todas as distâncias e a do raio devem, obrigatoriamente, ser iguais.)

A matriz, [P], dos coeficientes de potencial, que é montada seguindo-se a ordem de numeração dos condutores, é particionada na linha e coluna correspondente ao último cabo de fase :

$$[P] = \begin{array}{|c|c|} \hline P_{ff} & P_{fg} \\ \hline P_{gf} & P_{gg} \\ \hline \end{array} \qquad (4.1)$$

onde

$[P_{ff}]$ representa a submatriz dos cabos de fase;

$[P_{fg}] = [P_{gf}]^t$ representa a submatriz das mútuas entre os cabos de fase e os cabos guarda;

$[P_{gg}]$ representa a submatriz dos cabos guarda;

- Calcula-se, pela inversão da matriz [P], a matriz, [Y], das admitâncias nodais.

$$[Y] = \begin{array}{|c|c|} \hline Y_{ff} & Y_{fg} \\ \hline Y_{gf} & Y_{gg} \\ \hline \end{array} = j\omega[P]^{-1} \qquad (4.2)$$

onde

$[Y_{ff}]$ representa a submatriz das admitâncias dos cabos de fase;

$[Y_{fg}] = [Y_{gf}]^t$ representa a submatriz das admitâncias mútuas entre os cabos de fase e os cabos guarda;

$[Y_{gg}]$ representa a submatriz das admitâncias dos cabos guarda.

Assim, o equacionamento da linha é:

$$\left[\frac{I_f}{I_g}\right] = \left[\frac{Y_{ff} \mid Y_{fg}}{Y_{gf} \mid Y_{gg}}\right] \left[\frac{V_f}{V_g}\right] \qquad (4.3)$$

onde, $[I_f]$ e $[I_g]$ representam, respectivamente, as submatrizes das correntes nos cabos de fase e de guarda (neutro), e $[V_f]$ e $[V_g]$ representam, respectivamente, as submatrizes das tensões no cabos de fase e nos de guarda;

- Eliminam-se os cabos guarda, se existirem;

Para a obtenção da matriz equivalente, sem os cabos guarda, destacam-se os dois casos a seguir:

a1. Cabo guarda aterrado, quando $[V_g] = 0$, resultando:

$$[I_f] = [Y_{ff}][V_f] \text{ e } [I_g] = [Y_{gf}] [V_f] \qquad (4.4)$$

logo a matriz equivalente à rede após a eliminação dos cabos guarda, $[Y_{eq}]$, é a matriz $[Y_{ff}]$.

a2. Cabo guarda isolado, quando $[I_g] = 0$, e, da eq. (4.3), resulta:

$$[I_f] = [Y_{ff}] [V_f] + [Y_{fg}] [V_g]$$
$$[I_g] = [Y_{gf}] [V_f] + [Y_{gg}] [V_g]$$

ou

$$[V_g] = - [Y_{gg}]^{-1} [Y_{gf}] [V_f]$$
$$[I_f] = [Y_{ff}] [V_f] - [Y_{fg}] [Y_{gg}]^{-1} [Y_{gf}] [V_f] =$$
$$\{[Y_{ff}] - [Y_{fg}] [Y_{gg}]^{-1} [Y_{gf}]\} [V_f]$$

donde, a matriz equivalente após a eliminação dos cabos guarda (neutro), é dada por:

$$[Y_{eq}] = [Y_{ff}] - [Y_{fg}] [Y_{gg}]^{-1} [Y_{gf}] \qquad (4.5)$$

Após o cálculo da tensão nos cabos de fase, calcula-se a tensão nos cabos guarda.

- Efetuam-se as transposições, se existirem;

Cada elemento da matriz da rede com transposição é obtido pela média aritmética dos valores da admitância considerada nas diversas transposições. Assim, por exemplo, no caso de uma linha trifásica, com um cabo por fase, completamente transposta, fig. 4.3, resulta:

$$[Y] = \frac{1}{\sum\limits_{i=1,3} \ell_i} \left[\begin{array}{c|c|c} \ell_1 Y_{11} + \ell_2 Y_{22} + \ell_3 Y_{33} & \ell_1 Y_{12} + \ell_2 Y_{23} + \ell_3 Y_{31} & \ell_1 Y_{12} + \ell_2 Y_{23} + \ell_3 Y_{31} \\ \hline \ell_1 Y_{12} + \ell_2 Y_{23} + \ell_3 Y_{31} & \ell_2 Y_{22} + \ell_3 Y_{33} + \ell_1 Y_{11} & \ell_1 Y_{12} + \ell_2 Y_{23} + \ell_3 Y_{31} \\ \hline \ell_1 Y_{12} + \ell_2 Y_{23} + \ell_3 Y_{31} & \ell_1 Y_{12} + \ell_2 Y_{23} + \ell_3 Y_{31} & \ell_3 Y_{33} + \ell_1 Y_{11} + \ell_2 Y_{22} \end{array}\right]$$

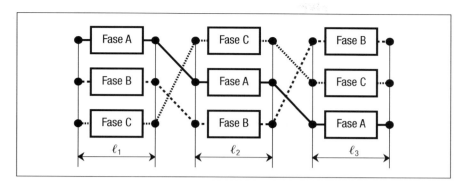

Figura 4.3
Transposição da linha.

- Obtém-se, através da transformação *spinor* a matriz das admitâncias em termos de componentes simétricas, isto é:

$$[Y_{0,1,2}] = [T]^{-1}[Y_{a,b,c}][T]$$

onde, a matriz [T], é dada por

$$[T] = \begin{bmatrix} 1 & 1 & 1 \\ 1 & \alpha^2 & \alpha \\ 1 & \alpha & \alpha^2 \end{bmatrix} \quad \text{em que} \quad \alpha = 1\angle 120°$$

4.2.3 ELEMENTOS SÉRIE – IMPEDÂNCIA

Para o tratamento da impedância série o procedimento pode ser resumido nos passos a seguir:

- Monta-se, considerando-se a condutividade do solo infinita, a matriz de impedâncias dos elementos série, seguindo a ordem de numeração dos condutores, cujos termos, em Ω/km, são obtidos a partir de:

$$Z_{ik} = 0,0 + j4\pi f 10^{-4} \ln \frac{D_{ik'}}{D_{ik}} \qquad (i = 1, \ell, n \text{ e } i \neq k) \tag{4.6}$$

e

$$Z_{ik} = R_{ii} + j4\pi f 10^{-4} \ln \frac{D_{ii'}}{r'_i} \qquad (i = 1, \ell, n) \tag{4.7}$$

onde:
f frequência da rede, em Hz;
r'_i raio médio geométrico do condutor, em unidade compatível com $D_{ii'}$;
R_{ii} resistência ôhmica do cabo, em corrente alternada, corrigida para a temperatura de operação e levando em conta os efeitos pelicular e de proximidade.

4 — Constantes Quilométricas de Linhas Aéreas e Subterrâneas

- Considerando-se a condutividade do solo finita, ρ_{solo}, modifica-se a matriz de impedâncias através dos termos corretivos obtidos pelas equações de Carson [3]:

$$Z_{ik} = R_{ik} + \Delta R_{ik} + j\left[X_{ik} + \Delta X_{ik}\right] \qquad (i = 1, \ell, n)$$

Os termos corretivos são obtidos a partir da série infinita de Carson. Para efeitos práticos, é suficiente considerarem-se somente as primeiras parcelas, isto é:

$$\Delta R_{ii} = \omega\left(1,5708 - 0,0026492\ D_{ii'} \cdot \sqrt{\frac{f}{\rho_{solo}}}\right)10^{-4}$$

$$\Delta X_{ii} = 2\omega\left(1,\ln\frac{658,898}{D_{ii'} \cdot \sqrt{\dfrac{f}{\rho_{solo}}}} + 0,002649\sqrt{\frac{f}{\rho_{solo}}}\right)10^{-4}$$

$$\Delta R_{ii} = \omega\left(1,5708 - 0,0026492\ \frac{D_{ii'} + D_{kk'}}{2}\sqrt{\frac{f}{\rho_{solo}}}\right)10^{-4}$$

$$\Delta X_{ii} = 2\omega\left(1,\ln\frac{658,898}{D_{ii'} \cdot \sqrt{\dfrac{f}{\rho_{solo}}}} + 0,002649\sqrt{\frac{f}{\rho_{solo}}}\right)10^{-4}$$

(4.8)

Particionando-se a matriz segundo a linha e a coluna correspondente ao último cabo de fase, resulta:

$$\left[\frac{V_f}{V_g}\right] = \left[\begin{array}{c|c} Z_{ff} & Z_{fg} \\ \hline Z_{gf} & Z_{gg} \end{array}\right]\left[\frac{I_f}{I_g}\right]$$

(4.9)

- Eliminam-se os cabos guarda (neutro), se existirem. Tem-se dois casos:

a1. Cabos guarda aterrados (neutro multiaterrado), quando $[V_g] = 0$ e:

$$[V_f] = [Z_{ff}]\,[I_f] + [Z_{fg}]\,[I_g]$$

e

$$[V_g] = [Z_{gf}]\,[I_f] + [Z_{gg}]\,[I_g]$$

donde:

$$[I_g] = -[Z_{gg}]^{-1}\,[Z_{gf}]\,[I_f]$$

logo:

$$[V_f] = [Z_{ff}]\,[I_f] - [Z_{gg}]^{-1}\,[Z_{gf}]\,[I_f] =$$

$$= \{[Z_{ff}] - [Z_{fg}]\,[Z_{gg}]^{-1}\,[Z_{gf}]\}\,[I_g]$$

ou

$$[Z_{eq}] = [Z_{ff}] - [Z_{fg}]\,[Z_{gg}]^{-1}\,[Z_{gf}]$$

(4.10)

4.2 — Constantes Quilométricas de Linhas Aéreas

a2. Cabos guarda isolados, quando $[I_g] = 0$ e

$$[V_f] = [Z_{ff}] [I_f] = [Z_{eq}] [I_f]$$

e

$$[V_g] = [Z_{gf}] [I_f] \qquad (4.11)$$

- Modifica-se a matriz para levar em conta o efeito das transposições.

Para as transposições o procedimento é análogo ao do caso das capacidades.

- Obtém-se, através da transformação *spinor*, a matriz de impedâncias série em termos de componentes simétricas.

Exemplo 4.1

Pede-se as constantes quilométricas de uma linha trifásica de distribuição primária, operando em 13,8 kV, 60 Hz. São dados:

a. Condutores utilizados nas fases e no neutro: CA, Tulip, 336,4 MCM, com diâmetro de 16,90 mm, raio médio geométrico de 6,45 mm, resistência ôhmica em corrente contínua, a 20 °C, de 0,169 Ω/km, temperatura de operação 90 °C.

b. Geometria da cruzeta: altura do solo de 9,0 m, afastamento das fases B e C da fase A, respectivamente, 0,80 m e 1,80 m.

c. Neutro: altura do solo de 7,0 m e afastamento horizontal da fase A de 1,30 m, multiaterrado.

d. Transposição: a linha está completamente transposta, sendo a sequência de transposição: A-B-C; C-A-B e B-C-A, com comprimentos de 33,33; 33,33 e 33,34% do comprimento total da linha.

e. Resistividade do solo de 100 Ω.m.

Solução

a. Sistema de coordenadas

Fixou-se um sistema de coordenadas com o eixo das abcissas no plano do solo e o das ordenadas coincidindo com o centro do condutor da fase A, resultando as coordenadas para os cabos das fases A, B e C, identificados por 1, 2 e 3 e do neutro, identificado por 4:

$$x_1 = 0,00 \text{ m}; \; y_1 = 9,00 \text{ m}; \; x_2 = 0,80 \text{ m}; \; y_2 = 9,00 \text{ m};$$

$$x_3 = 1,80 \text{ m}; \; y_3 = 9,00 \text{ m}; \; x_4 = 1,30 \text{ m}; \; y_4 = 7,00 \text{ m}.$$

As distâncias entre os centros dos cabos e suas imagens são dadas por:

$D_{11'} = D_{22'} = D_{33'} = 18,0 \text{ m e } D_{44'} = 14,0 \text{ m}$

$D_{12} = D_{21} = 0,80 \text{ m e } D_{23} = D_{32} = 1,00 \text{ m}$

$D_{12'} = D_{21'} = \sqrt{0,80^2 + 18,0^2} = 18,0178 \text{ m}$

$$D_{13'} = D_{31'} = \sqrt{1,80^2 + 18,0^2} = 18,0898 \text{ m}$$

$$D_{23'} = D_{32'} = \sqrt{1,00^2 + 18,0^2} = 18,0277 \text{ m}$$

$$D_{14'} = D_{41'} = \sqrt{1,30^2 + 16,0^2} = 16,0527 \text{ m}$$

$$D_{24'} = D_{42'} = \sqrt{0,50^2 + 16,0^2} = 16,0078 \text{ m}$$

$$D_{34'} = D_{43'} = \sqrt{0,50^2 + 16,0^2} = 16,0078 \text{ m}$$

$$D_{14'} = D_{41'} = \sqrt{1,30^2 + 2,00^2} = 2,3854 \text{ m}$$

$$D_{24} = D_{42} = D_{34} = D_{43} = \sqrt{0,50^2 + 2,0^2} = 2,06615 \text{ m}$$

b. Correção da resistência ôhmica do condutor

A resistência em corrente contínua a 90 °C é dada por:

$$R_{cc\text{-}90} = R_{cc\text{-}20} [1 + \alpha. \ (90 - 20)] = 0,1690(1 + 0,00403 \times 70) = 0,2167 \ \Omega/\text{km}$$

Os fatores de correção para os efeitos pelicular e de proximidade são unitários, (cfr. cap. 3) logo

$$X_s^2 = X_p^2 = \frac{8\pi f 10^{-4}}{R_{90}} = \frac{8\pi \times 60 \times 10^{-4}}{0,2167} = 0,695876$$

donde:

$$Y_s = \frac{X_s^2}{192 + 0,8 X_S^4} = \frac{0,484244}{192 + 0,8 \times 0,484244} = 0,002517$$

$$Y_p = \frac{X_s^2}{192 + 0,8 X_S^4} \left(\frac{d_{cond}}{s_{eq}}\right)^2 \left[0,312\left(\frac{d_{cond}}{s_{eq}}\right)^2 + \frac{1,18}{\dfrac{X_s^2}{192 + 0,8 X_S^4} + 0,27}\right] =$$

$$= 0,002517\left(\frac{16,90}{1.129,24}\right)^2 \left[0,312\left(\frac{16,90}{1.129,24}\right)^2 + \frac{1,18}{0,002517 + 0,27}\right] = 0,000002$$

logo

$$R_{CA90} = 0,2167 \ (1 + 0,002517 + 0,000002) = 0,2172 \ \Omega/\text{km}$$

c. Matriz de impedâncias da rede completa – Condutividade do solo infinita

Sendo $A = 4 \ \pi \ f \times 10^{-4} = 0,075398$, tem-se:

$$Z_{11} = Z_{22} = Z_{33} = 0,2172 + j0,075398 \ln \frac{18}{0,00645} = 0,2172 + j0,598213 \ \Omega/\text{km}$$

$$z_{12} = z_{21} = 0,0 + jA \ln \frac{D_{12'}}{D_{12}} = 0,0 + jA \ln \frac{18,0178}{0,80} = 0,0 + j0,234828 \ \Omega/\text{km}$$

4.2 — Constantes Quilométricas de Linhas Aéreas

$$z_{13} = Z_{31} = 0,0 + jA \ln \frac{D_{13'}}{D_{13}} = 0,0 + jA \ln \frac{18,0898}{1,80} = 0,0 + j0,173986 \; \Omega/km$$

$$z_{23} = Z_{32} = 0,0 + jA \ln \frac{D_{23'}}{D_{23}} = 0,0 + jA \ln \frac{18,0277}{1,00} = 0,0 + j0,218045 \; \Omega/km$$

$$z_{14} = Z_{41} = 0,0 + jA \ln \frac{D_{14'}}{D_{14}} = 0,0 + jA \ln \frac{16,0527}{2,3854} = 0,0 + j0,143748 \; \Omega/km$$

$$z_{24} = Z_{42} = 0,0 + jA \ln \frac{D_{24'}}{D_{24}} = 0,0 + jA \ln \frac{16,0078}{2,0615} = 0,0 + j0,154539 \; \Omega/km$$

$$z_{34} = Z_{43} = 0,0 + jA \ln \frac{D_{34'}}{D_{34}} = 0,0 + jA \ln \frac{16,0078}{2,0615} = 0,0 + j0,154539 \; \Omega/km$$

$$z_{44} = 0,2172 + jA \ln \frac{D_{44'}}{r_4'} = 0,2172 + jA \ln \frac{14,0}{0,00645} = 0,2172 + j0,579264 \; \Omega/km$$

ou

$$[Z_{rede}] = \begin{array}{|c|c|c|c|}
\hline
0,2172 + j0,598213 & 0,0 + j0,234828 & 0,0 + j0,173986 & 0,0 + j0,143748 \\
\hline
0,0 + j0,234828 & 0,2172 + j0,598213 & 0,0 + j0,218045 & 0,0 + j0,154539 \\
\hline
0,0 + j0,173986 & 0,0 + j0,218045 & 0,2172 + j0,598213 & 0,0 + j0,154539 \\
\hline
0,0 + j0,143748 & 0,0 + j0,154539 & 0,0 + j0,154539 & 0,2172 + j0,579264 \\
\hline
\end{array}$$

d. Matriz de impedâncias da rede completa – Condutividade do solo $100 \; \Omega \cdot m$.

Procedendo-se às correções de Carson, resulta

$$[Z_{rede}] = \begin{array}{|c|c|c|c|}
\hline
0,275241 + j0,890297 & 0,057892 + j0,526837 & 0,057891 + j0,465695 & 0,058034 + j0,444313 \\
\hline
0,057892 + j0,526837 & 0,275241 + j0,890297 & 0,057892 + j0,510013 & 0,057034 + j0,455313 \\
\hline
0,057891 + j0,455695 & 0,057892 + j0,520013 & 0,275241 + j0,890297 & 0,057034 + j0,455313 \\
\hline
0,058034 + j0,444313 & 0,057034 + j0,455313 & 0,057034 + j0,455313 & 0,274980 + j0,889992 \\
\hline
\end{array}$$

e. Eliminação do neutro

Para a eliminação do neutro, multiaterrado, tem-se:

$$Z'_{ik} = Z_{ik} - \frac{Z_{in} Z_{nk}}{Z_{nn}} \quad \text{para} \quad i = 1, \ell, n-1 \quad \text{e} \quad k = 1, \ell n - 1$$

em particular, para $i = 2$ e $k = 3$, resulta:

$$Z'_{23} = Z_{23} - \frac{Z_{24} Z_{43}}{Z_{33}} =$$

$$= 0,057892 + j0,510013 - \frac{(0,058034 + j0,455313)(0,058034 + j0,455313)}{0,274980 + j0,889992} =$$

$$= 0,068317 + j0,284084 \; \Omega/km$$

repetindo-se o cálculo para todos os elementos resulta:

$$[Z'_{abc}] = \begin{array}{|c|c|c|} \hline 0,283840+10,674923 & 0,067385+j0,306248 & 0,067385+j0,245105 \\ \hline 0,067385+j0,306248 & 0,285666+j0,664368 & 0,068317+j0,284084 \\ \hline 0,067385+j0,245105 & 0,068317+j0,284084 & 0,285666+j0,664368 \\ \hline \end{array}$$

f. Transposição

Para a transposição tem-se:

$$Z''_{11} = 0,3333Z'_{11} + 0,3333Z'_{22} + 0,3334Z'_{33}$$

$$Z''_{22} = 0,3333Z'_{22} + 0,3333Z'_{11} + 0,3334Z'_{11}$$

$$Z''_{33} = 0,3333Z'_{33} + 0,3333Z'_{11} + 0,3334Z'_{22}$$

$$Z''_{12} = Z''_{21} = 0,3333Z'_{12} + 0,3333Z'_{23} + 0,3334Z'_{31}$$

$$Z''_{13} = Z''_{31} = 0,3333Z'_{13} + 0,3333Z'_{21} + 0,3334Z'_{32}$$

$$Z''_{23} = Z''_{32} = 0,3333Z'_{23} + 0,3333Z'_{31} + 0,3334Z'_{12}$$

donde resulta:

$$[Z''_{abc}] = \begin{array}{|c|c|c|} \hline 0,285058+j0,667886 & 0,067596+j0,278476 & 0,067696+j0,278476 \\ \hline 0,067596+j0,278476 & 0,285058+j0,667886 & 0,067696+j0,278476 \\ \hline 0,067696+j0,278476 & 0,067696+j0,278476 & 0,285058+j0,667886 \\ \hline \end{array}$$

g. Matriz de impedâncias em componentes simétricas

Resulta:

$$[Z_{0,1,2}] = [T]^{-1}[Z''_{abc}][T] =$$

$$= \frac{1}{3} \begin{array}{|c|c|c|} \hline 1 & 1 & 1 \\ \hline 1 & \alpha & \alpha^2 \\ \hline 1 & \alpha^2 & \alpha \\ \hline \end{array} \begin{array}{|c|c|c|} \hline 0,285058+j0,667886 & 0,067696+j0,378476 & 0,067696+j0,378476 \\ \hline 0,677696+j0,378476 & 0,285058+j0,667886 & 0,067696+j0,378476 \\ \hline 0,677696+j0,378476 & 0,677696+j0,378476 & 0,285058+j0,667886 \\ \hline \end{array}$$

$$\begin{array}{|c|c|c|} \hline 1 & 1 & 1 \\ \hline 1 & \alpha^2 & \alpha \\ \hline 1 & \alpha & \alpha^2 \\ \hline \end{array} = \begin{array}{|c|c|c|} \hline 0,420449+j1,224844 & 0+0 & 0+0 \\ \hline 0+0 & 0,217362+j0,389407 & 0+0 \\ \hline 0+0 & 0+0 & 0,217362+j0,389407 \\ \hline \end{array}$$

h. Matriz dos coeficientes de Maxwell

Tem-se

$$P_{11} = P_{22} = P_{33} = 18 \cdot \ln \frac{D_{11'}}{r_1} = 18 \cdot \ln \frac{18,0}{0,00845} = 137,951291 \text{ km/}\mu\text{F}$$

$$P_{12} = P_{21} = 18 \cdot \ln \frac{D_{12'}}{r_{12}} = 18 \cdot \ln \frac{18,0178}{0,80} = 56,06106 \text{ km/}\mu\text{F}$$

$$P_{13} = P_{31} = 18 \cdot \ln \frac{D_{13'}}{r_{12}} = 18 \cdot \ln \frac{18,0989}{1,80} = 41,536108 \text{ km/}\mu\text{F}$$

$$P_{23} = P_{32} = 18\ln\frac{D_{23'}}{D_{23}} = 18\ln\frac{18,0277}{1,00} = 52,054370 \text{ km/}\mu\text{F}$$

$$P_{14} = P_{41} = 18\ln\frac{D_{14'}}{D_{14}} = 18\ln\frac{16,0527}{2,3854} = 34,317184 \text{ km/}\mu\text{F}$$

$$P_{24} = P_{42} = 18\ln\frac{D_{24'}}{D_{24}} = 18\ln\frac{16,0078}{2,0615} = 36,893560 \text{ km/}\mu\text{F}$$

$$P_{34} = P_{43} = 18\ln\frac{D_{34'}}{D_{34}} = 18\ln\frac{16,0078}{2,0615} = 36,893560 \text{ km/}\mu\text{F}$$

$$P_{44} = 18 \cdot \ln\frac{D_{44'}}{r_4} = 18\ln\frac{14,0}{0,00845} = 133,427631 \text{ km/}\mu\text{F}$$

i. Matriz de admitâncias da rede completa

A partir da Inversão da matriz [P] resulta a matriz de admitâncias $[Y_{rede}] = j\omega [P]^{-1}$:

$$[Y_{rede}] = \omega \begin{vmatrix} 0,009126 & -0,002887 & -0,001344 & -0,001178 \\ -0,002887 & 0,009690 & -0,002450 & -0,001259 \\ -0,001344 & -0,002450 & 0,008975 & -0,001458 \\ -0,001178 & -0,001259 & -0,001458 & 0,008556 \end{vmatrix}$$

Na fig. 4.4 apresentam-se as capacidades presentes na rede. Para sua obtenção, lembra-se que os elementos fora da diagonal, y_{ik}, representam a admitância, com o sinal trocado, entre os nós i e k, e que a soma dos elementos de uma linha i da matriz $[Y_{rede}]$ representa a admitância entre o nó i e a terra. Observa-se a existência de capacidade entre o cabo neutro e a terra, pois que, o neutro está presente e ainda não foi eliminado da matriz.

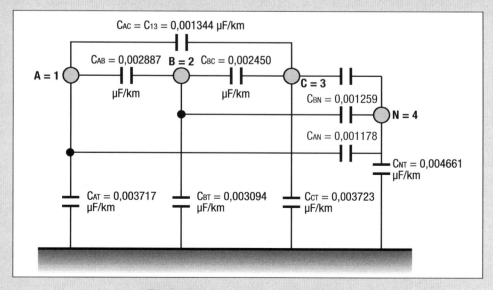

Figura 4.4 Capacidades da rede completa.

j. Matriz de admitâncias após eliminação do neutro

O neutro é multiaterrado, logo:

$$[Y_{abc}] = j\omega \begin{array}{|c|c|c|} \hline 0,009126 & -0,002887 & -0,001344 \\ \hline -0,002887 & 0,009690 & -0,002450 \\ \hline -0,001344 & -0,002450 & 0,008975 \\ \hline \end{array}$$

Após a definição de neutro multiaterrado, seu potencial passou a ser o de terra e, portanto, o capacitor C_{NT} fica curto-circuitado e não mais aparece na matriz das admitâncias capacitivas. Observa-se que os capacitores C_{AT} e C_{AN}, C_{BT} e C_{BN}, C_{CT} e C_{CN} foram conectados em paralelo, fig. 4.5.

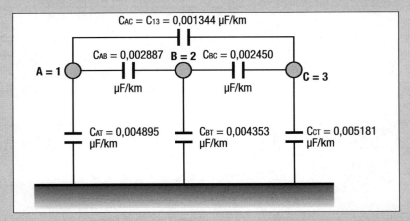

Figura 4.5 Capacidades após a eliminação do neutro.

k. Matriz após transposição

Com tratamento análogo ao das impedâncias, resulta para as capacidades:

$$[Y'_{abc}] = j\omega \begin{array}{|c|c|c|} \hline 0,009264 & -0,002227 & -0,002227 \\ \hline -0,002227 & 0,009264 & -0,002227 \\ \hline -0,002227 & -0,002227 & 0,009264 \\ \hline \end{array}$$

A matriz de admitância das capacidades, fig. 4.5, passou a contar com capacidades iguais entre os cabos de fase e entre estes e a terra.

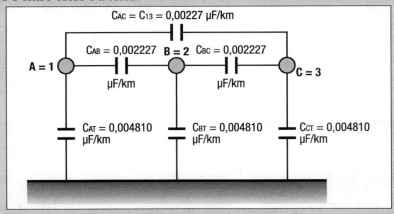

Figura 4.6 Capacidades após a transposição.

l. Matriz das capacidades em termos de componentes simétricas

Através da transformação *spinor* alcança-se a matriz das capacidades em componentes simétricas. Alternativamente, da fig. 4.6 observa-se que a capacidade de sequência zero é dada pela capacidade entre os cabos de fase e terra, isto é:

$$C_0 = 0,004810 \ \mu\text{F/km.}$$

A capacidade de sequência direta, C_d, que é igual à de sequência inversa, C_i, é obtida transformando-se os capacitores em triângulo na estrela equivalente e associando-os em paralelo com os de terra, isto é

$$C_d = C_i = 3 \times 0,002227 + 0,004810 = 0,011491 \ \mu\text{F/km.}$$

4.3 CONSTANTES QUILOMÉTRICAS DE CABOS ISOLADOS

4.3.1 INTRODUÇÃO

A metodologia utilizada no cálculo de constantes quilométricas de cabos isolados [4,5] considera separadamente a parte interna do cabo e a do meio que o circunda. Assim, no caso de um sistema com "n" cabos, as equações diferenciais que regem o funcionamento da rede são:

$$\frac{\partial}{\partial x}[V] = -[Z][I]$$

$$\frac{\partial}{\partial x}[I] = -[Y][V]$$

(4.12)

em que, [V] e [I] representam os vetores das tensões e correntes à distância "x" ao longo de eixo coincidente com os eixos dos cabos. [Z] e [Y] representam as matrizes de impedâncias e de admitâncias dos cabos envolvidos. No caso da rede ser constituída por cabos unipolares, contando com três elementos metálicos, condutor, blindagem e armação, imersos no ar ou diretamente enterrados, tem-se:

$$[Z] = [Z_i] + [Z_0]$$
$$[P] = [P_i] + [P_0]$$
$$[Y] = j\omega \ [P]^{-1}$$

(4.13)

em que, o sufixo "i" indica a parte interna do cabo e o "0" o meio externo. Destaca-se que as matrizes $[Z_i]$ e $[P_i]$ têm, para cabos com três componentes metálicos, dimensão $3n \times 3n$, isto é:

$$[Z_i] =
\begin{array}{|c|c|c|c|c|}
\hline
[Z_{11}] & \cdots & [0] & \cdots & [0] \\
\hline
\cdots & \cdots & \cdots & \cdots & \cdots \\
\hline
[0] & \cdots & [z_{ii}] & \cdots & [0] \\
\hline
\cdots & \cdots & \cdots & \cdots & \cdots \\
\hline
[0] & \cdots & [0] & \cdots & Z_{nn} \\
\hline
\end{array}$$

em que cada elemento, Z_{ii}, representa uma matriz, com dimensão 3×3, cujas linhas e colunas correspondem, na ordem, ao condutor, à blindagem e à armação, isto é:

$$[Z_{ii}] = \begin{array}{|c|c|c|} \hline Z_{cc-i} & Z_{cb-i} & Z_{ca-i} \\ \hline Z_{bc-i} & Z_{bb-i} & Z_{ba-i} \\ \hline Z_{ac-i} & Z_{ab-i} & A_{aa-i} \\ \hline \end{array}$$

em que, Z_{cc-i}, Z_{bb-i} e Z_{aa-i} representam, respectivamente, as impedâncias próprias do condutor, da blindagem e da armação. Os demais elementos representam as mútuas entre os três elementos.

Na hipótese dos cabos estarem embutidos em dutos metálicos, adiciona-se às matrizes da eq. (4.13), matriz correspondente à parte interna do duto e a matriz de conexão entre o cabo e o duto.

4.3.2 IMPEDÂNCIAS SÉRIE

Retomando a matriz de impedâncias para o sistema com "n" fios/cabos isolados:

$$[Z] = [Zi] + [Zo] \tag{4.14}$$

onde:

[Z_i] matriz das impedâncias internas dos cabos;

[Zo] matriz das impedâncias do meio externo aos cabos (impedância de retorno pelo solo).

A matriz [Zo] é nula para o caso de condutividade infinita do solo. No caso de condutividade finita, esta matriz representa as correções de Carson [3], para cabos aéreos, e as correções de Pollaczek [6], para cabos enterrados, como será visto a seguir. Para o equacionamento geral da matriz de impedâncias internas de um cabo considerar-se-á o caso de condutor unipolar, contando com: condutor, isolação, blindagem metálica, capa não metálica e armação metálica externa, fig. 4.7, para o qual sendo:

R_c resistência ôhmica do condutor;

R_{bl} resistência ôhmica da blindagem;

R_{arm} resistência ôhmica da armação metálica;

Z_{2i} impedância superficial da parte interna da blindagem;

Z_{2e} impedância superficial da parte externa da blindagem;

Z_{3i} impedância superficial da parte interna da armação metálica;

Z_{3e} impedância superficial da parte externa da armação metálica;

Z_0 impedância do solo;

Z_{2m} impedância mútua entre as superfícies interna e externa da blindagem;

Z_{3m} impedância mútua entre as superfícies interna e externa da armação;

Z_{12} impedância mútua entre as superfícies do condutor e da blindagem;

Z_{23} impedância mútua entre as superfícies da blindagem e da armação;

Z_{34} impedância mútua entre as superfícies da armação e do solo;

f   frequência da rede ($\omega = 2\,\pi\,f$ – pulsação);

μ_{bl} permeabilidade relativa da blindagem;

μ_{arm} permeabilidade relativa da armação;

4.3 — Constantes Quilométricas de Cabos Isolados

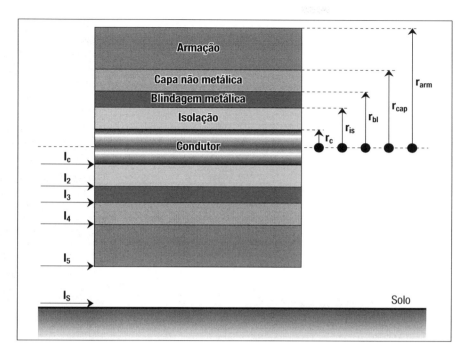

Figura 4.7 Detalhe do cabo.

resulta conforme [4,5] a matriz da parte interna:

$$\begin{bmatrix} V_c \\ V_{bl} \\ V_{arm} \end{bmatrix} = \begin{bmatrix} Z_{cc} & Z_{c\,bl} & Z_{c\,arm} \\ Z_{bl\,c} & Z_{bl\,bl} & Z_{bl\,arm} \\ Z_{arm\,c} & Z_{arm\,bl} & Z_{arm\,arm} \end{bmatrix} \begin{bmatrix} I_c \\ I_{bl} \\ I_{arm} \end{bmatrix} \quad (4.15)$$

onde:

$$Z_{cc} = R_c + Z_{12} + Z_{2i} + Z_{2e} + Z_{23} + Z_{3i} + Z_{3e} + Z_{34} - 2.(Z_{2m} + Z_{3m})$$
$$Z_{c\,bl} = Z_{bl\,c} = Z_{2e} + Z_{23} + Z_{3i} + Z_{3e} + Z_{34} - 2.(Z_{2m} + Z_{3m})$$
$$Z_{c\,arm} = Z_{arm\,c} = Z_{3e} + Z_{34} - Z_{3m}$$
$$Z_{bl\,bl} = Z_{2e} + Z_{23} + Z_{3i} + Z_{3e} + Z_{34}$$
$$Z_{bl\,arm} = Z_{arm\,bl\,c} = Z_{3e} + Z_{34} - Z_{3m}$$
$$Z_{arm\,arm} = Z_{3e} + Z_{34} \quad (4.16)$$

Sendo:

$$m_{bl} = \sqrt{j\frac{\omega\mu_{bl}}{\rho_{bl}}} \quad e \quad t_{bl} = r_{bl} - r_{is}$$

$$m_{arm} = \sqrt{j\frac{\omega\mu_{arm}}{\rho_{arm}}} \quad e \quad t_{arm} = r_{arm} - r_{cap}$$

$$(4.17)$$

tem-se:

$$Z_{2i} = Z_{2e} = R_{bl}\, m_{bl}\, t_{bl}\, \cot gh(m_{bl}\, t_{bl})$$
$$Z_{3i} = Z_{3e} = R_{arm}\, m_{arm}\, t_{arm}\, \cot gh(m_{arm}\, t_{arm})$$
$$Z_{2m} = R_{bl}\, m_{bl}\, t_{bl}\, \frac{1}{\operatorname{senh}(m_{bl}\, t_{bl})}$$
$$Z_{3m} = R_{arm}\, m_{arm}\, t_{arm}\, \frac{1}{\operatorname{senh}(m_{arm}\, t_{arm})} \quad (4.18)$$

Para a correção da impedância devido à condutividade do solo não ser infinita, que representa a matriz de impedâncias da parte externa aos cabos, utiliza-se para cabos instalados ao ar, fig. 4.8a, os primeiros termos das equações de Carson, em Ω/km, eq. (4.8) e para cabos enterrados, fig.4.8b, as equações de Pollaczek:

$$\Delta R_{jj} = \omega \left(1{,}5708 = 0{,}0026492 \times 2 \times h_j \sqrt{\frac{f}{\rho_{solo}}} \right) 10^{-4}$$

$$\Delta X_{jj} = 2\omega \left(\ln \frac{658{,}898}{2 h_j \sqrt{\dfrac{f}{\rho_{solo}}}} 0{,}0026492 h_j \sqrt{\frac{f}{\rho_{solo}}} \right) 10^{-4}$$

$$\Delta R_{jk} = \omega \left(1{,}5708 = 0{,}0026492 (h_j + h_k) \sqrt{\frac{f}{\rho_{solo}}} \right) 10^{-4}$$

$$\Delta X_{jj} = 2\omega \left(\ln \frac{658{,}898}{D_{jk'} \sqrt{\dfrac{f}{\rho_{solo}}}} 0{,}0026492 \frac{h_j + h_k}{2} \sqrt{\frac{f}{\rho_{solo}}} \right) 10^{-4}$$

(4.19)

Destaca-se que no caso de blindagem isolada ter-se-á corrente de blindagem nula. No caso de blindagem aterrada, ter-se-á tensão de blindagem

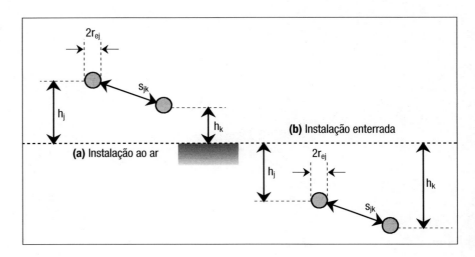

Figura 4.8 Modos de instalação.

nula. (Cfr. item 4.2.3). Analogamente, no caso da de armação isolada, ter-se-á corrente de armação nula e no caso de armação aterrada, ter-se-á tensão de armação, nula. (Cfr. item 4.2.3)

Para a matriz de impedâncias referente à parte externa (Cfr. item 4.2.3) tem-se:

$$Z_{jj} = R_{ji} + j2\omega \ln \frac{2h_j}{r_{eqj}} 10^{-4} \quad \text{para} \quad j = 1, \ell, n$$

$$Z_{jk} = 0 + j2\omega \ln \frac{s_{jk'}}{s_{jk}} 10^{-4} \quad \text{para} \quad j = 1, \ell, n \quad \text{e} \quad j \neq k$$

$$(4.20)$$

Após a montagem da matriz de impedância dos cabos procede-se nos passos a seguir:

- eliminam-se as blindagens e armações, se existirem;
- modifica-se a matriz para levar em conta o efeito das transposições;
- obtém-se a matriz de impedâncias série em termos de componentes simétricas através da transformação de *spinor*.

4.3.3 CAPACITÂNCIA EM DERIVAÇÃO

Retomando a matriz dos coeficientes de potencial de Maxwell, eq. (4.8), para o sistema com "n" cabos isolados, instalados ao ar, tem-se:

$$[P] = [P_i] + [P_o] \tag{4.21}$$

em que:

[P_i] matriz dos coeficientes de potenciais internos dos cabos;
[P_o] matriz dos coeficientes de potenciais externos aos cabos.

No caso de cabos diretamente enterrados, a matriz $[P_o]$ é nula, resultando para a matriz dos coeficientes de potencial:

$$[P] = [P_i] \tag{4.22}$$

A matriz dos coeficientes de potenciais, referente à parte interna do cabo, considerado unipolar, fig. 4.9, é dada por:

$$\left[P_i\right] = \begin{array}{|c|c|c|}
\hline
P_c + P_{bl} + P_{arm} & P_{bl} + P_{arm} & P_{arm} \\
\hline
P_{bl} + P_{arm} & P_{bl} + P_{arm} & P_{arm} \\
\hline
P_{arm} & P_{arm} & P_{arm} \\
\hline
\end{array}$$

$$(4.23)$$

onde:

$$P_c = \frac{18,0}{\varepsilon_{iso}} \ln \frac{r_{lb\ int}}{r_{cond+semi}} \quad km/\mu F$$

$$P_{bl} = \frac{18,0}{\varepsilon_{c\ int}} \ln \frac{r_{arm\ int}}{r_{bl\ ext}} \quad km/\mu F$$

$$P_{arm} = \frac{18,0}{\varepsilon_{cob}} \ln \frac{r_{ext}}{r_{arm\ ext}} \quad km/\mu F$$

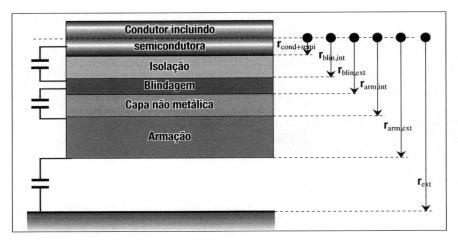

Figura 4.9 Diagrama de capacidades.

Para a parte externa, instalação ao ar, o equacionamento é análogo ao do item 4.2.3. Após a montagem da matriz dos coeficientes de potencial procede-se nos passos a seguir:

- Inverte-se a matriz dos coeficientes de potencial, obtendo-se a matriz de admitâncias.
- Eliminam-se as blindagens e armações, se existirem, lembrando-se que, para blindagens ou armações aterradas, resulta V = 0 e para blindagens ou armações isoladas resulta I = 0.
- Efetuam-se as transposições, se existirem.
- Obtém-se a matriz de capacidades em termos de componentes simétricas através da transformação *spinor*.

Exemplo 4.2

Pede-se determinar as constantes quilométricas para um circuito trifásico constituído por três cabos unipolares operando na tensão de 13,8 kV com frequência de 60 Hz. São dados:

a. Condutor de cobre com 19 fios, redondo normal, classe de encordoamento 1/2, têmpera mole, com revestimento, diâmetro 12,40 mm, seção 120 mm^2, resistência ôhmica em corrente contínua a 20 °C de 0,1540 Ω/km, temperatura de operação 90 °C.
b. Camada semicondutora com espessura de 0,8 mm, diâmetro 14,00 mm;
c. Isolação em XLPE, termofixo, com espessura de 3,00 mm, diâmetro 20,00 mm, constante dielétrica relativa 2,50.
d. Camada semicondutora com espessura de 1,00 mm, diâmetro 22,00 mm.
e. Blindagem, coroa helicoidal com fios de cobre de 2,0 mm, diâmetro 26,00 mm, passo da hélice de 300 mm.
f. Capa interna em PVC, com espessura 3,00 mm, diâmetro 32,00 mm, constante dielétrica relativa 8,00.
g. Armação em tubo liso de chumbo, com espessura 2,00 mm, diâmetro 36,00 mm.
h. Cobertura em PE, com espessura de 5,00 mm, diâmetro 46,00 mm, constante dielétrica relativa 2,30.
i. Cabos com 4 transposições, com comprimentos: 16,67; 33,33; 33,33 e 16,67% do comprimento total. Sequência de transposição: fase A – 1, 2, 3 e 1; fase B – 2, 3, 1 e 2; fase C – 3, 1, 2 e 3.
j. Instalação ao ar, com os eixos dos cabos espaçados de 0,50 m, altura de montagem 2,0 m.
k. Resistividade do solo 100 Ω · m.

4.3 — Constantes Quilométricas de Cabos Isolados

Solução

a. Cálculo das capacidades

A partir dos dados do cabo determinam-se:

- DIAM1 = 14,00 mm, diâmetro do condutor incluindo-se a camada semicondutora;
- DIAM2 = 20,00 mm, diâmetro externo da camada de isolação;
- DIAM3 = 26,00 mm, diâmetro externo da blindagem;
- DIAM4 = 32,00 mm, diâmetro externo da capa interna;
- DIAM5 = 36,00 mm, diâmetro externo da armação;

- DIAM6 = 46,00 mm, diâmetro externo da cobertura.

Além disso, as constantes dielétricas da isolação, capa interna e cobertura valem, respectivamente, 2,5; 8,0 e 2,3.

Os coeficientes de potencial do condutor, da blindagem e da armação são dados por:

$$P_c = \frac{18,0}{\varepsilon_{iso}} \ln \frac{r_{bl\ int}}{r_{cond+semi}} = \frac{18,0}{2,5} \ln \frac{20,00}{14,00} = 2,5657 \text{ km/}\mu\text{F}$$

$$P_{bl} = \frac{18,0}{\varepsilon_{c.int}} \ln \frac{r_{arm\ int}}{r_{bl\ ext}} = \frac{18,0}{8,0} \ln \frac{32,00}{26,00} = 0,4668 \text{ km/}\mu\text{F}$$

$$P_{arm} = \frac{18,0}{\varepsilon_{cob}} \ln \frac{r_{ext}}{r_{arm\ ext}} = \frac{18,0}{2,3} \ln \frac{46,00}{36,00} = 1,9166 \text{ km/}\mu\text{F}$$

e a matriz $[P_i]$ é dada por:

	c_1	c_2	c_3	bl_1	bl_2	bl_3	arm_1	arm_2	arm_3
c_1	4,9491	0	0	2,3834	0	0	1,9166	0	0
c_2	0	4,9491	0	0	2,3834	0	0	1,9166	0
c_3	0	0	4,9491	0	0	2,3834	0	0	1,9166
bl_1	2,3834	0	0	2,3834	0	0	1,9166	0	0
bl_2	0	2,3834	0	0	2,3834	0	0	1,9166	0
bl_3	0	0	2,3834	0	0	2,3834	0	0	1,9166
arm_1	1,9166	0	0	1,9166	0	0	1,9166	0	0
arm_2	0	1,9166	0	0	1,9166	0	0	1,9166	0
arm_3	0	0	1,9166	0	0	1,9166	0	0	1,9166

onde, na ordem, as linhas e colunas representam: condutores dos cabos 1, 2 e 3 (c_1, c_2 e c_3); blindagens dos cabos 1, 2 e 3 (bl_1, bl_2 e bl_3) e armações dos cabos 1, 2 e 3 (arm_1, arm_2 e arm_3). Por outro lado, estando a linha instalada ao ar, deve-se considerar, através do método das imagens, o efeito da parte externa na matriz dos coeficientes de potencial, isto é, acrescenta-se aos elementos da diagonal, ΔP_{ii}, e aos fora da diagonal, ΔP_{ik}, fig. 4.10, as parcelas:

$$\Delta P_{ii} = 18,0 \cdot \ln \frac{D_{ii'}}{r_{ext,i}} \qquad e \qquad \Delta P_{ik} = 18,0 \cdot \ln \frac{D_{ik}}{D_{ik'}} \quad \text{em km/}\mu\text{F}$$

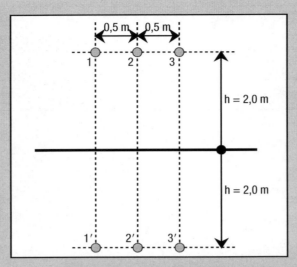

Figura 4.10 – Método das imagens.

As distâncias entre os centros dos cabos e suas imagens são dadas por:

- $D_{11'} = D_{22'} = D_{33'} = 2 \times 2,00 = 4,00$ m;
- $D_{12'} = D_{21'} = D_{32'} = D_{23'} = \sqrt{(0,5^2 + 4,0^2)} = 4,0311$ m;
- $D_{13'} = D_{31'} = \sqrt{(1,0^2 + 4,0^2)} = 4,1231$ m.

Resultando para a matriz dos coeficientes de potencial da parte externa:

	c_1	c_2	c_3	bl_1	bl_2	bl_3	arm_1	arm_2	arm_3
c_1	92,7694	37,5352	25,4757	92,7694	37,5352	24,4575	92,7694	37,5352	24,4575
c_2	37,5352	92,7694	37,5352	37,5352	92,7694	37,5352	37,5352	92,7694	37,5352
c_3	25,4757	37,5352	92,7694	24,4575	37,5352	92,7694	24,4575	37,5352	92,7694
bl_1	92,7694	37,5352	24,4575	92,7694	37,5352	24,4575	92,7694	37,5352	24,4575
bl_2	37,5352	92,7694	37,5352	37,5352	92,7694	37,5352	37,5352	92,7694	37,5352
bl_3	24,4575	37,5352	92,7694	24,4575	37,5352	92,7694	24,4575	37,5352	92,7694
arm_1	92,7694	37,5352	24,4575	92,7694	37,5352	24,4575	92,7694	37,5352	24,4575
arm_2	37,5352	92,7694	37,5352	37,5352	92,7694	37,5352	37,5352	92,7694	37,5352
arm_3	24,4575	37,5352	92,7694	24,4575	37,5352	92,7694	24,4575	37,5352	92,7694

Finalmente, a matriz dos coeficientes de potenciais é dada por:

	c_1	c_2	c_3	bl_1	bl_2	bl_3	arm_1	arm_2	arm_3
c_1	97,7185	37,5352	25,4757	95,1528	37,5352	24,4575	94,6860	37,5352	24,4575
c_2	37,5352	97,7185	37,5352	37,5352	95,1528	37,5352	37,5352	94,6860	37,5352
c_3	25,4757	37,5352	97,7185	24,4575	37,5352	95,1528	24,4575	37,5352	94,6860
bl_1	95,1528	37,5352	24,4575	95,1528	37,5352	24,4575	94,6880	37,5352	24,4575
bl_2	37,5352	95,1528	37,5352	37,5352	95,1528	37,5352	37,5352	94,6880	37,5352
bl_3	24,4575	37,5352	95,1528	24,4575	37,5352	95,1528	24,4575	37,5352	94,6880
arm_1	94,6860	37,5352	24,4575	94,6860	37,5352	24,4575	94,6860	37,5352	24,4575
arm_2	37,5352	94,6860	37,5352	37,5352	94,6860	37,5352	37,5352	94,6860	37,5352
arm_3	24,4575	37,5352	94,6860	24,4575	37,5352	94,6860	24,4575	37,5352	94,6860

4.3 — Constantes Quilométricas de Cabos Isolados

A matriz de admitâncias nodais das capacidades, em mho/km, é obtida pela inversão da matriz dos coeficientes de potencial, isto é:

$$[Y] = j\omega\ 10^{-6}\ [P]^{-1}$$

resultando para $[P]^{-1}$:

	c_1	c_2	c_3	bl_1	bl_2	bl_3	arm_1	arm_2	arm_3
c_1	0,3897	0	0	-0,3897	0	0	0	0	0
c_2	0	0,3897	0	0	-0,3897	0	0	0	0
c_3	0	0	0,3897	0	0	-0,3897	0	0	0
bl_1	-0,3897	0	0	2,5321	0	0	-2,1424	0	0
bl_2	0	-0,3897	0	0	2,5321	0	0	-2,1424	0
bl_3	0	0	-0,3897	0	0	2,5321	0	0	-2,1424
arm_1	0	0	0	-2,1424	0	0	2,1551	-0,0043	-0,0016
arm_2	0	0	0	0	-2,1424	0	-0,0043	2,1564	-0,0043
arm_3	0	0	0	0	0	-2,1424	-0,0016	-0,0043	2,1551

Para a eliminação das blindagens e armações, particiona-se a matriz de admitâncias pelas linhas e colunas finais, respectivamente, dos condutores, índice c, das blindagens, índice b, e das armações, índice a, resultando a equação:

$$\begin{bmatrix} I_c \\ I_b \\ I_a \end{bmatrix} = \begin{bmatrix} Y_{cc} & Y_{cb} & Y_{ca} \\ Y_{bc} & Y_{bb} & Y_{ba} \\ Y_{ac} & Y_{ab} & Y_{aa} \end{bmatrix} \begin{bmatrix} V_c \\ V_b \\ V_a \end{bmatrix}$$

No caso de blindagens e armações aterradas ter-se-á:

$$\begin{bmatrix} V_b \\ V_a \end{bmatrix} = 0$$

logo a matriz $[Y_{eq}]$ será igual à $[Y_{cc}]$, isto é, para o caso em tela resulta:

$$j\omega\ 10^{-6} \begin{bmatrix} 0,3897 & 0 & 0 \\ 0 & 0,3897 & 0 \\ 0 & 0 & 0,3897 \end{bmatrix}$$

No caso de blindagens e armações isoladas ter-se-á:

$$\begin{bmatrix} I_b \\ I_a \end{bmatrix} = 0$$

O procedimento utilizado é o da eliminação de Gauss, isto é:

$$\begin{bmatrix} I_c \end{bmatrix} = \begin{bmatrix} Y_{cc} \end{bmatrix} \begin{bmatrix} V_c \end{bmatrix} + \begin{bmatrix} Y_{cb} & Y_{ca} \end{bmatrix} \begin{bmatrix} V_b \\ V_a \end{bmatrix}$$

$$\begin{bmatrix} I_b \\ I_a \end{bmatrix} = \begin{bmatrix} Y_{bc} \\ Y_{ac} \end{bmatrix} \begin{bmatrix} V_c \end{bmatrix} + \begin{bmatrix} Y_{bb} & Y_{ba} \\ Y_{ab} & Y_{aa} \end{bmatrix} \begin{bmatrix} V_b \\ V_a \end{bmatrix}$$

ou

$$
\begin{array}{|c|}
\hline V_b \\
\hline V_a \\
\hline
\end{array}
= -
\begin{array}{|c|c|}
\hline Y_{bb} & Y_{ba} \\
\hline Y_{ab} & Y_{aa} \\
\hline
\end{array}^{-1}
\begin{array}{|c|}
\hline Y_{bc} \\
\hline Y_{ac} \\
\hline
\end{array}
\begin{array}{|c|}
\hline V_c \\
\hline
\end{array}
$$

donde

$$
\boxed{I_c} = \left[\boxed{Y_{cc}} - \begin{array}{|c|c|} \hline Y_{cb} & Y_{ca} \\ \hline \end{array} \begin{array}{|c|c|} \hline Y_{bb} & Y_{ba} \\ \hline Y_{ab} & Y_{aa} \\ \hline \end{array}^{-1} \begin{array}{|c|} \hline Y_{bc} \\ \hline Y_{ac} \\ \hline \end{array} \right] \boxed{V_c}
$$

$$
\boxed{Y_{eq}} = \boxed{Y_{cc}} - \begin{array}{|c|c|} \hline Y_{cb} & Y_{ca} \\ \hline \end{array} \begin{array}{|c|c|} \hline Y_{bb} & Y_{ba} \\ \hline Y_{ab} & Y_{aa} \\ \hline \end{array}^{-1} \begin{array}{|c|} \hline Y_{bc} \\ \hline Y_{ac} \\ \hline \end{array}
$$

Procedendo-se a eliminação de Gauss, para o exercício, resulta:

$$
j\omega 10^{-6}
\begin{array}{|c|c|c|}
\hline 0,0122 & -0,0040 & -0,0016 \\
\hline -0,0040 & 0,0133 & -0,0040 \\
\hline -0,0016 & -0,0040 & 0,0122 \\
\hline
\end{array}
$$

Para as transposições, sendo Y_{ik} um elemento genérico da matriz e ℓ_{Ti} o comprimento, em por unidade do comprimento total da linha, da transposição "i", resultam as equações:

$$
Y_{11} = Y_{22} = Y_{33} = \ell_{T1} Y_{11} + \ell_{T2} Y_{22} + \ell_{T3} Y_{33}
$$
$$
Y_{12} = Y_{21} = \ell_{T1} Y_{12} + \ell_{T2} Y_{23} + \ell_{T3} Y_{31}
$$
$$
Y_{13} = Y_{31} = \ell_{T1} Y_{13} + \ell_{T2} Y_{21} + \ell_{T3} Y_{32}
$$
$$
Y_{23} = Y_{32} = \ell_{T1} Y_{23} + \ell_{T2} Y_{31} + \ell_{T3} Y_{12}
$$

Para o caso de blindagens e armações isoladas resulta:

$$
j\omega 10^{-6}
\begin{array}{|c|c|c|}
\hline 0,0126 & -0,0032 & -0,0032 \\
\hline -0,0032 & 0,0126 & -0,0032 \\
\hline -0,0032 & -0,0032 & 0,0126 \\
\hline
\end{array}
$$

Para a obtenção da matriz de admitâncias, em termos de componentes simétricas, utilizam-se as transformações *spinor*, isto é:

$$
\boxed{Y_{012}} = \boxed{T}^{-1} \boxed{Y_{abc}} \boxed{T}
$$

$$
\boxed{T} =
\begin{array}{|c|c|c|}
\hline 1 & 1 & 1 \\
\hline 1 & \alpha^2 & \alpha \\
\hline 1 & \alpha & \alpha^2 \\
\hline
\end{array}
$$

$$
(\alpha = 1,0 \underline{|120°})
$$

A matriz de admitâncias sequenciais, em mho/km, é dada por

$0,0000 + j0,0060$	0	0
0	$0,0000 + j0,0158$	0
0	0	$0,0000 + j0,0158$

4.3 — Constantes Quilométricas de Cabos Isolados

b. Cálculo de impedâncias

Inicialmente determina-se a resistência ôhmica do condutor referida à temperatura de operação e corrigida pelo efeito pelicular e de proximidade, isto é:

$$R_{CCreg} = R_{CC20} \left[1 + \alpha_{20} \left(t_{reg} - 20 \right) \right] = 0,1540 \left[1 + 0,0039(90 - 20) \right]$$

ou

$$R_{CCreg} = 0,1960 \; \Omega/km$$

Para os efeitos pelicular e de proximidade, fatores Y_s e Y_p, tem-se:

$$X_S = \frac{0,0008\pi f}{R_{CCreg}} = \frac{0,000\pi \; 60,0}{0,1960} = 0,7692$$

$$Y_s = \frac{X_S^2}{192,0 + 0,8 X_S^2} = 3,074 \times 10^{-3}$$

$$d = \frac{d_{cond}}{\sqrt[3]{d_{12}d_{13}d_{23}}} = \frac{0,0124}{\sqrt[3]{0,50 \times 1,00 \times 0,50}} = 0,01968$$

$$Y_P = Y_S d^2 \left(0,312 \; d^2 + \frac{1,18}{Y_S + 0,27} \right) = 3,074 \times 10^{-3} \times 0,01968^2 \left(0,312 \times 0,01968^2 + \frac{1,18}{3,074 \times 10^{-3} + 0,27} \right)$$

$$Y_P = 5,14 \times 10^{-6}$$

$$R_{CAreg} = R_{CCreg} \left(1,0 + Y_s + Y_p \right) = 0,1960 \left(1,0 + 3,074 \times 10^{-3} + 5,14 \times 10^{-6} \right) = 0,1969 \; ohm/km$$

A seguir, com mesmo procedimento, corrige-se a temperatura das capas metálicas, blindagens e armações, para a temperatura de regime do condutor. A matriz de impedâncias de cada cabo é dada por:

V_c		Z_{cc}	$Z_{c\,bl}$	$Z_{c\,arm}$		I_c
V_{bl}	$=$	$Z_{bl\,c}$	$Z_{bl\,bl}$	$Z_{bl\,arm}$		I_{bl}
V_{arm}		$Z_{arm\,c}$	$Z_{arm\,bl}$	$Z_{arm\,arm}$		I_{arm}

onde:

$$Z_{cc} = R_c + Z_{12} + Z_{2i} + Z_{2e} + Z_{23} + Z_{3i} + Z_{3e} + Z_{34} - 2 \left(Z_{2m} + Z_{3m} \right)$$

$$Z_{c\,bl} = Z_{bl\,c} = Z_{2e} + Z_{23} + Z_{3i} + Z_{3e} + Z_{34} - 2 \left(Z_{2m} + Z_{3m} \right)$$

$$Z_{c\,arm} = Z_{arm\,c} = Z_{3e} + Z_{34} - Z_{3m}$$

$$Z_{bl\,bl} = Z_{2e} + Z_{23} + Z_{3i} + Z_{3e} + Z_{34}$$

$$Z_{bl\,arm} = Z_{arm\,bl\,c} = Z_{3e} + Z_{34} - Z_{3m}$$

$$Z_{arm\,arm} = Z_{3e} + Z_{34}$$

com:

$$m_{bl} = \sqrt{j\frac{\omega\mu_{bl}}{\rho_{bl}}} = \sqrt{j\frac{2\pi f \times 4\pi \times 10^{-4} \eta_{blrel}}{\rho_{bl}}} = 2 \cdot \pi \cdot 10^{-2} \sqrt{j\frac{f\mu_{blrel}}{\rho_{bl}}} \left(\cos 45° + jsen 45° \right)$$

$$m_{bl} = 0,044288 \sqrt{\frac{120,0 \times 1,0}{17,241}} \lfloor 45° = 0,11721 \left(1 + j \right)$$

analogamente

$$m_{arm} = 0,044288\sqrt{\frac{120,0 \times 1,0}{412,0}} \lfloor 45° = 0,3327(1+j)$$

Além disso:

$$Z_{2i} = Z_{2e} = R_{bl}\, m_{bl}\, t_{bl}\, \cotgh(m_{bl}\, t_{bl})$$

$$Z_{3i} = Z_{3e} = R_{arm}\, m_{arm}\, t_{arm}\, \cotgh(m_{arm} t_{arm})$$

$$Z_{2m} = R_{bl}\, m_{bl}\, t_{bl}\, \frac{1}{\senh(m_{bl}t_{bl})}$$

$$Z_{3m} = R_{arm}\, m_{arm}\, t_{arm}\, \frac{1}{\senh m_{arm}t_{arm}}$$

Lembrando que

$$\cosh(a+jb) = \frac{e^{(a+jb)} - e^{-(a+jb)}}{2} = \frac{e^a(\cos b + j\sen b) - e^{-a}(\cos b - j\sen b)}{2} =$$

$$= \frac{(e^a - e^{-a})\cos b + j(e^a + e^{-a})\sen b}{2} = \cosh a.\cos b + j\senh a.\sen b$$

$$\senh(a+jb) = \frac{e^{(a+jb)} + e^{-(a+jb)}}{2} = \senh a.\cos b + j\cosh a.\sen b$$

Substituindo-se os valores e efetuando os cálculos, resultam, em ohms/km:

- Armação:

$$Z_{3i} = Z_{3ei} = 1,282228 + j0,002957$$

$$Z_{3m} = 1,282226 - j0,001478$$

$$Z_{34} = 0,000000 + j0,018482$$

- Blindagem

$$Z_{2i} = Z_{2e} = 0,876535 + j0,025180$$

$$Z_{2m} = 0,876264 - j0,012589$$

$$Z_{23} = 0,000000 + j0,015656$$

- Condutor

$$R_c = 0,1970 + j0,0000$$

$$Z_{12} = 0,0000 + j0,0641$$

Para a correção da impedância, devido à condutividade do solo não ser infinita, utiliza-se para cabos instalados ao ar, fig. 4.10, os primeiros termos das equações de Carson:

4.3 — Constantes Quilométricas de Cabos Isolados

$$\Delta R_{jj} = \omega \left(1,5708 - 0,0026492 \times 2 \times h_j \sqrt{\frac{f}{\rho_{solo}}} \right) 10^{-4}$$

$$\Delta X_{jj} = 2\omega \left(\ln \frac{658,898}{2h_{ji}\sqrt{\frac{f}{\rho_{solo}}}} + 0,0026492 * h_j \sqrt{\frac{f}{\rho_{solo}}} \right) 10^{-4}$$

$$\Delta R_{jk} = \omega \left(1,5708 - 0,0026492 \left(h_j + h_k \right) \sqrt{\frac{f}{\rho_{solo}}} \right) 10^{-4}$$

$$\Delta X_{jj} = 2\omega \left(\ln \frac{658,898}{D_{jk'}\sqrt{\frac{f}{\rho_{solo}}}} + 0,0026492 \frac{h_j + h_k}{2} \sqrt{\frac{f}{\rho_{solo}}} \right) 10^{-4}$$

A matriz de impedâncias da parte interna do cabo é dada por:

	c_1	c_2	c_3	bl_1	bl_2	bl_3	arm_1	arm_2	arm_3
c_1	0,2564+ j0,9760	0	0	0,0592+ j0,8741	0	0	0,0589+ j0,8163	0	0
c_2	0	0,2564+ j0,9760	0	0	0,0592+ j0,8741	0	0	0,0589+ j0,8163	0
c_3	0	0	0,2564+ j0,9760	0	0	0,0592+ j0,8741	0	0	0,0589+ j0,8163
bl_1	0,0592+ j0,8741	0	0	0,9354+ j0,8616	0	0	1,3411+ j0,8148	0	0
bl_2	0	0,0592+ j0,8741	0	0	0,9354+ j0,8616	0	0	1,3411+ j0,8148	0
bl_3	0	0	0,0592+ j0,8741	0	0	0,9354+ j0,8616	0	0	1,3411+ j0,8148
arm_1	0,0589+ j0,8163	0	0	1,3411+ j0,8148	0	0	1,3411+ j0,8148	0	0
arm_2	0	0,0589+ j0,8163	0	0	1,3411+ j0,8148	0	0	1,3411+ j0,8148	0
arm_3	0	0	0,0589+ j0,8163	0	0	1,3411+ j0,8148	0	0	1,3411+ j0,8148

A matriz de impedâncias completa, soma da parte interna com a externa, é dada por:

	c_1	c_2	c_3	bl_1	bl_2	bl_3	arm_1	arm_2	arm_3
c_1	0,2564+ j0,9760	0,0589+ j0,5612	0,0589+ j0,5089	0,0592+ j0,8741	0,0589+ j0,5612	0,0589+ j0,5089	0,0589+ j0,8163	0,0589+ j0,5612	0,0589+ j0,5089
c_2	0,0589+ j0,5612	0,2564+ j0,9760	0,0589+ j0,5612	0,0589+ j0,5612	0,0592+ j0,8741	0,0589+ j0,5612	0,0589+ j0,5612	0,0589+ j0,8163	0,0589+ j0,5612
c_3	0,0589+ j0,5089	0,0589+ j0,5612	0,2564+ j0,9760	0,0589+ j0,5089	0,0589+ j0,5612	0,0592+ j0,8741	0,0589+ j0,5089	0,0589+ j0,5612	0,0589+ j0,8163
bl_1	0,0592+ j0,8741	0,0589+ j0,5612	0,0589+ j0,5089	0,9354+ j0,8616	0,0589+ j0,5612	0,0589+ j0,5089	1,3411+ j0,8148	0,0589+ j0,5612	0,0589+ j0,5089
bl_2	0,0589+ j0,5612	0,0592+ j0,8741	0,0589+ j0,5612	0,0589+ j0,5612	0,9354+ j0,8616	0,0589+ j0,5612	0,0589+ j0,5612	1,3411+ j0,8148	0,0589+ j0,5612
bl_3	0,0589+ j0,5089	0,0589+ j0,5612	0,0592+ j0,8741	0,0589+ j0,5089	0,0589+ j0,5612	0,9354+ j0,8616	0,0589+ j0,5089	0,0589+ j0,5612	1,3411+ j0,8148
arm_1	0,0589+ j0,8163	0,0589+ j0,5612	0,0589+ j0,5089	1,3411+ j0,8148	0,0589+ j0,5612	0,0589+ j0,5089	1,3411+ j0,8148	0,0589+ j0,5612	0,0589+ j0,5089
arm_2	0,0589+ j0,5612	0,0589+ j0,8163	0,0589+ j0,5612	0,0589+ j0,5612	1,3411+ j0,8148	0,0589+ j0,5612	0,0589+ j0,5612	1,3411+ j0,8148	0,0589+ j0,5612
arm_3	0,0589+ j0,5089	0,0589+ j0,5612	0,0589+ j0,8163	0,0589+ j0,5089	0,0589+ j0,5612	1,3411+ j0,8148	0,0589+ j0,5089	0,0589+ j0,5612	1,3411+ j0,8148

Estando as capas metálicas, blindagens e armações, isoladas, $[I_b] = 0$ e $[I_a] = 0$, resulta, após a eliminação das capas metálicas, a matriz de impedâncias:

$0,2564 + j0,9760$	$0,05899 + j0,5612$	$0,05899 + j0,5089$
$0,05899 + j0,5612$	$0,2564 + j0,9760$	$0,05899 + j0,5612$
$0,05899 + j0,5089$	$0,05899 + j0,5612$	$0,2564 + j0,9760$

Ω/km

Após a transposição, resulta a matriz de impedâncias, em termos de componentes de fase:

$0,2564 + j0,9760$	$0,05899 + j0,5438$	$0,05899 + j0,5438$
$0,05899 + j0,5438$	$0,2564 + j0,9760$	$0,05899 + j0,5438$
$0,05899 + j0,5438$	$0,05899 + j0,5438$	$0,2564 + j0,9760$

Ω/km

Efetuando-se a transformação *spinor*, obtém-se a matriz de impedâncias da linha, em termos de componentes simétricas:

$$[Z_{012}] = \begin{vmatrix} 0,3742 + j2,0636 & 0 & 0 \\ 0 & 0,1975 + j0,4322 & 0 \\ 0 & 0 & 0,1975 + j0,4322 \end{vmatrix} \quad \Omega/km$$

REFERÊNCIAS BIBLIOGRÁFICAS

[1] JARDINI, J.A. *Aplicação de computadores digitais para cálculo de parâmetros elétricos de linhas de transmissão*. Dissertação de Mestrado, EPUSP, 1970.

[2] ELECTROMAGNETIC TRANSIENT PROGRAM – Users Manual.

[3] CARSON, J.R. *Wave propagation in overhead wires with ground return*. Bell System Technical Journal, Vol. 5, pp. 539-554, 1926.

[4] AMETANI, A. *A general formulation of impedance and admittance of cables*. IEEE Transactions on Power Apparatus and Systems, Vol. PAS-99, n. 3, pp. 902-910, 1980.

[5] NISHIMURA, F. *Cálculo de parâmetros elétricos de cabos subterrâneos*. Dissertação de Mestrado, EPUSP, 1981.

[6] POLLACZEK, F. *Sur le champ produit par un conducteur simple infiniment long parcouru par un courant alternatif*. Revue General Electric, 29, pp. 851-867, 1931.

[7] PARIS, L.; SFORZINI, M. *Energy in the economic design of A.C. transmission systems*. World Power Conference, 1964.

[8] PARIS, L. ; SFORZINI, M. *Alcune considerazioni ed esperienze sulle perdite di energia per corrente parassite nelle funi di guardia degli eletrodotti*. Energia Eletrica, 1960.

[9] COMELLINI, E., INVERNIZZI, A., MANZONI, G., *A computer program for determining electrical resistance and reactance of any transmission line*. AIEE Transactions, pp 308-314, May 1972.

[10] LEWIS, W. A., TUTTLE, P. D. *The resistance and reactance of aluminum conductors, Steel reinforced*. AIEE Transactions, February 1959, pp. 1189-1215

[11] GRANEAU, P., *Underground power transmission*, PTI - 1979.

TRANSFORMADORES DE POTÊNCIA

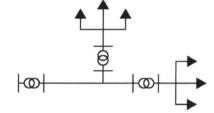

5.1 INTRODUÇÃO

Os transformadores são máquinas elétricas estáticas que têm a finalidade de transformar, por indução eletromagnética, a tensão e a corrente alternada entre dois ou mais enrolamentos. A frequência da tensão alternada é constante e, geralmente, os valores das tensões e correntes são diferentes.

Os transformadores desempenham papel preponderante nos sistemas de distribuição, quer no suprimento da rede de média tensão, quer no suprimento da rede de baixa tensão. No suprimento da rede de média tensão, transformadores de SE, utilizam-se, predominantemente, transformadores trifásicos de dois ou de três enrolamentos. Por outro lado, no suprimento da rede de baixa tensão, transformadores de distribuição, utilizam-se transformadores monofásicos, bancos de dois ou três transformadores monofásicos e transformadores trifásicos.

5.2 TRANSFORMADORES MONOFÁSICOS

5.2.1 CONSIDERAÇÕES GERAIS

Neste item proceder-se-á à análise sucinta do princípio de funcionamento de um transformador monofásico, da forma de onda de sua corrente de magnetização, corrente de vazio, e de seu circuito equivalente, com especial enfoque em suas perdas.

5.2.2 PRINCÍPIO DE FUNCIONAMENTO

Seja o transformador, representado na fig. 5.1, que conta com N_1 e N_2 espiras nos enrolamentos primário e secundário, respectivamente. Assume-se, como hipótese simplificativa, que a resistência ôhmica dos enrolamentos é nula, que o núcleo de ferro é ideal, não apresentando perdas no ferro, histerese e Foucault, com fluxo de dispersão nulo, isto é, todo o fluxo produzido no

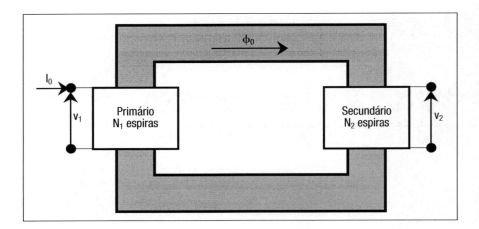

Figura 5.1 Transformador em vazio.

enrolamento primário concatena-se com o enrolamento secundário. Nessas condições, aplicando-se no primário do transformador tensão senoidal, $v_1 = V_{M1} \operatorname{sen} \omega t$, resultará a circulação da corrente de vazio que produz força magneto motriz, f.m.m., $\Im_0 = N_1 i_0$, que dá lugar a fluxo ϕ_0, variável senoidalmente no tempo. Observa-se que, sendo $\Re$ a relutância magnética do núcleo tem-se:

$$\Im_0 = N_1 i_0 = \Re \phi_0 \tag{5.1}$$

O fluxo produzido cria nas bobinas, por indução, força eletro motriz, f.e.m., e_1, que deve ser igual à tensão aplicada. Pela lei de Lenz tem-se:

$$v_1 = V_{M1} \operatorname{sen} \omega t = e_1 = N_1 \frac{d\phi}{dt} \tag{5.2}$$

Por outro lado, o fluxo induz no enrolamento secundário tensão, que varia senoidalmente no tempo, dada por:

$$v_2 = V_{M2} \operatorname{sen} \omega t = N_2 \frac{d\phi}{dt} \tag{5.3}$$

Da relação entre as eq. (5.2) e (5.3) resulta:

$$\frac{v_1}{v_2} = \frac{V_{M1} \operatorname{sen} \omega t}{V_{M2} \operatorname{sen} \omega t} = \frac{N_1}{N_2} \tag{5.4}$$

isto é, as tensões, primária e secundária, têm a mesma frequência e valores eficazes na relação do número de espiras.

Por outro lado, inserindo-se uma carga no secundário, por simplicidade, puramente resistiva, ter-se-á circulação de corrente senoidal no secundário com mesma frequência da tensão. Esta corrente criará, no enrolamento secundário, f.m.m., $\Im_2 = N_2 i_2$, que produz fluxo, ϕ_2, que tende a reduzir o fluxo ϕ_0 e, de consequência, tende a destruir a igualdade da eq. 5.2. Ora, nessas condições a corrente primária deverá sofrer acréscimo de modo a criar f.m.m., $\Im_1 = N_1 i_1$, que anule a produzida pelo enrolamento secundário. Isto é, com os sentidos apresentados na fig. 5.2, será:

$$\Im_1 = N_1 i_1 = \Im_2 = N_2 i_2 \tag{5.5}$$

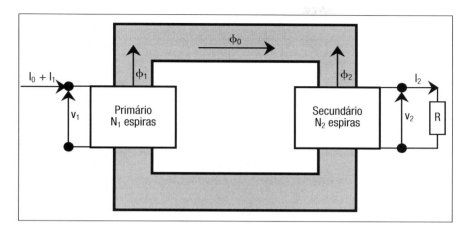

Figura 5.2 Transformador em carga.

Ou seja, a corrente de carga, no secundário, impõe a circulação de corrente primária cujo valor eficaz está relacionado com o da secundária pela relação de espiras desses enrolamentos, isto é:

$$\frac{i_1}{i_2} = \frac{N_2}{N_1} \qquad (5.6)$$

5.2.3 CORRENTE DE MAGNETIZAÇÃO

Para a determinação da corrente de magnetização de um transformador é importante considerar que o núcleo de material ferromagnético é não linear e que apresenta histerese magnética. Assim, sendo a tensão de excitação dada por $v_1 = V_{M1} \operatorname{sen} \omega t$, da eq. 5.2 é evidente que o fluxo magnético deve ser senoidal e dado por:

$$\phi_o = \phi_{\text{Máx o}} \cos \omega t \qquad (5.7)$$

sendo $\phi_{\text{Máx o}} = V_{M1}/(N_1 \omega)$. Nessas condições, a determinação da corrente de magnetização é feita resolvendo-se o circuito magnético constituído pelo núcleo de ferro excitado pelo enrolamento primário, isto é:

$$\Im(t) = N_1 i_o = \Re \phi_o \qquad (5.8)$$

onde a relutância do circuito magnético é dada por:

$$\Re = \frac{\ell}{\mu S}$$

em que:
- ℓ é o comprimento do circuito magnético;
- S é a área da seção reta do núcleo;
- $\mu = B/H$ é a permeabilidade magnética do núcleo;
- B é a densidade de fluxo magnético no núcleo;
- H é a intensidade de campo magnético no núcleo.

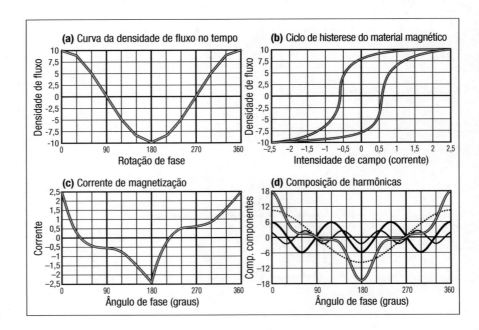

Figura 5.3 Corrente de magnetização.

Lembrando que o valor da permeabilidade magnética é sobremodo variável com a intensidade de campo magnético, conclui-se que para variação senoidal do fluxo a corrente não será senoidal, ou seja, será constituída pela composição de uma componente fundamental com componentes harmônicas ímpares, conforme será visto a seguir.

Para a determinação da corrente de magnetização, ao invés de utilizar-se a eq. (5.8), prefere-se proceder através do ciclo de histerese do material ferromagnético que compõe o núcleo. Observa-se que a densidade de fluxo, b, é dado pela relação entre o fluxo, ϕ_o, e a área da seção reta do núcleo, isto é:

$$b = B_{Máx\,o} \cos \omega t = \frac{\phi_o}{S} = \frac{\phi_{Máx\,o}}{S} \cos \omega t = \frac{V_{M1}}{S \omega N_1} \cos \omega t \qquad (5.9)$$

Por outro lado, a intensidade de campo magnético, h, relaciona-se com a corrente de magnetização através do número de espiras do enrolamento e do comprimento do núcleo, ℓ, isto é, $N_1 i_o = h \ell$. A determinação da corrente de magnetização é feita, fig. 5.3, determinando-se para cada instante de tempo o valor da densidade de fluxo, fig. 5.3a, e, a seguir, determina-se, fig. 5.3b, a intensidade de campo para aquele instante. Tal valor, multiplicado por constante conveniente, representará a intensidade de corrente no instante considerado, fig.5.3c.

Observa-se que, sendo o único objetivo analisar a forma de onda da corrente de magnetização, omitem-se as unidades das grandezas envolvidas e, além disso, assume-se que o valor da constante multiplicativa da intensidade de campo é unitário. A título de exemplo, apresenta-se, a seguir, o cálculo de alguns pontos da curva de corrente:

- No instante $\omega t = 0°$ tem-se densidade de fluxo 10 que corresponde a intensidade de corrente 2,5.

- No instante $\omega t = 30°$ tem-se densidade de fluxo 8,66, que corresponde a intensidade de corrente 0,36. Observe-se que foi utilizado o ramo descendente do ciclo de histerese, pois a densidade de fluxo é decrescente.

- No instante $\omega t = 40,53°$ tem-se densidade de fluxo 7,6, que corresponde a intensidade de corrente nula.

- No instante $\omega t = 60°$ tem-se densidade de fluxo 5, que corresponde a intensidade de corrente –0,4.

- No instante $\omega t = 90°$ tem-se densidade de fluxo 0, que corresponde a intensidade de corrente –0,6.

- No instante $\omega t = 120°$ tem-se densidade de fluxo –5, que corresponde a intensidade de corrente de –0,8.

- No instante $\omega t = 150°$ tem-se densidade de fluxo –8,66, que corresponde a intensidade de corrente –1,6.

- No instante $\omega t = 180°$ tem-se densidade de fluxo –10, que corresponde a intensidade de corrente de –2,5.

Da análise da curva de corrente observa-se que, em módulo, a cada $180°$ a curva se repete. Pode-se demonstrar que este tipo de simetria implica na inexistência de harmônicas de ordem par, isto é, a corrente de magnetização apresenta, tão somente, a fundamental e harmônicas de ordem ímpar.

Na fig. 5.3d apresenta-se a composição de uma componente fundamental, valor máximo 10, com uma terceira harmônica, valor máximo 6, e com uma quinta harmônica, valor máximo 2.

5.2.4 CIRCUITO EQUIVALENTE

Para a determinação de circuito equivalente de um transformador deve-se ter em mente que até o presente momento não se levou em conta o fato de que o núcleo de material ferromagnético é sede de perdas, por histerese e por correntes parasitas de Foucault. Estas perdas, que dependem, dentre outras variáveis, da densidade de indução máxima existente no núcleo, logo da tensão que o alimenta, podem ser equacionadas como a seguir:

- As perdas de histerese, que são devidas à histerese do material ferromagnético do núcleo, são proporcionais à área do ciclo, à frequência da tensão de excitação e à densidade de indução máxima. Formalmente tem-se a equação empírica devida a Steinmetz:

$$p_{Hist} = \eta \, f \, Vol \, B_{Máx}^{n} \qquad (5.10)$$

com:

η e n coeficientes de Steinmetz que dependem do material do núcleo ($n = 1,5$ a $2,5$);

f frequência da tensão de alimentação;

Vol volume do núcleo de material ferromagnético;

$B_{Máx}$ densidade de indução máxima no núcleo de material ferromagnético.

- As perdas de Foucault, que são devidas à circulação de correntes parasitas induzidas no núcleo de material ferromagnético, podem ser equacionadas por:

$$p_{Foucault} = \frac{\pi^2}{6\rho} \text{Vol} f^2 \tau^2 B_{máx}^2 \qquad (5.11)$$

com:

ρ resistividade do material ferromagnético;
Vol   volume do núcleo de material ferromagnético;
f   frequência da tensão de alimentação;
τ espessura das lâminas de material ferromagnético;
$B_{Máx}$ densidade de indução máxima no núcleo de material ferromagnético.

Estas perdas independem da corrente fornecida no secundário do transformador, portanto, serão representadas por impedância em derivação com a fonte de suprimento.

Há que se considerar ainda a resistência ôhmica dos enrolamentos, representada por uma resistência em série, e a dispersão de fluxo, isto é, somente parte do fluxo produzido por um dos enrolamentos se concatena com o outro. Este fato é simulado por uma indutância em série com as bobinas, indutância, ou reatância, de dispersão. Estes elementos são representados em série por dependerem da corrente de carga do transformador.

Na fig. 5.4 apresenta-se o circuito equivalente de um transformador, em que seus parâmetros, fig. 5.4a:

$$\overline{y}_0 = g - jb, \quad \overline{z}_1 = r_1 + jx_1 \quad e \quad \overline{z}_2 = r_2 + jx_2 \qquad (5.12)$$

representam:

g   condutância que simula as perdas no núcleo, construído com material ferro magnético, perdas de histerese e Foucault, referida ao primário;

b   suscetância que simula a magnetização do núcleo, referida ao primário;

r_1 resistência ôhmica do enrolamento primário;
x_1 reatância de dispersão do enrolamento primário;
r_2 resistência ôhmica do enrolamento secundário;
x_2 reatância de dispersão do enrolamento secundário;
V_{nom1} tensão nominal do enrolamento primário;
V_{nom2} tensão nominal do enrolamento secundário;

estando as impedâncias referidas ao enrolamento a que pertencem.

Em por unidade, p.u., tomando-se as tensões de base, em ambos os enrolamentos, V_{base1} e V_{base2}, proporcionais à relação entre as tensões nominais, e a potência de base igual para os dois enrolamentos, resulta o circuito equivalente da fig. 5.4b, onde:

$\overline{y}_{0pu}$ admitância de magnetização do transformador em p.u., também chamada de "admitância de vazio";

$\overline{z}_{eq} = r_{eq} + jx_{eq}$ impedância equivalente do transformador em p.u., também chamada "impedância de curto-circuito".

Os parâmetros podem ser determinados experimentalmente através dos ensaios de vazio e curto-circuito. Observa-se, ainda, que a impedância de vazio, considerando-se resistência e reatância em série, é dada por:

$$\overline{z}_0 = \overline{z}_{vazio} = \frac{1}{g - jb} = \frac{g}{g^2 + b^2} + j\frac{b}{g^2 + b^2} = r_0 + jx_0 \qquad (5.13)$$

Entretanto, é mais usual representar-se o ramo de vazio pela associação em paralelo de resistência com reatância, quando ter-se-á:

$$r_p = \frac{1}{g} \quad e \quad x_{mag} = \frac{1}{b}$$

Além disso, o circuito equivalente permite determinar as perdas ativas, num dado transformador, que são constituídas por duas parcelas:

- Perdas no ferro, P_{Fe}, dadas por V^2g, dependendo somente do valor eficaz da tensão de suprimento;
- Perdas no cobre, P_{Cu}, dadas por $I_2^2 r_{eq}$, dependendo da intensidade de corrente que flui pelo transformador, isto é, da carga suprida no secundário.

A primeira parcela, P_{Fe}, "perdas em vazio", independe da carga que o transformador alimenta, estando presente sempre que o transformador estiver energizado. A segunda parcela, P_{Cu}, "perdas no cobre", depende da carga suprida, variando quadraticamente com a corrente.

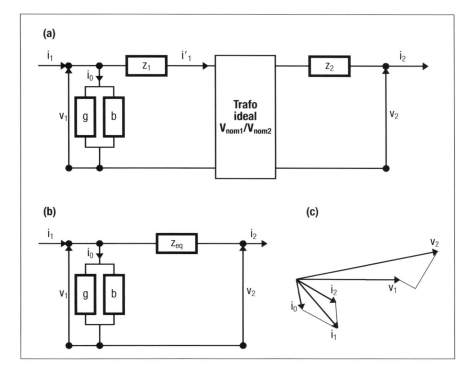

Figura 5.4 Circuito equivalente de transformador.

118   5 — Transformadores de Potência

Exemplo 5.1

Um transformador monofásico de 50 kVA, com tensões nominais 7,96 kV e 220 V, foi submetido aos ensaios de vazio e curto circuito, obtendo-se

a. Ensaio de vazio com alimentação pelo enrolamento de baixa tensão: tensão aplicada $V_0 = 220$ V, corrente absorvida $I_0 = 3,64$ A, potência fornecida $W_0 = 215$ W;

b. Ensaio de curto circuito com alimentação pelo enrolamento de alta tensão: tensão aplicada $V_{cc} = 175$ V, corrente absorvida $I_{cc} = 6,28$ A e potência fornecida $W_{cc} = 650$ W.

Pede-se determinar o circuito equivalente do transformador.

Solução

a. Ensaio de vazio

A impedância, Z_0, vista pela fonte de suprimento do transformador é dada por:

$$Z_0 = \frac{V_o}{I_0} = \frac{220}{3,64} = 60,43 \ \Omega \quad \text{ou} \quad Y_0 = \frac{1}{Z_0} = 0,0165\,\mathrm{S}$$

Além disso:

$$W_0 = \frac{V_o^2}{R_p} = V_0^2\,G_0 \quad \text{ou} \quad G_0 = \frac{W_o}{V_0^2} = \frac{215}{220^2} = 0,0044\,\mathrm{S}$$

donde:

$$B_0 = \sqrt{Y_0^2 - G_0^2} = \sqrt{0,0165^2 - 0,0044^2} = 0,0159\,\mathrm{S}$$

ou, ainda;

$$\overline{Y}_0 = G_o - jB_0 = 0,0044 - j0,0159\,\mathrm{S}$$

que expressa em termos de impedância, referida à baixa tensão, pelo ramo constituído pela resistência de perdas, R_p, e pela reatância de magnetização, X_{mag}, é:

$$R_p = \frac{1}{G_o} = \frac{1}{0,0044} = 225,225 \ \Omega \quad \text{e} \quad X_{mag} = \frac{1}{B_0} = \frac{1}{0,0159} = 62,893 \ \Omega$$

Assumindo-se, na baixa tensão do transformador, valores de base $V_{base2} = 220$ V e $S_{base2} = 50$ kVA resulta:

$$Z_{base2} = \frac{220^2}{50.000} = 0,968 \ \Omega \quad r_p = \frac{R_p}{Z_{base2}} = 232,67\,\mathrm{pu} \quad x_{mag} = \frac{X_{mag}}{Z_{base2}} = 64,97\,\mathrm{pu}$$

Além disso, a corrente de magnetização e as perdas no ferro, expressas em pu, são dadas por

$$i_{mag} = \frac{i_0}{I_{base2}} = \frac{i_0\,V_{base2}}{S_{base2}} = \frac{3,64 \times 220}{50.000} = 0,016\,\mathrm{pu} = 1,60\,\%$$

$$P_{Fe} = \frac{W_0}{S_{base2}} = \frac{215}{50.000} = 0,0043\,\mathrm{pu} = 0,43\%$$

b. Ensaio de curto circuito

A impedância equivalente do transformador, referida à alta tensão, é dada por:

$$Z_{eq1} = \frac{V_{cc}}{I_{cc}} = \frac{175}{6,28} = 27,8662 \ \Omega$$

$$Z_{eq1} = \frac{W_{cc}}{I_{cc}^2} = \frac{650}{6,28^2} = 16,4814 \ \Omega$$

$$X_{eq1} = \sqrt{Z_{eq1}^2 - R_{eq1}^2} = \sqrt{27,8662^2 - 16,4814^2} = 24,4897 \ \Omega$$

$$\overline{Z}_{eq1} = 16,4814 + j24,4697 \ \Omega$$

Sendo os valores de base na alta tensão $S_{base1} = S_{base2} = 50$ kVA e $V_{base1} = 7,96$ kV resulta para a impedância equivalente, expressa em pu, o valor:

$$\overline{z}_{eq} = \frac{\overline{Z}_{eq1}}{Z_{base1}} = \frac{16,4814 + j24,4697}{1267,232} = 0,0130 + j0,0177 \, pu = 0,0220 \underline{|53,71^\circ} \, pu$$

Em por cento tem-se:

$$r_{eq} = 1,30\% \qquad x_{eq} = 1,77\% \qquad z_{eq} = 2,20\%$$

A perda no cobre à plena carga é dada por:

$$p_{Cu,pc} = \frac{650}{50.000} = 0,013 \, pu = 1,30\%$$

5.3 TRANSFORMADORES TRIFÁSICOS

5.3.1 CONSIDERAÇÕES GERAIS

Os transformadores trifásicos podem ser trifásicos propriamente ditos, quando o núcleo de ferro conta com pelo menos três pernas nas quais são instaladas as bobinas das três fases, ou, alternativamente, podem-se utilizar três transformadores monofásicos montados como um "banco trifásico". Esta última alternativa é bastante utilizada em subestações do sistema de transmissão quando se instala, como reserva fria, uma quarta unidade monofásica. Deste modo, quando da ocorrência de defeito numa das três fases que compõem o banco é suficiente isolá-la e substituí-la pela unidade de reserva. Assim, lembrando-se que três unidades monofásicas mais uma quarta unidade de reserva custam menos que duas unidades trifásicas, pode-se aumentar a confiabilidade da transformação com custo adicional relativamente pequeno. Nas subestações de distribuição é bastante usual utilizar-se transformadores trifásicos de dois ou de três enrolamentos. Na rede de distribuição é usual utilizar-se transformadores trifásicos e monofásicos. Entretanto, existem concessionárias que utilizam, por razões históricas, bancos de transformadores monofásicos ligados em triângulo aberto ou em triângulo fechado.

Os transformadores trifásicos, de dois enrolamentos por fase, podem estar conectados nas ligações:

- triângulo/triângulo, Δ/Δ;
- estrela/Estrela, Y/Y, com centro estrela diretamente aterrado, aterrado por impedância ou isolado;
- triângulo/Estrela, Δ/Y, com centro estrela diretamente aterrado, aterrado por impedância ou isolado;
- estrela/Triângulo, Y/Δ, com centro estrela diretamente aterrado, aterrado por impedância ou isolado.

Os transformadores de três enrolamentos usualmente estão ligados em Estrela/Estrela/Triângulo, Y/Y/Δ, com centro estrela diretamente aterrado, aterrado por impedância ou isolado.

Neste item proceder-se-á a análise sucinta dos esquemas de ligações de transformadores trifásicos.

5.3.2 LIGAÇÃO TRIÂNGULO

A ligação triângulo apresenta-se muito favorável em tensões baixas e altas correntes. De fato, neste caso a tensão de linha é aplicada diretamente ao enrolamento e a corrente de fase, que circula pelo enrolamento, é a de linha sobre $\sqrt{3}$.

Esta ligação, quando utilizada no secundário do transformador, tem o inconveniente de que a rede a jusante do transformador estará isolada da terra. Este problema pode ser contornado com a utilização de transformador de aterramento. Por outro lado, há problemas na manutenção do equilíbrio entre as tensões de saída. De fato, sendo, fig. 5.5, um transformador trifásico, ou banco de três monofásicos, com o primário numa ligação qualquer, triângulo ou estrela, e o secundário ligado em triângulo, tendo forças eletromotrizes de fase $\dot{e}_{AB}$, $\dot{e}_{BC}$ e $\dot{e}_{CA}$, e impedâncias equivalentes de fase $\bar{z}_{AB}$ $\bar{z}_{BC}$ e $\bar{z}_{CA}$, resultam as equações:

$$v_{AB} = v_{BC} + v_{CA} = 0$$

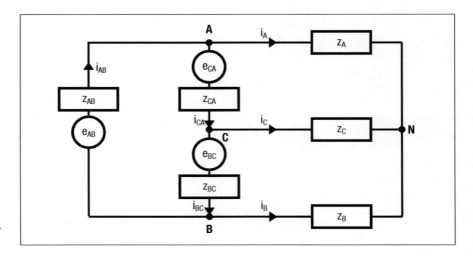

Figura 5.5 Enrolamentos de transformador ligado em triângulo.

e

$$e_{AB} - \overline{z}_{AB}i_{AB} + e_{BC} - \overline{z}_{AB}i_{BC} + e_{CA} - \overline{z}_{CA}i_{CA} = 0$$

No caso de operação em vazio, correntes de carga nulas, e sendo o transformador alimentado por tensões trifásicas simétricas, isto é:

$$e_{AB} = e \qquad e_{BC} = \alpha^2 e \qquad e_{CA} = \alpha e$$

a força eletromotriz na malha A, B, C será nula e, consequentemente, não haverá circulação de corrente na malha, logo, as tensões de linha serão trifásicas simétricas. Já no caso de que haja um desequilíbrio numa das tensões de fase, por exemplo $\dot{e}_{CA} = K\,\alpha\dot{e}$, com K um número real qualquer, resultará, na condição de vazio, corrente de circulação, i_o, dada por:

$$i_0 = \frac{(K-1)e\alpha}{\overline{z}_{AB} + \overline{z}_{BC} + \overline{z}_{CA}}$$

que no caso das três impedâncias equivalentes serem iguais, isto é $\overline{z} = \overline{z}_{AB} = \overline{z}_{BC} = \overline{z}_{CA}$, resulta a corrente de circulação:

$$i_0 = \frac{(K-1)}{3\overline{z}}e\alpha$$

donde resultam as tensões de linha:

$$v_{AB} = e - \frac{(K-1)}{3}e\alpha = \left[1 = \frac{K-1}{3}\alpha\right]e$$

$$v_{BC} = \alpha^2 e - \frac{(K-1)}{3}e\alpha = \left[1 = \frac{K-1}{3}\alpha^2\right]\alpha^2 e$$

$$v_{CA} = \alpha eK - \frac{(K-1)}{3}e\alpha = \left[K - \frac{K-1}{3}\right]\alpha e = \frac{2K+1}{3}\alpha e$$

As componentes simétricas das tensões são dadas por

$$v_0 = \frac{1}{3}\left(v_{AB} + v_{BC} + v_{CA}\right) = 0$$

$$v_1 = \frac{1}{3}\left(v_{AB} + \alpha v_{BC} + \alpha^2 v_{CA}\right) = \frac{e}{3}\left[1 - \frac{K-1}{3}\alpha + 1 - \frac{K-1}{3}\alpha^2 + \frac{2K-1}{3}\right]$$

$$v_1 = \frac{e}{3}\left[2 + \frac{K-1}{3} + \frac{2K-1}{3}\right] = \frac{2+K}{3}e$$

$$v_2 = \frac{1}{3}\left(v_{AB} + \alpha^2 v_{BC} + \alpha v_{CA}\right) = \frac{e}{3}\left[1 - \frac{K-1}{3}\alpha + \alpha - \frac{K-1}{3} + \frac{2K-1}{3}\alpha^2\right]$$

$$v_2 = \frac{e}{3}\left[1 + \alpha + \frac{K-1}{3}\alpha^2 + \frac{2K-1}{3}\alpha^2\right] = \frac{e}{3}\left[1 + \alpha + K\alpha^2\right] + \frac{K-1}{3}\alpha^2 e$$

que corresponde a desequilíbrio, d, dado por:

$$d = 100\left|\frac{v_2}{v_1}\right| = 100\frac{K-1}{2+K}\% \qquad (5.14)$$

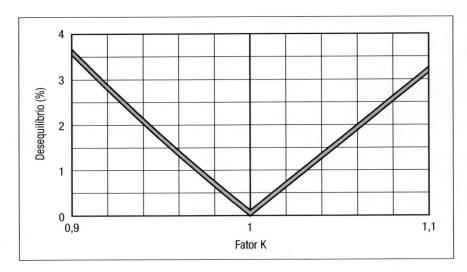

Figura 5.6 Desequilíbrio da tensão em função de K.

Na fig. 5.6 apresenta-se a curva de variação do desequilíbrio em função do valor de K.

Por outro lado, no caso da rede com carga representável por impedância constante, tem-se:

$$\begin{vmatrix} v_{AN} \\ v_{BN} \\ v_{CN} \end{vmatrix} = \begin{vmatrix} \bar{z}_A & 0 & 0 \\ 0 & \bar{z}_B & 0 \\ 0 & 0 & \bar{z}_C \end{vmatrix} \begin{vmatrix} i_A \\ i_B \\ i_C \end{vmatrix} \quad \text{ou} \quad \begin{vmatrix} v_{AB} \\ v_{BC} \\ v_{CA} \end{vmatrix} = \begin{vmatrix} \bar{z}_A & -\bar{z}_B & 0 \\ 0 & \bar{z}_B & -\bar{z}_C \\ -\bar{z}_A & 0 & \bar{z}_C \end{vmatrix} \begin{vmatrix} i_A \\ i_B \\ i_C \end{vmatrix}$$

Além disso, sendo:

$$\begin{vmatrix} i_A \\ i_B \\ i_C \end{vmatrix} = \begin{vmatrix} i_{AB} - i_{CA} \\ i_{BC} - I_{AB} \\ i_{AC} - I_{BC} \end{vmatrix}$$

resulta:

$$\begin{vmatrix} v_{AB} \\ v_{BC} \\ v_{CA} \end{vmatrix} = \begin{vmatrix} \bar{z}_A = \bar{z}_B & -\bar{z}_B & -\bar{z}_A \\ -\bar{z}_B & \bar{z}_B = \bar{z}_C & -\bar{z}_C \\ -\bar{z}_A & -\bar{z}_C & \bar{z}_C = \bar{z}_A \end{vmatrix} \begin{vmatrix} i_{AB} \\ i_{BC} \\ i_{AC} \end{vmatrix}$$

e

$$\begin{vmatrix} v_{AB} \\ v_{BC} \\ v_{CA} \end{vmatrix} = \begin{vmatrix} e_{AB} \\ e_{BC} \\ e_{CA} \end{vmatrix} - \begin{vmatrix} \bar{z}_{AB} & 0 & 0 \\ 0 & \bar{z}_{BC} & 0 \\ 0 & 0 & \bar{z}_{CA} \end{vmatrix} \begin{vmatrix} i_{AB} \\ i_{BC} \\ i_{AC} \end{vmatrix}$$

donde

$$\begin{vmatrix} e_{AB} \\ e_{BC} \\ e_{CA} \end{vmatrix} = \begin{vmatrix} \bar{z}_A + \bar{z}_B + \bar{z}_{AB} & -\bar{z}_B & -\bar{z}_A \\ -\bar{z}_B & \bar{z}_B + \bar{z}_C + \bar{z}_{BC} & -\bar{z}_C \\ -\bar{z}_A & -\bar{z}_C & \bar{z}_C + \bar{z}_A + \bar{z}_{CA} \end{vmatrix} \begin{vmatrix} i_{AB} \\ i_{BC} \\ i_{AC} \end{vmatrix} \quad (5.15)$$

5.3 — Transformadores trifásicos

Pré-multiplicando-se ambos os membros da eq. (5.15) pela inversa da matriz de impedâncias obtém-se a eq. (5.16), da qual determinam-se as correntes de fase no enrolamento em triângulo.

$$
\begin{vmatrix} i_{AB} \\ i_{BC} \\ i_{AC} \end{vmatrix} =
\begin{vmatrix}
\overline{z}_A + \overline{z}_B + \overline{z}_{AB} & -\overline{z}_B & -\overline{z}_A \\
-\overline{z}_B & \overline{z}_B + \overline{z}_C + \overline{z}_{BC} & -\overline{z}_C \\
-\overline{z}_A & -\overline{z}_C & \overline{z}_C + \overline{z}_A + \overline{z}_{CA}
\end{vmatrix}
\begin{vmatrix} e_{AB} \\ e_{BC} \\ e_{CA} \end{vmatrix}
\tag{5.16}
$$

Para o caso particular que as três impedâncias equivalentes do transformador e as três impedâncias da carga sejam iguais, respectivamente, a z_{eq} e z, e que as três forças eletromotrizes sejam trifásicas simétricas resulta:

$$
\begin{vmatrix} i_{AB} \\ i_{BC} \\ i_{AC} \end{vmatrix} =
\begin{vmatrix}
2\overline{z} + \overline{z}_{eq} & -\overline{z} & -\overline{z} \\
-\overline{z} & 2\overline{z} + \overline{z}_{eq} & -\overline{z} \\
-\overline{z} & -\overline{z} & 2\overline{z} + \overline{z}_{eq}
\end{vmatrix}
\begin{vmatrix} e \\ \alpha^2 e \\ \alpha e \end{vmatrix}
$$

Analogamente ao caso em vazio, a eq. (5.16) permite analisar o impacto da assimetria nas tensões sobre o desequilíbrio nas tensões de saída do transformador.

Exemplo 5.2

Um banco de três transformadores monofásicos, que está ligado com o primário em estrela aterrada e com o secundário em triângulo, é alimentado por tensão de linha de 13,8 kV. Cada um dos transformadores é de 10 kVA, com tensões nominais 7,96 kV e 220 V, com resistência e reatância equivalentes de 1,30% e 1,77%, respectivamente. O banco alimenta carga ligada em estrela isolada contando, por fase, com impedância de $1,5582 + j\,0,4175\ \Omega$.

Pede-se:

a. Determinar os carregamentos dos transformadores, em pu de suas potências nominais.

b. Determinar os carregamentos dos transformadores, em pu de suas potências nominais, quando a impedância equivalente do transformador da fase AB for superior à dos outros dois em 10%.

c. Determinar os carregamentos dos transformadores, em pu de suas potências nominais, quando a impedância equivalente do transformador da fase AB for superior à dos outros dois em 25%.

Solução

a. Transformadores iguais.

As impedâncias dos três transformadores, $\overline{z}_{AB}$, $\overline{z}_{BC}$ e $\overline{z}_{CA}$, referidas ao secundário, são dadas por

$$
\overline{z}_{AB} = \overline{z}_{BC} = \overline{z}_{CA} = \frac{220^2}{10.000}(0,013 + j0,0177) = 0,0629 + j0,08567\ \Omega
$$

As tensões de fase no secundário do banco são dadas por:

$$e_{AB} = 220\underline{|0°}\ V \qquad e_{BC} = 220\underline{|-120°}\ V \qquad e \qquad e_{CA} = 220\underline{|120°}\ V$$

A matriz de impedâncias, eq. (5.15), em Ω, é dada por:

		AB	BC	CA	
e	AB	$3,179 + j\,0,92$	$-1,558 - j0,42$	$-1,558 - j0,42$	i_{AB}
$\alpha^2 e$ =	BC	$-1,558 - j\,0,42$	$3,179 + j0,92$	$-1,558 - j0,42$	i_{BC}
αe	CA	$-1,558 - j\,0,42$	$-1,558 - j0,42$	$3,179 + j0,92$	i_{CA}

Triangularizando-se a matriz resulta:

$63,8435 - j18,4878$	$1,000 + j0,000$	$-0,487 + j0,010$	$-0,487 + j0,010$	i_{AB}
$-23,2036 - j72,7188$ =	$0,000 + j0,000$	$1,000 + j0,000$	$-0,950 + j0,037$	i_{BC}
$-10,9576 + j43,2854$	$0,000 + j0,000$	$0,000 + j0,000$	$1,000 + j0,000$	i_{CA}

Procedendo-se a substituição de trás para a frente resultam as correntes de fase nos enrolamentos secundários do transformador apresentadas na tab. 5.1

Tabela 5.1 Correntes de fase nos trafos				
Fase	Módulo (A)	Rot, Fase (gr)	Componentes da corrente	
			Real	Imaginário
AB	44,7	$-15,8$	43,030	$-12,181$
BC	44,7	$-135,8$	$-31,998$	$-31,206$
CA	44,7	104,2	$-10,958$	43,285

O carregamento de cada um dos transformadores monofásicos, em VA e em pu, na base do transformador, é dado por:

$$S_{AB} = S_{BC} = S_{CA} = 220 \times 44,7 = 9838,6\ VA = 0,9838\ pu$$

Adicionalmente, podem-se determinar as correntes de linha na rede e as tensões de linha e fase na carga, tab. 5.2.

Tabela 5.2 (1/2) Correntes de linha na rede				
Fase	Módulo (A)	Rot. Fase (gr)	Componentes da corrente	
			Real	Imaginário
A	77,4	$-45,8$	53,988	$-55,467$
B	77,4	$-165,8$	$-75,029$	$-19,024$
C	77,4	74,2	21,041	74,491

5.3 — Transformadores trifásicos

Tabela 5.2(2/2) Tensões na carga				
Fase	Módulo (V)	Rot. Fase (grau)	Componentes da tensão	
			Real	Imaginário
Tensões de fase na carga				
AN	124,8	−30,7	107,282	−63,888
BN	124,8	−150,7	−108,967	−60,968
CN	124,8	89,3	1,686	124,856
Tensões de linha na carga				
AB	216,3	−0,77	216,249	−2,920
BC	216,3	−120,77	−110,653	−185,825
CA	216,3	119,23	−105,596	188,745

b. Transformador da fase AB com impedância 10% maior que a das outras duas fases

A impedância do transformador, $\overline{z}_{AB}$, referida ao secundário é dada por

$$\overline{z}_{AB} = 1,1\frac{220°}{10.000}(0,013 + j0,0177) = 0,06921 + j0,09423 \ \Omega$$

$$e_{AB} = 220\underline{|0°} \ V \qquad e_{BC} = 220\underline{|-120°} \ V \qquad e \qquad e_{CA} = 220\underline{|120°} \ V$$

A matriz de impedâncias, eq. (5.15), em Ω, é dada por:

e		3,186 + j0,93	−1,558 − j0,42	−1,558 − j0,42		i_{AB}
$\alpha^2 e$	=	-1,558 - j0,42	3,179 + j0,92	−1,558 − j0,42		i_{BC}
αe		-1,558 - j0,42	−1,558 − j0,42	3,179 + j0,92		i_{CA}

Triangularizando-se a matriz resulta:

63,6455 − j18,5646		1,000 + j0,000	−0,486 + j0,011	−0,486 + j0,011		i_{AB}
−23,3532 − j72,6908	=	0,000 + j0,000	1,000 + j0,000	−0,948 + j0,038		i_{BC}
−12,3104 − j43,6922		0,000 + j0,000	0,000 + j0,000	1,000 + j0,000		i_{CA}

Procedendo-se a substituição de trás para a frente, resultam as correntes de fase nos enrolamentos secundários do transformador apresentadas na tab. 5.3

Tabela 5.3 Correntes de fase nos trafos				
Fase	Módulo (A)	Rot, Fase (gr)	Componentes da corrente	
			Real	Imaginário
AB	43,235	-15,851	41,591	-11,809
BC	45,397	-137,279	-33,351	-30,799
CA	45,393	105,735	-12,310	43,692

O carregamento de cada um dos transformadores monofásicos, em VA e em pu, na base do transformador, é dado por:

$$S_{AB} = 220 \times 43{,}235 = 9511{,}7 \text{ VA} = 0{,}9511 \text{ pu}$$

$$S_{BC} = 220 \times 45{,}397 = 9987{,}3 \text{ VA} = 0{,}9987 \text{ pu}$$

$$S_{CA} = 220 \times 45{,}393 = 9986{,}5 \text{ VA} = 0{,}9986 \text{ pu}$$

Adicionalmente, podem-se determinar as correntes de linha na rede e as tensões de linha e fase na carga, tab. 5.4.

Tabela 5.4 (1/2) Correntes de linha na rede				
Fase	Módulo (A)	Rot. Fase (gr)	Componentes da corrente	
			Real	Imaginário
A	77,368	−45,838	53,902	−55,502
B	77,311	−165,781	−74,943	−18,989
C	77,406	74,227	21,041	74,491

Tabela 5.4 (2/2) Tensões na carga				
Fase	Módulo (V)	Rot. Fase (grau)	Componentes da tensão	
			Real	Imaginário
Tensões de fase na carga				
AN	124,807	−30,84	107,162	−63,979
BN	124,715	−150,78	−108,847	−60,878
CN	124,868	89,23	1,686	124,856
Tensões de linha na carga				
AB	216,031	−0,82	216,009	−3,101
BC	216,136	−120,76	−110,533	−185,734
CA	216,296	119,19	−105,476	188,835

c. Transformador da fase AB com impedância 25% maior que a das outras duas fases

A impedância do transformador, $\overline{z}_{AB}$, referida ao secundário é dada por

$$\overline{z}_{AB} = 1{,}25 \frac{220^2}{10.000}(0{,}013 + j0{,}0177) = 0{,}07865 + j0{,}10708 \ \Omega$$

A matriz de impedâncias, eq. (5.15), em Ω, é dada por:

E	3,195 + j0,94	−1,558 − j0,42	−1,558 − j0,42	i_{AB}
$\alpha^2 e$ =	−1,558 − j0,42	3,179 + j0,92	−1,558 − j0,42	i_{BC}
αe	−1,558 − j0,42	−1,558 − j0,42	3,179 + j0,92	i_{CA}

5.3 — Transformadores trifásicos

Triangularizando-se a matriz resulta:

63,3664 - j18,6665		1,000 + j0,00	0,484 + j178,57	0,484 + j178,57	i_{AB}
-23,5680 - j72,6638	=	0,000 + j0,00	1,000 + j0,00	0,946 + j177,58	i_{BC}
-14,1259 + j44,2342		0,000 + j0,00	0,000 + j0,00	1,000 + j 0,00	i_{CA}

Procedendo-se a substituição de trás para a frente, resultam as correntes de fase nos enrolamentos secundários do transformador apresentadas na tab. 5.5

Tabela 5.5 Correntes de fase nos trafos				
Fase	Módulo (A)	Rot, Fase (gr)	Componentes da corrente	
			Real	Imaginário
AB	41,258	−15,914	39,676	−11,313
BC	46,395	−139,266	−35,156	−30,275
CA	46,435	107,711	−14,126	44,234

O carregamento de cada um dos transformadores monofásicos, em VA e em pu, na base do transformador, é dado por:

$$S_{AB} = 220 \times 41,258 = 9076,7 \text{ VA} = 0,9076 \text{ pu}$$
$$S_{BC} = 220 \times 46,395 = 10206,9 \text{ VA} = 1,0207 \text{ pu}$$
$$S_{CA} = 220 \times 46,435 = 10215,7 \text{ VA} = 1,0216 \text{ pu}$$

Adicionalmente, podem-se determinar as correntes de linha na rede e as tensões de linha e fase na carga, tab. 5.6.

Tabela 5.6 (1/2) Correntes de linha na rede				
Fase	Módulo (A)	Rot. Fase (gr)	Componentes da corrente	
			Real	Imaginário
A	77,331	−45,914	53,802	−55,547
B	77,197	−165,781	−74,832	−18,962
C	77,420	74,238	21,030	74,509

Tabela 5.6 (2/2) Tensões na carga				
Fase	Módulo (V)	Rot. Fase (grau)	Componentes da tensão	
			Real	Imaginário
Tensões de fase na carga				
AN	124,723	−30,93	106,987	−64,107
BN	124,507	−150,80	−108,681	−60,748
CN	124,866	89,22	1,694	124,855
Tensões de linha na carga				
AB	215,694	−0,89	215,668	−3,359
BC	215,942	−120,74	−110,375	−185,603
CA	216,317	119,13	−105,293	188,961

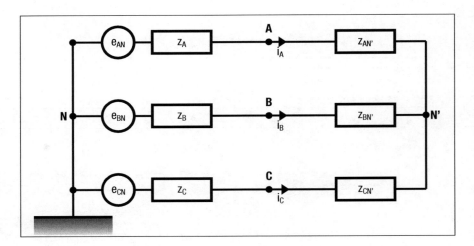

Figura 5.7 Ligação estrela.

5.3.3 LIGAÇÃO ESTRELA

A ligação estrela apresenta-se muito favorável em altas tensões e baixas correntes. De fato, sendo a tensão aplicada ao enrolamento a de fase minimizam-se os problemas com a isolação.

Neste tipo de ligação é possível, através do aterramento do centro estrela do secundário do transformador, aterrar-se a rede a jusante. O desequilíbrio entre as forças eletromotrizes no secundário ou a desigualdade entre as impedâncias equivalentes não ocasionam grandes problemas. Na fig. 5.7 apresenta-se o secundário de um transformador ligado em estrela suprindo carga equivalente ligada em estrela, isolada ou aterrada. Destacam-se os casos a seguir:

a. Centro estrela do transformador e da carga aterrados

Observa-se que as equações das malhas NAN′, NBN′ e NCN′ são análogas, exceto pela fase da tensão. Logo será suficiente proceder-se a análise de uma das equações. Assim, para a malha NAN′ tem-se:

$$e_{AN} = \left(\overline{z}_A + \overline{z}_{AN'}\right) i_A \quad \text{ou} \quad i_A = \frac{\overline{z}_{AN}}{\overline{z}_A + \overline{z}_{AN'}}$$

$$v_{AN'} = \overline{z}_{AN} i_A = \frac{\overline{z}_{AN'}}{\overline{z}_A + \overline{z}_{AN'}} e_{AN}$$

Lembrando-se que a impedância do transformador é muito menor que a da carga, conclui-se que variações na impedância dos transformadores de cada uma das fases não ocasionam problemas de variações sensíveis nos carregamentos dos transformadores ou das tensões na carga.

b. Centro estrela do transformador aterrado e da carga isolado

Neste caso, lembrando que a soma das correntes de fase deve ser nula, e fazendo-se:

$$\overline{y}_\alpha = \frac{1}{\overline{z}_A + \overline{z}_{AN'}} \qquad \overline{y}_\beta = \frac{1}{\overline{z}_B + \overline{z}_{BN'}} \qquad \overline{y}_\gamma = \frac{1}{\overline{z}_C + \overline{z}_{CN'}}$$

calcula-se a tensão do centro estrela da carga através de:

$$v_{NN'} = -\frac{e_{AN}\overline{y}_\alpha + e_{BN}\overline{y}_\beta + e_{CN}\overline{y}_\gamma}{\overline{y}_\alpha + \overline{y}_\beta + \overline{y}_\gamma}$$

onde se observa que o valor da tensão do centro estrela da carga, em relação à terra, é praticamente independente dos valores das impedâncias dos transformadores que, em primeira aproximação, podem ser desprezados em relação à impedância da carga.

Exemplo 5.3

Um banco de três transformadores monofásicos, que está ligado com o primário em triângulo e com o secundário em estrela aterrada, é alimentado por tensão de linha de 13,8 kV. Cada um dos transformadores é de 10 kVA, com tensões nominais 13,8 kV e 220 V, com resistência e reatância equivalentes de 1,30% e 1,77%, respectivamente e as perdas no ferro valem 0,5%. O banco alimenta carga ligada em estrela isolada contando, por fase, com impedância de 4,5 + j 1,2 Ω.

Pede-se:

a. Determinar os carregamentos dos transformadores, em pu de suas potências nominais, as tensões na carga, a regulação da tensão e a potência fornecida à carga e absorvida pelo trafo;

b. Determinar os carregamentos dos transformadores, em pu de suas potências nominais, quando a impedância equivalente do transformador da fase AN for superior à dos outros dois em 10%;

c. Determinar os carregamentos dos transformadores, em pu de suas potências nominais, quando a impedância equivalente do transformador da fase AN for superior à dos outros dois em 25%.

Solução

a. Transformadores iguais.

A impedância de base do secundário, por fase, é dada por:

$$Z_{Base,2} = \frac{v_{Nom,2}^2}{s_{Nom}} = \frac{220,0^2}{10.000,0} = 4,40 \ \Omega$$

A impedância equivalente de cada um dos transformadores monofásicos, em ohms, é dada por:

$$\overline{z}_{eq,2} = Z_{Base,2}(r_{eq} + jx_{eq}) = 4,40(0,013 + j0,0177) = 0,05720 + j0,07788 \ \Omega$$

As três admitâncias dos ramos são iguais entre si e são dadas por:

$$\overline{y}_\alpha = \overline{y}_\beta = \overline{y}_\gamma = \frac{1}{0,05720 + j0,07788 + 4,5 + j1,2} = \frac{1}{4,55720 + j1,27788} = 0,2113\underline{|-15,66° } \text{ S}$$

logo $v_{NN'} = 0$ e

$$i_A = e_{AN}\overline{y}_\alpha = 220 \times 0,2113\underline{|-15,66°} = 46,482\underline{|-15,66°} \text{ A}$$

$$v_{AN'} = \overline{z}_{carga}i_A = 4,675\underline{|14,93°} \times 46,482\underline{|-15,66°} = 216,480\underline{|0,732°} \text{ V}$$

Para as fases B e C resulta, analogamente:

$$i_B = 46,482\underline{|-135,66°} \text{ A} \qquad e \qquad v_{BN'} = 216,480\underline{|-122,732°} \text{ V}$$

$$i_C = 46,483\underline{|104,34°} \text{ A} \qquad e \qquad v_{CN'} = 216,480\underline{|119,27°} \text{ V}$$

A regulação, que é definida como a variação entre a tensão nos terminais do transformador entre vazio e em carga, expressa como uma porcentagem da tensão de vazio, é dada por:

$$\Re = \frac{220,000 - 216,480}{220,000}100 = 1,60\%$$

A potência total fornecida à carga é dada por:

$$s_{carga} = 3v_{AN'}i_A^* = 3 \times 216,480\underline{|-9,732°} \times 45,482\underline{|15,66°} = 30,187\underline{|14,928°} \text{ kVA}$$

$$s_{carga} = 29,168 + j7,776 \text{ kVA}$$

As perdas no banco de transformadores são dadas por:

$$s_{perda3} = 3p_{Fe}\left|i_A\right|^2\left(r_{eq} + jx_{eq}\right) =$$

$$= 3 \times 0,005 \times 10,000 + 3 \times 46,482^2(0,05720 + j0,07788) =$$

$$= 520,7 + j504,8 \text{ VA} = 725,2\underline{|44,11°} \text{ VA}$$

A potência total fornecida ao banco de transformadores é dada por:

$$\overline{s}_{Trafo} = \overline{s}_{Carga} + \overline{s}_{Perda} = 29.168 + j7,776 + 520,7 + j504,8 =$$

$$= 29,668,7 + j8.820,8 = 30,821\underline{|15,58°} \text{ kVA}$$

b. Transformador da fase AN com impedância 10% maior

As três admitâncias dos ramos são dadas por:

$$\overline{y}_\alpha = \frac{1,0}{1,1 \times (0,05720 + j0,07788) + 4,5 + j1,2} = \frac{1,0}{4,56292 + j1,28567} = 0,2109\underline{|-15,73°} \text{ S}$$

$$\overline{y}_\beta = \overline{y}_\gamma = \frac{1,0}{0,05720 + j0,07788 + 4,5 + j1,2} = \frac{1,0}{4,55720 + j1,27788} = 0,2113\underline{|-15,66°} \text{ S}$$

logo

$$v_{NN'} = -220 \frac{0{,}2109\underline{|-15{,}73°} + \left(1{,}0\underline{|-120°} + 1{,}0\underline{|120°}\right)0{,}2113\underline{|-15{,}66°}}{0{,}2109\underline{|-17{,}73°} + 2 \times 0{,}2113\underline{|-15{,}66°}} =$$

$$= -220 \frac{4{,}759 \times 10^{-4}\underline{|-162{,}88°}}{0{,}6335\underline{|-15{,}68°}} = -0{,}165\underline{|-147{,}20°} = 0{,}165\underline{|32{,}8°}\ V$$

Designando-se por A′, B′ e C′ os pontos imediatamente antes das impedâncias equivalentes determinam-se as correntes por:

$$i_A = v_{A'N'} = \left(v_{A'N'} + v_{NN'}\right)y_\alpha = \left(220\underline{|0°} + 0{,}165\underline{|32{,}80°}\right) \times 0{,}2109\underline{|-15{,}73}$$
$$= 46{,}437\underline{|= 15{,}71°}\ A$$

$$i_B = \left(220\underline{|-120°} + 0{,}165\underline{|32{,}80°}\right) \times 0{,}2113\underline{|-15{,}66°} = 46{,}455\underline{|-135{,}64°}\ A$$

$$i_C = \left(220\underline{|120°} + 0{,}165\underline{|32{,}80°}\right) \times 0{,}2113\underline{|-15{,}66°} = 46{,}488\underline{|-104{,}30°}\ A$$

As tensões de fase na carga são dadas por:

$$v_{AN'} = i_A \overline{z}_{Carga}\ 46{,}427\underline{|-15{,}71°} \times 4{,}6572\underline{|14{,}93°} = 216{,}222\underline{|-0{,}78°}\ V$$

$$v_{BN'} = i_B \overline{z}_{Carga}\ 46{,}444\underline{|-135{,}64°} \times 4{,}6572\underline{|14{,}93°} = 216{,}353\underline{|-120{,}71°}\ V$$

$$v_{CN'} = i_C \overline{z}_{Carga}\ 46{,}488\underline{|-104{,}30°} \times 4{,}6572\underline{|14{,}93°} = 216{,}506\underline{|119{,}23°}\ V$$

Deixa-se ao leitor proceder ao cálculo para ulteriores desequilíbrios das impedâncias equivalentes dos transformadores, como no caso do item c) deste exercício.

5.4 CARREGAMENTO ADMISSÍVEL DE TRANSFORMADORES

5.4.1 INTRODUÇÃO

Este item tem por objetivo o estudo do comportamento de transformadores, resfriados a óleo, sob o ponto de vista térmico, isto é, buscar-se-á estabelecer as condições de carregamento limite para que as temperaturas no interior da máquina não excedam valores preestabelecidos. Lembrando-se que a constante de tempo térmica de transformadores é da ordem de grandeza de horas, tolera-se operar com a máquina em sobrecarga, cujo montante é definido em função dos patamares da curva de carga diária, de modo que não resulte perda de vida útil apreciável. Em outras palavras, sobrecarregando-se uma unidade, sem prejuízo sensível, quer para sua vida útil, quer para o desempenho da rede, adia-se a entrada em serviço de nova unidade. A ABNT indica o procedimento a ser utilizado para a fixação do carregamento na norma NBR 5416 – Dez/1981 – *Aplicação de Carga em Transformadores de potência*, por outro lado, a ANSI conta, na norma de transformadores com o anexo C-57.94/1950, "*Guide for Loading Oil-Immersed Distribution and Power Transformers*".

Os primeiros trabalhos da literatura técnica datam de 1930 destacando-se o de Montsinger que estabeleceu a "regra dos 8°", ou seja, "a taxa de deterioração da isolação, ou perda de vida útil, dobra a cada 8° de elevação da temperatura do ponto quente do enrolamento". Observa-se que essa regra, que se baseia na perda de resistência mecânica da isolação, permite comparação entre condições operativas diferentes, sem, contudo, estabelecer a equação que permita estimar a vida útil de um transformador. Estudos posteriores estabeleceram equações empíricas que permitem estimar a perda de vida útil da máquina em função da temperatura do ponto quente do enrolamento, onde por "*temperatura do ponto quente*" entende-se a máxima temperatura que ocorre no interior do enrolamento.

Pode-se resumir o fluxo de calor num transformador, fig. 5.8, que está operando em carga nos pontos a seguir:

- No núcleo de ferro há produção de calor, P_{PFe}, devido às perdas por histerese e Foucault. Tal calor é consumido, em parte, para o aquecimento do núcleo, e o saldo, P'_{PFe}, é transferido ao óleo. Destaca-se que as perdas no ferro, por dependerem somente da tensão, são consideradas um invariante, portanto, após o transitório de energização do transformador, quando há o aquecimento do núcleo, todo o calor produzido é transferido ao óleo.

- Nos enrolamentos há produção de calor, P_{PCu}, devido às perdas Joule, que é consumido, em parte, para o aquecimento dos enrolamentos e o saldo, P'_{PCu}, é transferido ao óleo. Evidentemente na condição de regime permanente todo o calor produzido é transferido ao óleo.

- No óleo há absorção de calor, aquecimento do óleo, e há transferência de calor do óleo ao meio externo.

Salienta-se que a temperatura máxima alcançada pelo óleo deve ser menor, com coeficiente de segurança, que seu ponto de fulgor e, nos enrolamentos, há um gradiente de temperatura existindo um ponto, designado por "ponto quente", em que ela é máxima. Evidentemente, o valor da temperatura do ponto quente deve ser tal a não danificar a isolação.

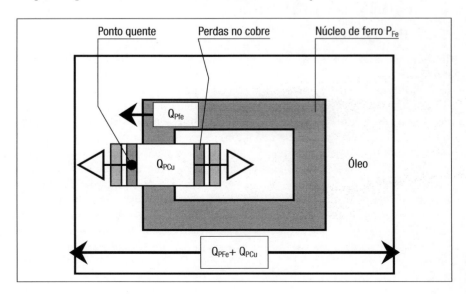

Figura 5.8 Estudo térmico do transformador.

5.4.2 EQUACIONAMENTO TÉRMICO

5.4.2.1 Temperatura do óleo durante transitórios

Para a determinação da variação da temperatura do óleo quando há uma variação da carga do transformador assume-se que:

- No instante da variação da carga, $t = 0$, o óleo encontra-se na temperatura inicial, τ_{oinic}.
- A temperatura ambiente, τ_{amb}, mantém-se constante durante todo o transitório.

E admite-se, ainda, as hipóteses simplificativas:

- A tensão primária do transformador não varia durante o transitório.
- A resistência ôhmica dos enrolamentos não varia com sua temperatura.
- As perdas Foucault não variam com a temperatura do núcleo de ferro.
- O coeficiente de dissipação de calor, da máquina ao meio, independe da temperatura da superfície emissora de calor;.
- As perdas adicionais, perdas no tanque do transformador devido ao fluxo de dispersão, são desprezíveis.

Assim, sendo:

$W = P_{Fe} + P_{Cu}$ potência dissipada no transformador, em W, soma das perdas no ferro e no cobre, para a condição de carregamento considerada;

K_d coeficiente de dissipação de calor, em $W/^{\circ}C \cdot m^2$;

S_d superfície de dissipação do calor, em m^2;

C   capacidade térmica do corpo, em $J/^{\circ}C$, determinada pelo produto do calor específico do corpo pelo seu peso;

obtém-se, num intervalo de tempo infinitésimo, dt, quando a elevação de temperatura do óleo sobre o ambiente, θ_o, sofreu acréscimo $d\theta$, a equação:

$$W\,dt = K_d \cdot S_d \cdot \theta_o \cdot dt + C \cdot d\theta \tag{5.17}$$

O procedimento para a integração da eq. (5.17) é análogo ao utilizado na integração da eq. (3.4), item 3.2.2 – Capítulo 3, isto é:

$$\frac{W}{K_d\,S_d}\,e^{\frac{K_d S_d}{C} t} = \theta_o\,e^{\frac{K_d S_d}{C} t} + A \tag{5.18}$$

em que A representa uma constante de integração que é determinada a partir das condições de contorno, isto é, para $t = 0$, sendo τ_{oinic} e τ_{amb}, respectivamente, as temperaturas do óleo e do ambiente no tempo 0, tem-se:

$$\theta_o = \theta_{oinic} = \tau_{oinic} - \tau_{amb}$$

resultando:

$$A = \frac{W}{K_d\,S_d} - \theta_{oinic}$$

e, além disso, lembrando que em regime permanente todo o calor produzido é dissipado, $Cd\theta = 0$, logo, a elevação da temperatura do óleo em regime, θ_{oreg}, é dada por:

$$\theta_{oreg} = \frac{W}{K_d\,S_d}$$

(5.19)

Lembrando, ainda, que a constante de tempo térmica, T, é dada por:

$$T = \frac{C}{K_d\,S_d} = \frac{C}{W}\theta_{oreg}$$

(5.20)

Substituindo-se os valores alcançados na eq. (5.18) resulta a equação geral de aquecimento do óleo:

$$\theta_o = \theta_{oreg}\left(1 - e^{-\frac{t}{T}}\right) + \theta_{oinic}\, e^{-\frac{t}{T}} = \left(\theta_{oreg} - \theta_{oinic}\right).\left(1 - e^{-\frac{t}{T}}\right) + \theta_{oinic}$$

(5.21)

Destaca-se que a eq. (5.19) aplica-se a transformadores dos tipos (NBR 5356/1981):

- ONAN, enrolamentos imersos no óleo com circulação natural e resfriamento ao ar com circulação natural;

- ONAF, enrolamentos imersos no óleo com circulação normal e resfriamento ao ar com circulação forçada;

- OFAF, enrolamentos imersos no óleo com circulação forçada, sem fluxo de óleo dirigido, e resfriamento ao ar com circulação forçada;

- OFWF, enrolamentos imersos no óleo com circulação forçada, sem fluxo de óleo dirigido, e resfriamento com circulação de água forçada;

- ODAF, enrolamentos imersos no óleo com circulação forçada, com fluxo de óleo dirigido, e resfriamento ao ar com circulação forçada;

- ODWF, enrolamentos imersos no óleo com circulação forçada, com fluxo de óleo dirigido, e resfriamento com circulação de água forçada.

A NBR 5416/1981, em seu item 1.2, define duas classes de isolação de transformadores que correspondem à elevação média da temperatura do óleo, acima da temperatura ambiente, de 55°C e 65°C, para o transformador operando à plena carga.

Para o cálculo da capacidade térmica do transformador a NBR 5416/1981 recomenda as equações:

- Transformadores com fluxo de óleo não dirigido:

$$C = 0,132 \cdot p_{n,b} + 0,088 \cdot p_{t,a} + 0,351 \cdot v_{óleo}$$

(5.22)

- Transformadores com fluxo de óleo dirigido:

$$C = 0,132 \cdot p_{n,b} + 0,132 \cdot p_{t,a} + 0,510 \cdot v_{óleo}$$

(5.23)

5.4 — Carregamento Admissível de Transformadores

em que:

$p_{n,b}$ peso do núcleo e das bobinas, em kg;

$p_{t,a}$ peso do tanque e dos acessórios, em kg;

$v_{óleo}$ volume de óleo, em litros.

5.4.2.2 Temperatura do óleo em regime permanente

Neste item proceder-se-á ao estabelecimento da temperatura do óleo, para um carregamento, S, genérico, em termos de potência aparente, em regime permanente, sem as restrições do item precedente pertinentes à resistência ôhmica do enrolamento ser um invariante com a temperatura e ao coeficiente de dissipação do calor ser independente da temperatura.

Assim, sendo:

S_{pc} potência nominal do transformador, em termos de potência aparente;

s carregamento genérico do transformador, em pu da potência nominal;

P_{Cupc} perda no cobre para a plena carga;

P_{Cu} perda no cobre para a carga genérica;

R_{eqpc} resistência equivalente dos enrolamentos para operação à plena carga;

R_{eq} resistência equivalente dos enrolamentos para a condição de carga genérica;

P_{Fe} perda no ferro;

R relação entre a perda no cobre a plena carga e a no ferro;

τ_{epc} temperatura equivalente do enrolamento à plena carga;

τ_e temperatura equivalente do enrolamento na condição de carga genérica;

τ_{opc} temperatura do óleo à plena carga;

τ_o temperatura do óleo na condição de carga genérica;

θ_{opc} elevação da temperatura do óleo, sobre a ambiente, à plena carga;

θ_o elevação da temperatura do óleo, sobre a ambiente, na condição de carga genérica;

k'_d coeficiente de dissipação de calor para temperatura genérica;

k_d coeficiente de dissipação de calor para a temperatura de plena carga;

k_{res} fator de correção da resistência ôhmica do enrolamento para a condição operativa.

ter-se-á as relações:

$$k_{res} = \frac{R_{eq}}{R_{eqpc}} = \frac{1 + \alpha\tau_e}{1 + \alpha\tau_{epc}}$$

que para enrolamentos em cobre torna-se:

$$k_{res} = \frac{R_{eq}}{R_{eqpc}} = \frac{234{,}5 + \tau_e}{234{,}5 + \tau_{epc}}$$

(5.24)

O estabelecimento da temperatura do enrolamento e, de consequência o valor a ser utilizado na eq. (5.24), será objeto de item subsequente. Assim:

$$P_{Cu} = P_{Cupc} \cdot s^2 \cdot k_{res} \tag{5.25}$$

Da eq. (5.19) resulta:

$$\theta_{oreg} = \frac{P_{Fe} + P_{Cups} \cdot s^2 \cdot k_{res}}{K'_d \cdot K_d} \quad e \quad \theta_{oreg} = \frac{P_{Fe} + P_{Cups}}{K_d \cdot K_d}$$

ou

$$\theta_{oreg} = \theta_{opc} \frac{P_{Fe} + P_{Cups} \cdot s^2 \cdot k_{res}}{P_{Fe} + P_{Cupc}} \cdot \frac{K'_d}{K_d} = \theta_{opc} = \frac{1 + \dfrac{P_{Cupc} \cdot s^2 \cdot k_{res}}{P_{Fe}}}{1 + \dfrac{P_{Cupc}}{P_{Fe}}} \cdot \frac{K'_d}{K_d}$$

ou

$$\theta_{oreg} = \theta_{opc} \frac{1 + R \cdot s^2 \cdot k_{res}}{1 + R} \cdot \frac{K'_d}{K_d} = \theta_{opc} \left[\frac{1 + R \cdot s^2 \cdot k_{res}}{1 + R} \right] \tag{5.26}$$

em que a relação dos coeficientes de dissipação de calor é traduzida pelo valor do expoente "n" que assume os valores: 0,8 para transformadores ONAN, 0,9 para ONAF e 1,0 para os demais. A eq. (5.26) pode ser escrita:

$$\frac{\theta_{oreg}}{\theta_{opc}} = \left[\frac{W}{W_{pc}} \right]^n \tag{5.27}$$

em que, W e W_{pc} representam, respectivamente, as perdas totais para a condição de carga genérica e para a plena carga.

5.4.2.3 Constante de tempo térmica do óleo

Da eq. (5.20) observa-se que a constante de tempo térmica do óleo é variável com o coeficiente de dissipação de calor, logo, será variável com a temperatura de regime. Assim, sejam duas condições de carregamento, s_i e s_r, às quais correspondem: perdas W_i e W_r, temperaturas de regime θ_{oi} e θ_{or} e constantes de tempo T_i e T_r, para as quais resultará;

$$T_i = C \frac{\theta_{oi}}{W_i} \quad e \quad T_r = C \frac{\theta_{or}}{W_r} \tag{5.28}$$

Além disso, para a plena carga resulta:

$$T_{pc} = C \frac{\theta_{opc}}{W_{pc}}$$

ou seja:

$$C = T_{pc} \frac{W_{pc}}{\theta_{opc}}$$

5.4 — Carregamento Admissível de Transformadores

que substituída na eq. 5.28 fornece:

$$T_i = T_{pc} \frac{W_{pc}}{W_i} \frac{\theta_{oi}}{\theta_{opc}} \qquad ou \qquad T_i \frac{W_i}{W_{pc}} = T_{pc} \frac{\theta_{oi}}{\theta_{opc}}$$

$$T_r = T_{pc} \frac{W_{pc}}{W_r} \frac{\theta_{or}}{\theta_{opc}} \qquad ou \qquad T_r \frac{W_r}{W_{pc}} = T_{pc} \frac{\theta_{or}}{\theta_{opc}}$$

Subtraindo-se as duas equações, membro a membro, resulta:

$$T_r \frac{W_r}{W_{pc}} - T_i \frac{W_i}{W_{pc}} T_{pc} \left(\frac{\theta_{or}}{\theta_{opc}} - \frac{\theta_{oi}}{\theta_{opc}} \right)$$

Assumindo-se uma constante de tempo equivalente, $T = T_r = T_i$, para a passagem da condição de carga "i" para a "r", resulta:

$$T = T_{pc} \frac{\dfrac{\theta_{or}}{\theta_{opc}} - \dfrac{\theta_{oi}}{\theta_{opc}}}{\dfrac{W_r}{W_{pc}} - \dfrac{W_i}{W_{pc}}}$$

(5.29)

Por outro lado, da eq. (5.27) tem-se:

$$\frac{W_r}{W_{pc}} = \left[\frac{\theta_{or}}{\theta_{opc}} \right]^{1/n} \qquad e \qquad \frac{W_i}{W_{pc}} = \left[\frac{\theta_{oi}}{\theta_{opc}} \right]^{1/n}$$

(5.30)

Substituindo-se a eq. (5.30) na (5.29) resulta:

$$T = T_{opc} \frac{\dfrac{\theta_{or}}{\theta_{opc}} - \dfrac{\theta_{oi}}{\theta_{opc}}}{\left(\dfrac{\theta_{or}}{\theta_{opc}} \right)^{1/n} - \left(\dfrac{\theta_{oi}}{\theta_{opc}} \right)^{1/n}}$$

(5.31)

A eq. (5.31) fornece o valor da constante de tempo térmica para a elevação da temperatura do óleo de θ_{oi} a θ_{or}. Observa-se que, no caso de $n = 1$ resulta $T = T_{opc}$ e, será, ainda:

$$T(W_r - W_i) = C(\theta_{or} - \theta_{oi})$$

ou

$$T = C \frac{\theta_{or} - \theta_{oi}}{W_r - W_i} = C \frac{\Delta\theta}{\Delta W}$$

(5.32)

5.4.2.4 Equação térmica do ponto quente

Considerando-se a pequena massa de material envolvida no ponto quente do enrolamento, assume-se, na literatura técnica, que a constante de tempo do ponto quente é nula, isto é, sua temperatura de regime é alcançada instantaneamente. Assim sendo, as elevações da temperatura do ponto quente, θ_{hs} e θ_{hpc}, em relação à temperatura do óleo, para as condições de carga genérica, s, e de plena carga são obtidas igualando-se o calor produzido no enrolamento ao transferido ao óleo, ou seja:

$$\theta_{hs} = \frac{s^2 \, P_{cupc}}{K_d \, S_d} \quad e \quad \theta_{hpc} = \frac{P_{cupc}}{K_{dpc} \, S_d} \tag{5.33}$$

em que as constantes K e S representam, para as duas condições de carga, o coeficiente de transferência de calor do enrolamento para o óleo e a superfície dispersora de calor. Da eq. (5.33) resulta:

$$\theta_{hs} = \theta_{hpc} \cdot s^2 \, k_{res} \, \frac{K_{dpc}}{K_d} \tag{5.34}$$

Analogamente ao caso do óleo, tem-se a equação empírica:

$$\theta_{hs} = \theta_{hpc} \cdot \left(s^2 \, k_{res} \right)^m \tag{5.35}$$

em que a constante "m" assume os valores: 0,8 para transformadores do tipo ONAN, 0,9 para os ONAF e 1,0 para os demais.

Salienta-se que a temperatura do ponto quente, para operação em regime permanente à plena carga, é um dado padronizado no projeto do transformador. A título de exemplo, a norma NBR 5416/1981 fixa, para o carregamento nominal, a elevação da temperatura do ponto quente, sobre o ambiente, em 80 °C para transformadores de 65 °C e em 65 °C para transformadores de 55 °C.

5.4.2.5 Correção do valor da resistência ôhmica do enrolamento

Para compensar a variação das perdas ôhmicas com a temperatura dos condutores dos enrolamentos do transformador, deve-se aplicar fator de correção da variação da resistência do enrolamento com a temperatura.

O ensaio de operação com a temperatura de plena carga é levado a efeito aplicando-se as perdas de plena carga, que correspondem a uma temperatura média do enrolamento de 75 °C, para isolação de 55 °C, e de 85 °C, para isolação de 65 °C. Entretanto, lembrando que em estudos térmicos de transformadores utiliza-se a temperatura do ponto quente e não a temperatura média do enrolamento, a correção da resistência deverá ser feita em base à temperatura do ponto quente que, usualmente, situa-se de 5 a 10 °C acima da temperatura média do enrolamento. Deste modo, a correção da variação da resistência é feita considerando-se, à plena carga, temperatura do ponto quente de 85 °C, para transformador com isolação para 55 °C, e de 95 °C, para transformador com isolação para 65 °C. Nessas condições, o fator de correção, para transformadores de 55 °C, será dado por:

$$k_{res} = \frac{234,5 + \text{Temperatura do ponto quente}}{234,5 + 85} = \frac{234,5 + \tau_{hs}}{234,5 + 85}$$

e, para transformadores de 65°C, por

$$k_{res} = \frac{234,5 + \text{Temperatura do ponto quente}}{234,5 + 95} = \frac{234,5 + \tau_{hs}}{234,5 + 95}$$

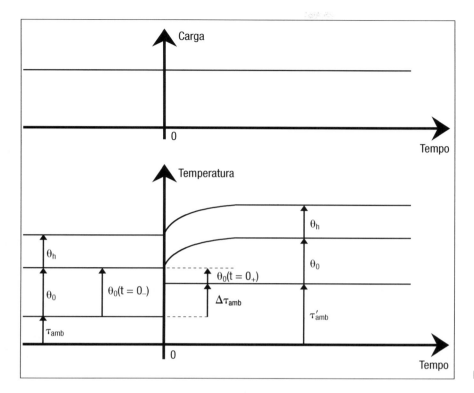

Figura 5.9 Elevação da temperatura.

5.4.2.6 Variação da temperatura ambiente

Nos itens precedentes assumiu-se que a temperatura ambiente era mantida constante. Neste item proceder-se-á à análise da variação das temperaturas internas do transformador quando ocorre um degrau na temperatura ambiente. Assim, seja o caso de um transformador operando em regime permanente, com elevação da temperatura do óleo sobre a do ambiente dada por θ_o e elevação da temperatura do ponto quente sobre a do óleo dada por θ_h, quando ocorre um degrau, $\Delta\tau_{amb}$, na temperatura ambiente, fig. 5.9. A temperatura do óleo, no instante em que ocorre o degrau, t = 0, não pode variar, portanto, tem-se:

$$\tau_o(0-) = \tau_{amb} + \theta_o(0-) \quad e \quad \tau_o(0+) = \tau_{amb} + \Delta\tau_{amb} + \theta_o(0+)$$

e, sendo:

$$\tau_o(0_-) = \tau_o(0_+)$$

resulta:

$$\theta_o(0_+) = \theta_o(0_-) - \Delta\tau_{amb}$$

isto é, tem-se um novo transitório térmico, que se inicia no instante t = 0, quando a elevação de temperatura do óleo sobre o ambiente é dada por: $\theta_{oinic} = \theta_o(0_-) - \Delta\tau_{amb}$ e que, ao término do transitório alcança o valor $\theta_{oreg} = \theta_o$, aplicando-se a eq. (5.21) determina-se a temperatura do óleo em cada instante. Na hipótese que a constante de tempo térmica do ponto quente é nula tem-se:

$$\tau_h(t) = \theta_h + \theta_o(t) + \tau_{amb} + \Delta\tau_{amb}$$

5.4.2.7 Perda de vida de transformadores

A literatura técnica apresenta várias equações que permitem estimar a perda de vida diária em transformadores em função da temperatura do ponto quente, ou melhor, do tempo em que o transformador operou com certa temperatura do ponto quente. Dentre essas equações destacam-se:

a.   Norma ABNT – NBR 5461/1981, que estabelece a equação:

$$\log_{10}\left[\frac{PV\%}{100\times h}\right] = A - \frac{6.972,15}{273+\tau_h}$$

onde

A = 14,133 para transformadores de 55 °C e A = 13,391 para transformadores de 65 °C;

PV% perda de vida do transformador, em porcentagem;

h   tempo durante o qual o transformador operou com a temperatura τ_h;

τ_h temperatura do ponto quente, em °C, que é mantida constante durante o tempo h.

b.   Norma ANSI – C57.91, que estabelece a equação:

$$\log_{10}\left[\frac{PV\%}{100\times h}\right] = A - \frac{6.328,8}{273+\tau_h}$$

onde,

A = 11,968 para transformadores de 55 °C e A = 11,269 para transformadores de 65 °C;

PV% perda de vida do transformador, em porcentagem;

h   tempo durante o qual o transformador operou com a temperatura τ_h;

τ_h temperatura do ponto quente, em °C, que é mantida constante durante o tempo h.

c.   Philadelphia Electric Company (PEC) que estabelece a equação:

$$\ln\left[\frac{PV\%}{h}\right] = A - \frac{B}{273+\tau_h}$$

Os valores das constantes A e B estão apresentados na tab. 5.7.

Tabela 5.7 Equação PEC		
Classe de isolação	A	B
55°C	34,129	15457,225
65°C	32,480	15253,903

Na fig.5.10 apresenta-se a curva que relaciona a perda de vida horária em função da temperatura do ponto quente.

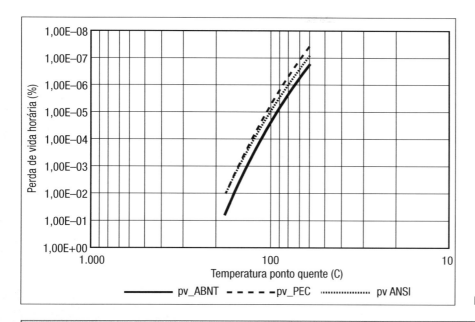

Figura 5.10 Perda de vida.

Exemplo 5.4

Qual deverá ser a temperatura do ponto quente de um transformador, classe 55 °C, para que sua vida útil seja de 15 anos? Considerar que o transformador opera, durante toda sua vida útil, com carga constante em ambiente de temperatura constante.

Solução

a. Equação de perda de vida da ABNT

Na equação da perda de vida tem-se que PV% = 100 e h = 8.760 × 15 = 131.400 h, logo:

$$\log_{10}\left[\frac{1}{h}\right] = 14,133 - \frac{6.972,15}{273+\tau_h}$$

ou

$$\tau_h = \frac{6.972,15}{14,133 - \log_{10}\left(\frac{1}{h}\right)} - 273 = \frac{6.972,15}{14,133 + 5,118} - 273 = 87,858 \ °C$$

b. Equação de perda de vida da ANSI

Tem-se

$$\tau_h = \frac{6.328,8}{11,968 - \log_{10}\left(\frac{1}{h}\right)} - 273 = \frac{6.328,8}{11,968 + 5,118} - 273 = 97,408 \ °C$$

c. Equação de perda de vida da Philadelphia

Tem-se:

$$\ln\left[\frac{PV\%}{h}\right] = \ln\left[\frac{100}{131.400}\right] = 34,129 - \frac{15.457,225}{273 + \tau_h}$$

$$\tau_h = \frac{15.457,225}{34,129 - \ln\left[\dfrac{100}{131.400}\right]} - 273 = \frac{15.457,225}{34,129 + 8,180} - 273 = 101,178 \,^{\circ}C$$

5.4.2.8 Valores característicos para transformadores

Na tab. 5.9, a e b, apresentam-se valores típicos dos parâmetros de transformadores, extraídos da norma NBR 5416/1981.

Tabela 5.9.a Características de transformadores de 65°C à plena carga

Grandeza	Tipo de resfriamento				
	ONAN	ONAF<=135%	ONAF>135%	OFAF ou OFWF	ODAF ou ODWF
Elev.da Temp.ponto quente $\theta_h + \theta_0$ (°C)	80	80	80	80	80
Elev. Temp. óleo θ_0 (°C)	55	50	45	45	45
Constante de tempo do óleo (h)	3,0	2,0	1,25	1,25	1,25
Constante de tempo ponto quente (h)	0,08	0,08	0,08	0,08	0,08
Relação entre P_{Cupc} e P_{Fe}	3,2	4,5	6,5	6,5	6,5
Constante "m" enrolamento	0,8	0,8	0,8	0,8	1,0
Constante "n" do óleo	0,8	0,9	0,9	0,9	1,0

Tabela 5.9.b Características de transformadores de 55°C à plena carga

Grandeza	Tipo de resfriamento				
	ONAN	ONAF<= 135 %	ONAF> 135 %	OFAF ou OFWF	ODAF ou ODWF
Temp. ponto quente $\theta_h + \theta_0 + \tau_{amb}$ (°C)	65	65	65	65	65
Temp. óleo (°C) $\theta_0 + \tau_{amb}$	40	40	37	37	37
Cons.de tempo do óleo (h)	2,7	1,7	1,25	1,25	1,25
Cons.de tempo ponto quente (h)	0,08	0,08	0,08	0,08	0,08
Relação entre P_{Cupc} e P_{Fe}	5,0	5,0	5,0	5,0	5,0
Constante "m" enrolamento	0,8	0,8	0,8	0,8	1,0
Constante "n" óleo	0,8	0,9	0,9	1,0	1,0

5.4.3 Vida útil de transformadores

O equacionamento apresentado permite a determinação da perda de vida útil de transformadores quando operando em determinada situação de carregamento e de temperatura ambiente. Entretanto, é usual desejar-se conhecer qual será a perda de vida, e de consequência, a vida útil, de um transformador que opera com dado ciclo diário de carga e de temperatura ambiente. Neste caso, inicialmente, há que se estabelecer a temperatura do óleo no instante inicial. Para tanto, lembra-se que o instante inicial corresponde ao instante final do dia, isto é, as temperaturas no tempo t = 0⁻ devem ser iguais às do tempo 24⁺ e, como a temperatura não pode variar instantaneamente resulta que no tempo 0 e 24 horas as temperaturas devem ser iguais. O procedimento geral resume-se nos passos a seguir:

Passo 1. Divide-se o período de estudo, o dia, em intervalos de tempo nos quais a demanda e a temperatura ambiente são constantes;

Passo 2. Inicializa-se a temperatura do óleo no instante inicial, da primeira iteração, com o valor da temperatura ambiente.

Passo 3. Calculam-se as temperaturas do óleo para todos os intervalos de tempo até se alcançar o último intervalo.

Passo 4. Repetem-se os passos 2 e 3 até que o desvio entre as temperaturas do óleo nos instantes inicial e final sejam não maiores que a tolerância preestabelecida.

Passo 5. Partindo-se da temperatura inicial do óleo determinada no passo 4, calculam-se, para todos os intervalos de tempo, as temperaturas do óleo e do ponto quente.

Passo 6. A perda de vida no período, o dia, será obtida pela somatória das perdas de vida dos períodos em que a temperatura do ponto quente é constante. Para esta determinação é usual dividir-se o período de estudo em intervalos de 5 a 10 minutos.

As atividades referentes aos passos 1 a 4 estão apresentadas no diagrama de blocos da fig.5.11.

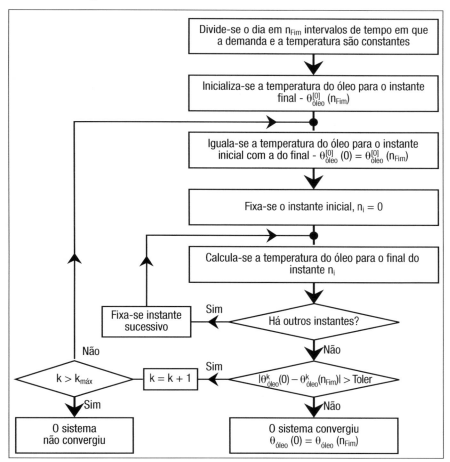

Figura 5.11 Diagrama de blocos para a determinação da temperatura inicial do óleo.

Exemplo 5.5

Para um transformador do tipo ONAN de 45 kVA cujas características são:

a) elevação da temperatura do óleo à plena carga: 40 °C;
b) elevação da temperatura do ponto quente à plena carga: 25 °C;
c) constante de tempo térmica do óleo: 2,7 horas;
d) relação entre as perdas no ferro e no cobre: 5,0;

pede-se determinar, desprezando-se a variação da resistência dos enrolamentos e a variação da constante de tempo térmica do óleo, a perda de vida diária e a vida útil quando opera com o ciclo diário de carga e de temperatura apresentado na Tab. 5.10.

Tabela 5.10 Curva diária de carga e temperatura

Tempo inicial	Tempo final	Demanda (pu)	Temperatura (°C)
0	7	0,50	25,0
7	10	0,70	25,0
10	12	0,70	32,0
12	14	0,80	32,0
14	18	0,70	32,0
18	21	1,20	25,0
21	24	0,40	25,0

Solução

a) Equações utilizadas

Tratando-se de transformador do tipo ONAN o expoente da equação que fornece a temperatura de regime do óleo é n = 0,8. Além disso, desprezando-se a correção da temperatura dos enrolamentos o fator k_{res} será unitário. Logo a temperatura de regime do óleo para uma condição de carga, s, genérica será dada por:

$$\theta_{oreg} = \theta_{opc}\left(\frac{1+Rs^2k_{res}}{1+R}\right)^n = 40\left(\frac{1+5s^2}{6}\right)^{0,8}$$

A temperatura inicial do óleo foi assumida igual à temperatura ambiente, 25 °C.

b) Na tab. 5.11, onde se apresenta a temperatura do óleo no instante final de cada intervalo de tempo, destaca-se o cálculo do intervalo das 0 às 7 horas:

$$\theta_{oreg} = 40\left(\frac{1+5\times0,5^2}{6}\right)^{0,8} = 18,2509 \ °C$$

e, da eq. (5.21):

$$\theta_o = \left(\theta_{oreg} - \theta_{oinic}\right).\left(1 - e^{-\frac{t}{T}}\right) + \theta_{oinic} =$$

$$= (18{,}2509 - 25{,}0000)(1 - e^{-\frac{7{,}0}{2{,}7}}) + 25{,}0000 = 18{,}7559\ ^{\circ}C$$

Destaca-se, ainda, o cálculo para o intervalo das 7 às 10 horas, quando há aumento na temperatura ambiente de 25 para 32 °C, isto é $\Delta\tau_{amb} = 7{,}0$ °C, portanto:

$$\theta(7_{+}) = \theta(7_{-}) - \Delta\tau_{amb} = 18{,}7559 - 7{,}0 = 11{,}7559\ ^{\circ}C$$

e

$$\theta_o = (18{,}2509 - 11{,}7559)(1 - e^{-\frac{3{,}0}{2{,}7}}) + 11{,}7559 = 16{,}1128\ ^{\circ}C$$

Tabela 5.11(1/1) Temperatura do óleo na primeira iteração						
Instante (h)		Demanda (pu)	Temperatura ambiente (°C)	Elevação da temperatura do óleo (°C)		
Inicial	Final			Inicial	Regime	Final
0	7	0,5	25,0	25,0000	18,2509	18,7559
7	10	0,7	25,0	18,7559	25,6918	23,4085
10	12	0,7	32,0	16,4085	25,6918	21,2659
12	14	0,8	32,0	21,2659	30,0703	25,8727
14	18	0,7	32,0	25,8727	25,6918	25,7326
18	21	1,2	25,0	32,7326	51,3559	45,2256
21	24	0,4	25,0	45,2256	15,2671	25,1292
Desvio = |25,000 – 25,1292| = 0,1292 > Tolerância = 0,001						

Tabela 5.11(1/2) Temperatura do óleo na segunda iteração						
Instante (h)		Demanda (pu)	Temperatura ambiente (°C)	Elevação da temperatura do óleo (°C)		
Inicial	Final			Inicial	Regime	Final
0	7	0,5	25,0	25,1292	18,2509	18,7655
7	10	0,7	25,0	18,7655	25,6918	23,4084
10	12	0,7	32,0	16,4084	25,6918	21,2658
12	14	0,8	32,0	21,2658	30,0703	25,8726
14	18	0,7	32,0	25,8726	25,6918	25,7329
18	21	1,2	25,0	32,7329	51,3559	45,2253
21	24	0,4	25,0	45,2253	15,2671	25,1291
Desvio = |25,1292 – 25,1291| = 0,0001 < Tolerância = 0,001						

c) Perda de vida diária

Na tab. 5.12 apresenta-se a determinação das temperaturas, com passo de 15 minutos = 0,25 h, e a perda de vida em cada período calculada conforme a norma ABNT.

Período		Temperatura ambiente (°C)	Elevação da temperatura de regime (°C)		Elevação do óleo (°C)	Temperatura do ponto quente (°C)	Perda de vida (%)
Inicial	Final		Óleo	P.Quente			
0,00	0,25	25,00	18,25	8,25	25,13	58,38	0,0000000
0,25	0,50	25,00	18,25	8,25	24,52	57,77	0,0000028
0,50	0,75	25,00	18,25	8,25	23,97	57,21	0,0000026
0,75	1,00	25,00	18,25	8,25	23,46	56,71	0,0000024
1,00	1,25	25,00	18,25	8,25	23,00	56,25	0,0000023
1,25	1,50	25,00	18,25	8,25	22,58	55,83	0,0000021
1,50	1,75	25,00	18,25	8,25	22,20	55,44	0,0000020
1,75	2,00	25,00	18,25	8,25	21,85	55,10	0,0000019
2,00	2,25	25,00	18,25	8,25	21,53	54,78	0,0000018
2,25	2,50	25,00	18,25	8,25	21,24	54,49	0,0000017
2,50	2,75	25,00	18,25	8,25	20,98	54,22	0,0000017
2,75	3,00	25,00	18,25	8,25	20,73	53,98	0,0000016
3,00	3,25	25,00	18,25	8,25	20,52	53,76	0,0000016
3,25	3,50	25,00	18,25	8,25	20,31	53,56	0,0000015
3,50	3,75	25,00	18,25	8,25	20,13	53,38	0,0000015
3,75	4,00	25,00	18,25	8,25	19,97	53,21	0,0000014
4,00	4,25	25,00	18,25	8,25	19,81	53,06	0,0000014
4,25	4,50	25,00	18,25	8,25	19,68	52,92	0,0000014
4,50	4,75	25,00	18,25	8,25	19,55	52,80	0,0000014
4,75	5,00	25,00	18,25	8,25	19,44	52,68	0,0000013
5,00	5,25	25,00	18,25	8,25	19,33	52,58	0,0000013
5,25	5,50	25,00	18,25	8,25	19,23	52,48	0,0000013
5,50	5,75	25,00	18,25	8,25	19,15	52,39	0,0000013
5,75	6,00	25,00	18,25	8,25	19,07	52,32	0,0000013
6,00	6,25	25,00	18,25	8,25	19,00	52,24	0,0000012
6,25	6,50	25,00	18,25	8,25	18,93	52,18	0,0000012
6,50	6,75	25,00	18,25	8,25	18,87	52,12	0,0000012
6,75	7,00	25,00	18,25	8,25	18,82	52,06	0,0000012
7,00	7,25	25,00	25,69	14,13	19,42	58,55	0,0000032
7,25	7,50	25,00	25,69	14,13	19,98	59,11	0,0000034
7,75	8,00	25,00	25,69	14,13	20,94	60,07	0,0000040
8,00	8,25	25,00	25,69	14,13	21,36	60,49	0,0000042
8,25	8,50	25,00	25,69	14,13	21,75	60,88	0,0000045
8,50	8,75	25,00	25,69	14,13	22,10	61,22	0,0000047
8,75	9,00	25,00	25,69	14,13	22,41	61,54	0,0000049
9,00	9,25	25,00	25,69	14,13	22,70	61,83	0,0000051

Continua

5.4 — Carregamento Admissível de Transformadores

Tabela 5.12 Curva diária de temperatura (Continuação)

Período		Temperatura ambiente (°C)	Elevação da temperatura de regime (°C)		Elevação do óleo (°C)	Temperatura do ponto quente (°C)	Perda de vida (%)
Inicial	Final		Óleo	P.Quente			
9,25	9,50	25,00	25,69	14,13	22,97	62,10	0,0000053
9,50	9,75	25,00	25,69	14,13	23,21	62,34	0,0000055
9,75	10,00	25,00	25,69	14,13	23,43	62,56	0,0000057
10,00	10,25	32,00	25,69	14,13	17,25	63,38	0,0000064
10,25	10,50	32,00	25,69	14,13	17,99	64,12	0,0000071
10,50	10,75	32,00	25,69	14,13	18,67	64,80	0,0000078
10,75	11,00	32,00	25,69	14,13	19,30	65,42	0,0000085
11,00	11,25	32,00	25,69	14,13	19,86	65,99	0,0000092
11,25	11,50	32,00	25,69	14,13	20,38	66,51	0,0000099
11,50	11,75	32,00	25,69	14,13	20,85	66,98	0,0000105
11,75	12,00	32,00	25,69	14,13	21,28	67,40	0,0000112
12,00	12,25	32,00	30,07	17,49	22,05	71,55	0,0000197
12,25	12,50	32,00	30,07	17,49	22,76	72,26	0,0000217
12,50	12,75	32,00	30,07	17,49	23,41	72,90	0,0000237
12,75	13,00	32,00	30,07	17,49	24,00	73,49	0,0000256
13,00	13,25	32,00	30,07	17,49	24,53	74,03	0,0000275
13,25	13,50	32,00	30,07	17,49	25,02	74,52	0,0000294
13,50	13,75	32,00	30,07	17,49	25,47	74,96	0,0000312
13,75	14,00	32,00	30,07	17,49	25,88	75,37	0,0000329
14,00	14,25	32,00	25,69	14,13	25,86	71,99	0,0000210
14,25	14,50	32,00	25,69	14,13	25,85	71,97	0,0000209
14,50	14,75	32,00	25,69	14,13	25,83	71,96	0,0000209
14,75	15,00	32,00	25,69	14,13	25,82	71,95	0,0000208
15,00	15,25	32,00	25,69	14,13	25,81	71,94	0,0000208
15,25	15,50	32,00	25,69	14,13	25,80	71,93	0,0000208
15,50	15,75	32,00	25,69	14,13	25,79	71,92	0,0000207
15,75	16,00	32,00	25,69	14,13	25,78	71,91	0,0000207
16,00	16,25	32,00	25,69	14,13	25,77	71,90	0,0000207
16,25	16,50	32,00	25,69	14,13	25,77	71,89	0,0000207
16,50	16,75	32,00	25,69	14,13	25,76	71,89	0,0000207
16,75	17,00	32,00	25,69	14,13	25,75	71,88	0,0000206
17,00	17,25	32,00	25,69	14,13	25,75	71,88	0,0000206
17,25	17,50	32,00	25,69	14,13	25,74	71,87	0,0000206
17,50	17,75	32,00	25,69	14,13	25,74	71,87	0,0000206
17,75	18,00	32,00	25,69	14,13	25,73	71,86	0,0000206
18,00	18,25	25,00	51,36	33,47	34,38	92,85	0,0002975
18,25	18,50	25,00	51,36	33,47	35,88	94,35	0,0003559
18,50	18,75	25,00	51,36	33,47	37,25	95,72	0,0004186
18,75	19,00	25,00	51,36	33,47	38,50	96,97	0,0004848
19,00	19,25	25,00	51,36	33,47	39,63	98,10	0,0005537

Continua

Tabela 5.12 Curva diária de temperatura (*Continuação*)							
Período		Temperatura ambiente (°C)	Elevação da temperatura de regime (°C)		Elevação do óleo (°C)	Temperatura do ponto quente (°C)	Perda de vida (%)
Inicial	Final		Óleo	P.Quente			
19,25	19,50	25,00	51,36	33,47	40,67	99,14	0,0006246
19,50	19,75	25,00	51,36	33,47	41,62	100,08	0,0006967
19,75	20,00	25,00	51,36	33,47	42,48	100,95	0,0007693
20,00	20,25	25,00	51,36	33,47	43,26	101,73	0,0008418
20,25	20,50	25,00	51,36	33,47	43,98	102,45	0,0009134
20,50	20,75	25,00	51,36	33,47	44,63	103,10	0,0009837
20,75	21,00	25,00	51,36	33,47	45,23	103,69	0,0010523
21,00	21,25	25,00	15,27	5,77	42,58	73,35	0,0000251
21,25	21,50	25,00	15,27	5,77	40,16	70,93	0,0000182
21,50	21,75	25,00	15,27	5,77	37,96	68,73	0,0000134
21,75	22,00	25,00	15,27	5,77	35,95	66,72	0,0000102
22,00	22,25	25,00	15,27	5,77	34,12	64,89	0,0000079
22,25	22,50	25,00	15,27	5,77	32,46	63,23	0,0000062
22,50	22,75	25,00	15,27	5,77	30,94	61,71	0,0000050
22,75	23,00	25,00	15,27	5,77	29,55	60,32	0,0000041
23,00	23,25	25,00	15,27	5,77	28,29	59,06	0,0000034
23,25	23,50	25,00	15,27	5,77	27,14	57,91	0,0000029
23,50	23,75	25,00	15,27	5,77	26,09	56,86	0,0000025
23,75	24,00	25,00	15,27	5,77	25,13	55,90	0,0000022
Perda de vida diária (%)							0,0088062

A vida útil do transformador, assumindo-se que o ciclo de carga diário fique inalterado no tempo, é dada por:

$$\text{Vida útil} = \frac{100}{365 \times 0,0088062} = 31,11 \text{ anos}$$

REFERÊNCIAS BIBLIOGRÁFICAS

[1]   MIT, *Magnetic circuits and transformers*, John Wiley & Sons Inc., 1944.

[2]   MONTSINGER, V. M., *Loading transformers by temperature*, AIEE Transactions, Vol-49, pp 776-792, April 1930.

[3]   ABNT, *Aplicação de carga em transformadores de potência*. NBR 5416, Dez./1981.

[4]   ANSI, *Guide for loading oil-immersed transformers*. USASI, New York, Appendix C57.92, June 1962.

5]   BLAKE, J. H., KELLY, E. J., *Oil-immersed power transformer overload calculations by computer*, IEEE Transactions on Power Apparatus and Systems, Vol. PAS-88. pp1205-1215, August 1969.

[6]   BRANDÃO Jr, A. F., *Políticas de instalação e operação de transformadores*. Dissertação de mestrado, EPUSP 1978.

FLUXO DE POTÊNCIA

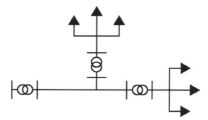

6.1 INTRODUÇÃO

Por "estudo de fluxo de potência da rede" entende-se a resolução do circuito elétrico que representa a rede, para o qual se dispõe da topologia, com as constantes elétricas de seus elementos, das demandas das cargas e das tensões dos geradores que o excitam. Assim, o estudo de fluxo de potência, que permite a simulação da operação da rede, tem por finalidade:

- O cálculo das tensões nas barras de rede, permitindo a verificação do atendimento aos níveis de tensão tecnicamente corretos.

- O cálculo da corrente, e da potência, que fluem pelos trechos da rede, permitindo a verificação da obediência aos seus limites de carregamento.

- O cálculo das perdas, em termos de potência e de energia, permitindo, da comparação com a demanda e da energia das cargas, definir a necessidade de realização de novos estudos, visando alcançar-se uma condição operativa de melhor desempenho técnico e econômico.

- Para as redes assimétricas ou com cargas desequilibradas permite determinar os desequilíbrios de corrente e tensão, avaliando-se, a partir desses valores, a necessidade de realização de ulteriores estudos para a condução dos desequilíbrios a valores tecnicamente aceitáveis.

- Representado-se os parâmetros da rede em função da frequência é possível estabelecer-se a distorção harmônica originada da injeção de harmônicas em barras específicas.

Este capítulo ocupar-se-á da análise dos métodos utilizáveis para o desenvolvimento de estudos de fluxo de potência em sistemas radias e em malha. Nos primeiros destacam-se, predominantemente, as redes de distribuição primária aéreas e, nos segundos, as redes de subtransmissão e de distribuição secundária. Outro aspecto que será analisado é o que diz respeito ao modelo a ser utilizado para a representação dos trechos de rede e na representação das cargas.

As redes são simuladas utilizando-se, usualmente, o modelo de linha curta para as redes primárias e secundárias e o de linha média, π nominal, para as redes de subtransmissão. Em alguns casos particulares pode-se utilizar o modelo de linha longa, π equivalente. O método a ser utilizado depende, ainda, de considerações pertinentes à simetria da rede e ao equilíbrio da carga, destacando-se a utilização, em redes primárias, de ramais monofásicos, fase e neutro, ramais bifásicos, duas fases e neutro, e de cargas desequilibradas. Dentre os vários esquemas de ligação dos transformadores que suprem as redes de baixa tensão destacam-se: transformadores trifásicos com o primário ligado em triângulo e com o secundário ligado em estrela, com o centro estrela aterrado, transformadores monofásicos contando no secundário com derivação central aterrada suprindo rede monofásica a três fios e transformadores monofásicos nas ligações "triângulo aberto", quando são utilizados dois transformadores monofásicos, e "triângulo fechado", quando são utilizados três transformadores trifásicos com o secundário ligado em triângulo. Observa-se que este tipo de ligação é encontrado somente em algumas concessionárias.

Para a modelagem da carga observa-se que será considerada tão somente sua dependência da tensão não se tecendo comentários pertinentes à sua dependência da frequência da tensão de suprimento.

Assim, nos itens subsequentes analisar-se-á, na ordem, a modelagem da rede e da carga, o estudo de fluxo de potência em redes radiais e, finalmente, de redes em malha.

6.2 MODELAGEM DA REDE E DA CARGA

6.2.1 CONSIDERAÇÕES GERAIS

Conforme apresentado no capítulo 2, as cargas de um sistema elétrico podem ser classificadas em função de algumas características, tais como a sua localização geográfica, o uso final da energia, o nível de tensão de suprimento etc. Além disso, um aspecto que ganha cada vez mais importância é a sensibilidade das cargas com relação à qualidade da energia. Em função de suas características intrínsecas, as cargas podem ser mais ou menos susceptíveis aos fenômenos permanentes ou transitórios relativos à forma de onda da tensão de suprimento. As cargas também podem provocar perturbações ao sistema elétrico. Entretanto, tais aspectos, por fugirem ao escopo deste trabalho, não serão enfocados.

Por outro lado, a potência absorvida por uma carga pode variar, conforme a natureza da carga, com o módulo e com a frequência da tensão de suprimento e, independentemente de quaisquer outras considerações, é escopo deste item analisar, tão somente, as variações nas potências, ativa e reativa, absorvidas pela carga em função das variações no módulo da tensão de suprimento.

6.2.2 REPRESENTAÇÃO DE LIGAÇÕES DE REDE

6.2.2.1 Representação de trechos de rede

O equacionamento das linhas de transmissão é feito através das equações diferenciais da tensão e da corrente ao longo da linha, isto é, para uma porção elementar, ∂x, da linha da fig. 6.1, sendo $\overline{z}$ e $\overline{y}$ a impedância série e a admitância em derivação da linha, por unidade de comprimento, resultam as equações:

$$\partial \dot{v} = \dot{i}\, \overline{z}\, \partial x \tag{6.1}$$

ou

$$\frac{\partial \dot{v}}{\partial x} = \dot{i}\, \overline{z} \tag{6.2}$$

e

$$\partial \dot{i} = \dot{v}\, \overline{y}\, \partial x \tag{6.3}$$

ou

$$\frac{\partial \dot{i}}{\partial x} = \dot{v}\, \overline{y} \tag{6.4}$$

Integrando-se essas equações tem-se:

$$\begin{aligned}\dot{v}_e &= \dot{v}_s \cosh \overline{\gamma}\, \ell + \dot{i}_s\, \overline{z}_c \operatorname{senh} \overline{\gamma}\, \ell \\ \dot{i}_e &= \dot{i}_s \cosh \overline{\gamma}\, \ell + \frac{\dot{v}_s}{\overline{z}_c} \operatorname{senh} \overline{\gamma}\, \ell\end{aligned} \tag{6.5}$$

onde:

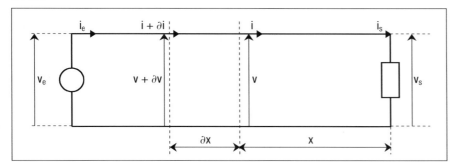

Figura 6.1 Linha de transmissão.

$\overline{z}_c = \sqrt{\dfrac{\overline{z}}{\overline{y}}}$ - representa a impedância característica da linha;

$\gamma = \sqrt{\overline{z}\,\overline{y}} = \alpha + j\beta$ - representa a constante de propagação da linha.

É usual representarem-se os trechos de linha através de um circuito π, fig. 6.2, cujo equacionamento é:

$$\begin{aligned}\dot{v}_e &= \left(1 + \frac{\overline{Z}'\,\overline{Y}'}{2}\right) \dot{v}_s + \overline{Z}'\, \dot{i}_s \\ \dot{i}_e &= \left(2 + \frac{\overline{Z}'\,\overline{Y}'}{2}\right) \frac{\overline{Y}'}{2} \dot{v}_s + \left(1 + \frac{\overline{Z}'\,\overline{Y}'}{2}\right) \dot{i}_s\end{aligned} \tag{6.6}$$

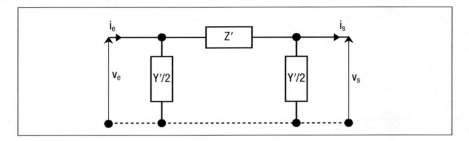

Figura 6.2 Circuito π equivalente da linha.

Por outro lado, para que haja a equivalência entre as eq. (6.6) e (6.5) os coeficientes da tensão e da corrente devem ser iguais, isto é:

$$\overline{Z}' = \overline{z}_c \operatorname{senh} \gamma \ell = \sqrt{\frac{\overline{z}}{\overline{y}}} \operatorname{senh} \gamma \ell = \overline{z} \ell \frac{\operatorname{senh} \gamma \ell}{\sqrt{\overline{z}\,\overline{y}}\ell} = \overline{z} \ell \frac{\operatorname{senh} \gamma}{\gamma \ell} \quad (6.7)$$

e

$$1 + \frac{\overline{Z}'\,\overline{Y}'}{2} = \cosh \gamma \ell \quad (6.8)$$

Substituindo-se o valor de $\overline{Z}'$ da eq. (6.7) na (6.8) resulta:

$$\frac{\overline{z}_c \operatorname{senh} \gamma \ell \ \overline{Y}'}{2} = \cosh \gamma - \ell$$

$$\frac{\overline{Y}'}{2} = \frac{1}{\overline{z}_c} \frac{\cosh \gamma \ell - 1}{\operatorname{senh} \gamma \ell} \quad (6.9)$$

Por outro lado lembrando-se que:

$$\tanh \frac{\gamma \ell}{2} = \frac{\cosh \gamma \ell - 1}{\operatorname{senh} \gamma \ell} \quad (6.10)$$

resulta:

$$\frac{\overline{Y}'}{2} = \sqrt{\frac{\overline{y}}{\overline{z}}} \tanh \frac{\gamma \ell}{2} = \frac{\ell\,\overline{y}}{2} \frac{\tanh \dfrac{\gamma \ell}{2}}{\dfrac{\gamma \ell}{2}} \quad (6.11)$$

As eqs. (6.7) e (6.11) apresentam os fatores de correção a serem aplicados, respectivamente, à impedância total do trecho de rede, $\overline{z}_{Tot} = \overline{z}\ell$, e à metade da admitância total da rede, $\frac{\overline{y}_{Tot}}{2} = \frac{\overline{y}\ell}{2}$, para se obter o circuito "**π equivalente**" do trecho de rede considerado. Ao circuito π obtido com a impedância e a admitância totais dá-se o nome de circuito "**π nominal**" do trecho de rede. Observa-se que, nas redes de média tensão o ramo em derivação absorve corrente muito pequena sendo, no caso geral, omitido, "**modelo de linha curta**". De fato, a capacitância das linhas aéreas de média tensão é da ordem de 10 nF/km, resultando para 100 km de linha, em 13,8 kV, a absorção de potência reativa dada por:

$$Q = 3 \times 10 \times 10^{-9} \times 377 \times \frac{100}{2} \times \left(\frac{13,8}{\sqrt{3}}\right)^2 = 0,035898 \text{ MVAr} = 35,898 \text{ kVAr}$$

Assim, definem-se os modelos de representação de linhas a seguir:

- Modelo de linha curta:

$$\overline{Z}' = \ell(r + jx) \qquad e \qquad \frac{\overline{Y}'}{2} \to \infty \qquad\qquad (6.12)$$

- Modelo de linha média, π nominal:

$$\overline{Z}' = \ell(r + jx) \qquad e \qquad \frac{\overline{Y}'}{2} = \frac{\ell}{2}y \qquad\qquad (6.13)$$

- Modelo de linha longa, π equivalente:

$$\overline{Z}' = \ell(r + jx)\frac{senh\gamma\ell}{\gamma\ell} \qquad e \qquad \frac{\overline{Y}'}{2} = \frac{\ell}{2}j\omega C\frac{\tanh\dfrac{\gamma\ell}{2}}{\dfrac{\gamma\ell}{2}} \qquad\qquad (6.14)$$

Exemplo 6.1

Uma linha de 13,8 kV, cabo CAA 336,4 MCM – Oriole, com impedância série dada por z = 0,205315 + j0,386072 ohms/km e admitância em derivação dada por y = j4,330 × 10^{-6} mhos/km. Pede-se determinar o fator de correção para a impedância série e para a admitância em derivação a ser aplicado ao circuito π nominal para convertê-lo no circuito π equivalente. Calcular para comprimentos desde 0 até 200 km com passo de 10 km.

Solução

Para comprimento de 50 km o coeficiente de propagação é dado por:

$$\overline{\gamma}\,\ell = 50\sqrt{0,437271\,\underline{|61,9957°} \times 4,330 \times 10^{-6}\,\underline{|90°}} = 0,001376\,\underline{|75,9978°} \times 50 = 0,068800\,\underline{|75,9978°}$$

ou

$$\overline{\gamma}\,\ell = 0,068800\,\underline{|75,9978°} = 0,016647 + j0,06675 = \alpha + j\beta$$

Por outro lado:

$$senh\,\gamma\,\ell = \frac{e^{\alpha+j\beta} - e^{-(\alpha+j\beta)}}{2} = \frac{1}{2}\left(e^{\alpha}\,\underline{|\beta} - e^{-\alpha}\,\underline{|-\beta}\right)$$

ou, sendo $\beta = 0,066756$ rd = 3,8248°, resulta

$$senh\,\gamma\,\ell = \frac{1}{2}\left(e^{0,016647}\,\underline{|3,8248°} - e^{-0,016647}\,\underline{|-3,8248°}\right) = 0,068752\,\underline{|76,0188°}$$

donde

$$\overline{Z}' = z\ell \frac{0,068752 \underline{|76,0188°}}{0,068800 \underline{|75,99785°}} = z\ell \times 0,9993 \underline{|0,0212°}$$

Para o fator de correção da admitância em derivação tem-se:

$$\frac{\overline{\gamma}\,\ell}{2} = 0,034400 \underline{|75,9978°} = 0,008323 + j0,033378 = \alpha + j\beta$$

com $\beta = 0,033378$ rd $= 1,9124°$. Logo:

$$\tanh \frac{\gamma\ell}{2} = \frac{e^\alpha \underline{|\beta} - e^{-\alpha} \underline{|\beta}}{e^\alpha \underline{|\beta} + e^{-\alpha} \underline{|\beta}} = \frac{e^{0,008323} \underline{|1,9124} - e^{-0,008323} \underline{|-1.9124}}{e^{0,008323} \underline{|1,9124} + e^{-0,008323} \underline{|-1.9124}} = 0,034411 \underline{|75,9877°}$$

$$\frac{\overline{Y}'}{2} = \frac{\overline{y}\ell}{2} \frac{\tanh \dfrac{\gamma\ell}{2}}{\dfrac{\gamma\ell}{2}} = \frac{\overline{y}\ell}{2} \frac{0,034411 \underline{|75,9877°}}{0,034400 \underline{|75,9978°}} = \frac{\overline{y}\ell}{2} 1,0003 \underline{|-0,011°}$$

Os valores calculados para a faixa de comprimentos especificada estão apresentados na tab. 6.1

Comprimento (km)	Fator Z		Fator Y	
	Módulo	Fase	Módulo	Fase
10,0	1,0000	0,0008	1,0000	−0,000
20,0	0,9999	0,0034	1,0001	−0,002
30,0	0,9997	0,0076	1,0001	−0,004
40,0	0,9996	0,0136	1,0002	−0,007
50,0	0,9993	0,0212	1,0003	−0,011
60,0	0,9990	0,0306	1,0005	−0,015
70,0	0,9986	0,0416	1,0007	−0,021
80,0	0,9982	0,0544	1,0009	−0,027
90,0	0,9977	0,0688	1,0011	−0,034
100,0	0,9972	0,0850	1,0014	−0,043
110,0	0,9966	0,1029	1,0017	−0,051
120,0	0,9960	0,1224	1,0020	−0,061
130,0	0,9953	0,1437	1,0024	−0,072
140,0	0,9945	0,1668	1,0027	−0,084
150,0	0,9937	0,1915	1,0031	−0,096
160,0	0,9929	0,2180	1,0036	−0,109
170,0	0,9920	0,2461	1,0040	−0,123
180,0	0,9910	0,2761	1,0045	−0,138
190,0	0,9900	0,3077	1,0051	−0,154
200,0	0,9889	0,3411	1,0056	−0,171

Tabela 6.1 Ex.6.1 - Resultados

6.2.2.2 Representação de transformadores

Sempre que a relação entre as tensões de base no primário e secundário de um transformador coincida com a relação de suas tensões nominais e que as potências de base do primário e do secundário sejam iguais o transformador é representado por sua impedância equivalente, "impedância de curto circuito". Esta situação é correntemente designada por transformador operando em sua "derivação nominal" ou, o que é equivalente, em seu "*tap* nominal".

Já no caso de transformador fora do *tap* nominal, isto é, quando a relação de igualdade entre os valores de base e as tensões nominais deixa de existir, a modelagem, que é mais complexa, poderia ser feita através de um autotransformador, com relação de espiras conveniente. Em alguns casos, este tipo de representação não é muito conveniente para o cálculo, optando-se, então, pela determinação de circuito π equivalente, constituído por elementos passivos. Na Fig. 6.3 ilustra-se um caso em que a relação das bases V_{Base1}/V_{Base2} é diferente da relação entre as tensões nominais do transformador, V_{nom1}/V_{nom2}.

A tensão no secundário do transformador é dada por:

$$V_2 = V_1 \frac{V_{nom2}}{V_{nom1}} \qquad (6.15)$$

Os valores em por unidade serão expressos por:

$$v_2 = \frac{V_2}{V_{Base2}} = \frac{V_1}{V_{Base1}} \frac{V_{nom2}}{V_{nom1}} \frac{V_{Base1}}{V_{Base2}} = v_1 \frac{V_{nom2}}{V_{nom1}} \frac{V_{Base1}}{V_{Base2}} = v_1 \alpha \qquad (6.16)$$

Da eq. 6.16 observa-se que a relação de espiras do autotransformador ideal é dada por:

$$\alpha = \frac{V_{nom2}}{V_{nom1}} \frac{V_{Base1}}{V_{Base2}} \qquad (6.17)$$

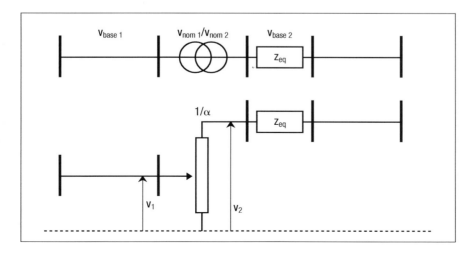

Figura 6.3 Transformador fora do tap nominal.

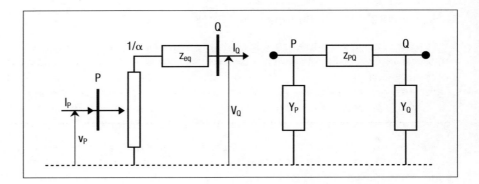

Figura 6.4 Circuito equivalente.

Para a determinação do circuito π equivalente, fig. 6.4, tem-se para a rede com o autotransformador as equações:

$$\dot{v}_P = \frac{1}{\alpha}\dot{v}_Q + \frac{\overline{z}_{eq}}{\alpha}\dot{i}_Q$$
$$\dot{i}_P = \dot{i}_Q\,\alpha \qquad (6.18)$$

que devem ser equivalentes às do circuito π:

$$\dot{v}_P = (1+\overline{y}_Q\,\overline{z}_{PQ})\dot{v}_Q + \overline{z}_{PQ}\dot{i}_Q$$
$$\dot{i}_P = (\overline{y}_P + \overline{y}_Q + \overline{y}_P\,\overline{y}_Q\,\overline{z}_{PQ})\dot{v}_Q + (1+\overline{y}_P\,\overline{z}_{PQ})\dot{i}_Q \qquad (6.19)$$

Para que as eqs. (6.18) e (6.19(sejam equivalentes é necessário que os coeficientes da tensão e corrente sejam iguais, isto é:

$$1+\overline{y}_Q\,\overline{z}_{PQ} = \frac{1}{\alpha} \qquad \text{e} \qquad \overline{z}_{PQ} = \frac{\overline{z}_{eq}}{\alpha}$$
$$\overline{y}_P + \overline{y}_Q + \overline{y}_P\,\overline{y}_Q\,\overline{z}_{PQ} = 0 \qquad \text{e} \qquad 1+\overline{y}_P\,\overline{z}_{PQ} = \alpha \qquad (6.20)$$

Da eq. (6.20) resulta:

$$\overline{z}_{PQ} = \frac{\overline{z}_{eq}}{\alpha} \qquad \overline{y}_Q = (1-\alpha)\frac{1}{\overline{z}_{eq}} \qquad \overline{y}_P = (\alpha-1)\frac{\alpha}{\overline{z}_{eq}} \qquad (6.21)$$

e, ainda:

$$\overline{y}_P + \overline{y}_Q + \overline{y}_P\,\overline{y}_Q\,\overline{z}_{PQ} = (1-\alpha)\overline{y}_{eq} + \alpha(\alpha-1)\overline{y}_{eq} + (1-\alpha)(\alpha-1)\overline{y}_{eq} = 0$$

6.2.3 REPRESENTAÇÃO DA CARGA EM FUNÇÃO DA TENSÃO DE FORNECIMENTO

6.2.3.1 Considerações gerais

A forma construtiva e o princípio físico de funcionamento de cada equipamento elétrico definem seu comportamento em regime permanente senoidal perante variações do nível de tensão de fornecimento. Ou seja, a potência elétrica absorvida por uma carga depende de sua natureza, e pode variar em função da tensão a ela aplicada. Essa dependência pode ser descrita por expressões do tipo:

$$P = f_1(V) \quad e \quad Q = f_2(V)$$

em que:

P   potência ativa absorvida pela carga;
Q   potência reativa absorvida pela carga;
V   módulo da tensão aplicada à carga;
$f_1(V)$ função que relaciona a potência ativa ao módulo da tensão aplicada;
$f_2(V)$ função que relaciona a potência reativa ao módulo da tensão aplicada.

Existem vários modelos para a representação do comportamento da carga em função da tensão aplicada, dentre os quais destacam-se:

- cargas de potência constante com a tensão;
- cargas de corrente constante com a tensão;
- cargas de impedância constante com a tensão;
- cargas constituídas por composição dos modelos anteriores.

Nos subitens subsequentes serão analisados os diversos tipos de cargas considerando-se, inicialmente, uma carga monofásica e, posteriormente, uma carga trifásica equilibrada.

6.2.3.2 Carga de potência constante com a tensão

Para estas cargas as potências ativa e reativa são invariantes com o valor da tensão que as suprem, isto é, tais potências são iguais aos seus valores nominais, ou de referência, independentemente do valor da tensão de fornecimento, ou seja, a potência absorvida por uma carga monofásica, com tensão nominal:

$$\overline{S}_{NF} = S_{NF}\underline{|\varphi} = P_{NF} + jQ_{NF} \tag{6.22}$$

é constante para qualquer valor da tensão.

Neste caso, a corrente absorvida pela carga, quando alimentada com uma tensão qualquer $\dot{V}_F = V_F\underline{|\theta_1}$, é obtida por:

$$\dot{I}_F = \frac{\overline{S}_{NF}^*}{\dot{V}_F^*} = \frac{S_{NF}\underline{|-\varphi}}{V_F\underline{|-\theta_1}} = \frac{S_{NF}}{V_F}\underline{|\theta_1 - \varphi} \tag{6.23}$$

ou seja, a corrente absorvida é inversamente proporcional à tensão aplicada.

Nos motores elétricos de indução a potência elétrica ativa absorvida pelo motor deve, obrigatoriamente, ser igual à potência mecânica exigida pela carga aplicada em seu eixo acrescida das perdas, elétricas e mecânicas. Nessas condições, em quanto o motor continuar funcionando, a potência elétrica ativa que absorve deve ser praticamente constante e independente do valor da tensão.

Para cargas trifásicas equilibradas o equacionamento é idêntico desde que se considerem as grandezas envolvidas em por unidade.

6.2.3.3 Carga de corrente constante com a tensão

Este modelo engloba aquelas cargas em que a intensidade de corrente absorvida e o ângulo de rotação de fase entre a tensão e a corrente são invariantes, isto é, não sofrem variação sensível quando o valor da tensão varia, em torno da tensão nominal, ou de referência. Os fornos a arco e as lâmpadas de descarga, fluorescentes, vapor de mercúrio, vapor de sódio são exemplos de cargas que apresentam este comportamento e que serão modeladas como "carga de corrente constante com a tensão".

Para estas cargas, os valores da intensidade de corrente e do ângulo de rotação de fase da corrente em relação à tensão são aqueles obtidos para a carga suprida com tensão nominal, ou pela "tensão de referência". Assim, a corrente absorvida por uma carga monofásica, que absorve a potência $\overline{S}_{NF} = S_{NF} \lfloor \varphi = P_{NF} + jQ_{NF}$,, quando suprida por sua tensão nominal $\dot{V}_{NF} = V_{NF} \lfloor \theta$, é dada por

$$\dot{I}_{NF} = \frac{\overline{S}_{NF}^*}{\dot{V}_{NF}^*} = \frac{S_{NF} \lfloor -\varphi}{V_{NF} \lfloor -\theta} = \frac{S_{NF}}{V_{NF}} \lfloor \theta - \varphi = I_{NF} \lfloor \theta - \varphi \tag{6.24}$$

em que o módulo da corrente ($I_{NF} = S_{NF}/V_{NF}$) e a rotação de fase entre a tensão e a corrente ($-\varphi$) permanecem constantes.

Para qualquer valor de tensão $\dot{V}_F = V_F \lfloor \theta$ aplicado à carga, a corrente será dada por:

$$I_F = I_{NF} \lfloor \theta_1 - \varphi \tag{6.25}$$

e a potência absorvida será dada por:

$$\begin{aligned} \overline{S}_F &= \dot{V}_F \, \dot{I}_F^* = V_F \lfloor \theta_1 \, I_{NF} \lfloor -(\theta_1 - \varphi) = \\ &= V_F \, I_{NF} \lfloor \varphi = V_F \, I_{NF} \cos\varphi + j \, V_F \, I_{NF} \, \text{sen}\, \varphi \end{aligned} \tag{6.26}$$

ou seja, a potência absorvida pela carga varia linearmente com a tensão a ela aplicada:

$$\overline{S}_F = \frac{V_F}{V_{NF}} \overline{S}_{NF}$$

6.2.3.4 Carga de impedância constante com a tensão

São exemplos de cargas desta natureza os capacitores e os equipamentos de aquecimento resistivos, como os chuveiros e as torneiras elétricos.

Nestas cargas, a impedância se mantém constante, e é obtida a partir das potências ativa e reativa absorvidas pela carga quando alimentada com tensão nominal ou de referência. Assim, sendo:

$$\overline{S}_{NF} = S_{NF} \lfloor \varphi = P_{NF} + jQ_{NF} \tag{6.27}$$

a potência absorvida pela carga quando suprida por tensão nominal $\dot{V}_{NF} = V_{NF}\lfloor\theta$, resulta para a impedância:

$$\overline{Z}_{Cons} = \frac{v_{NF}^2}{\overline{S}_{NF}^*} = \frac{v_{NF}^2}{S_{NF}}\lfloor\varphi = R + jX$$

(6.28)

em que:

$$R = \frac{v_{NF}^2}{S_{NF}}\cos\varphi \quad e \quad X = \frac{v_{NF}^2}{S_{NF}}\text{sen}\varphi$$

Para qualquer valor de tensão $\dot{V}_F = V_F\lfloor\theta_1$ aplicada à carga, a potência absorvida será dada por:

$$\overline{S}_F = \dot{V}_F\dot{I}^* = \dot{V}_F\frac{V_F^*}{\overline{Z}_{Cons}^*} = \frac{V_F^2}{\dfrac{V_{NF}^2}{\overline{S}_{NF}}} = \left(\frac{V_F}{V_{NF}}\right)^2 \overline{S}_{NF}$$

Ou seja, a potência absorvida pela carga varia quadraticamente com a tensão a ela aplicada.

6.2.3.5 Composição dos modelos anteriores

Na Fig.6.5 ilustra-se a variação da potência absorvida em função da tensão, para os modelos de corrente, potência e impedância constantes com a tensão.

No caso geral, considere-se uma carga trifásica a quatro fios, três fases e neutro, que absorve, nas fases, potências complexas $\overline{s}_A = p_A + jq_A$, $\overline{s}_B = p_B + jq_B$ e $\overline{s}_C = p_C + jq_C$, expressas em p.u. em bases de fase, de potência e de tensão, respectivamente, $S_{base,fase}$, e $V_{base,fase}$. A carga sendo representada pela combinação dos três modelos, através de:

K_P porcentagem da carga que é representada pelo modelo de potência constante com a tensão;

K_I,   porcentagem da carga que é representada pelo modelo de corrente constante com a tensão;

K_Z porcentagem da carga que é representada pelo modelo de impedância constante com a tensão;

com $K_P + K_I + K_Z = 100\%$, resultará, para a determinação da intensidade de corrente em função da tensão, o sistema de equações a seguir:

$$\dot{i}_{pot,A} = \frac{K_P}{100,0} \times \frac{p_A - jq_A}{\dot{v}_{AN}^*}$$

$$\dot{i}_{pot,B} = \frac{K_P}{100,0} \times \frac{p_B - jq_B}{\dot{v}_{BN}^*}$$

$$\dot{i}_{pot,C} = \frac{K_P}{100,0} \times \frac{p_C - jq_C}{\dot{v}_{CN}^*}$$

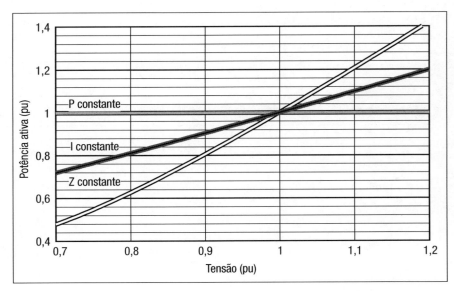

Figura 6.5 Potência absorvida em função da tensão aplicada à carga.

$$\dot{i}_{cor,A} = \frac{K_I}{100,0} \times \dot{i}_{Aesp} \frac{\dot{v}_{AN}}{|\dot{v}_{AN}|}$$

$$\dot{i}_{cor,B} = \frac{K_I}{100,0} \times \dot{i}_{Besp} \frac{\dot{v}_{BN}}{|\dot{v}_{BN}|} \quad (6.29)$$

$$\dot{i}_{cor,C} = \frac{K_I}{100,0} \times \dot{i}_{Cesp} \frac{\dot{v}_{CN}}{|\dot{v}_{CN}|}$$

$$\dot{i}_{imp,A} = \frac{K_Z}{100,0} \times \overline{y}_{Aesp} \times \dot{v}_{AN}$$

$$\dot{i}_{imp,B} = \frac{K_Z}{100,0} \times \overline{y}_{Besp} \times \dot{v}_{BN}$$

$$\dot{i}_{imp,C} = \frac{K_Z}{100,0} \times \overline{y}_{Cesp} \times \dot{v}_{CN}$$

onde: $\dot{v}_{AN}$, $\dot{v}_{BN}$ e $\dot{v}_{CN}$ representam, respectivamente, as tensões entre as fases A, B e C e o neutro, expressas em por unidade e:

$$\dot{i}_{K,esp} = \frac{p_K - jq_K}{\dot{v}_{Ref}^*} \quad \text{e} \quad \overline{y}_{K,esp} = \frac{p_K - jq_K}{v_{Ref}^2} \quad (K = A, B \text{ e } C)$$

As correntes totais de cada fase e de neutro são dadas por:

$$\begin{aligned}
\dot{i}_A &= \dot{i}_{pot,A} + \dot{i}_{cor,A} + \dot{i}_{imp,A} \\
\dot{i}_B &= \dot{i}_{pot,B} + \dot{i}_{cor,B} + \dot{i}_{imp,B} \\
\dot{i}_C &= \dot{i}_{pot,C} + \dot{i}_{cor,C} + \dot{i}_{imp,C} \\
\dot{i}_N &= -(\dot{i}_A + \dot{i}_B + \dot{i}_C)
\end{aligned} \quad (6.30)$$

6.3 A REPRESENTAÇÃO DA CARGA NO SISTEMA

6.3.1 CONSIDERAÇÕES GERAIS

Além da variação de seu comportamento em função da tensão de fornecimento, a representação da carga em um sistema elétrico pode variar significativamente, dependendo da disponibilidade de informações e da finalidade a que se destina. Neste item apresentam-se alguns modelos que podem ser utilizados para a representação da carga: carga concentrada em determinados pontos de uma rede, carga uniformemente distribuída, carga representada pela demanda máxima e carga representada através de curvas típicas.

6.3.2 CARGA CONCENTRADA E CARGA UNIFORMEMENTE DISTRIBUÍDA

Em distribuição é usual concentrar-se a carga em barras da rede ou, ainda, considerar-se a carga distribuída ao longo do trecho considerado. Nas redes de média tensão, os consumidores primários e os transformadores de distribuição são exemplos típicos de cargas concentradas. Por outro lado, nas redes secundárias é prática bastante corrente representar-se a carga de cada trecho através de sua densidade de carga, isto é, carga distribuída. Assim, para a rede monofásica da fig. 6.6, que apresenta comprimento ℓ, em km, e impedância unitária $\bar{z} = r + jx$, ohms/km, e que alimenta uma carga monofásica concentrada que absorve uma corrente I, em A, pode-se calcular a queda de tensão, ΔV, e a perda de demanda, $\bar{s}$, em termos de potência ativa e reativa, por:

$$\Delta \dot{v} = \bar{z}\,\ell\,\dot{I} \quad \text{e} \quad \bar{s} = r\,\ell\,|\dot{I}|^2 + jx\,\ell\,|\dot{I}|^2 \qquad (6.31)$$

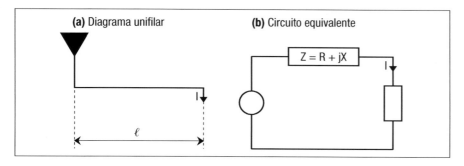

Figura 6.6 Carga concentrada.

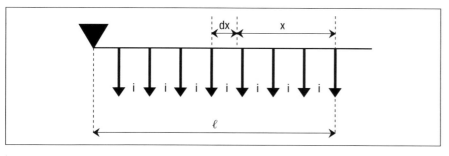

Figura 6.7 Carga uniformemente distribuída.

Considerando agora a mesma rede da figura 6.6 alimentando uma carga uniformemente distribuída, conforme ilustra a fig. 6.7, a corrente I_x a uma distância de x quilômetros do final da rede é calculada por:

$$\dot{I}_x = \dot{i} \cdot x \qquad (6.32)$$

onde i é a densidade linear de corrente, dada em A/km.

Supondo que a rede apresenta uma impedância por unidade de comprimento z = r + jx, em Ω/km, a queda de tensão e a perda de demanda em um elemento de comprimento dx da rede são calculadas por

$$d\dot{V} = \overline{z}\,dx\dot{I}_x = \overline{z}\,dx(\dot{i} \cdot x) = \overline{z}\,\dot{i}\,x\,dx$$

$$d\overline{s} = \overline{z}\,dx\left|\dot{I}_x\right|^2 = \overline{z}\,dx(\dot{i} \cdot x)^2 = \overline{z}\left|\dot{i}\right|^2 x^2\,dx \qquad (6.33)$$

Para calcular estas grandezas para todo o trecho de rede, basta integrar as eq.6.33, resultando:

$$\Delta\dot{V} = \int_0^\ell d\dot{V} = \int_0^\ell \overline{z}\,\dot{i}\,x\,dx = \overline{z}\,\dot{i}\,\frac{\ell^2}{2}$$

$$\overline{s} = \int_0^\ell d\overline{s} = \int_0^\ell \overline{z}\left|\dot{i}\right|^2 x^2\,dx = \overline{z}\left|\dot{i}\right|^2 \frac{\ell^3}{3} \qquad (6.34)$$

Sendo: $\dot{I} = \dot{i}\ell$, $I = |\dot{I}|$, $\overline{Z} = \overline{z}\ell$; $R = r\ell$ e $X = x\ell$ resultam

$$\Delta\dot{V} = \vec{z}\,\ell\,\frac{\dot{i}\,\ell}{2} = \frac{\overline{Z}\,\dot{i}}{2}$$

$$\overline{s} = \overline{z}\,\ell\,\frac{\left|\dot{i}\right|^2 \ell^2}{3} = (R + jX)\frac{I^2}{3} \qquad (6.35)$$

Conclui-se então, numa rede com carga uniformemente distribuída, a queda de tensão pode ser calculada concentrando-se a metade da carga total no fim do trecho, ou então, concentrando-se a carga total no ponto médio do trecho. Por outro lado, a perda de demanda, em termos de potência ativa e reativa, é obtida concentrando-se a carga total a um terço do comprimento do trecho.

Os resultados alcançados são imediatamente estendidos a redes trifásicas desde que seja representada em valores por unidade.

6.3.3 CARGA REPRESENTADA POR SUA DEMANDA MÁXIMA

Uma das formas usuais de representação da carga consiste na obtenção de estimativas de sua demanda máxima.

Em geral, a determinação da demanda máxima de um consumidor é feita a partir da energia consumida num determinado intervalo de tempo e de uma estimativa do fator de carga, avaliado em função de seu consumo ou do tipo de atividade desenvolvida.

Entretanto, deve-se notar que, ao somar as demandas máximas de todos os consumidores ligados a uma mesma rede, deve-se considerar os fatores de coincidência ou de diversidade correspondentes a fim de se obter a demanda máxima diversificada na rede. Porém, existe uma dificuldade muito grande em determinar estes fatores, uma vez que eles dependem não só das demandas máximas dos consumidores, mas também do instante do dia em que elas ocorrem.

Uma metodologia, nesta linha, muito utilizada nas empresas consiste em se obter uma função estatística para a demanda máxima, *função kVAs*, que a correlaciona com o consumo de energia em um transformador de distribuição. Essa função é obtida para um conjunto de transformadores de mesma potência ou de mesmo padrão de consumo. Medições registram o consumo e a demanda máxima verificada num dado período. Com os pontos obtidos, ajusta-se uma curva que possibilita obter a demanda máxima em um transformador, com uma certa probabilidade de não ser excedida, normalmente 90% ou 95%, a partir do consumo de energia. Apesar de ser um enfoque muito interessante para a determinação do carregamento de transformadores de distribuição, tem a desvantagem apontada acima, de não fornecer informações quanto aos fatores de diversidade, bem como informações de demanda dos demais instantes da curva de carga diária.

6.3.4 CARGA REPRESENTADA POR CURVAS DE CARGA TÍPICAS

A utilização de curvas de carga típicas é outra metodologia bastante utilizada para o tratamento da carga. As informações referentes a curvas de carga típicas geralmente estão disponíveis nas empresas de distribuição. Como vantagens, tem-se o conhecimento do perfil de carga de cada consumidor e a consideração da diversidade da carga quando se analisa um conjunto de consumidores.

A metodologia baseia-se no fato que curvas típicas de carga podem representar os hábitos de consumo de determinadas classes de consumidores classificados por faixas de consumo ou por ramos de atividade. Por exemplo, consumidores da classe residencial, com consumo mensal de 0 a 100 kWh, devem ter certos padrões de hábitos de consumo que permitem a sua representação por algumas ou, mesmo uma única, curva de carga típica.

Uma curva de carga típica deve representar uma parcela de sua classe de consumidores e faixa de consumo (ou ramo de atividade). Para tanto, tais curvas são representadas em valores p.u., com base na demanda média. Isto permite com que possam ser avaliadas curvas de carga, em W, de um dado consumidor, desde que sejam conhecidos a sua classe e faixa de consumo e sua demanda média, o que também pode ser obtido do seu consumo em determinado período. Por exemplo, dado o consumo mensal de um consumidor, ε em kWh, determina-se sua demanda média, $D_{méd}$ em kW, através de:

$$D_{médio} = \frac{1}{24 \times 30} \int_{720h} d_i \, dt = \frac{\varepsilon}{720} \ kW \qquad (6.36)$$

e o valor da demanda, $D(t)$, em qualquer instante t do dia, pode ser obtido pela expressão:

$$D(t) = d(t) \times D_{med} \qquad (6.37)$$

onde $d(t)$ representa a demanda, em p.u., da curva de carga típica.

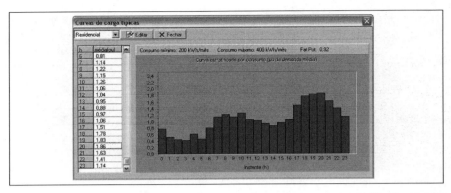

Figura 6.8 Exemplo de curva de carga típica.

A fig. 6.8 ilustra uma curva de carga diária, com intervalo de demanda de 1 hora, dada em pu, para consumidores residenciais, na faixa de consumo mensal entre 200 e 400 kWh. Assim, para um consumidor residencial, com consumo mensal de 388 kWh, sua demanda máxima, às 20 h, será dada por:

$$D(20) = \frac{1{,}86 \times 388}{720} = 1{,}002 \text{ kW} \tag{6.38}$$

Deve-se notar que a demanda máxima do consumidor, de 1,002 kW, é muito baixa; de fato, ao ligar um chuveiro elétrico, sua demanda poderia chegar a 5 kW. Isto acontece pois a curva de carga típica representa uma média de valores de demanda em cada instante do dia, extraída de uma amostra de medição em consumidores, ao longo de vários dias. Assim, a curva média de um consumidor pode não coincidir com a curva real medida, porém um agregado de consumidores deve ter sua representação da curva agregada muito próxima da curva acumulada média. Em alguns estudos, além da curva de carga média, são disponibilizados os dados de dispersão da média (desvio padrão) para cada instante do dia. A figura 6.9 ilustra a curva de carga típica de um consumidor residencial, representando os valores médios e de desvio

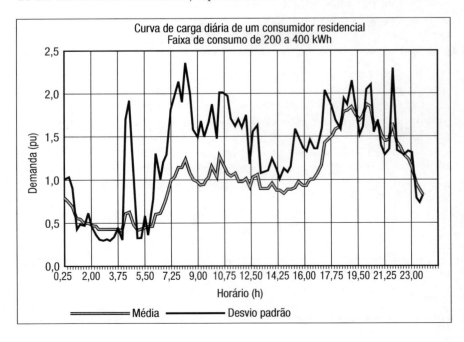

Figura 6.9 Curva de carga típica (valores médios e de desvio padrão).

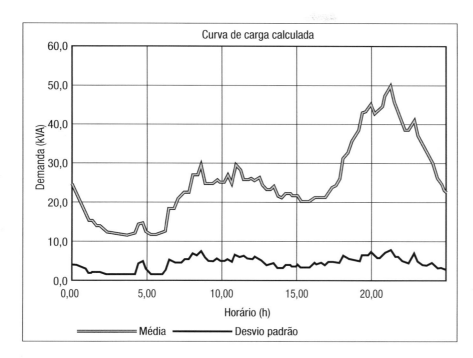

Figura 6.10 Curva de carga agregada no transformador de distribuição.

padrão. Pode-se observar que os valores de desvio padrão podem inclusive ser maiores que valores médios correspondentes, o que mostra a grande dispersão dos valores medidos em cada instante.

Como a maioria dos estudos em distribuição trata de agregados de consumidores, a utilização de curvas de carga com valores médios é suficiente. Para ilustração da utilização de curvas de carga em estudos de redes de distribuição, a figura 6.10 mostra a curva média e de dispersão (desvios padrão), em um transformador de distribuição que atende um aglomerado de consumidores. Pode-se demonstrar que, assumindo-se distribuição normal (ou Gaussiana) em cada instante de tempo, a soma, para cada instante, dos valores médios das curvas típicas (em W) e das variâncias, possibilita a obtenção da curva agregada no transformador, conforme ilustrado na fig. 6.10.

6.4 CÁLCULO DA QUEDA DE TENSÃO EM TRECHOS DE REDE

6.4.1 CONSIDERAÇÕES GERAIS

Para a determinação da queda de tensão num trecho de rede há que se estabelecer uma das seguintes situações:

- A rede é trifásica simétrica, suprida por trifásico com sequência de fase direta e com carga trifásica equilibrada ligada entre os terminais de fase e o neutro. Isto é, o trecho de rede é representável por seu circuito equivalente monofásico sem mútuas, "circuito de sequência direta". Resta por estabelecer, dentre os modelos de linha curta, média, π nominal, ou longa, π equivalente, qual o que será utilizado na representação do trecho de rede e o modelo a ser adotado na representação da carga, potência, corrente ou impedância constante com a tensão. Na fig. 6.11 foi utilizado o modelo de linha curta, representando-se sua impedância série pelo produto da impedância de sequência direta, em ohm/km, pelo comprimento do trecho e a carga foi representada por uma impedância constante.

- A rede é trifásica simétrica, porém, a carga do trecho de rede, suprida entre os terminais de fase e o neutro é trifásica desequilibrada, ou, ainda, bifásica ou monofásica. Isto é, o trecho de rede é representável por seus circuitos monofásicos equivalentes, sem mútuas, de sequência direta, inversa e nula, associados de modo compatível com a carga, ou, alternativamente, pode-se analisar a rede, com mútuas, por suas componentes de fase. Observa-se que o emprego dos modelos de componentes simétricas é viável quando há somente uma carga desequilibrada, porém, no caso geral, quando na rede conta-se com diversos trechos com carga desequilibrada a alternativa viável é a representação da rede por suas componentes de fase. Como no caso anterior, resta por fixar o modelo a ser utilizado na representação do trecho de rede e para a simulação da carga.

- A rede é trifásica assimétrica e a carga do trecho, suprida entre os terminais de fase e o neutro, é trifásica equilibrada ou desequilibrada ou, ainda,

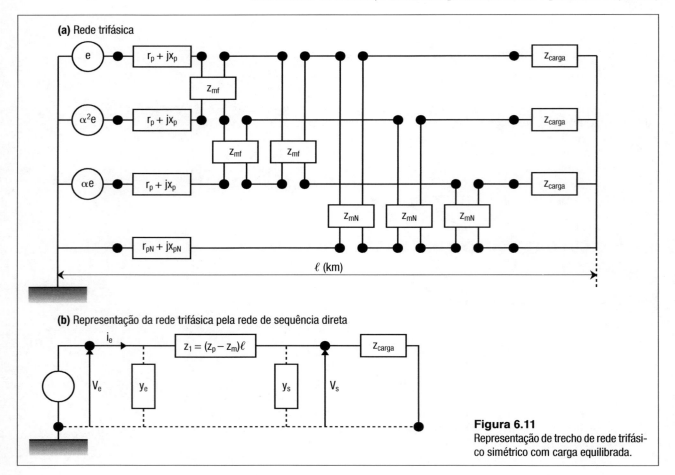

Figura 6.11
Representação de trecho de rede trifásico simétrico com carga equilibrada.

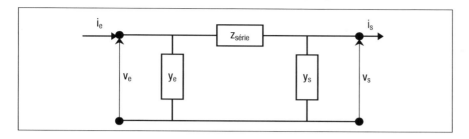

Figura 6.12 Circuito π.

bifásica ou monofásica. Isto é, o trecho de rede é representável por suas componentes de fase, circuito trifásico equivalente, com mútuas. Como no caso anterior, resta por fixar o modelo a ser utilizado na representação do trecho de rede e para a simulação da carga.

6.4.2 TRECHO DE REDE TRIFÁSICA SIMÉTRICA COM CARGA EQUILIBRADA – REPRESENTAÇÃO MONOFÁSICA

Na fig. 6.11 está representado um trecho de rede, em componentes de fase, por suas impedâncias próprias e mútuas. Nessa figura omitiram-se os elementos em derivação. Tratando-se de rede trifásica simétrica o trecho de rede é representável, em componentes simétricas, por seu circuito de sequência direta. No caso geral, a modelagem de qualquer trecho de rede pode ser feita por um circuito π caracterizado por contar com impedância série, $\bar{z}_{série}$, e admitâncias, $\bar{y}_e$ e $\bar{y}_s$, nos terminais de entrada e saída. A impedância série de sequência direta, $\bar{z}$, em Ω/km, e a admitância em derivação de sequência direta, em Siemens/km, são dadas por:

$$\bar{z} = r + jx = \bar{z}_{Próprio} - \bar{z}_{Mútuo}$$
$$\bar{y} = j\omega(C_{fT} + 3C_{ff}) \qquad (6.39)$$

onde C_{fT} e C_{ff} representam, respectivamente, as capacidades entre os cabos de fase e terra e entre os cabos de fase.

O trecho de rede, representado por seu circuito equivalente π, fig. 6.12, é equacionado por:

$$\dot{v}_e = \dot{v}_s + (\dot{v}_s \bar{y}_s + \dot{i}_s)\bar{z}_{série} = (1 + \bar{y}_s \bar{z}_{série})\dot{v}_s + \bar{z}_{série}\dot{i}_s$$
$$\dot{i}_e = \dot{v}_e \bar{y}_e + \dot{i}_s + \dot{v}_s \bar{y}_s = \left[(1 + \bar{y}_s \bar{z}_{série})\dot{v}_s + \bar{z}_{série}\dot{i}_s\right]\bar{y}_e + \dot{i}_s + \dot{v}_s \bar{y}_s \qquad (6.40)$$
$$\dot{i}_e = (\bar{y}_e + \bar{y}_s + \bar{y}_s \bar{y}_e \bar{z}_{série})\dot{v}_s + (1 + \bar{y}_e \bar{z}_{série})\dot{i}_s$$

que no caso de linha simétrica, $\dot{y}_e = \bar{y}_s = \bar{y}_{eq}$, resulta:

$$\dot{v}_e = (1 + \bar{y}_{eq} \bar{z}_{série})\dot{v}_s + \bar{z}_{série}\dot{i}_s$$
$$\dot{i}_e = \bar{y}_{eq}(2 + \bar{y}_{eq} \bar{z}_{série})\dot{v}_s + (1 + \bar{y}_{eq} \bar{z}_{série})\dot{i}_s \qquad (6.41)$$

Para o caso de modelo de linha curta, tem-se:

$$\dot{v}_e = \dot{v}_s + \ell \, \bar{z}_{série} \, \dot{i}_s$$
$$\dot{i}_e = \dot{i}_s \qquad (6.42)$$

Sendo:

$$\dot{v}_e = |\dot{v}_e|\underline{|\theta} \qquad \dot{v}_s = |\dot{v}_s|\underline{|0} = v_s\underline{|0} \qquad \dot{i}_s = |\dot{i}_s|\underline{|\varphi} = i_s\underline{|\varphi} \qquad (6.43)$$

com $\varphi < 0$ para cargas indutivas e $\varphi > 0$ para cargas capacitivas. A queda de tensão no trecho será dada por:

$$v_e\cos\theta + jv_e\operatorname{sen}\theta = v_s + \ell\, i_s\left(\cos\varphi + j\operatorname{sen}\varphi\right)(r + jx) =$$
$$= v_s + \ell\, i_s\left(r\cos\varphi - x\operatorname{sen}\varphi\right) + j\ell\, i_s\left(r\operatorname{sen}\varphi + x\cos\varphi\right)$$
$$|\dot{v}_e| = v_e\sqrt{\cos^2\theta + \operatorname{sen}^2\theta} =$$
$$= \sqrt{\left[v_s + \ell\, i_s\left(r\cos\varphi - x\operatorname{sen}\varphi\right)\right]^2 + \left[\ell\, i_s\left(r\operatorname{sen}\varphi + x\cos\varphi\right)\right]^2} \qquad (6.44)$$
$$\Delta v = |\dot{v}_e| - |\dot{v}_s|$$
$$\Delta v = \sqrt{\left[v_s + \ell\, i_s\left(r\cos\varphi - x\operatorname{sen}\varphi\right)\right]^2 + \left[\ell\, i_s\left(r\operatorname{sen}\varphi + x\cos\varphi\right)\right]^2} - v_s$$

Para os casos usuais em distribuição, a rotação de fase entre as tensões de entrada e de saída da linha, θ, é praticamente zero e, além disso, a parcela $\ell i_s(r\operatorname{sen}\varphi + x\cos\varphi)$ é desprezível face à parcela $v_s = \ell i_s(r\cos\varphi + x\operatorname{sen}\varphi)$, logo, a queda de tensão é dada, com boa aproximação, por:

$$\Delta v = \ell\, i_s\left(r\cos\varphi - x\operatorname{sen}\varphi\right) \qquad (6.45)$$

Destaca-se que no caso de carga indutiva a corrente está atrasada em relação à tensão, logo $\operatorname{sen}\varphi < 0$ e na eq. 6.45 torna-se a soma das duas parcelas.

No caso da carga ser modelada por corrente constante sendo, em p.u.,

$$\dot{i}_{Cons} = \frac{\overline{s}^*}{\dot{v}_{ref}^*}$$

e, considerando-se que a rotação de fase da tensão é nula, em qualquer iteração o valor da corrente é um invariante, logo, a solução é direta.

Por outro lado, assumindo-se carga modelada por potência ou impedância constante com a tensão ocorrerá variação da corrente com o módulo da tensão e o procedimento de cálculo é iterativo. Isto é:

1º Passo - Inicializa-se a tensão de saída para a primeira iteração: $v_s^{(iter)}$, iter $= 0$.

2º Passo - Calcula-se, no caso de potência constante, a corrente pela equação: $\dot{i}^{(iter)} = \overline{s}_{carga}^*/v_s^{(iter)}$ ou, no caso de impedância constante sendo, $\overline{y}_{Cons} = \overline{s}_{carga}^*/v_{Ref}^2$, por $\dot{i}^{(iter)} = v_s^{(iter)}\overline{y}_{Cons}$.

3º Passo - Calcula-se pela eq. 6.44 a queda de tensão, $\Delta v^{(iter)}$.

4º Passo - Recalcula-se a tensão na carga, por $\dot{v}_s^{(iter+1)} = \dot{v}_e - \Delta\dot{v}^{(iter)}$.

5º Passo - Incrementa-se o contador de iterações (iter = iter +1) e repetem-se os passos anteriores, a partir do segundo passo, até que em duas iterações sucessivas o desvio no valor da tensão na saída seja não menor que a tolerância.

6.4 — Cálculo da Queda de Tensão em Trechos de Rede

Observa-se que com as aproximações assumidas alcança-se, em cálculos manuais, valor de tensão muito próximo ao exato. Entretanto, em programas computacionais prefere-se utilizar a eq. (6.42), procedendo-se ao cálculo com números complexos. Evidentemente neste caso não se despreza a rotação de fase da tensão, logo, para as cargas de corrente constante com a tensão ter-se-á variação na fase da corrente e, de consequência, o procedimento será iterativo. Neste caso, sendo: $\overline{s}_{carga}$ a demanda da carga, em pu, $\dot{v}_{Ref}$, a tensão de referência, em pu, e K_P, K_I e K_Z, respectivamente, as porcentagens da carga representáveis por potência, corrente e impedância constante com a tensão a corrente da carga para a tensão genérica $\dot{v}$ é dada por:

$$\dot{i} = \frac{\overline{s}_P^{\,*}}{\dot{v}^*} + \dot{i}_{I,const} \cdot \frac{\dot{v}^*}{|\dot{v}|} + \overline{y}_{Z,const}\,\dot{v} \qquad (6.46)$$

onde:

$$\overline{s}_P = \frac{K_P}{100}\,\overline{s}_{carga} \qquad \dot{i}_{I,const} = \frac{K_I}{100}\,\frac{\overline{s}_{carga}^{\,*}}{\dot{v}_{Ref}^{\,*}} \qquad \overline{y}_{Z,const} = \frac{K_Z}{100}\,\frac{\overline{s}_{carga}^{\,*}}{v_{Ref}^2}$$

Exemplo 6.2

Um alimentador primário com 5 km de extensão, suprido por tensão nominal de 13,8 kV, completamente transposto, constituído por cabo CAA 336,4 MCM, com impedância de sequência direta $z = 0,2053 + j\,0,3753\ \Omega/km$, supre uma carga de 6 MVA com fator de potência 0,92 indutivo. Pede-se a tensão na barra de carga sabendo-se que a tensão no início da linha é a nominal.

Solução

a   Valores por unidade

Assumindo-se como valores de base 13,8 kV e 100 MVA resulta:

$$\overline{z}_{pu} = \frac{S_{base}}{V_{base}^2}\,\overline{z} = \frac{100}{13,8^2}(0,2053 + j0,3753) = 0,1078 + j0,1971\ pu/km$$

$$\overline{s} = \frac{6,0\lfloor 23,074^\circ}{100} = 0,06(0,92 + j0,3919)\ pu$$

b.1   *Queda de tensão – Modelo de corrente constante*

A corrente é dada por:

$$\dot{i} = \frac{\overline{s}^{\,*}}{v_{nom-pu}} = 0,06(0,9200 - j0,3919)\ pu$$

logo, a queda de tensão é dada por:

$$\Delta v = \ell i(r\cos\varphi - sen\varphi) = 5 \times 0,06 \times (0,1078 \times 0,9200 + 0,1971 \times 0,3919) = 0,0529\ pu = 0,730\ kV$$
$$v_s = 1,0 - 0,0529 = 0,9471\ pu = 13,070\ kV$$

b.2. *Queda de tensão – Modelo potência constante*

$$i^{(0)} = 0,06(0,9200 - j0,3919)$$

$$\Delta c^{(0)} = 5 \times 0,06(0,1078 \times 0,9200 + 0,1971 \times 0,3919) = 0,0529 \text{ pu}$$

$$v_s^{(0)} = 1,0000 - 0,0529 = 0,9471 \text{ pu}$$

$$i^{(1)} = \frac{0,06}{0,9471}(0,9200 - j0,3919) = 0,0633(0,9200 - j0,39190$$

$$\Delta v^{(1)} = 5 \times 0,0633(0,1078 \times 0,9200 + 0,1971 \times 0,3919) = 0,0559 \text{ pu}$$

$$v_s^{(1)} = 1,0000 - 0,559 = 0,9441 \text{ pu}$$

$$i^{(2)} = \frac{0,06}{0,9441}(0,9200 - j0,3919) = 0,0635(0,9200 - j0,39190)$$

$$\Delta v^{(2)} = 5 \times 0,0635(0,1078 \times 0,9200 + 0,1971 \times 0,3919) = 0,0560 \text{ pu}$$

$$v_s^{(2)} = 1,0000 - 0,560 = 0,9440 \text{ pu} = 13,027 \text{ kV}$$

b.3. *Queda de tensão – Modelo de impedância constante*

$$\overline{Z} = \frac{v_r^2}{s^*} = \frac{1,0^2}{0,06\lfloor-23,074°} = 16,6666\lfloor23,074° \text{ pu}$$

$$i^{(0)} = \frac{v_r}{\overline{Z}} = 0,06 \ (0,9200 - j0,3919)$$

$$\Delta v^{(0)} = 5 \ . \ 0,06 \ (0,1078.0,9200 + 0,1971.0,3919) = 0,0529 \text{ pu}$$

$$v_s^{(0)} = 1 - 0,0529 = 0,9471 \text{ pu}$$

$$i^{(1)} = \frac{0,9471}{16,6666}(0,9200 - j0,3919) = 0,0568 \ (0,9200 - j0,3919) \text{ pu}$$

$$\Delta v^{(1)} = 5 \ . \ 0,0568 \ (0,1078.0,9200 + 0,1971.0,3919) = 0,0501 \text{ pu}$$

$$v_s^{(1)} = 1 - 0,0501 = 0,9499 \text{ pu}$$

$$i^{(2)} = \frac{0,9499}{16,6666}(0,9200 - j0,3919) = 0,0570(0,9200 - j0,3919) \text{ pu}$$

$$\Delta v^{(2)} = 5 \ . \ 0,0570 \ (0,1078.0,9200 + 0,1971.0,3919) = 0,0503 \ \text{pu} = 0,694 \text{ kV}$$

$$v_s^{(1)} = 1 - 0,0503 = 0,9497 \ \text{pu} = 13,106 \text{ kV}$$

6.4 — Cálculo da Queda de Tensão em Trechos de Rede

Exemplo 6.3

Um alimentador primário constituído por cabo CA 336,4 MCM - Tulip, suprido por tensão nominal de 13,8 kV, supre carga de 500 kVA com fator de potência 0,9 indutivo. Pede-se determinar a tensão no fim do alimentador quando seu comprimento varia desde 10 até 200 km, com passo de 10 km, utilizando os modelos de linha curta e linha média e representação da carga por potência, corrente e impedância constante com a tensão. A impedância série e a admitância em derivação valem: $\bar{z}$ =0,203758 + j0,400125 ohm/km e $\bar{y}$ = 0,00 + j0,000004236 Siemens/km, respectivamente.

Solução

a - *Valores por unidade*

Assumindo-se como valores de base 13,8 kV, para a tensão de linha, e 100 MVA, para a potência trifásica, resulta:

$$\bar{z}_{pu} = \frac{S_{base}}{V_{base}^2}\bar{z} = \frac{100}{13,8^2}(0,203758 + j0,400125) = 0,106993 + j0,210105 =$$

$$= 0,235779\underline{|63,013^o}\ pu/km$$

$$\bar{y}_{pu} = \frac{V_{base}^2}{S_{base}}\frac{\bar{y}}{2} = \frac{13,8^2}{100}(0,0 + j2,118 \times 10^{-6}) = 0,0 + j4,033 \times 10^{-6} =$$

$$= 4,033 \times 10^{-6}\underline{|90^o}\ pu/km$$

$$\bar{s} = \frac{0,500\underline{|25,842^o}}{100} = 0,0050(0,90 + j0,4359)\ pu$$

b - *Carga de potência constante*

b1 - *Modelo de linha curta*

$$\dot{i}^{(0)} = \frac{\bar{s}^*}{\dot{v}_s^{*(0)}} = \frac{0,005\underline{|-25,842^o}}{1,0\underline{|0^o}} = 0,005\underline{|-25,842^o}\ pu$$

$$\dot{v}_s^{(1)} = \dot{v}_e - \ell\,\bar{z}_{pu}\,\dot{i}^{(0)} = 1,0 - 10 \times 0,235779\underline{|63,013} \times 0,005\underline{|-25,842^o} =$$

$$= 0,990632\underline{|-0,412^o}\ pu$$

$$\dot{i}^{(1)} = \frac{0,005\underline{|-25,842^o}}{0,990632\underline{|0,412^o}} = 0,005048\underline{|-26,254^o}\ pu$$

$$\dot{v}_s^{(2)} = 1,0 - 10 \times 0,235779\underline{|63,013} \times 0,005048\underline{|-26,254^o} = 0,990490\underline{|-0,412^o}\ pu$$

$$\dot{i}^{(2)} = \frac{0,005\underline{|-25,842^o}}{0,990490\underline{|0,412^o}} = 0,005048\underline{|-26,254^o}\ pu$$

$$\dot{v}_s^{(3)} = 1,0 - 10 \times 0,235779\underline{|63,013} \times 0,005048\underline{|-26,254^o} = 0,990490\underline{|-0,412^o}\ pu$$

Para os demais comprimentos o procedimento de cálculo é o mesmo.

b2 - *Modelo de linha média*

$$\dot{i}^{(0)} = \frac{\overline{s}^*}{\dot{v}_s^{*(0)}} = \frac{0,005\underline{|-25,842^o}}{1,0\underline{|0^o}} = 0,005\underline{|-25,842^o} \text{ pu}$$

$$\dot{v}_s^{(1)} = \frac{\dot{v}_e - \ell\,\overline{z}_{pu}\,\dot{i}^{(0)}}{1 + \ell\overline{y}_{pu}\ell\overline{z}_{pu}} = \frac{\dot{v}_e - \ell\,\overline{z}_{pu}\,\dot{i}^{(0)}}{D}$$

$$D = 1 + 10^2 \times 4,033 \times 10^{-6}\underline{|90^o} \times 0,235779\underline{|63,013} = 0,999915\underline{|0,0025^o}$$

$$\dot{v}_s^{(1)} = \frac{1 - 10 \times 0,235779\underline{|63,013} \times 0,005\underline{|-25,842^o}}{0,999915\underline{|0,0025^o}} = \frac{0,990632\underline{|-0,412^o}}{0,999915\underline{|0,0025^o}} = 0,990716\underline{|-0,414^o} \text{ pu}$$

$$\dot{i}^{(1)} = \frac{0,005\underline{|-25,842^o}}{0,990716\underline{|0,414^o}} = 0,005047\underline{|-26,256^o} \text{ pu}$$

$$\dot{v}_s^{(2)} = \frac{1 - 10 \times 0,235779\underline{|63,013} \times 0,005047\underline{|-26,256^o}}{0,999915\underline{|0,0025^o}} = \frac{0,990492\underline{|-0,415^o}}{0,999915\underline{|0,0025^o}} = 0,990576\underline{|-0,417^o} \text{ pu}$$

$$\dot{i}^{(2)} = \frac{0,005\underline{|-25,842^o}}{0,990576\underline{|0,417^o}} = 0,005047\underline{|-26,262^o} \text{ pu}$$

Para os demais comprimentos, o procedimento de cálculo é o mesmo.

b3 - Comparação dos modelos

Para a tensão de 13,8 kV, os resultados para carga de potência constante, modelos de linha curta e média, estão apresentados na tab.6.2(1/3).

c - *Carga de corrente constante*
   c1 - *Modelo de linha curta*

$$\dot{i}^{(0)} = \frac{\overline{s}^*}{\dot{v}_s^{*(0)}} = \frac{0,005\underline{|-25,842^o}}{1,0\underline{|0^o}} = 0,005\underline{|-25,842^o} \text{ pu}$$

$$\dot{v}_s^{(1)} = \dot{v}_e - \ell\,\overline{z}_{pu}\,\dot{i}^{(0)} = 1,0 - 10 \times 0,235779\underline{|63,013^o} \times 0,005\underline{|-25,842^o} =$$

$$= 0,990632\underline{|-0,412^o} \text{ pu}$$

$$\dot{i}^{(1)} = \dot{i}^{(0)}\frac{\dot{v}_s^{(1)}}{\left|\dot{v}_s^{(1)}\right|} = 0,005\underline{|-25,842^o} \times 1\underline{|-0,412^o} = 0,005\underline{|-26,256^o} \text{ pu}$$

$$\dot{i}^{(0)} = \frac{\overline{s}^*}{\dot{v}_s^{*(0)}} = \frac{0,005\underline{|-25,842^o}}{1,0\underline{|0^o}} = 0,005\underline{|-25,842^o} \text{ pu}$$

$$\dot{v}_s^{(2)} = 1,0 - 10 \times 0,235779\underline{|63,013^o} \times 0,005\underline{|-26,256^o} = 0,9905800\underline{|-0,408^o} \text{ pu}$$

$$\dot{i}^{(1)} = 0,005\underline{|-25,842^o} \times 1\underline{|-0,408^o} = 0,005\underline{|-26,250^o} \text{ pu}$$

$$\dot{v}_s^{(3)} = 1,0 - 10 \times 0,235779\underline{|63,013^o} \times 0,005\underline{|-26,250^o} = 0,9905800\underline{|-0,408^o} \text{ pu}$$

Para os demais comprimentos, o procedimento de cálculo é o mesmo.

c2 - *Modelo de linha média*

$$i^{(0)} = \frac{\overline{s}^*}{\dot{v}_s^{*(0)}} = \frac{0,005\underline{|-25,842^\circ}}{1,0\underline{|0^\circ}} = 0,005\underline{|-25,842^\circ} \text{ pu}$$

Tabela 6.2 (1/3) Carga de potência constante			
Comprimento (km)	**Tensão na carga (pu)**		**Desvio (%)**
	Linha curta	**Linha média**	
10,0	0,99049	0,99057	0,0085
20,0	0,98074	0,98107	0,0343
30,0	0,97073	0,97148	0,0775
40,0	0,96044	0,96177	0,1385
50,0	0,94985	0,95194	0,2198
60,0	0,93894	0,94194	0,3196
70,0	0,92768	0,93175	0,4395
80,0	0,91602	0,92135	0,5816
90,0	0,90396	0,91070	0,7456
100,0	0,89143	0,89976	0,9348
110,0	0,87839	0,88848	1,1492
120,0	0,86475	0,87681	1,3948
130,0	0,85047	0,86470	1,6732
140,0	0,83545	0,85205	1,9863
150,0	0,81954	0,83876	2,3451
160,0	0,80263	0,82473	2,7538
170,0	0,78445	0,80978	3,2291
180,0	0,76479	0,79375	3,7864
190,0	0,74314	0,77627	4,4589
200,0	0,71885	0,75698	5,3046

$$\dot{v}_s^{(1)} = \frac{\dot{v}_e - \ell\,\overline{z}_{pu}\,i^{(0)}}{1 + \ell\overline{y}_{pu}\,\ell\overline{z}_{pu}} = \frac{\dot{v}_e - \ell\,\overline{z}_{pu}\,i^{(0)}}{D}$$

$$D = 1 + 10^2 \times 4,033 \times 10^{-6}\underline{|90^\circ} \times 0,235779\underline{|63,013} = 0,999915\underline{|0,0025^\circ}$$

$$\dot{v}_s^{(1)} = \frac{1 - 10 \times 0,235779\underline{|63,013} \times 0,005\underline{|-25,842^\circ}}{0,999915\underline{|0,0025^\circ}} = \frac{0,990632\underline{|-0,412^\circ}}{0,999915\underline{|0,0025^\circ}} =$$

$$= 0,990716\underline{|-0,414^\circ} \text{ pu}$$

$$i^{(1)} = i^{(0)}\frac{\dot{v}_s^{(1)}}{\left|\dot{v}_s^{(1)}\right|} = 0,005\underline{|-25,842^\circ}1\underline{|-0,414^\circ} = 0,005\underline{|-26,256^\circ} \text{ pu}$$

$$\dot{v}_s^{(2)} = \frac{1,0 - 10 \times 0,235779\underline{|63,013} \times 0,005\underline{|-26,256^\circ}}{0,999915\underline{|0,0025^\circ}} = \frac{0,990580\underline{|-0,408}}{0,999915\underline{|0,0025^\circ}} =$$

$$= 0,990664\underline{|-0,410^\circ} \text{ pu}$$

Para os demais comprimentos, o procedimento de cálculo é o mesmo.

c3 - *Comparação dos modelos*

Para a tensão de 13,8 kV, os resultados para carga de corrente constante, modelos de linha curta e média, estão apresentados na tab. 6.2(2/3).

Tabela 6.2 (2/3) Carga de corrente constante			
Comprimento (km)	**Tensão na carga (pu)**		**Desvio (%)**
	Linha curta	**Linha média**	
10,0	0,99058	0,99066	0,0085
20,0	0,98111	0,98144	0,0336
30,0	0,97159	0,97232	0,0754
40,0	0,96202	0,96330	0,1336
50,0	0,95240	0,95438	0,2079
60,0	0,94272	0,94554	0,2989
70,0	0,93300	0,93679	0,4063
80,0	0,92322	0,92811	0,5293
90,0	0,91340	0,91950	0,6684
100,0	0,90352	0,91096	0,8234
110,0	0,89359	0,90247	0,9933
120,0	0,88362	0,89404	1,1797
130,0	0,87359	0,88564	1,3802
140,0	0,86351	0,87730	1,5972
150,0	0,85338	0,86899	1,8297
160,0	0,84318	0,86071	2,0792
170,0	0,83294	0,85246	2,3432
180,0	0,82265	0,84424	2,6246
190,0	0,81231	0,83603	2,9204
200,0	0,80193	0,82783	3,2300

d.- *Carga de impedância constante*

    d.1- *Modelo de linha curta*

$$\overline{y}_{carga} = \frac{\overline{s}^*}{v^2} = 0,005 \underline{|-25,842^o} \text{ pu}$$

$$\dot{i}^{(0)} = \dot{v}_s^{*(0)}\, \overline{y}_{carga} = 0,005 \underline{|-25,842^o} \text{ pu}$$

$$\dot{v}_s^{(1)} = \dot{v}_e - \ell\,\overline{z}_{pu}\, \dot{i}^{(0)} = 1,0 - 10 \times 0,235779 \underline{|63,013} \times 0,005 \underline{|-25,842^o} =$$

$$= 0,990632 \underline{|-0,412^o} \text{ pu}$$

$$\dot{i}^{(1)} = 0,005 \underline{|-25,842^o}\; 0,990632 \underline{|-0,412^o} = 0,004953 \underline{|-26,254^o} \text{ pu}$$

$$\dot{v}_s^{(2)} = 1,0 - 10 \times 0,235779 \underline{|63,013} \times 0,004953 \underline{|-26,254^o} =$$

$$= 0,990668 \underline{|-0,404^o} \text{ pu}$$

Para os demais comprimentos, o procedimento de cálculo é o mesmo.

d.1- *Modelo de linha média*

$$\dot{i}^{(0)} = \dot{v}_s^{*(0)}\, \overline{y}_{carga} = 0,005\,\underline{|-25,842^o}\ \ pu$$

$$\dot{v}_s^{(1)} = \frac{1,0 - 10 \times 0,235779\,\underline{|63,013} \times 0,005\,\underline{|-25,842^o}}{0,999915\,\underline{|0,0025^o}} = \frac{0,990632\,\underline{|-0,412^o}}{0,999915\,\underline{|0,0025^o}} =$$

$$= 0,990716\,\underline{|-0,414^o}\ \ pu$$

$$\dot{i}^{(1)} = 0,005\,\underline{|-25,842^o}\ \ 0,990716\,\underline{|-0,414^o} = 0,004953\,\underline{|-26,256^o}\ \ pu$$

$$\dot{v}_s^{(2)} = \frac{1,0 - 10 \times 0,235779\,\underline{|63,013} \times 0,004953\,\underline{|-26,256^o}}{0,999915\,\underline{|0,0025^o}} = \frac{0,990669\,\underline{|-0,412^o}}{0,999915\,\underline{|0,0025^o}} =$$

$$= 0,990752\,\underline{|-0,407^o}\ \ pu$$

Para os demais comprimentos, o procedimento de cálculo é o mesmo.

Tabela 6.2 (3/3) Carga de impedância constante			
Comprimento (km)	Tensão na carga (pu)		Desvio (%)
	Linha curta	Linha média	
10,0	0,99067	0,99075	0,0085
20,0	0,98146	0,98179	0,0330
30,0	0,97238	0,97309	0,0732
40,0	0,96343	0,96466	0,1282
50,0	0,95459	0,95649	0,1990
60,0	0,94587	0,94855	0,2833
70,0	0,93727	0,94084	0,3811
80,0	0,92879	0,93336	0,4923
90,0	0,92044	0,92610	0,6149
100,0	0,91220	0,91904	0,7505
110,0	0,90407	0,91219	0,8976
120,0	0,89606	0,90552	1,0562
130,0	0,88816	0,89905	1,2258
140,0	0,88036	0,89275	1,4075
150,0	0,87268	0,88662	1,5975
160,0	0,86510	0,88066	1,7983
170,0	0,85763	0,87486	2,0086
180,0	0,85027	0,86921	2,2283
190,0	0,84300	0,86372	2,4570
200,0	0,83585	0,85839	2,6972

d3- *Comparação dos modelos*

Para a tensão de 13,8 kV, os resultados para carga de impedância constante, modelos de linha curta e média, estão apresentados na tab. 6.2(3/3).

e - *Comparação final*

Na fig.6.13 apresentam-se, para os modelos de linha média e curta, as curvas da tensão na carga para os três modelos de carga, potência, corrente e impedância constante com a tensão. Observa-se que para as redes primárias, tensão de 13,8 kV, até comprimentos de cerca de 60 km não há influência sobre modo sensível do modelo de linha e de carga.

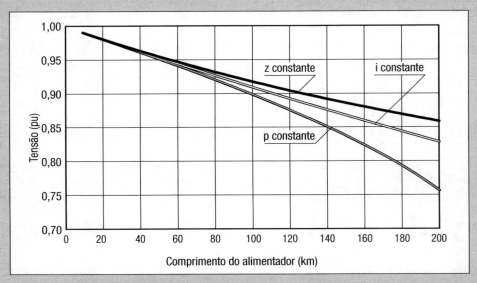

Figura 6.13(1/2) Tensão no fim da linha – Modelo de linha média.

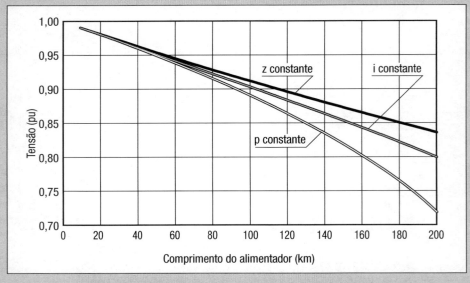

Figura 6.13(2/2) Tensão no fim da linha – Modelo de linha curta.

6.4.3 TRECHO DE REDE TRIFÁSICA ASSIMÉTRICA COM CARGA DESEQUILIBRADA – REPRESENTAÇÃO TRIFÁSICA

O cálculo da queda de tensão num trecho de rede assimétrica com carga desequilibrada, representado na fig. 6.14, será levado a efeito considerando-se o caso geral em que as impedâncias série dos três cabos de fase e do neutro e as mútuas são diferentes entre si. Assim, assumindo-se que as admitâncias em derivação são nulas e que as impedâncias série sejam dadas por:

$$\overline{z}_{AA'} = \ell(r_A + jx_A); \qquad \overline{z}_{BB'} = \ell(r_B + jx_B);$$
$$\overline{z}_{CC'} = \ell(r_C + jx_C) \qquad \text{e} \qquad \overline{z}_{NN'} = \ell(r_N + jx_N)$$

resulta a equação matricial que correlaciona as tensões de início e fim de linha:

$$\begin{vmatrix} \dot{v}_{AT} \\ \dot{v}_{BT} \\ \dot{v}_{CT} \\ \dot{v}_{NT} \end{vmatrix} = \begin{vmatrix} \dot{v}_{A'T} \\ \dot{v}_{B'T} \\ \dot{v}_{C'T} \\ \dot{v}_{N'T} \end{vmatrix} + \begin{vmatrix} \overline{z}_{AA'} & \overline{z}_{mAB} & \overline{z}_{mAC} & \overline{z}_{mAN} \\ \overline{z}_{mBA} & \overline{z}_{BB'} & \overline{z}_{mBC} & \overline{z}_{mBN} \\ \overline{z}_{mCA} & \overline{z}_{mCB} & \overline{z}_{CC'} & \overline{z}_{mCN} \\ \overline{z}_{mNA} & \overline{z}_{mNB} & \overline{z}_{mNC} & \overline{z}_{NN'} \end{vmatrix} \begin{vmatrix} i_A \\ i_B \\ i_C \\ i_N \end{vmatrix} \qquad (6.47)$$

ou, fazendo-se:

$$[\dot{v}_e] = \begin{vmatrix} \dot{v}_{AT} \\ \dot{v}_{BT} \\ \dot{v}_{CT} \\ \dot{v}_{NT} \end{vmatrix}, [\dot{v}_s] = \begin{vmatrix} \dot{v}_{A'T} \\ \dot{v}_{B'T} \\ \dot{v}_{C'T} \\ \dot{v}_{N'T} \end{vmatrix}, [\overline{z}_{ABCN}] = \begin{vmatrix} \overline{z}_{AA'} & \overline{z}_{mAB} & \overline{z}_{mAC} & \overline{z}_{mAN} \\ \overline{z}_{mBA} & \overline{z}_{BB'} & \overline{z}_{mBC} & \overline{z}_{mBN} \\ \overline{z}_{mCA} & \overline{z}_{mCB} & \overline{z}_{CC'} & \overline{z}_{mCN} \\ \overline{z}_{mNA} & \overline{z}_{mNB} & \overline{z}_{mNC} & \overline{z}_{NN'} \end{vmatrix}, [\dot{i}] = \begin{vmatrix} i_A \\ i_B \\ i_C \\ i_N \end{vmatrix}$$

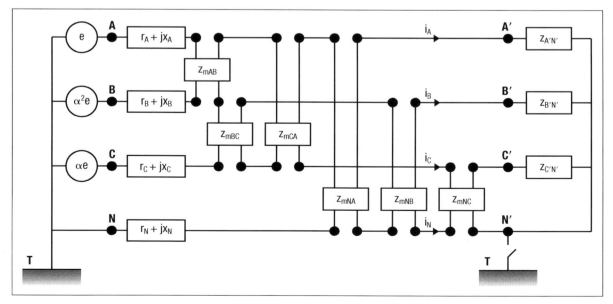

Figura 6.14 Rede assimétrica com carga desequilibrada.

resulta, para o trecho de rede:

$$\left[\dot{v}_e \right] = \left[\dot{v}_s \right] + \left[\overline{z}_{ABCN} \right] \left[i \right]$$
$$\left[\dot{v}_s \right] = \left[\dot{v}_e \right] - \left[\overline{z}_{ABCN} \right] \left[i \right]$$

(6.48)

Por outro lado a carga é representada por

$$i_A = \frac{\dot{v}_{A'T} - \dot{v}_{N'T}}{\overline{z}_{A'N'}} = (\dot{v}_{A'T} - \dot{v}_{N'T})\overline{y}_{A'N'}$$

$$i_B = \frac{\dot{v}_{B'T} - \dot{v}_{N'T}}{\overline{z}_{B'N'}} = (\dot{v}_{B'T} - \dot{v}_{N'T})\overline{y}_{B'N'}$$

$$i_C = \frac{\dot{v}_{C'T} - \dot{v}_{N'T}}{\overline{z}_{C'N'}} = (\dot{v}_{C'T} - \dot{v}_{N'T})\overline{y}_{C'N'}$$

que, matricialmente resulta em:

i_A		$\overline{y}_{A'N'}$	0	0	$-\overline{y}_{A'N'}$		$\dot{v}_{A'T}$
i_B	$=$	0	$\overline{y}_{B'N'}$	0	$-\overline{y}_{B'N'}$		$\dot{v}_{B'T}$
i_C		0	0	$\overline{y}_{C'N'}$	$-\overline{y}_{C'N'}$		$\dot{v}_{C'T}$
i_N		$-\overline{y}_{A'N'}$	$-\overline{y}_{B'N'}$	$-\overline{y}_{A'N'}$	$\overline{y}_{A'N'} + \overline{y}_{B'N'} + \overline{y}_{C'N'}$		$\dot{v}_{N'T}$

(6.49)

ou

$$\left[i \right] = \left[\overline{y}_{Carga} \right] \left[\dot{v}_s \right]$$

(6.50)

Substituindo-se a eq. (6.50) na (6.48) resulta:

$$\left[\dot{v}_e \right] = \left[\dot{v}_s \right] + \left[\overline{z}_{ABCN} \right] \left[\overline{y}_{Carga} \right] \left[\dot{v}_s \right] = \left(\left[U \right] + \left[\overline{z}_{ABCN} \right] \left[\overline{y}_{Carga} \right] \right) \left[\dot{v}_s \right]$$

(6.51)

Para o caso de carga de impedância constante com a tensão a rede é calculada resolvendo-se as eq. (6.50) e (6.51), isto é:

$$\left[\dot{v}_s \right] = \left(\left[U \right] + \left[\overline{z}_{ABCN} \right] \left[\overline{y}_{Carga} \right] \right)^{-1} \left[\dot{v}_e \right] \quad e \quad \left[i \right] = \left[\overline{y}_{Carga} \right] \left[\dot{v}_s \right] \quad (6.52)$$

Para o caso geral de carga que absorve, nas fases A, B e C, as potências complexas $\overline{s}_{A'N'}$, $\overline{s}_{B'N'}$ e $\overline{s}_{C'N'}$, em pu, na base S_{base}, potência de base de fase, com tensão v_{nom}, em pu na base de fase da tensão nominal da rede e, supondo-se ainda, que a carga seja modelada pelas parcelas:

$$k_P = 0{,}01K_P \qquad k_I = 0{,}01K_I \qquad e \qquad k_Z = 0{,}01\,K_Z$$

respectivamente, de potência, corrente e impedância constantes com a tensão a resolução do circuito é feita iterativamente. Inicialmente, observa-se que as parcelas de carga de potência, corrente e impedância constante são calculadas, com k = A', B' e C', por:

- Potência constante: $k_P.\overline{s}_{k,N'}$, e, para uma tensão $\dot{v}$, qualquer, será

$$i_{k,pconst} = \frac{k_P \cdot \overline{s}_{k,N'}^*}{\dot{v}^*} \, .$$

- Corrente constante: $\dot{i}_k = k_I \dfrac{\overline{s}_{k,N'}^{*}}{v_{nom}}$ e, para uma tensão $\dot{v}$, qualquer, será $\dot{i}_{k,iconst} = \dot{i}_k \cdot \dfrac{\dot{v}}{|\dot{v}|}$. Observa-se que a relação entre o fasor da tensão e o seu módulo tem por objetivo corrigir a fase da corrente devido à rotação de fase da tensão.

- Impedância constante: $\overline{y}_k = k_Z \cdot \dfrac{\overline{s}_k^{*}}{v_{nom}^{2}}$ e, para uma tensão $\dot{v}$, qualquer, será $\dot{i}_{k,zconst} = \overline{y}_k \cdot \dot{v}$.

A corrente de cada uma das fases será dada pela soma das três parcelas, isto é:

$$\dot{i}_k = \dot{i}_{k,pconst} + \dot{i}_{k,iconst} + \dot{i}_{k,zconst} \tag{6.53}$$

e a corrente de neutro será dada por $\dot{i}_N = - \displaystyle\sum_{k=A,B,C} \dot{i}_k$

O procedimento iterativo a ser utilizado pode ser resumido nos passos a seguir:

1º Passo - Fixa-se, para a primeira iteração, a tensão no fim do trecho igual à do início, $[\dot{v}_s^{0}] = [\dot{v}_e]$.

2º Passo - Calculam-se as correntes, em pu, nas fases e no neutro através da eq. 6.53 onde o valor da tensão $\dot{v}$ foi substituído por $\dot{v}_{kN'} - \dot{v}_{N'T}$.

3º Passo - Calculam-se as tensões $[\dot{v}_s^{n}]$ através da eq. 6.52.

4º Passo - Repetem-se os procedimentos do 2º e 3º passo até que a diferença nos valores das tensões, em duas iterações sucessivas, seja não maior que a tolerância.

6.5 ESTUDO DE FLUXO DE POTÊNCIA EM REDES RADIAIS

6.5.1 CONSIDERAÇÕES GERAIS

Neste item, os resultados alcançados para um trecho serão generalizados para uma rede radial. Inicialmente será analisada a técnica "pai – filho" a ser utilizada na ordenação da rede. Proceder-se-á ao detalhamento do estudo de fluxo de potência para rede trifásica simétrica com carga equilibrada, representação monofásica da rede, e, a seguir, para rede trifásica assimétrica com carga desequilibrada, representação trifásica da rede.

Uma rede tem sua topologia perfeitamente definida desde que suas barras estejam identificadas univocamente através de número ou código e todos os trechos e suas interligações estejam identificados por suas barras extremas. A título de exemplo, observa-se que cada barra pode ser identificada e ligada ao solo através de suas coordenadas cartesianas, referidas a um sistema de coordenadas fixadas ao solo (coordenadas UTM). Assim, uma vez fixada a topologia da rede devem ser fornecidos os dados elétricos referentes a cada um dos elementos. Tais dados podem ser subdivididos em dados de barras e dados de trechos. As barras podem ser classificadas em:

- Barras de tensão controlada, que são aquelas barras nas quais o valor da tensão é mantido constante: barra da subestação ou barra suprida através de um regulador de tensão.
- Barras de carga, que são aquelas barras que suprem a uma carga. No caso de rede primária de distribuição, pode ser a demanda de um consumidor primário ou a de um transformador de distribuição que supre uma rede secundária. Dentre as barras de carga distinguem-se, ainda, aquelas nas quais estão conectados bancos de capacitores.
- Barras de passagem, que se destinam unicamente a estabelecer a interconexão entre trechos sem que contem com tensão controlada ou com carga.

Assim, os dados elétricos típicos das barras dizem respeito à sua tensão, sua demanda e a existência de bancos de capacitores.

Por outro lado, os trechos de rede, que são identificados por suas barras extremas, têm como característica básica seu comprimento, a seção dos cabos utilizados e sua configuração geométrica no poste. A partir desses dados determinam-se, para todos os trechos da rede, as impedâncias, em termos de componentes simétricas ou de componentes de fase e as correntes admissíveis. Destaca-se, ainda, a existência, no trecho, de chaves de proteção ou comando operando normalmente fechadas, ou abertas, e de reguladores de tensão.

6.5.2 ORDENAÇÃO DA REDE

Seja a rede primária radial da fig. 6.15 na qual todas as barras estão identificadas com números arbitrários, porém, sem que se verifiquem barras com o mesmo número. Na tab. 6.3, está apresentada a relação de todos os trechos identificados por número de ordem e pelos números das barras extremas. O objetivo da ordenação é o de se estabelecer, partindo-se da SE – barra número 400, a sequência de trechos no sentido do fluxo. Exemplificando, o primeiro trecho da rede é constituído pela barra da SE e pela barra que lhe está imediatamente a jusante, isto é, trecho 400 – 160, em outras palavras, a barra 400 é "pai" da barra 160, ou então, a barra 160 é "filha" da 400. A seguir, a barra 160, agora barra "pai", tem três filhas, as barras 220, 120 e 240. Observe-se que a corrente irá fluir da barra 400 para a 160 e desta para as barras 220, 120 e 240.

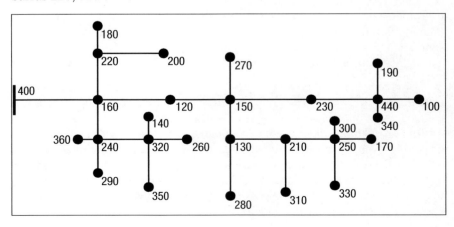

Figura 6.15 Rede radial.

6.5 — Estudo de Fluxo de Potência em Redes Radiais

A metodologia para a ordenação da rede pode ser resumida nos passos a seguir:

1º Passo - Fixa-se como barra de teste, ITESTE, a barra da SE, isto é, ITESTE = 400.

2º Passo - Pesquisa-se, nas duas barras, Bar. 1 e Bar. 2, da lista de ligações a existência da barra ITESTE. Caso a barra não seja localizada, conclui-se pela existência de erro de dados, pois a barra da SE deve estar conectada à rede. Observa-se que a barra 400 está conectada à barra 160 na ligação número 5. Transfere-se a barra 160 para a primeira posição da tabela de trechos ordenados, tab. 6.3, identificando-se que é filha da barra 0, número de ordem da barra da SE.

3º Passo - Atribui-se ao primeiro trecho que não dispõe de apontador (número interno) o número sequencial seguinte aos já utilizados. Fixa-se ITESTE nessa barra e pesquisa-se na tabela suas barras-filhas, as quais ao serem identificadas são transferidas para a tabela de barras ordenadas indicando-se a barra-pai através de seu número interno. No caso em tela fixa-se o apontador em 1 e ITESTE em 160 identificando-se suas filhas: barras 240, 120 e 220 (número de ordem das ligações 4, 7 e 10). Repete-se este passo até o término dos trechos.

Tabela 6.3 Trechos da rede

N.ord.	1	2	3	4	5	6	7	8	9
Bar. 1	260	220	210	240	400	270	160	170	240
Bar. 2	320	200	310	160	160	150	120	250	290
N.ord.	**10**	**11**	**12**	**13**	**14**	**15**	**16**	**17**	**18**
Bar. 1	220	340	130	300	180	210	320	210	120
Bar. 2	160	440	150	250	220	130	240	250	150
N.ord.	**19**	**20**	**21**	**22**	**23**	**24**	**25**	**26**	**27**
Bar. 1	140	350	230	440	100	280	250	360	190
Bar. 2	320	320	150	230	440	130	330	240	440

Tabela 6.4 Trechos da rede ordenados

Apon.	1	2	3	4	5	6	7	8	9
N.ord.	5	4	7	10	9	16	26	18	2
B.fin.	160	240	120	220	290	320	360	150	200
B.ant.	0	1	1	1	2	2	2	3	4
Apon.	**10**	**11**	**12**	**13**	**14**	**15**	**16**	**17**	**18**
N.ord.	14	1	19	20	6	12	21	15	24
B.fin.	180	260	140	350	270	130	230	210	280
B.ant.	4	6	6	6	8	8	8	15	15
Apon.	**19**	**20**	**21**	**22**	**23**	**24**	**25**	**26**	**27**
N.ord.	22	3	17	11	23	27	8	13	25
B.fin.	440	310	250	340	100	190	170	300	330
B.ant.	16	17	17	19	19	19	21	21	21

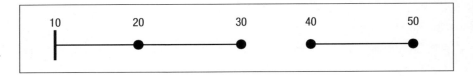

Figura 6.16 Redes com barras desconexas - ilhas.

Durante o procedimento de ordenação podem ocorrer dois tipos de erros de dados:

- existência de trechos desconexos, *ilhas*, fig. 6.16;
- fechamento de malhas, fig 6.17.

No caso de existência de ilhas ao longo do processo de ordenação não se disporá de barras ordenadas para continuar o procedimento e ainda existem barras por ordenar (tab. 6.5).

Tabela 6.5 (a) Dados da rede com ilhas			
Número de ordem	1	2	3
Barra terminal 1	20	50	20
Barra terminal 2	30	40	10

Tabela 6.5 (b) Tabela de ordenação		
Apontador	1	2
Número de ordem	3	1
Barra terminal	20	30
Apontador Barra anterior	0	1

Observa-se, no processo de ordenação, que a barra de ITESTE = 30, apontador 2, não tem continuação. Em outras palavras, após a inserção do segundo trecho não é possível continuar o processo.

No caso de existência de malhas, tab. 6.6, o processo de ordenação é completado sem problema algum. Entretanto, observa-se, tab. 6.6 (b), na linha das barras terminais a repetição da barra de número 40.

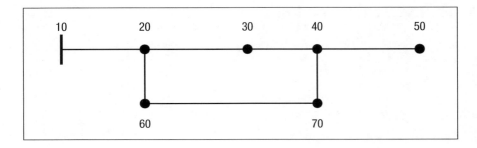

Figura 6.17 Redes com malhas.

6.5 — Estudo de Fluxo de Potência em Redes Radiais

Tabela 6.6 (a) Dados para a rede com malhas							
Número de ordem	1	2	3	4	5	6	7
Barra terminal 1	60	40	40	60	20	20	30
Barra terminal 2	70	50	70	20	10	30	40

Tabela 6.6 (b) Tabela de ordenação para a rede com malhas							
Apontador	1	2	3	4	5	6	7
Núm. ordem	5	4	6	1	7	3	2
Bar. terminal	20	60	30	70	40	40	50
Ap. Bar. anter.	0	1	1	2	3	4	5

Por outro lado, em não existindo malhas ou ilhas o número de barras, n_{barra}, e o de trechos, n_{trecho}, estão relacionados por $n_{barra} = n_{trecho} + 1$. Evidentemente a existência de ilhas, sem malhas, impõe $n_{barra} > n_{trecho} + 1$.

A ordenação da rede, além de sua aplicação diretamente no procedimento de cálculo do fluxo de potência, é sobremodo cômoda quando se deseja identificar caminhos ao longo da rede, sem que se disponha do desenho do diagrama unifilar. Assim, destacam-se:

- Identificação de barras a jusante de uma barra especificada que serão influenciadas por modificações na tensão dessa barra. Este caso corresponde à verificação dos benefícios na tensão da rede pela inserção de um regulador de tensão imediatamente antes da barra que aumenta sua tensão de Δv. Por exemplo, na rede da fig. 6.14, tabela das barras ordenadas tab. 6.4, insere-se um regulador de tensão no trecho 150 – 130 que produz elevação Δv na tensão da barra 130. Para a análise das barras que irão sofrer aquele acréscimo de tensão pesquisa-se, tab. 6.4, a posição da barra 150 determinando-se seu apontador, **iap** = 15. A seguir, pesquisa-se pelos apontadores das barras anteriores a ocorrência do apontador 15. Serão identificadas as barras 210 (**iap** = 17) e barra 280 (**iap** = 18). Repete-se o procedimento para o apontador 17, identificando-se as barras 310 (**iap** = 20) e 250 (**iap** = 21). Os apontadores 18 e 20 não são identificados nas barras seguintes, pois que, as barras correspondentes são barras extremas. Finalmente, o apontador 21 é localizado nas barras 170 (**iap** = 25), 300 (**iap** = 21) e 330 (**iap** = 21).

- Identificação das barras a montante de uma barra especificada. Este caso corresponde, por exemplo, à determinação da impedância de entrada da barra que, evidentemente, é dada pela soma da impedância de entrada da SE com as impedâncias dos trechos de rede existentes entre a barra em tela e a SE. A título de exemplo, pede-se identificar na rede da fig. 6.14, tabela das barras ordenadas, tab. 6.4, as barras que antecedem a barra 130. Neste caso, o procedimento é direto, isto é, o apontador do pai da barra 130 é **iap = 8**, correspondendo à barra 150. A ordem das barras seguintes, com seu apontadores, é:

Posição	008	003	001	000
Barra	150	120	160	400
Barra pai	003	001	000	----

6.5.3 FLUXO DE POTÊNCIA EM REDES RADIAIS TRIFÁSICAS SIMÉTRICAS E EQUILIBRADAS

Conforme já foi visto, as redes trifásicas simétricas e equilibradas são resolvidas utilizando-se o diagrama de sequência direta, representação monofásica da rede. O procedimento geral a ser utilizado, no caso de utilização do modelo simplificado, eq. (6.21), pode ser resumido nos passos a seguir:

- Levantam-se os dados da barra da SE referentes à sua tensão, ao seu número e código de identificação.

- Levantam-se os dados de barras compreendendo: número e código de identificação da barra, demanda da carga da barra em termos de potência complexa e sua modelagem, dados de bancos de capacitores, potência e tensão nominal, se existirem.

- Dados dos trechos da rede referentes ao seu comprimento, tipo de condutor utilizado com sua seção, existência no trecho de chave de proteção ou comando, com seu estado NA ou NF, e dados de regulador de tensão, tensão nominal, corrente passante, ajustes de tensão, se existir.

- Ordena-se a rede e monta-se tabela, tab. 6.7, contendo o número interno e externo da barra, o apontador para a barra anterior (barra pai), a impedância série total de sequência direta do trecho, a demanda em termos das componentes ativa e reativa da corrente na barra, a queda de tensão no trecho e a tensão da barra.

- Calcula-se para a última barra da rede ordenada a queda de tensão no trecho através da eq. (6.46) e, a seguir, acumula-se, através do apontador da barra anterior, a corrente desse trecho no trecho anterior.

- Repete-se o procedimento com as demais barras até se alcançar a primeira barra da rede.

- Calcula-se a tensão da primeira barra da rede, cujo pai é a barra da SE, pela diferença entre a tensão na SE e a queda de tensão no trecho "barra da SE – primeira barra".

- Repete-se o procedimento para as demais barras, determinando-se sua tensão pela diferença entre a tensão de sua barra anterior (barra-pai) e a queda de tensão no trecho.

Tabela 6.7 Tabela para cálculo de fluxo de potência							
Barra		Apontador da barra anterior	Impedância do trecho (pu)		Corrente do trecho (pu)		Queda tensão Trecho (pu)	Tensão barra (pu)
Número interno	Número externo		Resistência	Reatância	Componente ativa	Componente reativa		
...	...	...	...	...	...	...	...	...

6.5 — Estudo de Fluxo de Potência em Redes Radiais

No caso em que se deseja simular a carga da rede por potência ou impedância constante ou, ainda, por combinação dos três modelos, potência, corrente e impedância constante com a tensão, o procedimento é idêntico, exceto pelo fato que em cada iteração, devido à variação da tensão, deve-se proceder ao cálculo das correntes das barras. Na hipótese de se utilizar a equação completa da queda de tensão, eq. (6.45), o procedimento geral diferencia-se do atual pelo fato que os parâmetros envolvidos, impedância, corrente e tensão, são representados por números complexos.

6.5.4 CÁLCULO DO FLUXO DE POTÊNCIA NOS TRECHOS E PERDAS NA REDE

Com a representação dos trechos da rede pelo modelo de linha curta sendo, em valores p.u:

$\dot{v}_j$ fasor representativo da tensão na barra "j" de início do trecho, no sentido do fluxo;

$\dot{v}_k$ fasor representativo da tensão na barra "k" de fim do trecho, no sentido do fluxo;

$\dot{i}_{j,k}$ fasor representativo da corrente que flui pelo trecho;

$\overline{z}_{jk} = r_{jk} + x_{jk}$ impedância total do trecho;

tem-se a equação:

$$\dot{v}_j = \dot{v}_k + \overline{z}_{j,k}\, \dot{i}_{j,k} \tag{6.54}$$

e a potência que flui pelo trecho é dada por

$$\overline{s}_{j,k} = \dot{v}_j \times \dot{i}^*_{j,k} \tag{6.55}$$

As perdas no trecho são dadas por:

$$\Delta \overline{s}_{j,k} = (\dot{v}_j - \dot{v}_k)\, \dot{i}^*_{j,k} = \overline{z}_{j,k} \times \dot{i}_{j,k} \times \dot{i}^*_{j,k} = r_{j,k} \left| \dot{i}_{j,k} \right|^2 + j x_{j,k} \left| \dot{i}_{j,k} \right|^2 \tag{6.56}$$

A perda total na rede pode ser obtida por:

$$\Delta \overline{s}_{rede} = \sum_{trechos} \Delta \overline{s}_{jk} = \sum_{trechos} \left(r_{jk} i_{jk}^2 + j x_{jk} i_{jk}^2 \right) \tag{6.57}$$

Alternativamente, as perdas na rede podem ser determinadas pela diferença entre a potência fornecida à rede na SE, isto é: $\overline{s}_{SE} = \dot{v}_{SE} \times \dot{i}^*_{SE}$, e a soma das potências complexas fornecidas às cargas, isto é:

$$\sum_{k=1,n} \overline{s}_k$$

Exemplo 6.4

O alimentador primário da fig. 6.18, trifásico simétrico equilibrado, tem tensão nominal de 13,8 kV, e os parâmetros dados na figura, onde as demandas das barras são apresentadas em MVA. A tensão na barra da SE é de 1,02 pu e todos os trechos utilizam cabo com impedância de sequência direta $z = (0{,}2047 + j0{,}3450)$ Ω/km. Pede-se determinar as tensões nas barras, os fluxos nos trechos e a perda total na rede, utilizando-se os modelos de corrente, potência e impedância constante com a tensão.

a. Valores de base e impedâncias em pu/km

Assumem-se os valores de base: 13,8 kV para a tensão de linha e 100 MVA para a potência trifásica. Nessas condições, a impedância de base será dada por:

$$Z_{base} = \frac{V_{Base}^2}{S_{Base}} = \frac{13{,}8^2}{100} = 1{,}9044 \ \Omega$$

e a impedância dos trechos da rede, em pu/km, valerá:

$$z = \frac{0{,}2047 + j0{,}3450}{1{,}9044} = 0{,}1075 + j0{,}1811 \, pu/km$$

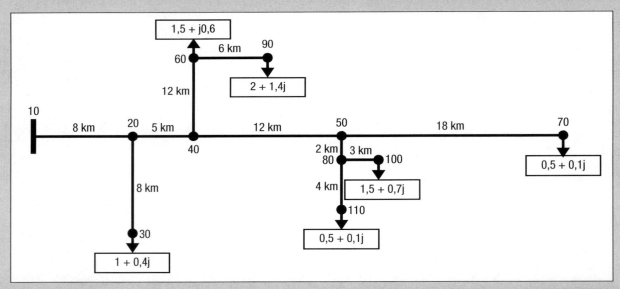

Figura 6.18 Rede para o ex. 6.4.

b. *Resolução com modelo de corrente constante*

Para o cálculo das tensões na rede será utilizada a eq. 6.45 modificada como a seguir:

$$\Delta v = \ell \cdot i (r \cdot \cos\varphi + x \cdot \sen\varphi) = i \cdot \cos\varphi \cdot \ell \cdot r + i \cdot \sen\varphi \cdot \ell \cdot x = i_{real} r_{total} + i_{imag} x_{total}$$

onde, i_{real} e i_{imag} representam as componentes real e imaginária do fasor representativo da corrente e r_{total} e x_{total} representam a resistência e reatância total do trecho. Observa-se que $i_{imag} > 0$ quando a carga é indutiva e $i_{imag} < 0$ para cargas capacitivas. Para a primeira iteração assume-se que a tensão de todas as barras, exceto a da SE, é de 1 pu e determinam-se as correntes.

6.5 — Estudo de Fluxo de Potência em Redes Radiais

Correntes de carga para 1ª iteração – Corrente constante						
Número da barra	**30**	**60**	**70**	**90**	**100**	**110**
Tensão (pu)	1,0000	1,0000	1,0000	1,0000	1,0000	1,0000
Potência ativa (pu)	0,0100	0,0150	0,0050	0,0200	0,0150	0,0050
Potência reativa (pu)	0,0040	0,0060	0,0010	0,0140	0,0070	0,0010
Corrente ativa (pu)	0,0100	0,0150	0,0050	0,0200	0,0150	0,0050
Corrente reativa (pu)	0,0040	0,0060	0,0010	0,0140	0,0070	0,0010

A partir das correntes, monta-se a tabela de cálculo a seguir, que é preenchida procedendo-se no sentido inverso, isto é, da última barra para a primeira. Adiciona-se a corrente do trecho ao trecho precedente, por exemplo:

$$I_{real,50\text{-}80} = I_{real,80\text{-}100} + I_{real,80\text{-}110} = 0 + 0,015 + 0,005 = 0,020 \text{ pu}$$

$$I_{imag,50\text{-}80} = I_{imag,80\text{-}100} + I_{imag,80\text{-}110} = 0 + 0,007 + 0,001 = 0,008 \text{ pu}$$

Calcula-se a queda de tensão em cada trecho e a seguir calcula-se a tensão das barras pela diferença entre a tensão da barra anterior e a queda de tensão no trecho.

Tabela para cálculo das tensões na rede – Modelo corrente constante								
Barra		**Apontador da barra anterior**	**Impedância do trecho (pu)**		**Corrente do trecho (pu)**		**Queda de tensão no trecho (pu)**	**Tensão na barra (pu)**
Número interno	**Número externo**		**Resistência**	**Reatância**	**Componente-ativa**	**Componente reativa**		
1	10	---	---	--	0,070	0,033	---	1,0200
2	20	1	0,8599	1,4493	0,0700	0,0330	0,1080	0,9120
3	30	2	0,8599	1,4493	0,0100	0,0040	0,0144	0,8976
4	40	2	0,5374	0,9058	0,0600	0,0290	0,0585	0,8535
5	50	4	1,2899	2,1739	0,0250	0,0090	0,0518	0,8017
6	60	4	1,2899	2,1739	0,0350	0,0200	0,0886	0,7648
7	70	5	1,9348	3,2609	0,0050	0,0010	0,0129	0,7887
8	80	5	0,2150	0,3623	0,0200	0,0080	0,0072	0,7945
9	90	6	0,6449	1,0870	0,0200	0,0140	0,0281	0,7367
10	100	8	0,3225	0,5435	0,0150	0,0070	0,0086	0,7858
11	110	8	0,4300	0,7246	0,0050	0,0010	0,0029	0,7916

Tratando-se do modelo de carga de corrente constante os módulos das correntes independem do valor da tensão, portanto, não é necessário proceder-se ao cálculo de outras iterações.

c. *Resolução com modelo de potência constante*

Para a primeira iteração assume-se que a tensão em todas as barras, exceto a da SE, é de 1 pu e determinam-se as correntes. Evidentemente as correntes para a 1ª iteração serão iguais às do item precedente. Nessas condições, os valores de tensão alcançados na primeira iteração serão iguais aos do caso de corrente constante. Para a 2ª iteração as correntes serão dadas por:

6 — Fluxo de Potência

Correntes de carga para 2ª iteração – Potência constante						
Número da barra	**30**	**60**	**70**	**90**	**100**	**110**
Tensão (pu)	0,8978	0,7650	0,7888	0,7370	0,7859	0,7916
Potência ativa (pu)	0,0100	0,0150	0,0050	0,0200	0,0150	0,0050
Potência reativa (pu)	0,0040	0,0060	0,0010	0,0140	0,0070	0,0010
Corrente ativa (pu)	0,0111	0,0196	0,0063	0,0271	0,0191	0,0063
Corrente reativa (pu)	0,0045	0,0078	0,0013	0,0190	0,0089	0,0013

Cálculo das tensões na rede – Modelo potência constante - 2ª iteração								
Barra		**Apontador da barra anterior**	**Impedância do trecho (pu)**		**Corrente do trecho (pu)**		**Queda de tensão no trecho (pu)**	**Tensão na barra (pu)**
Número interno	**Número externo**		**Resistência**	**Reatância**	**Componente ativa**	**Componente reativa**		
1	10	---	---	--	0,0896	0,0427	---	1,0200
2	20	1	0,8599	1,4493	0,0896	0,0427	0,1390	0,8810
3	30	2	0,8599	1,4493	0,0111	0,0045	0,0160	0,8649
4	40	2	0,5374	0,9058	0,0785	0,0383	0,0769	0,8041
5	50	4	1,2899	2,1739	0,0317	0,0114	0,0658	0,7383
6	60	4	1,2899	2,1739	0,0468	0,0268	0,1187	0,6854
7	70	5	1,9348	3,2609	0,0063	0,0013	0,0164	0,7219
8	80	5	0,2150	0,3623	0,0254	0,0102	0,0091	0,7291
9	90	6	0,6449	1,0870	0,0271	0,0190	0,0382	0,6473
10	100	8	0,3225	0,5435	0,0191	0,0089	0,0110	0,7181
11	110	8	0,4300	0,7246	0,0063	0,0013	0,0036	0,7255

Observa-se que as diferenças entre os valores da tensão entre as duas iterações são da ordem de 0,03 pu, que é maior que a tolerância, usualmente fixada em 0,0001. A convergência foi alcançada na 33ª iteração. A seguir, apresentam-se os resultados alcançados nas duas últimas iterações.

Cálculo das tensões na rede – Modelo potência constante - 32ª iteração								
Barra		**Apontador da barra anterior**	**Impedância do trecho (pu)**		**Corrente do trecho (pu)**		**Queda de tensão no trecho (pu)**	**Tensão na barra (pu)**
Número interno	**Número externo**		**Resistência**	**Reatância**	**Componente ativa**	**Componente reativa**		
1	10	---	---	--	0,0896	0,0427	---	1,0200
2	20	1	0,8599	1,4493	0,1194	0,0582	0,1870	0,8330
3	30	2	0,8599	1,4493	0,0123	0,0049	0,0177	0,8153
4	40	2	0,5374	0,9058	0,1072	0,0533	0,1058	0,7272
5	50	4	1,2899	2,1739	0,0403	0,0145	0,0835	0,6437
6	60	4	1,2899	2,1739	0,0669	0,0387	0,1705	0,5567
7	70	5	1,9348	3,2609	0,0080	0,0016	0,0208	0,6229
8	80	5	0,2150	0,3623	0,0322	0,0129	0,0116	0,6321
9	90	6	0,6449	1,0870	0,0400	0,0280	0,0562	0,5005
10	100	8	0,3225	0,5435	0,0243	0,0113	0,0140	0,6181
11	110	8	0,4300	0,7246	0,0080	0,0016	0,0046	0,6275

6.5 — Estudo de Fluxo de Potência em Redes Radiais

A partir das tensões na 32ª iteração determinaram-se as correntes a seguir:

Correntes de carga para 33ª iteração – Potência constante						
Número da barra	30	60	70	90	100	110
Tensão (pu)	0,8153	0,5567	0,6229	0,5005	0,6181	0,6275
Potência ativa (pu)	0,0100	0,0150	0,0050	0,0200	0,0150	0,0050
Potência reativa (pu)	0,0040	0,0060	0,0010	0,0140	0,0070	0,0010
Corrrente ativa (pu)	0,0123	0,0269	0,0080	0,0400	0,0243	0,0080
Corrrente reativa (pu)	0,0049	0,0108	0,0016	0,0280	0,0113	0,0016

Finalmente, a partir das correntes acima foram determinadas as tensões na última iteração. Observa-se que as diferenças máximas entre as duas iterações não excedem a tolerância.

Cálculo das tensões na rede – Modelo potência constante - 33ª iteração								
Barra		Apontador da barra anterior	Impedância do trecho (pu)		Corrente do trecho (pu)		Queda de tensão no trecho (pu)	Tensão na barra (pu)
Número interno	Número externo		Resistência	Reatância	Componente ativa	Componente reativa		
1	10	---	---	--	0,1194	0,0582	---	1,0200
2	20	1	0,8599	1,4493	0,1194	0,0582	0,1870	0,8330
3	30	2	0,8599	1,4493	0,0123	0,0049	0,0177	0,8153
4	40	2	0,5374	0,9058	0,1072	0,0533	0,1059	0,7271
5	50	4	1,2899	2,1739	0,0403	0,0145	0,0835	0,6436
6	60	4	1,2899	2,1739	0,0669	0,0388	0,1705	0,5566
7	70	5	1,9348	3,2609	0,0080	0,0016	0,0208	0,6228
8	80	5	0,2150	0,3623	0,0322	0,0129	0,0116	0,6320
9	90	6	0,6449	1,0870	0,0400	0,0280	0,0562	0,5004
10	100	8	0,3225	0,5435	0,0243	0,0113	0,0140	0,6180
11	110	8	0,4300	0,7246	0,0080	0,0016	0,0046	0,6274

Destaca-se que no modelo de potência constante é possível, em redes muito carregadas ou com comprimentos muito grandes, que não se alcance a convergência.

d. *Resolução com modelo de impedância constante*

Para a primeira iteração, assume-se que a tensão de todas as barras, exceto a da SE, é de 1 pu e determinam-se as correntes. Evidentemente as correntes para a 1ª iteração serão iguais às do item precedente. Nessas condições, os valores de tensão alcançados na primeira iteração serão iguais aos do caso de corrente constante. Assim, a partir desses valores calcularam-se as correntes para a 2ª iteração:

Correntes de carga para 2ª iteração – Impedância constante

Número da barra	30	60	70	90	100	110
Tensão (pu)	0,8978	0,7650	0,7888	0,7370	0,7859	0,7916
Condutância (pu)	0,0100	0,0150	0,0050	0,0200	0,0150	0,0050
Suscetância (pu)	0,0040	0,0060	0,0010	0,0140	0,0070	0,0010
Corrente ativa (pu)	0,0090	0,0115	0,0039	0,0147	0,0118	0,0040
Corrente reativa (pu)	0,0036	0,0046	0,0008	0,0103	0,0055	0,0008

Cálculo das tensões na rede – Modelo impedância constante - 2ª iteração

Barra		Apontador da barra anterior	Impedância do trecho (pu)		Corrente do trecho (pu)		Queda de tensão no trecho (pu)	Tensão na barra (pu)
Número interno	Número externo		Resistência	Reatância	Componente ativa	Componente reativa		
1	10	---	---	--	0,0549	0,0256	---	1,0200
2	20	1	0,8599	1,4493	0,0549	0,0256	0,0842	0,9358
3	30	2	0,8599	1,4493	0,0090	0,0036	0,0129	0,9228
4	40	2	0,5374	0,9058	0,0459	0,0220	0,0446	0,8912
5	50	4	1,2899	2,1739	0,0197	0,0071	0,0408	0,8504
6	60	4	1,2899	2,1739	0,0262	0,0149	0,0662	0,8250
7	70	5	1,9348	3,2609	0,0039	0,0008	0,0102	0,8402
8	80	5	0,2150	0,3623	0,0157	0,0063	0,0057	0,8447
9	90	6	0,6449	1,0870	0,0147	0,0103	0,0207	0,8043
10	100	8	0,3225	0,5435	0,0118	0,0055	0,0068	0,8379
11	110	8	0,4300	0,7246	0,0040	0,0008	0,0023	0,8424

Observa-se que as diferenças entre os valores da tensão entre as duas iterações são da ordem de grandeza de 0,03 pu, que é maior que a tolerância, usualmente fixada em 0,0001. A convergência foi alcançada na 6ª iteração. A seguir apresentam-se os resultados alcançados nas duas últimas iterações.

Cálculo das tensões na rede – Modelo impedância constante - 5ª iteração

Barra		Apontador da barra anterior	Impedância do trecho (pu)		Corrente do trecho (pu)		Queda de tensão no trecho (pu)	Tensão na barra (pu)
Número interno	Número externo		Resistência	Reatância	Componente ativa	Componente reativa		
1	10	---	---	--	0,0579	0,0271	---	1,0200
2	20	1	0,8599	1,4493	0,0579	0,0271	0,0890	0,9310
3	30	2	0,8599	1,4493	0,0092	0,0037	0,0132	0,9178
4	40	2	0,5374	0,9058	0,0487	0,0234	0,0474	0,8836
5	50	4	1,2899	2,1739	0,0207	0,0075	0,0429	0,8407
6	60	4	1,2899	2,1739	0,0280	0,0159	0,0708	0,8129
7	70	5	1,9348	3,2609	0,0041	0,0008	0,0107	0,8300
8	80	5	0,2150	0,3623	0,0166	0,0066	0,0060	0,8347
9	90	6	0,6449	1,0870	0,0158	0,0111	0,0222	0,7906
10	100	8	0,3225	0,5435	0,0124	0,0058	0,0071	0,8276
11	110	8	0,4300	0,7246	0,0042	0,0008	0,0024	0,8323

6.5 — Estudo de Fluxo de Potência em Redes Radiais

Correntes de carga para 6ª iteração – Impedância constante						
Número da barra	30	60	70	90	100	110
Tensão (pu)	0,9178	0,8129	0,8300	0,7906	0,8276	0,8323
Condutância (pu)	0,0100	0,0150	0,0050	0,0200	0,0150	0,0050
Suscetância (pu)	0,0040	0,0060	0,0010	0,0140	0,0070	0,0010
Corrente ativa (pu)	0,0092	0,0122	0,0041	0,0158	0,0124	0,0042
Corrente reativa (pu)	0,0037	0,0049	0,0008	0,0111	0,0058	0,0008

Cálculo das tensões na rede – Modelo impedância constante - 6ª iteração								
Barra		Apontador da barra anterior	Impedância do trecho (pu)		Corrente do trecho (pu)		Queda de tensão no trecho (pu)	Tensão na barra (pu)
Número interno	Número externo		Resistência	Reatância	Componente ativa	Componente reativa		
1	10	---	---	--	0,0579	0,0271	---	1,0200
2	20	1	0,8599	1,4493	0,0579	0,0271	0,0890	0,9310
3	30	2	0,8599	1,4493	0,0092	0,0037	0,0132	0,9178
4	40	2	0,5374	0,9058	0,0487	0,0234	0,0474	0,8836
5	50	4	1,2899	2,1739	0,0207	0,0075	0,0429	0,8406
6	60	4	1,2899	2,1739	0,0280	0,0159	0,0708	0,8128
7	70	5	1,9348	3,2609	0,0041	0,0008	0,0107	0,8299
8	80	5	0,2150	0,3623	0,0166	0,0066	0,0060	0,8347
9	90	6	0,6449	1,0870	0,0158	0,0111	0,0222	0,7906
10	100	8	0,3225	0,5435	0,0124	0,0058	0,0072	0,8275
11	110	8	0,4300	0,7246	0,0042	0,0008	0,0024	0,8323

e. *Cálculo da perda total*

e.1 – *Modelo de corrente constante com a tensão*

A potência total fornecida à rede é dada por:

$$\overline{s}_{Tot} = \dot{e}_{SE} \times i_{SE}^{*} = 1,02 \times (0,070 + j0,033) =$$
$$= 0,0714 + j0,0337\,pu = 7,140 + j3,370 \ MVA$$

A demanda total da carga é dada, conforme tabela abaixo, por:

$$5,490 + j2,560\,MVA$$

que corresponde a perda de demanda ativa e reativa de:

$$7,140 - 5,490 = 1,650 \ MW \ e \ 3,370 - 2,560 = 0,810 \ MVAr$$

que representam $1,650 \times 100/5,490 = 30,05\%$ e $0,810 \times 100/2,560 = 31,64\%$ das potências ativa e reativa fornecidas à carga.

Potência da carga – Modelo de corrente constante					
Número da barra	Tensão (pu)	Corrente ativa (pu)	Corrente reativa (pu)	Potência ativa (pu)	Potência reativa (pu)
30	0,8976	0,0100	0,0040	0,0090	0,0036
60	0,7648	0,0150	0,0060	0,0115	0,0046
70	0,7887	0,0050	0,0010	0,0039	0,0008
90	0,7367	0,0200	0,0140	0,0147	0,0103
100	0,7858	0,0150	0,0070	0,0118	0,0055
110	0,7916	0,0050	0,0010	0,0040	0,0008
Potência complexa da carga (pu)				0,0549	0,0256
Potência complexa da carga (MVA)				5,490	2,560

e.2 – *Modelo de potência constante com a tensão*

A potência total fornecida à rede é dada por:

$$\overline{s}_{Tot} = \dot{e}_{SE} \times \dot{i}_{SE}^* = 1,02 \times (0,1194 + j0,0582) =$$
$$= 0,1218 + j0,0594 \text{ pu} = 11,940 + j5,940 \text{ MVA}$$

A demanda total da carga é dada pela soma das cargas:

$$P_{Tot} = 0,0100 + 0,0150 + 0,0050 + 0,0200 + 0,0150 + 0,0050 = 0,0700 \text{ pu} = 7,000 \text{ MW}$$
$$Q_{Tot} = 0,0040 + 0,0060 + 0,0010 + 0,0140 + 0,0070 + 0,0010 = 0,0330 \text{ pu} = 3,300 \text{ MVAr}$$

A perda total de demanda ativa e reativa é dada por:
$$11,940 - 7,000 = 4,940 \text{ MW e } 5,940 - 3,300 = 2,640 \text{ MVAr}$$

que representam $4,940 \times 100/7,000 = 70,57\%$ e $2,640 \times 100/3,300 = 80,00\%$ das potências ativa e reativa fornecidas à carga.

e.3 – *Modelo de impedância constante com a tensão*

A potência total fornecida à rede é dada por:

$$\overline{s}_{Tot} = \dot{e}_{SE} \times \dot{i}_{SE}^* = 1,02 \times (0,0579 + j0,0271) =$$
$$= 0,0591 + j0,0276 \text{ pu} = 5,910 + j2,760 \text{ MVA}$$

A potência fornecida à carga é dada pela tabela abaixo:

Potência da carga – Modelo de impedância constante					
Número da barra	Tensão (pu)	Condutância (pu)	Suscetância (pu)	Potência ativa (pu)	Potência reativa (pu)
30	0,9178	0,0100	0,0040	0,0092	0,0037
60	0,8128	0,0150	0,0060	0,0122	0,0049
70	0,8299	0,0050	0,0010	0,0041	0,0008
90	0,7906	0,0200	0,0140	0,0158	0,0055
100	0,8275	0,0150	0,0070	0,0124	0,0058
110	0,8323	0,0050	0,0010	0,0042	0,0008
Potência complexa da carga (pu)				0,0579	0,0215
Potência complexa da carga (MVA)				5,790	2,150

6.5 — Estudo de Fluxo de Potência em Redes Radiais

A perda total de demanda ativa e reativa é dada por:

$$5,910 - 5,790 = 0,120 \text{ MW e } 2,760 - 2,150 = 0,610 \text{ MVAr}$$

que representam $0,120 \times 100/5,790 = 2,07\%$ e $0,610 \times 100/2,150 = 28,37\%$ das potências ativa e reativa fornecidas à carga.

f. *Conclusões*

Observa-se que a rede apresenta carregamento excessivo sendo inviável sua operação nessas condições. Optou-se por estudar rede muito carregada para permitir melhor visualização do comportamento com os modelos de carga utilizados.

6.5.5 CÁLCULO DO FLUXO DE POTÊNCIA COM REPRESENTAÇÃO COMPLEXA

No caso de representação dos parâmetros da rede por números complexos, o procedimento de cálculo, analogamente à representação por números reais, é realizado nos passos a seguir:

1º Passo - Adquirem-se os dados da rede.

2º Passo - Procede-se a ordenação da rede com a lógica "pai-filho".

3º Passo - Inicializa-se o contador de iterações, ITER = 0, e inicializam-se as tensões em todas as barras, exceto a da SE, em $\dot{v}_i^{(ITER)}$, usualmente em $1,0\underline{|0°}$.

4º Passo - Calcula-se a corrente de todas as barras de carga.

5º Passo - Calcula-se, partindo-se da última barra da rede ordenada e deslocando-se no sentido da barra inicial, barra da SE, a queda de tensão em todos os trechos, "ik", da rede através da equação:

$$\Delta\dot{v}_{ik}^{(ITER)} = \ell_{ik} \cdot \overline{z}_{ik} \cdot \dot{i}_i^{(ITER)}$$

e acumula-se a corrente na barra anterior.

6º Passo - Calcula-se, partindo-se na rede ordenada da barra imediatamente posterior à SE e dirigindo-se ao fim da rede, no sentido do fluxo, a tensão em todas as barras através da equação:

$$\dot{v}_k^{(ITER+1)} = \dot{v}_i^{(ITER+1)} - \Delta\dot{v}_{ik}^{(ITER)}.$$

7º Passo - Verifica-se, em todas as barras, o desvio entre os valores da tensão nas duas últimas iterações, isto é:

$$\Delta = |\dot{v}_k^{(ITER+1)} - \dot{v}_k^{(ITER)}|.$$

Sendo o desvio menor que a tolerância, encerra-se o procedimento e calculam-se os fluxos em todos os trechos da rede. Caso em alguma barra o desvio exceda a tolerância, incrementa-se o contador de iterações (ITER = ITER + 1) e retorna-se ao passo 4, desde que o número máximo de iterações não tenha sido excedido.

Exemplo 6.5

Repetir o Exemplo 6.4, determinando, com representação real e complexa da rede, as tensões nas barras, os fluxos nos trechos e a perda total na rede, utilizando-se os modelos de corrente, potência e impedância constante com a tensão e assumindo-se que a demanda da carga seja de 50% do valor apresentado.

a. *Valores de base e impedâncias em pu/km*

Assumem-se os valores de base: 13,8 kV para a tensão de linha e 100 MVA para a potência trifásica. Nessas condições, a impedância de base será dada por:

$$Z_{base} = \frac{V_{Base}^2}{S_{Base}} = \frac{13,8^2}{100} = 1,9044 \ \Omega$$

e a impedância dos trechos da rede, em pu/km, valerá:

$$z = \frac{0,2047 + j0,3450}{1,9044} = 0,1075 + j0,1811 \ \text{pu/km}$$

b. *Modelo de corrente constante*

b1. *Representação real*

Para a primeira iteração, assume-se que a tensão de todas as barras, exceto a da SE, é de 1 pu e determinam-se as correntes.

Correntes de carga para 1ª iteração – Corrente constante						
Número da barra	**30**	**60**	**70**	**90**	**100**	**110**
Tensão (pu)	1,0000	1,0000	1,0000	1,0000	1,0000	1,0000
Potência ativa (pu)	0,0100	0,0150	0,0050	0,0200	0,0150	0,0050
Potência reativa (pu)	0,0040	0,0060	0,0010	0,0140	0,0070	0,0010
Corrente ativa (pu)	0,0100	0,0150	0,0050	0,0200	0,0150	0,0050
Corrente reativa (pu)	0,0040	0,0060	0,0010	0,0140	0,0070	0,0010

Tabela para cálculo das tensões na rede – Modelo corrente constante								
Barra		**Apontador da barra anterior**	**Impedância do trecho (pu)**		**Corrente do trecho (pu)**		**Queda de tensão no trecho (pu)**	**Tensão na barra (pu)**
Número interno	**Número externo**		**Resistência**	**Reatância**	**Componente ativa**	**Componente reativa**		
1	10	---	---	--	0,035	0,0165	---	1,0200
2	20	1	0,8599	1,4493	0,0350	0,0165	0,0540	0,9660
3	30	2	0,8599	1,4493	0,0050	0,0020	0,0072	0,9588
4	40	2	0,5374	0,9058	0,0300	0,0145	0,0293	0,9367
5	50	4	1,2899	2,1739	0,0125	0,0045	0,0259	0,9108
6	60	4	1,2899	2,1739	0,0175	0,0100	0,0443	0,8924
7	70	5	1,9348	3,2609	0,0025	0,0005	0,0065	0,9044
8	80	5	0,2150	0,3623	0,0100	0,0040	0,0036	0,9072
9	90	6	0,6449	1,0870	0,0100	0,0070	0,0141	0,8784
10	100	8	0,3225	0,5435	0,0075	0,0035	0,0043	0,9029
11	110	8	0,4300	0,7246	0,0025	0,0005	0,0014	0,9058

6.5 — Estudo de Fluxo de Potência em Redes Radiais

b2. *Representação complexa*

Para a primeira iteração, assume-se que a tensão de todas as barras, exceto a da SE, é de 1 pu, com fase 0 e determinam-se as correntes.

Correntes de carga para 1ª iteração – Corrente constante						
Número da barra	30	60	70	90	100	110
Fase da tensão (°)	0,0000	0,0000	0,0000	0,0000	0,0000	0,0000
Potência ativa (pu)	0,0050	0,0075	0,0025	0,0100	0,0075	0,0025
Potência reativa (pu)	0,0020	0,0030	0,0005	0,0070	0,0035	0,0005
Corrente ativa (pu)	0,0050	0,0075	0,0025	0,0100	0,0075	0,0025
Corrente reativa (pu)	−0,0020	−0,0030	−0,0005	−0,0070	−0,0035	−0,0005
Corrente módulo (pu)	0,0054	0,0081	0,0025	0,0122	0,0083	0,0025
Corrente fase (°)	−21,8015	−21,8014	−11,3102	−34,9920	−25,0170	−11,3102

Tabela para cálculo das tensões na rede – Modelo corrente constante – 1ª iteração								
Barra número interno	Barra número externo	Apontador da barra anterior	Impedância do trecho (pu)		Corrente do trecho (pu)		Queda de tensão no trecho (pu)	Tensão na barra	
			Resistência	Reatância	Componente ativa	Componente reativa		Módulo (pu)	Fase (°)
1	10	---	---	--	0,0350	-0,0165	---	1,0200	0,0000
2	20	1	0,8599	1,4493	0,0350	-0,0165	0,0652	0,9667	-2,1660
3	30	2	0,8599	1,4493	0,0050	-0,0020	0,0091	0,9597	-2,5120
4	40	2	0,5374	0,9058	0,0300	-0,0145	0,0351	0,9384	-3,4162
5	50	4	1,2899	2,1739	0,0125	-0,0045	0,0336	0,9141	-4,8501
6	60	4	1,2899	2,1739	0,0175	-0,0100	0,0509	0,8961	-5,1902
7	70	5	1,9348	3,2609	0,0025	-0,0005	0,0097	0,9083	-5,3362
8	80	5	0,2150	0,3623	0,0100	-0,0040	0,0045	0,9108	-5,0425
9	90	6	0,6449	1,0870	0,0100	-0,0070	0,0154	0,8827	-5,6835
10	100	8	0,3225	0,5435	0,0075	-0,0035	0,0052	0,9067	-5,2520
11	110	8	0,4300	0,7246	0,0025	−0,0005	0,0021	0,9095	−5,1506

O sistema convergiu com 4 iterações. A seguir apresentam-se as tabelas para a 3ª e 4ª iteração.

Tabela para cálculo das tensões na rede – Modelo corrente constante – 3ª iteração								
Barra número interno	Barra número externo	Apontador da barra anterior	Impedância do trecho (pu)		Corrente do trecho (pu)		Queda de tensão no trecho (pu)	Tensão na barra	
			Resistência	Reatância	Componente ativa	Componente reativa		Módulo (pu)	Fase (°)
1	10	---	---	--	0,0336	−0,0191	---	1,0200	0,0000
2	20	1	0,8599	1,4493	0,0336	−0,0191	0,0652	0,9639	−1,9172
3	30	2	0,8599	1,4493	0,0049	−0,0022	0,0091	0,9567	−2,2457
4	40	2	0,5374	0,9058	0,0287	−0,0169	0,0351	0,9339	−3,0154
5	50	4	1,2899	2,1739	0,0121	−0,0055	0,0336	0,9076	−4,3161
6	60	4	1,2899	2,1739	0,0166	−0,0114	0,0509	0,8892	−4,5451
7	70	5	1,9348	3,2609	0,0024	−0,0007	0,0097	0,9011	−4,7696
8	80	5	0,2150	0,3623	0,0096	−0,0048	0,0045	0,9040	−4,4898
9	90	6	0,6449	1,0870	0,0094	−0,0078	0,0154	0,8751	−4,9543
10	100	8	0,3225	0,5435	0,0072	−0,0041	0,0052	0,8997	−4,6766
11	110	8	0,4300	0,7246	0,0025	−0,0007	0,0021	0,9026	−4,5910

Correntes de carga para 4ª iteração – Corrente constante						
Número da barra	30	60	70	90	100	110
Fase da tensão (°)	−2,2457	−4,5451	−4,7696	−4,9543	−4,6766	−4,5910
Potência ativa (pu)	0,0100	0,0150	0,0050	0,0200	0,0150	0,0050
Potência reativa (pu)	0,0040	0,0060	0,0010	0,0140	0,0070	0,0010
Corrente ativa (pu)	0,0049	0,0072	0,0024	0,0094	0,0072	0,0025
Corrente reativa (pu)	−0,0022	−0,0036	−0,0007	−0,0078	−0,0041	−0,0007
Corrente módulo (pu)	0,0054	0,0081	0,0025	0,0122	0,0083	0,0025
Corrente fase (°)	−24,0471	−26,3465	−16,0798	−39,9463	−29,6935	−15,9012

Tabela para cálculo das tensões na rede – Modelo corrente constante – 4ª iteração									
Barra número interno	Barra número externo	Apontador da barra anterior	Impedância do trecho (pu)		Corrente do trecho (pu)		Queda de tensão no trecho (pu)	Tensão na barra	
			Resistência	Reatância	Componente ativa	Componente reativa		Módulo (pu)	Fase (°)
1	10	---	---	--	0,0336	−0,0191	---	1,0200	0,0000
2	20	1	0,8599	1,4493	0,0336	−0,0191	0,0652	0,9639	−1,9180
3	30	2	0,8599	1,4493	0,0049	−0,0022	0,0091	0,9567	−2,2465
4	40	2	0,5374	0,9058	0,0287	−0,0169	0,0351	0,9339	−3,0167
5	50	4	1,2899	2,1739	0,0121	−0,0055	0,0336	0,9077	−4,3178
6	60	4	1,2899	2,1739	0,0166	−0,0114	0,0509	0,8892	−4,5473
7	70	5	1,9348	3,2609	0,0024	−0,0007	0,0097	0,9012	−4,7714
8	80	5	0,2150	0,3623	0,0096	−0,0048	0,0045	0,9040	−4,4916
9	90	6	0,6449	1,0870	0,0094	−0,0078	0,0154	0,8751	−4,9568
10	100	8	0,3225	0,5435	0,0072	−0,0041	0,0052	0,8997	−4,6784
11	110	8	0,4300	0,7246	0,0025	-0,0007	0,0021	0,9026	−4,5928

b3. *Comparação de resultados*

Na tabela abaixo estão apresentados os valores alcançados das tensões nas barras, utilizando-se o modelo simplificado, representação das grandezas por números reais, e o modelo completo, representação das grandezas por números complexos. O desvio representa a diferença, em módulo, entre as tensões dos modelos complexo e real. O desvio porcentual é dado pela porcentagem do desvio em relação ao valor alcançado utilizando-se o modelo complexo.

Comparação de resultados – Cálculo complexo/real				
Número da barra	Modulo da tensão (pu)		Desvio das tensões	
	Modelo completo	Modelo real	(pu)	%
20	0,9639	0,9660	0,0021	0,22
30	0,9567	0,9588	0,0021	0,22
40	0,9339	0,9367	0,0028	0,30
50	0,9077	0,9108	0,0031	0,34
60	0,8892	0,8924	0,0032	0,36
70	0,9012	0,9044	0,0032	0,35
80	0,9040	0,9072	0,0032	0,35
90	0,8751	0,8784	0,0033	0,38
100	0,8997	0,9029	0,0032	0,36
110	0,9026	0,9058	0,0032	0,35

6.5 — Estudo de Fluxo de Potência em Redes Radiais

c. *Modelo de potência constante*

c1. *Representação real*

Para a primeira iteração, assume-se que a tensão de todas as barras, exceto a da SE, é de 1 pu e determinam-se as correntes, que, para esta iteração, são iguais às do modelo de corrente constante com a tensão.

Cálculo das tensões na rede – Modelo potência constante – 1ª iteração								
Barra		Apontador da barra anterior	Impedância do trecho (pu)		Corrente do trecho (pu)		Queda de tensão no trecho (pu)	Tensão na barra (pu)
Número interno	Número externo		Resistência	Reatância	Componente ativa	Componente reativa		
1	10	---	---	--	0,0350	0,0165	---	1,0200
2	20	1	0,8599	1,4493	0,0350	0,0165	0,0540	0,9660
3	30	2	0,8599	1,4493	0,0050	0,0020	0,0072	0,9588
4	40	2	0,5374	0,9058	0,0300	0,0145	0,0293	0,9367
5	50	4	1,2899	2,1739	0,0125	0,0045	0,0259	0,9108
6	60	4	1,2899	2,1739	0,0175	0,0100	0,0443	0,8924
7	70	5	1,9348	3,2609	0,0025	0,0005	0,0065	0,9044
8	80	5	0,2150	0,3623	0,0100	0,0040	0,0036	0,9072
9	90	6	0,6449	1,0870	0,0100	0,0070	0,0141	0,8784
10	100	8	0,3225	0,5435	0,0075	0,0035	0,0043	0,9029
11	110	8	0,4300	0,7246	0,0025	0,0005	0,0014	0,9058

O sistema convergiu com 4 iterações. Nas tabelas a seguir apresentam-se os resultados da 3ª e 4ª iterações.

Cálculo das tensões na rede – Modelo potência constante – 3ª iteração								
Barra		Apontador da barra anterior	Impedância do trecho (pu)		Corrente do trecho (pu)		Queda de tensão no trecho (pu)	Tensão na barra (pu)
Número interno	Número externo		Resistência	Reatância	Componente ativa	Componente reativa		
1	10	---	---	--	0,0396	0,0188	---	1,0200
2	20	1	0,8599	1,4493	0,0396	0,0188	0,0612	0,9588
3	30	2	0,8599	1,4493	0,0053	0,0021	0,0076	0,9512
4	40	2	0,5374	0,9058	0,0343	0,0167	0,0335	0,9253
5	50	4	1,2899	2,1739	0,0141	0,0051	0,0292	0,8961
6	60	4	1,2899	2,1739	0,0202	0,0116	0,0513	0,8740
7	70	5	1,9348	3,2609	0,0028	0,0006	0,0073	0,8888
8	80	5	0,2150	0,3623	0,0113	0,0045	0,0041	0,8921
9	90	6	0,6449	1,0870	0,0117	0,0082	0,0164	0,8576
10	100	8	0,3225	0,5435	0,0085	0,0039	0,0049	0,8872
11	110	8	0,4300	0,7246	0,0028	0,0006	0,0016	0,8905

Correntes de carga para 4ª iteração – Potência constante

Número da barra	30	60	70	90	100	110
Tensão (pu)	0,9512	0,8740	0,8888	0,8576	0,8872	0,8905
Potência ativa (pu)	0,0100	0,0150	0,0050	0,0200	0,0150	0,0050
Potência reativa (pu)	0,0040	0,0060	0,0010	0,0140	0,0070	0,0010
Corrente ativa (pu)	0,0053	0,0086	0,0028	0,0117	0,0085	0,0028
Corrente reativa (pu)	0,0021	0,0034	0,0006	0,0082	0,0039	0,0006

Cálculo das tensões na rede – Modelo potência constante – 4ª iteração

Barra		Apontador da barra anterior	Impedância do trecho (pu)		Corrente do trecho (pu)		Queda de tensão no trecho (pu)	Tensão na barra (pu)
Número interno	Número externo		Resistência	Reatância	Componente ativa	Componente reativa		
1	10	---	---	--	0,0396	0,0188	---	1,0200
2	20	1	0,8599	1,4493	0,0396	0,0188	0,0612	0,9588
3	30	2	0,8599	1,4493	0,0053	0,0021	0,0076	0,9512
4	40	2	0,5374	0,9058	0,0343	0,0167	0,0335	0,9252
5	50	4	1,2899	2,1739	0,0141	0,0051	0,0292	0,8961
6	60	4	1,2899	2,1739	0,0202	0,0116	0,0513	0,8739
7	70	5	1,9348	3,2609	0,0028	0,0006	0,0073	0,8888
8	80	5	0,2150	0,3623	0,0113	0,0045	0,0041	0,8920
9	90	6	0,6449	1,0870	0,0117	0,0082	0,0164	0,8575
10	100	8	0,3225	0,5435	0,0085	0,0039	0,0049	0,8871
11	110	8	0,4300	0,7246	0,0028	0,0006	0,0016	0,8904

c2. *Representação complexa*

Para a primeira iteração, assume-se que a tensão de todas as barras, exceto a da SE, é de 1 pu, com fase 0 e determinam-se as correntes.

Correntes de carga para 1ª iteração – Potência constante

Número da barra	30	60	70	90	100	110
Módulo da tensão (pu)	1,0000	1,0000	1,0000	1,0000	1,0000	1,0000
Fase da tensão (°)	0,0000	0,0000	0,0000	0,0000	0,0000	0,0000
Potênica ativa (pu)	0,0050	0,0075	0,0025	0,0100	0,0075	0,0025
Potênica reativa (pu)	0,0020	0,0030	0,0005	0,0070	0,0035	0,0005
Corrente ativa (pu)	0,0050	0,0075	0,0025	0,0100	0,0075	0,0025
Corrente reativa (pu)	−0,0020	−0,0030	−0,0005	−0,0070	−0,0035	−0,0005
Corrente módulo (pu)	0,0054	0,0081	0,0025	0,0122	0,0083	0,0025
Corrente fase (°)	−21,8015	−21,8014	−11,3102	−34,9920	−25,0170	−11,3102

6.5 — Estudo de Fluxo de Potência em Redes Radiais

Tabela para cálculo das tensões na rede – Modelo potência constante – 1ª iteração

Barra número interno	Barra número externo	Apontador da barra anterior	Impedância do trecho (pu)		Corrente do trecho (pu)		Queda de tensão no trecho (pu)	Tensão na barra	
			Resistência	Reatância	Componente ativa	Componente reativa		Módulo (pu)	Fase (°)
1	10	---	---	--	0,0350	-0,0165	---	1,0200	0,0000
2	20	1	0,8599	1,4493	0,0350	-0,0165	0,0652	0,9667	-2,1660
3	30	2	0,8599	1,4493	0,0050	-0,0020	0,0091	0,9597	-2,5120
4	40	2	0,5374	0,9058	0,0300	-0,0145	0,0351	0,9384	-3,4162
5	50	4	1,2899	2,1739	0,0125	-0,0045	0,0336	0,9141	-4,8501
6	60	4	1,2899	2,1739	0,0175	-0,0100	0,0509	0,8961	-5,1902
7	70	5	1,9348	3,2609	0,0025	-0,0005	0,0097	0,9083	-5,3362
8	80	5	0,2150	0,3623	0,0100	-0,0040	0,0045	0,9108	-5,0425
9	90	6	0,6449	1,0870	0,0100	-0,0070	0,0154	0,8827	-5,6835
10	100	8	0,3225	0,5435	0,0075	-0,0035	0,0052	0,9067	-5,2520
11	110	8	0,4300	0,7246	0,0025	−0,0005	0,0021	0,9095	−5,1506

O sistema convergiu com 5 iterações. A seguir, apresentam-se os resultados para a 4ª e 5ª iterações.

Tabela para cálculo das tensões na rede – Modelo potência constante – 4ª iteração

Barra número interno	Barra número externo	Apontador da barra anterior	Impedância do trecho (pu)		Corrente do trecho (pu)		Queda de tensão no trecho (pu)	Tensão na barra	
			Resistência	Reatância	Componente ativa	Componente reativa		Módulo (pu)	Fase (°)
1	10	---	---	--	0,0379	−0,0223	----	1,0200	0,0000
2	20	1	0,8599	1,4493	0,0379	−0,0223	0,0741	0,9558	−2,1479
3	30	2	0,8599	1,4493	0,0052	−0,0023	0,0096	0,9482	−2,4973
4	40	2	0,5374	0,9058	0,0328	−0,0199	0,0404	0,9211	−3,4094
5	50	4	1,2899	2,1739	0,0136	−0,0064	0,0380	0,8912	−4,9011
6	60	4	1,2899	2,1739	0,0191	−0,0136	0,0593	0,8689	−5,2101
7	70	5	1,9348	3,2609	0,0028	−0,0008	0,0109	0,8839	−5,4237
8	80	5	0,2150	0,3623	0,0109	−0,0056	0,0051	0,8871	−5,1014
9	90	6	0,6449	1,0870	0,0109	−0,0093	0,0181	0,8523	−5,7018
10	100	8	0,3225	0,5435	0,0081	−0,0047	0,0059	0,8822	−5,3172
11	110	8	0,4300	0,7246	0,0028	−0,0008	0,0024	0,8855	−5,2178

Correntes de carga para 4ª iteração – Potência constante

Número da barra	30	60	70	90	100	110
Módulo da tensão (pu)	0,9482	0,8689	0,8839	0,8523	0,8822	0,8855
Fase da tensão (°)	−2,4973	−5,2101	−5,4237	−5,7018	−5,3172	−5,2178
Potênica ativa (pu)	0,0050	0,0075	0,0025	0,0100	0,0075	0,0025
Potênica reativa (pu)	0,0020	0,0030	0,0005	0,0070	0,0035	0,0005
Corrrente ativa (pu)	0,0050	0,0075	0,0025	0,0100	0,0075	0,0025
Corrente reativa (pu)	−0,0020	−0,0030	−0,0005	−0,0070	−0,0035	−0,0005
Corrente módulo (pu)	0,0057	0,0093	0,0029	0,0143	0,0094	0,0029
Corrente fase (°)	−24,2988	−27,0115	−16,7339	−40,6938	−30,3341	−16,5280

Tabela para cálculo das tensões na rede – Modelo potência constante – 5ª iteração

Barra número interno	Barra número externo	Apontador da barra anterior	Impedância do trecho (pu)		Corrente do trecho (pu)		Queda de tensão no trecho (pu)	Tensão na barra	
			Resistência	Reatância	Componente ativa	Componente reativa		Módulo (pu)	Fase (°)
1	10	---	---	--	0,0379	−0,0223	----	1,0200	0,0000
2	20	1	0,8599	1,4493	0,0379	−0,0223	0,0741	0,9558	−2,1478
3	30	2	0,8599	1,4493	0,0052	−0,0023	0,0096	0,9481	−2,4972
4	40	2	0,5374	0,9058	0,0328	−0,0199	0,0404	0,9210	−3,4093
5	50	4	1,2899	2,1739	0,0136	−0,0064	0,0380	0,8912	−4,9010
6	60	4	1,2899	2,1739	0,0191	−0,0136	0,0593	0,8688	−5,2098
7	70	5	1,9348	3,2609	0,0028	−0,0008	0,0109	0,8839	−5,4236
8	80	5	0,2150	0,3623	0,0109	−0,0056	0,0051	0,8871	−5,1013
9	90	6	0,6449	1,0870	0,0109	−0,0093	0,0181	0,8523	−5,7015
10	100	8	0,3225	0,5435	0,0081	−0,0047	0,0059	0,8822	−5,3170
11	110	8	0,4300	0,7246	0,0028	−0,0008	0,0024	0,8855	−5,2177

c3. *Comparação de resultados*

Na tabela abaixo estão apresentados os valores alcançados das tensões nas barras utilizando-se o modelo simplificado, representação das grandezas por números reais, e o modelo completo, representação das grandezas por números complexos. O desvio representa a diferença, em módulo, entre as tensões dos modelos complexo e real. O desvio porcentual é dado pela porcentagem do desvio em relação ao valor alcançado utilizando-se o modelo complexo.

Comparação de resultados – Cálculo complexo/real

Número da barra	Modulo da tensão (pu)		Desvio das tensões	
	Modelo completo	Modelo real	(pu)	%
20	0,9558	0,9588	0,0000	0,00
30	0,9481	0,9512	0,0031	0,33
40	0,9210	0,9252	0,0042	0,46
50	0,8912	0,8961	0,0049	0,55
60	0,8688	0,8739	0,0051	0,59
70	0,8839	0,8888	0,0049	0,55
80	0,8871	0,8920	0,0049	0,55
90	0,8523	0,8575	0,0052	0,61
100	0,8822	0,8871	0,0049	0,56
110	0,8855	0,8904	0,0049	0,55

d. *Modelo de impedância constante*

d1. *Representação real*

Para a primeira iteração, assume-se que a tensão de todas as barras, exceto a da SE, é de 1 pu e determinam-se as correntes, que, para esta iteração, são iguais às do modelo de corrente constante com a tensão.

6.5 — Estudo de Fluxo de Potência em Redes Radiais

Cálculo das tensões na rede – Modelo impedância constante – 1ª iteração								
Barra		Apontador da barra anterior	Impedância do trecho (pu)		Corrente do trecho (pu)		Queda de tensão no trecho (pu)	Tensão na barra (pu)
Número interno	Número externo		Resistência	Reatância	Componente ativa	Componente reativa		
1	10	---	---	--	0,0350	0,0165	----	1,0201
2	20	1	0,8599	1,4493	0,0350	0,0165	0,0540	0,9661
3	30	2	0,8599	1,4493	0,0050	0,0020	0,0072	0,9589
4	40	2	0,5374	0,9058	0,0300	0,0145	0,0293	0,9368
5	50	4	1,2899	2,1739	0,0125	0,0045	0,0259	0,9109
6	60	4	1,2899	2,1739	0,0175	0,0100	0,0443	0,8925
7	70	5	1,9348	3,2609	0,0025	0,0005	0,0065	0,9045
8	80	5	0,2150	0,3623	0,0100	0,0040	0,0036	0,9073
9	90	6	0,6449	1,0870	0,0100	0,0070	0,0141	0,8785
10	100	8	0,3225	0,5435	0,0075	0,0035	0,0043	0,9030
11	110	8	0,4300	0,7246	0,0025	0,0005	0,0014	0,9059

O sistema convergiu com 4 iterações. Nas tabelas a seguir apresentam-se os resultados da 3ª e 4ª iterações.

Cálculo das tensões na rede – Modelo impedância constante – 3ª iteração								
Barra		Apontador da barra anterior	Impedância do trecho (pu)		Corrente do trecho (pu)		Queda de tensão no trecho (pu)	Tensão na barra (pu)
Número interno	Número externo		Resistência	Reatância	Componente ativa	Componente reativa		
1	10	---	---	--	0,0319	0,0150	----	1,0201
2	20	1	0,8599	1,4493	0,0319	0,0150	0,0492	0,9709
3	30	2	0,8599	1,4493	0,0048	0,0019	0,0069	0,9640
4	40	2	0,5374	0,9058	0,0271	0,0131	0,0264	0,9445
5	50	4	1,2899	2,1739	0,0114	0,0041	0,0237	0,9208
6	60	4	1,2899	2,1739	0,0157	0,0090	0,0397	0,9047
7	70	5	1,9348	3,2609	0,0023	0,0005	0,0059	0,9149
8	80	5	0,2150	0,3623	0,0091	0,0037	0,0033	0,9175
9	90	6	0,6449	1,0870	0,0089	0,0062	0,0125	0,8922
10	100	8	0,3225	0,5435	0,0069	0,0032	0,0039	0,9136
11	110	8	0,4300	0,7246	0,0023	0,0005	0,0013	0,9162

Correntes de carga para 4ª iteração – Impedância constante						
Número da barra	30	60	70	90	100	110
Tensão (pu)	0,9640	0,9047	0,9149	0,8922	0,9136	0,9162
Potênica ativa (pu)	0,0100	0,0150	0,0050	0,0200	0,0150	0,0050
Potência reativa (pu)	0,0040	0,0060	0,0010	0,0140	0,0070	0,0010
Corrente ativa (pu)	0,0048	0,0068	0,0023	0,0089	0,0069	0,0023
Corrente reativa (pu)	0,0019	0,0027	0,0005	0,0062	0,0032	0,0005

Cálculo das tensões na rede – Modelo impedância constante – 4ª iteração

| Barra | | Apontador da barra anterior | Impedância do trecho (pu) | | Corrente do trecho (pu) | | Queda de tensão no trecho (pu) | Tensão na barra (pu) |
Número interno	Número externo		Resistência	Reatância	Componente ativa	Componente reativa		
1	10	---	---	--	0,0320	0,0150	-----	1,0201
2	20	1	0,8599	1,4493	0,0320	0,0150	0,0492	0,9709
3	30	2	0,8599	1,4493	0,0048	0,0019	0,0069	0,9639
4	40	2	0,5374	0,9058	0,0271	0,0131	0,0264	0,9445
5	50	4	1,2899	2,1739	0,0114	0,0041	0,0237	0,9208
6	60	4	1,2899	2,1739	0,0157	0,0090	0,0397	0,9047
7	70	5	1,9348	3,2609	0,0023	0,0005	0,0059	0,9149
8	80	5	0,2150	0,3623	0,0091	0,0037	0,0033	0,9175
9	90	6	0,6449	1,0870	0,0089	0,0062	0,0125	0,8922
10	100	8	0,3225	0,5435	0,0069	0,0032	0,0039	0,9135
11	110	8	0,4300	0,7246	0,0023	0,0005	0,0013	0,9162

d2. *Representação complexa*

Para a primeira iteração, assume-se que a tensão de todas as barras, exceto a da SE, é de 1 pu, com fase 0 e determinam-se as correntes.

Correntes de carga para 1ª iteração – Impedância constante

Número da barra	30	60	70	90	100	110
Módulo da tensão (pu)	1,0000	1,0000	1,0000	1,0000	1,0000	1,0000
Fase da tensão (°)	0,0000	0,0000	0,0000	0,0000	0,0000	0,0000
Potência ativa (pu)	0,0050	0,0075	0,0025	0,0100	0,0075	0,0025
Potência reativa (pu)	0,0020	0,0030	0,0005	0,0070	0,0035	0,0005
Corrente ativa (pu)	0,0050	0,0075	0,0025	0,0100	0,0075	0,0025
Corrente reativa (pu)	−0,0020	−0,0030	−0,0005	−0,0070	−0,0035	−0,0005
Corrente módulo (pu)	0,0054	0,0081	0,0025	0,0122	0,0083	0,0025
Corrente fase (°)	−21,8015	−21,8014	−11,3102	−34,9920	−25,0170	−11,3102

Tabela para cálculo das tensões na rede – Modelo impedância constante – 1ª iteração

| Barra número interno | Barra número externo | Apontador da barra anterior | Impedância do trecho (pu) | | Corrente do trecho (pu) | | Queda de tensão no trecho (pu) | Tensão na barra | |
			Resistência	Reatância	Componente ativa	Componente reativa		Módulo (pu)	Fase (°)
1	10	---	---	--	0,0350	−0,0165	-----	1,0201	0,0000
2	20	1	0,8599	1,4493	0,0350	−0,0165	0,0652	0,9668	−2,1658
3	30	2	0,8599	1,4493	0,0050	−0,0020	0,0091	0,9598	−2,5117
4	40	2	0,5374	0,9058	0,0300	−0,0145	0,0351	0,9385	−3,4157
5	50	4	1,2899	2,1739	0,0125	−0,0045	0,0336	0,9142	−4,8495
6	60	4	1,2899	2,1739	0,0175	−0,0100	0,0509	0,8962	−5,1895
7	70	5	1,9348	3,2609	0,0025	−0,0005	0,0097	0,9084	−5,3355
8	80	5	0,2150	0,3623	0,0100	−0,0040	0,0045	0,9109	−5,0418
9	90	6	0,6449	1,0870	0,0100	−0,0070	0,0154	0,8828	−5,6828
10	100	8	0,3225	0,5435	0,0075	−0,0035	0,0052	0,9068	−5,2513
11	110	8	0,4300	0,7246	0,0025	−0,0005	0,0021	0,9096	−5,1500

6.5 — Estudo de Fluxo de Potência em Redes Radiais

O sistema convergiu com 4 iterações. Nas tabelas a seguir apresentam-se os resultados na 3ª e 4ª iterações.

Tabela para cálculo das tensões na rede – Modelo impedância constante – 3ª iteração

Barra número interno	Barra número externo	Apontador da barra anterior	Impedância do trecho (pu)		Corrente do trecho (pu)		Queda de tensão no trecho (pu)	Tensão na barra	
			Resistência	Reatância	Componente ativa	Componente reativa		Módulo (pu)	Fase (°)
1	10	---	---	--	0,0307	-0,0171	-----	1,0201	0,0000
2	20	1	0,8599	1,4493	0,0307	-0,0171	0,0593	0,9693	-1,7632
3	30	2	0,8599	1,4493	0,0047	-0,0021	0,0087	0,9623	-2,0775
4	40	2	0,5374	0,9058	0,0260	-0,0150	0,0316	0,9423	-2,7553
5	50	4	1,2899	2,1739	0,0111	-0,0049	0,0306	0,9184	-3,9322
6	60	4	1,2899	2,1739	0,0149	-0,0101	0,0456	0,9023	-4,1154
7	70	5	1,9348	3,2609	0,0022	-0,0006	0,0088	0,9124	-4,3413
8	80	5	0,2150	0,3623	0,0088	-0,0043	0,0041	0,9151	-4,0889
9	90	6	0,6449	1,0870	0,0084	-0,0069	0,0137	0,8898	-4,4743
10	100	8	0,3225	0,5435	0,0066	-0,0037	0,0048	0,9111	-4,2570
11	110	8	0,4300	0,7246	0,0022	−0,0006	0,0020	0,9138	−4,1802

Correntes de carga para 4ª iteração – Impedância constante

Número da barra	30	60	70	90	100	110
Módulo da tensão (pu)	0,9623	0,9023	0,9124	0,8898	0,9111	0,9138
Fase da tensão (°)	−2,0775	−4,1154	−4,3413	−4,4743	−4,2570	−4,1802
Potênica ativa (pu)	0,0050	0,0075	0,0025	0,0100	0,0075	0,0025
Potência reativa (pu)	0,0020	0,0030	0,0005	0,0070	0,0035	0,0005
Corrente ativa (pu)	0,0047	0,0066	0,0022	0,0084	0,0066	0,0022
Corrente reativa (pu)	−0,0021	−0,0032	−0,0006	−0,0069	−0,0037	−0,0006
Corrente módulo (pu)	0,0052	0,0073	0,0023	0,0109	0,0075	0,0023
Corrente fase (°)	−23,8790	−25,9168	−15,6515	−39,4663	−29,2740	−15,4904

Tabela para cálculo das tensões na rede – Modelo impedância constante – 4ª iteração

Barra número interno	Barra número externo	Apontador da barra anterior	Impedância do trecho (pu)		Corrente do trecho (pu)		Queda de tensão no trecho (pu)	Tensão na barra	
			Resistência	Reatância	Componente ativa	Componente reativa		Módulo (pu)	Fase (°)
1	10	---	---	--	0,0307	-0,0171	----	1,0201	0,0000
2	20	1	0,8599	1,4493	0,0307	-0,0171	0,0593	0,9693	−1,7634
3	30	2	0,8599	1,4493	0,0047	-0,0021	0,0087	0,9624	−2,0778
4	40	2	0,5374	0,9058	0,0260	-0,0150	0,0316	0,9424	−2,7557
5	50	4	1,2899	2,1739	0,0111	-0,0049	0,0306	0,9184	−3,9325
6	60	4	1,2899	2,1739	0,0149	-0,0101	0,0456	0,9024	−4,1161
7	70	5	1,9348	3,2609	0,0022	-0,0006	0,0088	0,9125	−4,3415
8	80	5	0,2150	0,3623	0,0088	-0,0043	0,0041	0,9151	−4,0892
9	90	6	0,6449	1,0870	0,0084	-0,0069	0,0137	0,8899	−4,4752
10	100	8	0,3225	0,5435	0,0066	-0,0037	0,0048	0,9112	−4,2573
11	110	8	0,4300	0,7246	0,0022	−0,0006	0,0020	0,9138	−4,1805

d3. *Comparação de resultados*

Na tabela abaixo estão apresentados os valores alcançados das tensões nas barras utilizando-se o modelo simplificado, representação das grandezas por números reais, e o modelo completo, representação das grandezas por números complexos. O desvio representa a diferença, em módulo, entre as tensões dos modelos complexo e real. O desvio porcentual é dado pela porcentagem do desvio em relação ao valor alcançado utilizando-se o modelo complexo.

Número da barra	Modulo da tensão (pu)		Desvio das tensões	
	Modelo completo	Modelo real	(pu)	%
20	0,9693	0,9709	0,0016	0,16
30	0,9624	0,9639	0,0015	0,16
40	0,9424	0,9445	0,0021	0,22
50	0,9184	0,9208	0,0024	0,26
60	0,9024	0,9047	0,0023	0,25
70	0,9125	0,9149	0,0024	0,26
80	0,9151	0,9175	0,0024	0,26
90	0,8899	0,8922	0,0033	0,37
100	0,9112	0,9135	0,0023	0,25
110	0,9138	0,9162	0,0024	0,26

6.5.6 CÁLCULO DO FLUXO DE POTÊNCIA EM REDES ASSIMÉTRICAS COM CARGA DESEQUILIBRADA

Neste caso, o procedimento é análogo ao das redes simétricas com carga equilibrada, utilizando-se a modelagem complexa, devendo-se tomar os cuidados a seguir:

- Procede-se a o cálculo em valores por unidade de fase. Toma-se a tensão de fase e a potência aparente de fase como valores de base, respectivamente, para a tensão e para a potência.

- As tensões de cada barra serão representadas por um vetor de 4 linhas, tensões entre as três fases e neutro e tensão entre neutro e terra.

- A carga passa a ser um vetor de 3 linhas contendo cada célula a potência complexa entre fase e neutro.

- Os trechos de linha são representados por matriz 4×4 cujos elementos correspondem à impedância própria de cada trecho, três fases e neutro, e as mútuas entre eles.

Para ilustração da metodologia, seja a rede trifásica assimétrica com carga desequilibrada, cujo diagrama unifilar está apresentado na fig. 6.19. Na tab. 6.7 apresenta-se a ordenação da rede.

6.5 — Estudo de Fluxo de Potência em Redes Radiais

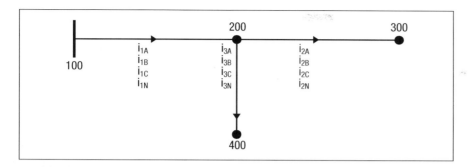

Figura 6.19 Diagrama unifilar da rede.

Tabela 6.8 Ordenação da rede		
Número de ordem	**Número da barra**	**Barra anterior**
1	100	---
2	200	1
3	300	2
4	400	2

As quedas de tensões em cada trecho, partindo-se do último trecho e dirigindo-se para a SE, são obtidas pelas equações matriciais a seguir:

a. Trecho 200 - 400

$$\begin{bmatrix} \Delta V_{3A} \\ \Delta V_{3B} \\ \Delta V_{3C} \\ \Delta V_{3N} \end{bmatrix} = \begin{bmatrix} 200\text{-}400 \\ \begin{array}{c|cccc} & A & B & C & N \\ A & xx & xx & xx & xx \\ B & xx & xx & xx & xx \\ C & xx & xx & xx & xx \\ N & xx & xx & xx & xx \end{array} \end{bmatrix}_{200\ a\ 400} \begin{bmatrix} i_{3A} \\ i_{3B} \\ i_{3C} \\ i_{3N} \end{bmatrix}$$

Após o cálculo das tensões, acumulam-se as correntes da barra 400 na barra anterior, barra 200;

b. Trecho 200 - 300

$$\begin{bmatrix} \Delta V_{2A} \\ \Delta V_{2B} \\ \Delta V_{2C} \\ \Delta V_{2N} \end{bmatrix} = \begin{bmatrix} 200\text{-}300 \\ \begin{array}{c|cccc} & A & B & C & N \\ A & xx & xx & xx & xx \\ B & xx & xx & xx & xx \\ C & xx & xx & xx & xx \\ N & xx & xx & xx & xx \end{array} \end{bmatrix}_{200\ a\ 300} \begin{bmatrix} I_{2A} \\ i_{2B} \\ i_{2C} \\ i_{2N} \end{bmatrix}$$

Após o cálculo das tensões, acumulam-se as correntes da barra 300 na barra anterior, barra 200;

c. Trecho 100 - 200

100-200					
		A	B	C	N
100 a 200	A	xx	xx	xx	xx
	B	xx	xx	xx	xx
	C	xx	xx	xx	xx
	N	xx	xx	xx	xx

$$\begin{bmatrix} \Delta V_{1A} \\ \Delta V_{1B} \\ \Delta V_{1C} \\ \Delta V_{1N} \end{bmatrix}$$

$$\begin{bmatrix} i_{1A} \\ i_{1B} \\ i_{1C} \\ i_{1N} \end{bmatrix}$$

As correntes impressas na barra 200 são dadas por:

$$\begin{bmatrix} i_{1A} \\ i_{1B} \\ i_{1C} \\ i_{1N} \end{bmatrix} = \begin{bmatrix} i_{2A} \\ i_{2B} \\ i_{2C} \\ i_{2N} \end{bmatrix} + \begin{bmatrix} i_{3A} \\ i_{3B} \\ i_{3C} \\ i_{3N} \end{bmatrix}$$

Onde:

ΔV_{1A}, ΔV_{1B}, ΔV_{1C}, ΔV_{1N} representam as quedas de tensões nos quatro cabos do trecho 100-200;

ΔV_{2A}, ΔV_{2B}, ΔV_{2C}, ΔV_{2N} representam as quedas de tensões nos quatro cabos do trecho 200-300;

ΔV_{3A}, ΔV_{3B}, ΔV_{3C}, ΔV_{3N} representam as quedas de tensões nos quatro cabos do trecho 200-400.

O procedimento geral, que é análogo ao do caso anterior, resume-se nos passos a seguir:

1º. Passo - Determinam-se os dados da rede.

2º. Passo - Ordena-se a rede com a lógica "pai-filho".

3º. Passo - Inicializam-se o contador de iterações, ITER = 0, e as tensões de todas as barras, exceto a da SE, com:

$$\begin{bmatrix} \dot{V}_{AN} \\ \dot{V}_{BN} \\ \dot{V}_{CN} \\ \dot{V}_{NT} \end{bmatrix} = \begin{bmatrix} 1\underline{|0°} \\ 1\underline{|-120°} \\ 1\underline{|120°} \\ 0 \end{bmatrix} \text{pu}$$

4º. Passo - Calculam-se as correntes de fase nas barras de carga.

5º. Passo - Partindo-se da última barra da rede ordenada e deslocando-se no sentido da SE, calculam-se as quedas de tensão em todos os trechos e acumulam-se as correntes na barra anterior.

6º. Passo - Partindo-se da barra imediatamente subsequente à barra da SE, calculam-se as tensões em todas as barras pela diferença entre a tensão da barra imediatamente anterior e a queda de tensão no trecho.

7°. Passo - Verifica-se, em todas as barras, os desvio entre os valores das tensões de fase e de neutro nas duas últimas iterações, isto é: $\Delta = |\dot{v}_k^{(ITER+1)} - \dot{v}_k^{(ITER)}|$. Sendo o desvio menor que a tolerância, encerra-se o procedimento e calculam-se os fluxos em todos os trechos da rede. Caso em alguma barra o desvio exceda a tolerância, incrementa-se o contador de iterações (ITER = ITER + 1) e, desde que o número máximo de iterações não tenha sido excedido, retorna-se ao passo 4.

6.6 ESTUDO DE FLUXO DE POTÊNCIA EM REDES EM MALHA

6.6.1 CONSIDERAÇÕES GERAIS

Conforme já foi apresentado, o sistema de distribuição conta, usualmente, com redes em malha nas áreas de distribuição secundária e na de subtransmissão. Nessas áreas utilizam-se usualmente para a representação dos trechos os modelos de linha curta e de linha média, respectivamente.

As barras de uma rede apresentam seis grandezas básicas: tensão da barra, caracterizada por seu módulo e rotação de fase, potência complexa, definida pelas potências ativa e reativa impressas na barra e corrente impressa na barra, caracterizada pela intensidade de corrente e pelo ângulo de rotação de fase, isto é, as grandezas de uma barra genérica "i" são representadas por:

$\dot{v}_i$ tensão de fase da barra, em por unidade;
$\dot{s}_i$ potência aparente fornecida à carga da barra, em por unidade;
p_i potência ativa fornecida à carga da barra, em por unidade;
q_i potência reativa fornecida à carga da barra, em por unidade;
$\dot{i}_i$ corrente impressa à carga da barra, em por unidade.

Entre elas subsistem as relações:

$$\overline{s}_i = p_i + jq_i = \dot{v}_i \times \dot{i}_i^*$$

que representam duas equações, igualdade das partes reais e imaginárias. Por outro lado a rede, através da matriz de admitâncias nodais, [Y] (cfr. Anexo I), fixa outra equação complexa que relaciona a tensão com a corrente, $\dot{i}_i = \sum_{k=1,n} \overline{y}_{i,k} \dot{v}_k$. Logo, as seis grandezas estão correlacionadas por quatro

equações, portanto, as barras de qualquer rede contam com dois graus de liberdade, ou seja, numa barra podem ser fixadas arbitrariamente duas grandezas, por exemplo: a tensão em módulo e fase, ou a tensão em módulo e a potência ativa injetada, ou as potências ativa e reativa impressas na barra ou, ainda, qualquer outra combinação de parâmetros. Nos estudos de fluxo de potência é usual fixarem-se os tipos de barras a seguir:

- **Barra *swing***, na qual fixa-se a tensão impressa à barra em módulo e fase, sendo de responsabilidade do estudo a determinação da potência impressa. Em redes de distribuição secundária fixa-se a barra de fornecimento, secundário do transformador de distribuição, como barra *swing*.

- **Barra de tensão controlada**, na qual fixa-se o módulo da tensão impressa e a potência ativa injetada na barra. Este tipo de barra é frequentemente utilizado em redes que contam com vários pontos de fornecimento ou, ainda, que contam com cogeradores. Evidentemente, em redes secundárias não se utilizam barras deste tipo.

- **Barra de carga**, na qual fixa-se a demanda em termos de potência ativa e reativa. Destaca-se que as barras intermediárias, que não possuem carga, são representadas como barras de carga em que a potência complexa injetada é nula.

A carga das barras poderá ser representada pelos modelos de potência, corrente ou impedância constante com a tensão, ou, por uma combinação entre eles.

Para uma rede que disponha somente de barras *swing* e de carga, o procedimento usual para o cálculo das tensões nas barras de carga é particionar-se a matriz de admitâncias nodais da rede pela linha e coluna correspondente à última barra *swing*, isto é:

$$
\left[\begin{array}{c} \dot{I}_{Swing} \\ \hline \dot{I}_{Carga} \end{array}\right] = \left[\begin{array}{c|c} \overline{Y}_{Swing,\,Swing} & \overline{Y}_{Swing,\,Carga} \\ \hline \overline{Y}_{Carga,\,Swing} & \overline{Y}_{Carga,\,Carga} \end{array}\right] \times \left[\begin{array}{c} \dot{V}_{Swing} \\ \hline \dot{V}_{Carga} \end{array}\right] \tag{6.58}
$$

Na eq. (6.58) observa-se que no segundo membro as tensões das barras *swing* são conhecidas e as tensões das barras de carga são incógnitas e, por outro lado, no primeiro membro, as correntes impressas na barra *swing* são incógnitas e as correntes impressas nas barras de carga podem ser estabelecidas a partir de estimativa das tensões das barras: $\dot{i}_i = \overline{s}_i^* / \dot{v}_i^*$. Assim, desdobrando-se a eq. (6.58) em suas submatrizes resulta:

$$
\begin{aligned}
\left[\dot{I}_{Carga}\right] &= \left[\overline{Y}_{Carga,\,Swing}\right]\left[\dot{V}_{Swing}\right] + \left[\overline{Y}_{Carga,\,Carga}\right]\left[\dot{V}_{Carga}\right] \\
\left[\dot{I}_{Carga}\right] &- \left[\overline{Y}_{Carga,\,Swing}\right]\left[\dot{V}_{Swing}\right] = \left[\overline{Y}_{Carga,\,Carga}\right]\left[\dot{V}_{Carga}\right]
\end{aligned} \tag{6.59}
$$

ou, corrigindo-se as correntes de carga pelas contribuições da barra *swing*, isto é:

$$
\left[\dot{I}_{Carga,\,Corrig}\right] = \left[\dot{I}_{Carga}\right] - \left[\overline{Y}_{Carga,\,Swing}\right]\left[\dot{V}_{Swing}\right]
$$

resulta:

$$
\left[\dot{V}_{Carga}\right] = \left[\overline{Y}_{carga,Carga}\right]^{-1}\left[\dot{I}_{Carga,Corrig}\right] \tag{6.60}
$$

Na eq. (6.60) observa-se que a solução é iterativa, pois, as correntes de carga são determinadas a partir do valor calculado para a tensão de carga. Uma vez determinadas as tensões de carga, determinam-se as correntes impressas nas barras *swing* por:

$$
\left[\dot{I}_{Swing}\right] = \left[\overline{Y}_{Swing,\,Swing}\right]\left[\dot{V}_{Swing}\right] + \left[\overline{Y}_{Swing,\,Carga}\right]\left[\dot{V}_{Carga}\right] \tag{6.61}
$$

O procedimento genérico para o estudo de fluxo de potência pode ser resumido nos passos a seguir:

1°. Passo - Inicializam-se as tensões nas barras de carga, usualmente com tensão de $1\underline{|0°}$ pu.

2°. Passo - Calculam-se, em função dos modelos de carga utilizados, as correntes impressas nas barras de carga.

3°. Passo - Através da eq. (6.60) determinam-se as tensões nodais das barras de carga.

4°. Passo - Determinam-se os desvios entre as tensões em duas iterações sucessivas. Caso algum dos desvios exceda a tolerância repete-se os passos 2 e 3. Encerra-se o processo iterativo de determinação das tensões nodais quando os desvios de todas as barras forem não maiores que a tolerância ou quando foi superado o número máximo de iterações.

Dentre os métodos numéricos de resolução do sistema de equações do fluxo de potência destacam-se os métodos de Gauss ou Gauss-Seidel e o de Newton Raphson, que serão detalhados nos itens subsequentes.

6.6.2 MÉTODOS DE SOLUÇÃO

6.6.2.1 Considerações gerais

Em tudo quanto se segue, as grandezas referentes à tensão de uma barra, à corrente e potência complexa impressas na barra e aos elementos da matriz de admitâncias serão representadas por:

$\dot{e}_n = e_n \underline{|\delta_n}$ - para a tensão nodal, em pu, de uma barra "**n**" genérica da rede;

$\dot{i}_n = i_n \underline{|\varphi_n}$ - para a corrente, em pu, impressa numa barra "**n**" genérica da rede;

$\overline{y}_{nk} = y_{nk} \underline{|\theta_{nk}}$ - para o elemento da linha "**n**" coluna "**k**" da matriz de admitâncias nodais da rede;

$p_n + jq_n$ - para a potência complexa, em pu, impressa na barra "**n**".

6.6.2.2 Solução do sistema de equações pelo método de Gauss

Para uma rede que conte com "n" barras de carga e "m" barras *swing*, pode-se escrever, a partir da equação geral da análise de redes utilizando-se a matriz de admitâncias nodais, o sistema de equações:

$$\dot{i}_p = \sum_{k=1,n+m} \overline{y}_{pk}\dot{e}_k \quad (p = 1,...,n+m) \tag{6.62}$$

A eq. (6.62) pode ser transformada em:

$$\dot{i}_p = \overline{y}_{pp}\,\dot{e}_p + \sum_{\substack{k=1,n+m \\ k \neq p}} \overline{y}_{pk}\dot{e}_k \qquad (p = 1,...,n+m)$$

$$\dot{e}_p = \frac{\dot{i}_p - \sum_{\substack{k=1,n+m \\ k \neq p}} \overline{y}_{pk}\,\dot{e}_k}{\overline{y}_{pp}} \qquad (p = 1,...,n+m) \qquad (6.63)$$

A partir da eq. (6.63) pode-se, utilizando-se o método de Gauss para a resolução de sistemas de equações não lineares, proceder nos passos a seguir:

1º. Passo - Inicializa-se o contador de iterações, ITER = 0, as tensões de todas as barras de carga, $\dot{e}_p = 1,0\underline{|0°}$ pu.

2º. Passo - Calculam-se as correntes impressas nas barras de carga. Para o modelo de potência constante, resulta: $\dot{i}_p^{(ITER)} = \frac{p_p - jq_p}{\dot{e}_p^{*(ITER)}}$.

3º. Passo - Calculam-se, pela eq. (6.63), as tensões em todas as barras de carga para a iteração ITER+1.

4º. Passo - Verifica-se, em todas as barras, o desvio entre os valores da tensão nas duas últimas iterações, isto é: $\Delta = \left| \dot{v}_p^{(ITER+1)} - \dot{v}_p^{(ITER)} \right|$. Sendo o desvio menor que a tolerância, encerra-se o procedimento e calculam-se os fluxos em todos os trechos da rede. Caso em alguma barra o desvio exceda a tolerância, incrementa-se o contador de iterações (ITER = ITER + 1) e retorna-se ao passo 2, desde que o número máximo de iterações não tenha sido excedido.

O equacionamento pode ser modificado, método de Gauss Seidel, substituindo-se na eq. (6.63) as tensões anteriores à linha "p" pelos valores já calculados, isto é:

$$\dot{e}_p^{(ITER+1)} = \frac{1}{\overline{y}_{pp}} \left[\frac{p_p - jq_p}{\dot{e}_p^{*(ITER)}} - \sum_{k=1,p-1} \overline{y}_{pk}\dot{e}_k^{(ITER+1)} - \sum_{k=p+1,n+m} \overline{y}_{pk}\dot{e}_k^{(ITER)} \right] (p = 1,...,n)$$

$$(6.64)$$

No procedimento acima foi assumido que a rede está ordenada contando com todas as barras *swing* após as de carga. Destaca-se, ainda, que o usual é contar-se com uma única barra *swing*, porém, pode-se proceder ao cálculo num sistema "multi-*swing*". A grande dificuldade nos sistemas multi-*swing* é a fixação do ângulo de fase das diversas barras.

6.6.2.3 Solução do sistema de equações por triangularização da matriz

As tensões das barras de carga podem ser calculadas utilizando-se a eq. (6.60), entretanto, há que se destacar que a matriz de impedâncias nodais, inversa da matriz de admitâncias nodais, é uma matriz cheia, logo, requer área muito grande para seu armazenamento. De fato, para uma rede com "n" barras, necessita-se, para seu armazenamento, de $2n^2$ posições de memória, que numa rede com 1.000 barras corresponderia a $2 * 10^6$ elementos. Tal inconveniente é eliminado resolvendo-se o sistema de equações através da triangularização da matriz de admitâncias nodais e da determinação da tensão da barra por retro substituição.

A partir da eq. (6.60) pode-se, utilizando-se o método de Gauss para a resolução de sistemas de equações não lineares, proceder nos passos a seguir:

1º. Passo - Inicializa-se o contador de iterações, ITER = 0, e as tensões de todas as barras de carga, $\dot{e}_p = 1,0\underline{|0º}$ pu.
2º. Passo - Calculam-se as correções das correntes devido à barra *swing*, isto é: $[\dot{I}_{Corrig}] = [\overline{Y}_{Carga,Swing}] [\dot{V}_{Swing}]$.
3º. Passo - Triangulariza-se a partição da matriz de admitância nodais correspondente às barras de carga $[\overline{Y}_{Carga,Carga}]$;
4º. Passo - Calcula-se o vetor das correntes impressas nas barras de carga $[\dot{I}_{Carga}]$ cujo elemento genérico é dado por: $\dot{i}_p^{(ITER)} = \dfrac{p_p - jq_p}{\dot{e}_p^{*(ITER)}}$.
5º. Passo - Corrige-se o vetor das correntes impressas nas barras de carga pelo efeito da barra *swing*, isto é: $[\dot{I}_{Carga,Corrig}] = [\dot{I}_{Carga}] - [\dot{I}_{Corrig}]$;
6º. Passo - Corrigem-se os termos conhecidos devido à triangularização da matriz de admitâncias.
7º. Passo - Calculam-se, pela eq. (6.60), as tensões em todas as barras de carga para a iteração ITER+1.
8º. Passo - Determina-se, em todas as barras, o desvio entre os valores das tensões nas duas últimas iterações, isto é: $\Delta = |\dot{v}_p^{(ITER+1)} - \dot{v}_p^{(ITER)}|$. Sendo o desvio menor que a tolerância, encerra-se o procedimento e calculam-se os fluxos em todos os trechos da rede. Caso em alguma barra o desvio exceda a tolerância, incrementa-se o contador de iterações (ITER = ITER + 1) e retorna-se ao passo 4, desde que o número máximo de iterações não tenha sido excedido.

Exemplo 6.6

Na fig.6.20 apresenta-se uma rede trifásica, simétrica com carga equilibrada, em 69 kV. A tensão na barra da SE é 1,02 pu. Modelando-se a carga como corrente constante, pede-se:

a. O fluxo de potência da rede, utilizando-se a matriz de admitâncias nodais com método de Gauss.
b. O fluxo de potência da rede, utilizando-se a inversão da matriz de admitâncias nodais com método de Gauss.

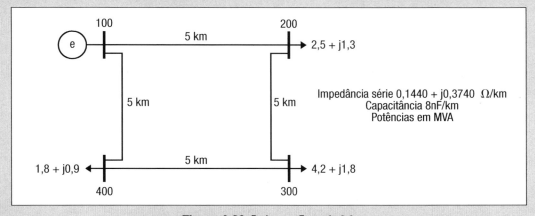

Figura 6.20 Rede para Exemplo 6.6.

Solução

a. Valores de base

Adotam-se os valores $V_{Base} = 69$ kV, para a tensão de base e $S_{Base} = 100$ MVA, para a potência de base. Para a impedância de base, Z_{Base}, e a corrente de base, I_{Base}, resultam os valores:

$$Z_{Base} = \frac{V_{Base}^2}{S_{Base}} = \frac{69^2}{2} = 47,61 \ \Omega$$

e

$$I_{Base} = \frac{S_{Base}}{\sqrt{3} \ V_{Base}} = \frac{100}{\sqrt{3} \times 69} = 0,8367 \, kA = 836,7 \, A$$

b. Modelo para os trechos

Os trechos serão modelados pelo circuito π nominal com:

$$\overline{z}_{série} = \frac{0,1440 + j0,3740}{47,61} = 0,003024 + j0,007855 \ pu/km$$

$$\frac{\overline{y}_{Deriv.}}{2} 2\pi f \frac{C}{2} Z_{Base} = 120\pi \frac{8 \times 10^{-9}}{2} 47,61 = 0,00007179 \ pu/km$$

c. Matriz de admitâncias nodais

$$\overline{y}_{100-200} = - \frac{1.}{5.(0,003024 + j0,007855)} = -8,537145 + j22,172864 \ pu$$

$$\overline{y}_{100-400} = - \frac{1.}{5.(0,003024 + j0,007855)} = -8,537145 + j22,172864 \ pu$$

$$\overline{y}_{100-100} = 2 \frac{5 \, \overline{y}_{deriv}}{2} - \overline{y}_{100-200} - \overline{y}_{100-400} = 2 \times 5 \times j0,00007179 +$$

$$+ \ 17,074291 - j22 - j44,345728 = 17,074291 - j44,345728 \ pu$$

[Y] =		100	200	300	400
	100	17,074291 −j44,345010	−8,537145 +j22,172864	0	−8,537145 +j22,172864
	200	−8,537145 +j22,172864	17,074291 −j44,345010	−8,537145 +j22,172864	0
	300	0	−8,537145 +j22,172864	17,074291 −j44,345010	−8,537145 +j22,172864
	400	−8,537145 +22,172864 j	0	−8,537145 +j22,172864	17,074291 −j44,345010

d. Processo iterativo – Modelo matriz de admitância

A corrente impressa na matriz de admitâncias nodais é positiva quando sai da rede e negativa quando entra, isto é, as cargas são correntes negativas. Assim, para a barra 200 resulta:

$$i_{200} = - \frac{\overline{s}_{200}^*}{\dot{v}_{200}^{*[1]}} = - \frac{0,025 - j0,013}{1 \underline{|0°}} \ pu$$

6.6 — Estudo de Fluxo de Potência em Redes e Malha

Para o cálculo da tensão na barra 200, tem-se:

$$\dot{v}_{200}^{[2]} = \frac{\dot{i}_{200}^{[1]} - \overline{y}_{200-100}\,\dot{v}_{100}^{[1]} - \overline{y}_{200-300}\,\dot{v}_{300}^{[1]}}{\overline{y}_{200-200}} = 1,00957\underline{|-0,023°}\ \text{pu}$$

Com procedimento análogo determinam-se as correntes e tensões nas barras 300 e 400. Nas tabelas a seguir estão apresentados os valores alcançados em cada iteração.

Iteração 1

Barra	Corrente (pu)				Tensão (pu)			
	Módulo	Fase	Real	Imaginário	Módulo	Fase	Real	Imaginário
200	0,02818	152,526	−0,02500	0,01300	1,00957	−0,023	1,00957	−0,00040
300	0,04569	156,801	−0,04200	0,01800	1,00413	−0,051	1,00413	−0,00089
400	0,02012	153,435	−0,01800	0,00900	1,01177	−0,042	1,01177	−0,00074

Iteração 2

Barra	Corrente (pu)				Tensão (pu)			
	Módulo	Fase	Real	Imaginário	Módulo	Fase	Real	Imaginário
200	0,02818	152,503	−0,02499	0,01301	1,01163	−0,048	1,01163	−0,00084
300	0,04569	156,750	−0,04198	0,01804	1,01104	−0,084	1,01104	−0,00148
400	0,02012	153,393	−0,01799	0,00901	1,01522	−0,058	1,01522	−0,00103

Iteração 3

Barra	Corrente (pu)				Tensão (pu)			
	Módulo	Fase	Real	Imaginário	Módulo	Fase	Real	Imaginário
200	0,02818	152,478	−0,02499	0,01302	1,01509	−0,064	1,01509	−0,00114
300	0,04569	156,717	−0,04197	0,01806	1,01450	−0,101	1,01450	−0,00178
400	0,02012	153,377	−0,01799	0,00902	1,01695	−0,067	1,01695	−0,00118

Iteração 4

Barra	Corrente (pu)				Tensão (pu)			
	Módulo	Fase	Real	Imaginário	Módulo	Fase	Real	Imaginário
200	0,02818	152,461	−0,02499	0.01303	1.01682	−0,073	1,01682	−0,00129
300	0,04569	156,701	−0,04197	0.01807	1.01623	−0,109	1,01623	−0,00193
400	0,02012	153,368	−0,01799	0,00902	1,01782	−0,071	1,01781	−0,00125

Iteração 5

Barra	Corrente (pu)				Tensão (pu)			
	Módulo	Fase	Real	Imaginário	Módulo	Fase	Real	Imaginário
200	0,02818	152,453	−0,02498	0,01303	1,01768	−0,077	1,01768	−0,00136
300	0,04569	156,693	−0,04197	0,01808	1,01709	−0,113	1,01709	−0,00200
400	0,02012	153,364	−0,01799	0,00902	1,01825	−0,073	1,01725	−0,00129

214 | **6** — Fluxo de Potência

e. Processo iterativo – Inversão da matriz

Ordena-se a rede mantendo-se a barra *swing* na última posição e utilizando-se, para as demais barras, o critério de número mínimo de ligações. Monta-se a matriz de admitâncias nodais:

[Y] =		200	400	300	100
	200	17,074291 −j44,345010	0	8,537145 +j22,172864	−8,537145 +j22,172864
	400	0	17,074291 −j44,345010	-8,537145 +j22,172864	−8,537145 +j22,172864
	300	−8,537145 +j22,172864	−8,537145 +j22,172864	17,074291 −j44,345010	0
	100	0	-8,537145 +j22,172864	-8,537145 +j22,172864	17,074291 −j44,345010

Inicialmente, calculam-se as correntes para a iteração inicial. Utilizando-se o modelo de corrente constante obtêm-se:

Barra	Módulo (pu)	Fase (°)	Real (pu)	Imaginário (pu)
200	0,02817801	152,5256	−0,02500000	0,01300000
400	0,02012461	153,4349	−0,01800000	0,00900000
300	0,04569464	156,8014	−0,04200000	0,01800000

As correntes são corrigidas levando-se em conta a barra *swing*, isto é:

$$\dot{i}_{200} = \dot{i}_{200} - \overline{y}_{200-100}\dot{v}_{100}$$
$$\dot{i}_{400} = \dot{i}_{400} - \overline{y}_{400-100}\dot{v}_{100}$$
$$\dot{i}_{300} = \dot{i}_{200} - 0 \times \dot{v}_{100}$$

resultando:

Barra	Módulo (pu)	Fase (°)	Real (pu)	Imaginário (pu)
200	24.21368772	−68.9861	8.68288833	−22.60332107
400	24.21993239	−68.9740	8.68988833	−22.60732107
300	0.04569464	156.8014	−0.04200000	0.01800000

Triangulariza-se a matriz de admitâncias nodais. Destaca-se que o elemento da diagonal é unitário, porém, para permitir a correção do termo conhecido, opta-se por armazenar na diagonal o divisor da linha. Resulta

	200	400	300
200	17.074291 − 44.345010 j	0	-0.500007 + 0.000003 j
400	---	17.074291 − 44.345010 j	-0.500007 + 0.000003 j
300	---	---	8.537145 − 22.171787 j

Corrigem-se as correntes, termos conhecidos, para levar em conta as operações de triangularização da matriz. Resulta:

Barra	Módulo (pu)	Fase (°)	Real (pu)	Imaginário (pu)
200	0,50956300	−0,0445	0,50956284	−0,00039544
400	0,50969441	−0,0324	0,50969433	−0,00028822
300	1,01796016	−0,1169	1,01795804	−0,00207777

Calculam-se, por retro substituição, as tensões nas barras de carga. Resulta:

Barra	Módulo (pu)	Fase (°)	Real (pu)	Imaginário (pu)
200	1,01855005	−0,0808	1,01854904	−0,00143710
400	1,01868139	−0,0748	1,01868052	−0,00132988
300	1,01796016	−0,1169	1,01795804	−0,00207777

Repete-se o procedimento:

Cálculo das corrente				
Barra	**Módulo (pu)**	**Fase (°)**	**Real (pu)**	**Imaginário (pu)**
200	0.02817801	152.4447	-0.02498163	0.01303526
400	0.02012461	153.3601	-0.01798824	0.00902349
300	0.04569464	156.6845	-0.04196317	0.01808569

Correntes corrigidas pelo efeito da barra *swing*				
Barra	Módulo (pu)	Fase (°)	Real (pu)	Imaginário (pu)
200	4.21366139	-68.9860	8.68290669	-22.60328581
400	4.21991469	-68.9740	8.68990009	-22.60729758
300	0.04569464	156.6845	-0.04196317	0.01808569

Correntes corrigidas pela triangularização				
Barra	Módulo (pu)	Fase (°)	Real (pu)	Imaginário (pu)
200	0.50956244	-0.0444	0.50956229	-0.00039481
400	0.50969404	-0.0324	0.50969396	-0.00028781
300	1.01795642	-0.1167	1.01795431	-0.00207399

Tensões na 1ª iteração				
Barra	Módulo (pu)	Fase (°)	Real (pu)	Imaginário (pu)
200	1.01854763	-0.0807	1.01854662	-0.00143459
400	1.01867915	-0.0747	1.01867828	-0.00132758
300	1.01795642	-0.1167	1.01795431	-0.00207399

Calculam-se as potências impressas nas barras através de:

$$\dot{v}_p^{[n]} \times \dot{i}_p^{*[n]} = \dot{v}_p^{[n]} \sum_{k=1,4} \overline{y}_{pk}^* \dot{v}_k^{*[n]} \quad (p = 1,...,4)$$

resultando:

Cálculo das potências				
Barra	**Módulo (pu)**	**Fase (°)**	**Real (pu)**	**Imaginário (pu)**
200	0,02870064	−152,5256	−0,02546369	−0,01324112
400	0,02050052	−153,4349	−0,01833622	−0,00916811
300	0,04651515	−156,8014	−0,04275417	−0,01832322
100	0,09867679	23,9197	0,09020192	0,04000905

> Observa-se que a perda no sistema é dada por:
>
> Perda ativa = $\quad$ 0,09020 – 0,02546 – 0,01833 – 0,04275 – 0,00365 pu = 0,365 MW
>
> Perda reativa = 0,04001 – 0,01324 – 0,00917 – 0,01832 – 0,00072 pu = 0,072 MVAr

6.6.2.4 Solução do sistema de equações pelo método de Newton–Raphson

O equacionamento da rede pode ser expresso por:

$$p_n - jq_n = \dot{e}_n^* \sum_{k=1,\text{ntotal}} \overline{y}_{nk}\,\dot{e}_k = \sum e_n e_k y_{nk} \underline{|\delta_k + \theta_{nk} - \delta_n}$$

ou ainda:

$$p_n = \sum_{k=1,n\text{ total}} e_n e_k y_{nk} \cos\left(\delta_k + \theta_{nk} - \delta_n\right) \tag{6.65}$$

e

$$p_n = -\sum_{k=1,n\text{ total}} e_n e_k y_{nk} \operatorname{sen}\left(\delta_k + \theta_{nk} - \delta_n\right)$$

$$p_n = \sum_{k=1,n\text{ total}} e_n e_k y_{nk} \operatorname{sen}\left(-\delta_k + \theta_{nk} - \delta_n\right) \tag{6.66}$$

Para uma rede que disponha de:

- 1 barra *swing*, dados e e δ, incógnitas p e q;
- n_v barras de tensão controlada, dados e e p, incógnitas δ e q;
- n_c barras de carga, dados p e q; incógnitas e e δ;

ter-se-ão $n_v + n_c$ incógnitas, referentes ao ângulo δ e n_c equações referentes ao módulo da tensão, e. Assim, assumindo-se que as barras de tensão controlada variam desde n1 até nv e que as de carga variam desde m1 até mc resultará, para a potência ativa, o sistema de equações:

$$p_{n1} = \sum_{k=1,N} e_{n1} e_k y_{1k} \cos\left(\delta_k + \theta_{1k} - \delta_{n1}\right)$$

$$p_{n2} = \sum_{k=1,N} e_{n2} e_k y_{1k} \cos\left(\delta_k + \theta_{1k} - \delta_{n2}\right)$$

$$\overline{\phantom{p_{nv} = \sum_{k=1,N}}}$$

$$p_{nv} = \sum_{k=1,N} e_{nv} e_k y_{1k} \cos\left(\delta_k + \theta_{1k} - \delta_{nv}\right)$$

$$p_{m1} = \sum_{k=1,N} e_{m1} e_k y_{1k} \cos\left(\delta_k + \theta_{1k} - \delta_{m1}\right)$$

$$\overline{\phantom{p_{mc} = \sum_{k=1,N}}}$$

$$p_{mc} = \sum_{k=1,N} e_{m1} e_k y_{1k} \cos\left(\delta_k + \theta_{1k} - \delta_{m1}\right)$$

e, para a potência reativa, será:

$$p_{m1} = \sum_{k=1,N} e_{m1}e_k y_{1k} \operatorname{sen}\left(\delta_k + \theta_{1k} - \delta_{m1}\right)$$

$$p_{mc} = \sum_{k=1,N} e_{mc}e_k y_{1k} \operatorname{sen}\left(\delta_k + \theta_{1k} - \delta_{mc}\right)$$

Nessas condições, o jacobiano do sistema de equações não lineares exprime as variações das potências injetadas na rede em função das variações das tensões, módulo e fase, isto é;

$$\left[\frac{\Delta p}{\Delta q}\right] = \left[\begin{array}{c|c} J_1 & J_2 \\ \hline J_3 & J_4 \end{array}\right]\left[\frac{\Delta \delta}{\Delta e}\right] \tag{6.67}$$

onde os termos do jacobiano representam:

$$J_1 = \frac{\partial p}{\partial \delta} \qquad J_2 = \frac{\partial p}{\partial e} \qquad J_3 = \frac{\partial q}{\partial \delta} \qquad J_4 = \frac{\partial q}{\partial e}$$

Assim, ter-se-á:

- Termos de J_1

  - Para $\boldsymbol{k} = \boldsymbol{i}$:

    $$\frac{\partial p_i}{\partial \delta_i} = \sum_{k=1,N} e_i e_k y_{ik} \operatorname{sen}\left(\delta_k + \theta_{ik} - \delta_i\right) - e_i^2 y_{ii} \operatorname{sen}\theta_{ii}$$

    ou, ainda:

    $$\frac{\partial p_i}{\partial \delta_i} = -\left[q_i\right]_{Calculado} - e_i^2 y_{ii} \operatorname{sen}\theta_{ii} = -\left[q_i\right]_{Calculado} - \operatorname{Imag}\left[\dot{e}_i^* \dot{e}_i \overline{y}_{ik}\right]$$

  - Para $\boldsymbol{k} \neq \boldsymbol{i}$:

    $$\frac{\partial p_i}{\partial \delta_k} = -e_i e_k y_{ik} \operatorname{sen}\left(\delta_k + \theta_{ik} - \delta_i\right) = -\operatorname{Imag}\left[\dot{e}_i^* \dot{e}_k \overline{y}_{ik}\right]$$

- Termos de J_2

  - Para $\boldsymbol{k} = \boldsymbol{i}$:

    $$\frac{\partial p_i}{\partial \delta_i} = e_i y_{ii} \cos\theta_{ii} + \sum_{k=1,N} e_k e_{ik} \cos\left(\delta_k + \theta_{ik} - \delta_i\right) - e_i y_{ii} \cos\theta_{ii} + \left[\frac{p_i}{e_i}\right]_{calculado}$$

    ou ainda:

    $$\frac{\partial p_i}{\partial e_i} = \frac{1}{e_i}\left[p_i\right]_{Calculado} + \frac{\operatorname{Real}\left[\dot{e}_i^* \dot{e}_i \overline{y}_{ii}\right]}{e_i}$$

- Para $k \neq i$:

$$\frac{\partial p_i}{\partial e_k} = e_p y_{pk} \cos(\delta_k + \theta_{ik} - \delta_i) = \frac{\text{Real}\left[\dot{e}_i^* \dot{e}_k \overline{y}_{ik}\right]}{e_k}$$

- Termos de J_3
  - Para $k = i$:

$$\frac{\partial q_i}{\partial \delta_i} = \sum_{k=1,N} e_i e_k y_{ik} \cos\left(\delta_k + \theta_{ik} - \delta_i\right) - e_i^2 y_{ii} \cos\theta_{ii}$$

  ou, ainda:

$$\frac{\partial q_i}{\partial \delta_i} = \left[p_i\right]_{\text{Calculado}} - e_i^2 y_{ii} \cos\theta_{ii} = \left[p_i\right]_{\text{Calculado}} - \text{Real}\left[\dot{e}_i^* \dot{e}_i \overline{y}_{ii}\right]$$

  - Para $k \neq i$:

$$\frac{\partial q_i}{\partial \delta_k} = -e_i e_k y_{ik} \cos(\delta_k + \theta_{ik} - \delta_i) = -\text{Real}\left[\dot{e}_i^* \dot{e}_k \overline{y}_{ik}\right]$$

- Termos de J_4
  - Para $k = i$:

$$\frac{\partial q_i}{\partial e_i} = -\sum_{k=1,N} e_k y_{ik} \text{sen}\left(\delta_k + \theta_{ik} - \delta_i\right) - e_i y_{ii} \text{sen}\theta_{ii}$$

  ou, ainda:

$$\frac{\partial q_i}{\partial e_i} = \frac{1}{e_i}\left[q_i\right]_{\text{Calculado}} - e_i y_{ii}\, \text{sen}\,\theta_{ii} = \frac{1}{e_i}\left[q_i\right]_{\text{Calculado}} - \frac{\text{Imag}\left[\dot{e}_i^* \dot{e}_i \overline{y}_{ik}\right]}{e_i}$$

  - Para $k \neq i$:

$$\frac{\partial q_i}{\partial e_k} = -e_i y_{ik}\, \text{sen}(\delta_k + \theta_{ik} - \delta_i) = -\frac{\text{Imag}\left[\dot{e}_i^* \dot{e}_k \overline{y}_{ik}\right]}{e_k}$$

Assim, os termos do jacobiano serão:

$-q_1 - I\left[\dot{e}_1^*\dot{e}_1\bar{y}_{11}\right]$	$-I\left[\dot{e}_1^*\dot{e}_2\bar{y}_{12}\right]$	$-I\left[\dot{e}_1^*\dot{e}_3\bar{y}_{13}\right]$	$\dfrac{p_1 + R\left[\dot{e}_1^*\dot{e}_1\bar{y}_{11}\right]}{e_1}$	$\dfrac{R\left[\dot{e}_1^*\dot{e}_2\bar{y}_{12}\right]}{e_2}$
$-I\left[\dot{e}_2^*\dot{e}_1\bar{y}_{12}\right]$	$-q_2 - I\left[\dot{e}_2^*\dot{e}_2\bar{y}_{22}\right]$	$-I\left[\dot{e}_2^*\dot{e}_3\bar{y}_{23}\right]$	$\dfrac{R\left[\dot{e}_2^*\dot{e}_1\bar{y}_{21}\right]}{e_1}$	$\dfrac{p_2 + R\left[\dot{e}_2^*\dot{e}_2\bar{y}_{22}\right]}{e_2}$
$-I\left[\dot{e}_3^*\dot{e}_1\bar{y}_{13}\right]$	$-I\left[\dot{e}_3^*\dot{e}_2\bar{y}_{23}\right]$	$-q_3 - I\left[\dot{e}_3^*\dot{e}_3\bar{y}_{33}\right]$	$\dfrac{R\left[\dot{e}_3^*\dot{e}_1\bar{y}_{31}\right]}{e_1}$	$\dfrac{R\left[\dot{e}_3^*\dot{e}_2\bar{y}_{32}\right]}{e2}$
$p_1 - R\left[\dot{e}_1^*\dot{e}_1\bar{y}_{11}\right]$	$-R\left[\dot{e}_1^*\dot{e}_2\bar{y}_{12}\right]$	$-R\left[\dot{e}_1^*\dot{e}_3\bar{y}_{13}\right]$	$\dfrac{q_1 - I\left[\dot{e}_1^*\dot{e}_1\bar{y}_{11}\right]}{e_1}$	$\dfrac{-I\left[\dot{e}_1^*\dot{e}_2\bar{y}_{12}\right]}{e_2}$
$-R\left[\dot{e}_2^*\dot{e}_1\bar{y}_{12}\right]$	$p_2 - R\left[\dot{e}_2^*\dot{e}_2\bar{y}_{22}\right]$	$-R\left[\dot{e}_2^*\dot{e}_3\bar{y}_{23}\right]$	$\dfrac{-I\left[\dot{e}_2^*\dot{e}_1\bar{y}_{12}\right]}{e1}$	$\dfrac{q_2 - I\left[\dot{e}_2^*\dot{e}_1\bar{y}_{11}\right]}{e2}$

Exemplo 6.7

Apresentar, analiticamente, as equações para a rede da fig. 6.20, que conta com duas barras de carga, barras 1 e 2, uma barra de tensão controlada, barra 3 e uma barra *swing*, barra 4.

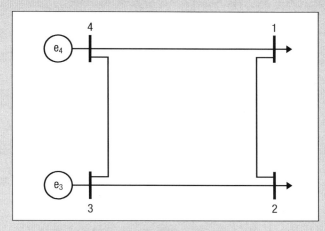

Figura 6.21 – Rede para Ex. 6.7.

As equações referentes à potência ativa são:

$$p_1 = e_1e_1y_{11}\cos(\delta_1 + \theta_{11} - \delta_1) + e_1e_2y_{12}\cos(\delta_2 + \theta_{12} - \delta_1) +$$
$$e_1e_3y_{13}\cos(\delta_3 + \theta_{13} - \delta_1) + e_1e_4y_{14}\cos(\delta_4 + \theta_{14} - \delta_1)$$

$$p_2 = e_2e_1y_{21}\cos(\delta_1 + \theta_{21} - \delta_2) + e_2e_2y_{22}\cos(\delta_2 + \theta_{22} - \delta_2) +$$
$$e_2e_3y_{23}\cos(\delta_3 + \theta_{23} - \delta_2) + e_2e_4y_{24}\cos(\delta_4 + \theta_{24} - \delta_2)$$

$$p_3 = e_3e_1y_{31}\cos(\delta_1 + \theta_{31} - \delta_3) + e_3e_2y_{32}\cos(\delta_2 + \theta_{32} - \delta_3) +$$
$$e_3e_3y_{13}\cos(\delta_3 + \theta_{33} - \delta_{31}) + e_3e_4y_{34}\cos(\delta_4 + \theta_{34} - \delta_3)$$

$$p_4 = e_4e_1y_{41}\cos(\delta_1 + \theta_{41} - \delta_4) + e_4e_2y_{42}\cos(\delta_2 + \theta_{42} - \delta_4) +$$
$$e_4e_3y_{43}\cos(\delta_3 + \theta_{43} - \delta_2) + e_4e_4y_{44}\cos(\delta_4 + \theta_{44} - \delta_4)$$

Destaca-se que a equação referente à potência p_4, potência da barra *swing*, será utilizada somente após a determinação dos valores de e_i e δ_i. Para as potências reativas tem-se:

$$-q_1 = e_1e_1y_{11}\operatorname{sen}(\delta_1 + \theta_{11} - \delta_1) + e_1e_2y_{12}\operatorname{sen}(\delta_2 + \theta_{12} - \delta_1) +$$
$$e_1e_3y_{13}\operatorname{sen}(\delta_3 + \theta_{13} - \delta_1) + e_1e_4y_{14}\operatorname{sen}(\delta_4 + \theta_{14} - \delta_1)$$

$$-q_2 = e_2e_1y_{21}\operatorname{sen}(\delta_1 + \theta_{21} - \delta_2) + e_2e_2y_{22}\operatorname{sen}(\delta_2 + \theta_{22} - \delta_2) +$$
$$e_2e_3y_{23}\operatorname{sen}(\delta_3 + \theta_{23} - \delta_2) + e_2e_4y_{24}\cos(\delta_4 + \theta_{24} - \delta_2)$$

$$-q_3 = e_3e_1y_{31}\operatorname{sen}(\delta_1 + \theta_{31} - \delta_3) + e_3e_2y_{32}\operatorname{sen}(\delta_2 + \theta_{32} - \delta_3) +$$
$$e_3e_3y_{33}\operatorname{sen}(\delta_3 + \theta_{33} - \delta_{31}) + e_3e_4y_{34}\operatorname{sen}(\delta_4 + \theta_{34} - \delta_3)$$

$$-q_4 = e_4e_1y_{41}\operatorname{sen}(\delta_1 + \theta_{41} - \delta_4) + e_4e_2y_{42}\operatorname{sen}(\delta_2 + \theta_{42} - \delta_4) +$$
$$e_4e_3y_{43}\operatorname{sen}(\delta_3 + \theta_{43} - \delta_2) + e_4e_4y_{44}\operatorname{sen}(\delta_4 + \theta_{44} - \delta_4)$$

As duas últimas equações, referentes à barra de tensão controlada e à barra *swing*, serão utilizadas somente após a determinação dos valores de e_i e δ_i. O jacobiano será dado por:

$$
\begin{array}{|ccc|cc|}
\hline
\dfrac{\partial p_1}{\partial \delta_1} & \dfrac{\partial p_1}{\partial \delta_2} & \dfrac{\partial p_1}{\partial \delta_3} & \dfrac{\partial p_1}{\partial e_1} & \dfrac{\partial p_1}{\partial e_2} \\[3mm]
\dfrac{\partial p_2}{\partial \delta_1} & \dfrac{\partial p_2}{\partial \delta_2} & \dfrac{\partial p_2}{\partial \delta_3} & \dfrac{\partial p_2}{\partial e_1} & \dfrac{\partial p_2}{\partial e_2} \\[3mm]
\dfrac{\partial p_3}{\partial \delta_1} & \dfrac{\partial p_3}{\partial \delta_2} & \dfrac{\partial p_3}{\partial \delta_3} & \dfrac{\partial p_2}{\partial e_1} & \dfrac{\partial p_3}{\partial e_2} \\[3mm]
\hline
\dfrac{\partial q_1}{\partial \delta_1} & \dfrac{\partial q_1}{\partial \delta_2} & \dfrac{\partial q_1}{\partial \delta_3} & \dfrac{\partial q_1}{\partial e_1} & \dfrac{\partial q_1}{\partial e_2} \\[3mm]
\dfrac{\partial q_2}{\partial \delta_1} & \dfrac{\partial q_2}{\partial \delta_2} & \dfrac{\partial q_2}{\partial \delta_3} & \dfrac{\partial q_2}{\partial e_1} & \dfrac{\partial q_2}{\partial e_2} \\[3mm]
\hline
\end{array}
$$

Destaca-se, Anexo II, que a ordenação do jacobiano requer alguns cuidados especiais.

REFERÊNCIAS BIBLIOGRÁFICAS

[1] STEVENSON, W.D., *Elementos de Análise de Sistemas de Potência*, McGraw-Hill, 1986.
[2] WEEDY, B.M., *Electric power systems*, John Wiley & Sons, 1967.
[3] ELGERD, O. I., *Introdução à Teoria de Sistemas de Energia Elétrica*, McGraw-Hill do Brasil, 1981
[4] BROWN, H. E., *Grandes sistemas elétricos*. Livros Técnicos e Científicos Editora S. A., 1977
[5] MONTICELLI, A., *Fluxo de carga em redes de energia elétrica*. Editora Blucher, 1983
[6] EL-ABIAD, A. H. & STAGG, G. W., *Computação Aplicada a Sistemas de Geração e Transmissão de Potência* - Editora Guanabara Dois, Rio de Janeiro, 1979.
[7] JARDINI, J. A. e CASOLARI, R. P., *Curvas de Carga de Consumidores e Aplicações na Engenharia da Distribuição* – em CD ROM, 1999.
[8] BEWLEY, L. V., *Transmission lines*, Ed. Dover, Pennsylvania, 1950.

CURTO-CIRCUITO

7.1 INTRODUÇÃO E NATUREZA DA CORRENTE DE CURTO-CIRCUITO

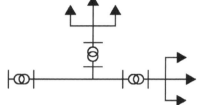

O estudo de curto-circuito visa, principalmente, à obtenção de correntes e tensões num sistema elétrico de potência, quando da ocorrência de um defeito num de seus pontos. A determinação das sobrecorrentes e sobretensões no sistema fornece subsídios de grande importância para a:

- Proteção contra sobrecorrentes dos componentes do sistema, como, por exemplo, transformadores, linhas etc.
- Especificação dos equipamentos de proteção, tais como disjuntores, relés, fusíveis etc.
- Proteção de pessoas, principalmente em defeitos que envolvem a terra.
- Análise de sobretensões no sistema, quando da ocorrência de curtos-circuitos, principalmente no que se refere a rompimento de isolações dos equipamentos.

Para melhor compreensão do que será exposto, é oportuno tecer algumas considerações pertinentes aos conceitos básicos de bipolos e de gerador equivalente de Thèvenin, iniciando pela análise de redes em corrente contínua (CC). Assim, para o bipolo da fig. 7.1, que é constituído por uma f.e.m. em corrente contínua e uma resistência, tem-se:

$$V = E - I \cdot r \qquad (7.1)$$

Da eq. (7.1), pode-se obter a curva característica, fig. 7.1b, em que se observam dois pontos fundamentais:

- Ponto **A**, em que a corrente é nula e a tensão de saída do bipolo é igual à f.e.m. do bipolo, E, bipolo operando em vazio.
- Ponto **B**, em que a tensão nos terminais do bipolo é nula e a corrente, que é denominada de corrente de curto-circuito, é dada por $I_{CC} = E/R$, bipolo operando em curto-circuito.

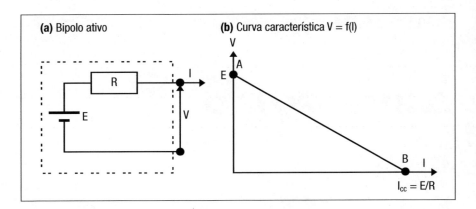

Figura 7.1 Bipolo ativo.

O caso analisado acima é bastante simples, mas pode ser facilmente generalizado para uma rede elétrica. Assim, seja o caso de uma rede elétrica contando com vários geradores de corrente contínua e vários bipolos passivos, fig. 7.2a, em que se deseja calcular a corrente entre os nós **I** e **J** quando se fecha a chave **k**. A corrente que flui entre esses nós, ao se fechar a chave **k**, representa a "corrente de curto-circuito".

Um procedimento para o cálculo da corrente de curto-circuito entre os pontos I e J, quando do fechamento da chave k, seria a determinação do gerador equivalente de Thevenin da rede, entre os pontos I e J, fig. 7.2b, ou seja:

- Cálculo da tensão, E_0, entre os nós **I** e **J** com a chave k aberta, tensão de vazio;
- Cálculo da resistência equivalente de Thevenin, R_{th}, entre os pontos I e J (com os geradores de rede inativados).

Desta forma, obteríamos um circuito equivalente análogo ao da fig. 7.1a, em que o cálculo da corrente de curto-circuito é imediato:

$$I_{cc} = \frac{E_0}{R_{th}} \qquad (7.2)$$

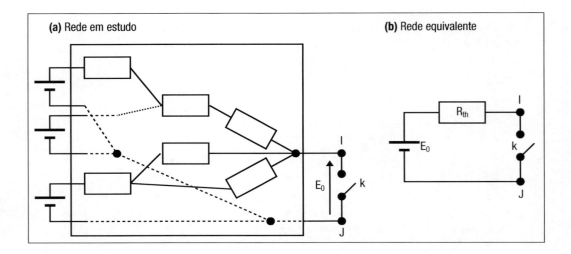

Figura 7.2 Curto-circuito em uma eede elétrica de corrente continua.

Destaca-se que o estudo de curto-circuito é o estudo de um transitório eletromagnético envolvendo uma série de problemas no tratamento das fontes de tensão, em geral em corrente alternada (CA), e da rede, envolvendo elementos resistivos, capacitivos e indutivos (indutâncias próprias e mútuas). As principais fontes de curto-circuito presentes na rede:
- Geradores Síncronos;
- Motores Síncronos;
- Motores de Indução.

Tais fontes não podem ser tratadas como simples geradores de tensão. Para estudos de curto-circuito, em geral, estas fontes são modeladas com um gerador de tensão ideal "atrás" de uma impedância, com valores convenientes, em função da máquina e do instante de análise da corrente de curto-circuito.

Desta forma, a determinação da corrente de curto-circuito fica bastante dificultada. Supondo-se que as fontes de curto-circuito possam ser modeladas por geradores de tensão senoidal ideais e que a rede elétrica seja monofásica, conforme a fig.7-3, para a determinação da corrente de curto-circuito na barra **I**, fechamento da chave **k**, é necessária a determinação do circuito equivalente de Thevenin, no domínio da frequência, entre a barra **I** e terra, conforme apresentado na fig.7.3b.

A obtenção da corrente de curto-circuito pelo método descrito acima é sobremodo complexa, principalmente devido a:
- Dimensão das redes elétricas, que apresentam um número muito elevado de componentes;
- Dificuldade da modelagem dos componentes da rede, em que pode-se citar, a título de exemplo:
  - A existência de transformadores, cujo circuito magnético não linear, provoca o aparecimento de indutâncias não lineares,
  - As linhas de transmissão que apresentam resistências, indutâncias e capacitâncias distribuídas ao longo de seu comprimento, de valores variáveis com a frequência.

Na prática, o estudo de curto-circuito é realizado considerando-se uma série de hipóteses simplificativas. Nos itens a seguir partir-se-á de um modelo bastante simplificado e, posteriormente, analisar-se-á a influência de alguns dos fatores sobre o resultado obtido.

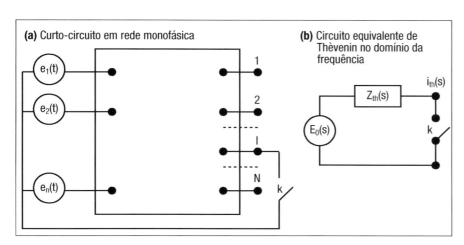

Figura 7.3 Curto-circuito em rede monofásica.

7.2 ANÁLISE DAS COMPONENTES TRANSITÓRIAS E DE REGIME PERMANENTE

7.2.1 CONSIDERAÇÕES GERAIS

Analisamos no item anterior um método para a obtenção da corrente de curto-circuito do sistema. Aplicando-se o método em uma rede elétrica linear, excitada por geradores de tensões ideais, teremos a presença de duas componentes da corrente de curto-circuito:

Uma componente transitória, cujo valor deve ser decrescente com o tempo, desde que o sistema seja estável.

Uma componente de regime permanente, que apresenta frequência igual à dos geradores.

7.2.2 COMPONENTE DE REGIME PERMANENTE

A componente de regime permanente da corrente de curto-circuito exprime a corrente que circula na rede, algum tempo depois da ocorrência do curto-circuito, quando as componentes transitórias já se extinguiram. A corrente em regime permanente senoidal pode ser determinada facilmente à partir do circuito equivalente de Thèvenin, o qual é definido, para a frequência de operação da rede, a partir do cálculo do fasor de tensão em vazio, no ponto de curto-circuito, e da impedância equivalente do sistema, vista do ponto de curto-circuito. Obtemos, portanto, um circuito equivalente conforme apresentado na fig. 7.4.

O fasor da corrente de curto-circuito é dado por:

$$\dot{I}_{cc} = \frac{\dot{E}_0}{\overline{Z}} = \frac{E_o \angle \alpha}{R + jX} \qquad (7.3)$$

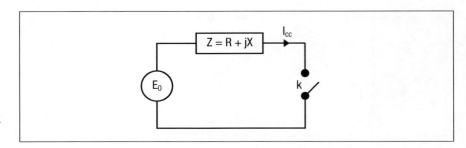

Figura 7-4 Circuito equivalente de Thèvenin na frequência da rede.

Exemplo 7.1

Um gerador de corrente alternada monofásico supre uma carga através de um alimentador (fig. 7.5). Sabendo-se que a carga estava desligada no momento do defeito, pede-se determinar o valor da componente permanente da corrente quando de um curto-circuito no ponto P. São dados:

a. Gerador com tensão nominal, V_N, e tensão interna E_0, iguais a 3,8 kV, reatância de 5%, potência nominal 10 MVA e frequência 60Hz.

b. Cabos com resistência de 0,19 Ω/km e reatância de 0,38 Ω/km.

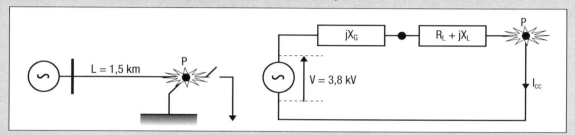

Figura 7-5 Rede para exemplo 7.1.

A tensão interna do gerador vale:

$$\dot{E}_0 = 3,8 \angle \alpha \text{ kV}$$

ou seja,

$$e_0(t) = 3,8\sqrt{2} \cos(2\pi \cdot 60t + \alpha) \text{ kV}$$

onde α é a fase inicial da tensão.

A obtenção do circuito equivalente de Thèvenin é imediata, visto que a carga estava desligada antes do defeito (corrente nula):

$$\dot{E}_{th} = \dot{E}_0 = 3,8 \angle \alpha \text{ kW}$$
$$\overline{Z}_{th} = jX_G + R_L + jX_L$$
$$R_L = 0,19 \times 1,5 \times 2 = 0,57 \text{ Ω (circuito monofásico – 2 fios)}$$
$$K_L = 0,38 \times 1,5 \times 2 = 1,14 \text{ Ω}$$
$$X_G = X_{pu} \frac{V_n^2}{S_n} = 0,05 \times \frac{3,80^2}{10} = 0,0722 \text{ Ω}$$
$$\overline{Z}_{th} = 0,57 + j1,2122 \text{ Ω}$$

O fasor da corrente de curto-circuito e seu valor instantâneo são dados por:

$$I_{cc} = \frac{\dot{E}_{th}}{\overline{Z}_{th}} = \frac{3,8 \angle \alpha}{0,57 + j1,2122} = 2,837 \angle -68,41° + \alpha \text{ kA}$$

$$i_{cc}(t) = 2,837 \cdot \sqrt{2} \cos\left(377t + \alpha - 68,41 \frac{\pi}{180}\right) \text{ kA}$$

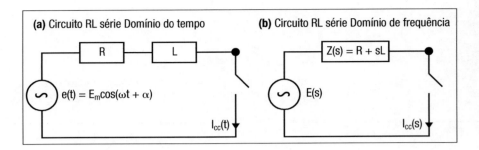

Figura 7.6 Circuito R-L série.

7.2.3 COMPONENTE UNIDIRECIONAL

Para melhor compreensão da componente unidirecional da corrente de curto-circuito, seja o caso, bastante simplificado, fig. 7.6, da rede ser representada por circuito R-L, série, excitado por um gerador ideal de tensão senoidal.

Aplicando-se a segunda lei de Kirchhoff ao circuito da fig. 7.6a, tem-se:

$$e(t) = R i(t) + L \frac{di(t)}{dt} \tag{7.4}$$

A eq. (7.4) pode ser resolvida aplicando-se a transformação de Laplace, a ambos os membros. O modelo da fig. 7.6b, representa a equação:

$$E(s) = R I(s) + sL I(s) \tag{7.5}$$

No entanto, para melhor compreensão do fenômeno físico, determinar-se-á a solução da equação diferencial (7.4), obtendo-se:

- A resposta livre do sistema, que corresponde a impor-se excitação nula ao sistema, $e(t) = 0$, e resolver-se a equação diferencial homogênea. A corrente obtida será representada por $i_h(t)$.
- A resposta em regime permanente do sistema, conhecida também como solução particular da equação diferencial. A corrente obtida será representada por $i_p(t)$.

A solução completa da equação diferencial é obtida pela superposição das duas soluções:

$$i(t) = i_h(t) + i_p(t) \tag{7.6}$$

Para a solução da equação homogênea tem-se:

$$\begin{aligned} Ri_h + L \frac{di_h}{dt} &= 0 \\ \frac{di_h}{i_h} &= -\frac{R}{L} dt \end{aligned} \tag{7.7}$$

Integrando-se ambos os membros da segunda da eq. (7.7) resulta:

$$\begin{aligned} \int \frac{di_h}{i_h} &= \int \frac{R}{L} dt \\ \ln i_h(t) &= \frac{R}{L} t + A \end{aligned} \tag{7.8}$$

7.2 — Análise das Componentes Transitórias e de Regime Permanente

ou, ainda:

$$i_h(t) = e^{\left(-\frac{R}{L}t + A\right)} = e^A \cdot e^{-\frac{R}{L}t} = A_o e^{-\frac{R}{L}t} \tag{7.9}$$

onde A_0 representa constante de integração que é determinada a partir das condições de contorno, como será visto à seguir.

A componente da corrente de regime permanente, "solução particular", é determinada resolvendo-se o circuito em regime permanente senoidal:

$$\dot{E} = (R + j\omega L)\dot{I}$$

$$\dot{I} = \frac{\dot{E}}{R + j\omega L} = \frac{E \angle \alpha}{Z \angle \psi} = \frac{E}{Z} \angle \alpha - \psi \tag{7.10}$$

onde:

$$\dot{E} = E \angle \alpha = \frac{E_m}{\sqrt{2}} \angle \alpha$$

$$\omega = 2\pi f$$

$$\overline{Z} = R + j\omega L = Z \angle \psi = \sqrt{(R^2 + \omega^2 L^2)} \angle \operatorname{arctg}[\omega L/R]$$

resulta portanto:

$$i_p(t) = \frac{E}{Z}\sqrt{2}\cos(\omega t + \alpha - \psi) \tag{7.11}$$

A solução completa é dada por:

$$i(t) = i_h(t) + i_p(t) \tag{7.12}$$

$$i(t) = A_o e^{-R/Lt} + \frac{E_m}{Z}\cos(\omega t + \alpha - \psi) \tag{7.13}$$

Para determinação da constante, A_0, a condição de contorno embasa-se no fato que, num circuito, a corrente não pode variar instantaneamente. Assim, sendo $t = 0$ o instante em que ocorre o curto-circuito será:

$$i(0_-) = i(0_+) = i(0) \tag{7.14}$$

Além disso, assumindo-se que antes do curto-circuito a rede estava operando em vazio, corrente nula, $i(0) = 0$, resultará:

$$i(0) = i_o = 0 = A_o + \frac{E_m}{Z}\cos(\alpha - \psi) \tag{7.15}$$

logo:

$$A_o = -\frac{E_m}{Z}\cos(\alpha - \psi) \tag{7.16}$$

ou ainda:

$$i_h(t) = \frac{E_m}{Z} e^{-\frac{R}{L}t}\cos(\alpha - \psi) \tag{7.17}$$

resultando para a corrente total:

$$i(t) = -\frac{E_m}{Z}e^{-R/Lt}\cos(\alpha-\psi) + \frac{E_m}{Z}\cos(\omega t + \alpha - \psi) =$$
$$= \left[-e^{-R/Lt}\cos(\alpha-\psi) + \cos(\omega t + \alpha - \psi)\right]\frac{E_m}{Z} \quad (7.18)$$

Nota-se que a componente transitória, sempre que a resistência não for nula, decai exponencialmente com o tempo. Esta componente da corrente de curto-circuito é chamada de "componente unidirecional". A seguir, analisar-se-á o caso mais crítico, que corresponde a resistência do circuito nula. Tem-se, portanto, que:

$$i(t) = \frac{E_m}{\omega L}\left[-\cos\left(\alpha-\frac{\pi}{2}\right) + \cos\left(\omega t + \alpha - \frac{\pi}{2}\right)\right]$$
$$i(t) = \frac{E_m}{\omega L}\left[-\operatorname{sen}\alpha + \operatorname{sen}(\omega t + \alpha)\right] = I_m\left[-\operatorname{sen}\alpha + \operatorname{sen}(\omega t + \alpha)\right] \quad (7.19)$$

onde:

$$I_m = \frac{E_m}{\omega L} \quad (7.20)$$

representa a corrente máxima na condição de regime permanente.

Nota-se que o valor corrente de curto-circuito é função do ângulo α, que pode ser entendido como o parâmetro que define o instante de ligação da chave **k**. Quando o ângulo α é igual ao ângulo de rotação de fase entre a tensão e a corrente em regime permanente (ψ), a componente transitória é máxima. Em sendo o ângulo α igual ao ângulo de $\pi/2 + \psi$, a componente transitória é nula. Analisar-se-á então o caso particular:

$$R = 0, \alpha = \psi = 90°$$

quando resulta:

$$i(t) = -I_m + I_m\cos\omega t = I_m(\cos\omega t - 1) \quad (7.21)$$

O gráfico da fig.7.7a mostra a corrente de curto-circuito, destacando-se as componentes de regime permanente, senoidal, unidirecional, constante, e total; notando-se que o máximo do valor instantâneo da corrente total pode chegar a duas vezes o valor da corrente máxima de regime permanente. O gráfico da fig. 7.7b mostra uma condição em que $R \neq 0$ e $\alpha \neq \psi$.

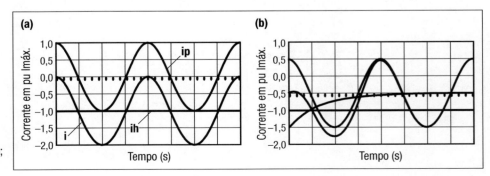

Figura 7.7
a - Circuito indutivo ($\alpha = 90° - R = 0$);
b - Circuito R-L ($\alpha = 90°$).

Exemplo 7.2

Mostrar como varia o valor máximo da corrente de curto-circuito de uma rede cujo circuito equivalente de Thèvenin, em regime permanente senoidal, é conhecido, em função dos parâmetros:

- Instante do fechamento da chave (ângulo α = 0°, 10°, 20°, 30°, 40°, 50°, 60°, 70°, 80°, 90°)
- Valor da relação X/R = ωL/R (X/R = 1, 2, 5, 10, 20, 50, 100, 200)

Da eq. (7.18) resulta:

$$f(t) = \frac{i(t)}{I_m} = -\cos(\alpha - \psi)e^{-R/Lt} + \cos(\omega t + \alpha - \psi) \tag{7.22}$$

A partir da eq. (7.22) determina-se o máximo valor de f(t), para os diversos valores de α e X/R, apresentados à tab. 7.1.

Tabela 7.1 Valor máximo da corrente em função de α e X/R										
Relação X/R	Angulo α									
	0°	10°	20°	30°	40°	50°	60°	70°	80°	90°
1	1,000	1,000	1,000	1,000	1,000	1,000	1,000	1,000	1,000	1,000
2	1,000	1,000	1,000	1,006	1,000	1,000	1,000	1,000	1,000	1,000
5	1,000	1,000	1,000	1,084	1,003	1,121	1,135	1,145	1,000	1,000
10	1,000	1,174	1,151	1,206	1,258	1,304	1,341	1,368	1,341	1,392
20	1,003	1,178	1,313	1,322	1,407	1,481	1,542	1,588	1,616	1,625
50	1,006	1,177	1,330	1,419	1,535	1,636	1,718	1,778	1,815	1,828
100	1,005	1,106	1,3345	1,457	1,587	1,698	1,788	1,854	1,896	1,910
200	1,003	1,119	1,232	1,478	1,614	1,731	1,826	1,896	1,940	1,954

Exemplo 7.3

Para a rede do exemplo 7.1, pede-se determinar o valor da corrente de curto-circuito em função do tempo, supondo-se que o gerador pode ser modelado por um gerador ideal de tensão em série com sua reatância, e o curto-circuito ocorre quando a tensão instantânea é nula.

A impedância equivalente de Thèvenin no ponto de curto-circuito, na frequência de 60 Hz, é:

$$Z_{th} = 0{,}57 + j1{,}2122 \ \Omega$$

logo:

$$R_{th} = 0{,}57 \ \Omega \quad e \quad Z_{th} = 1{,}2122 \ \Omega$$

$$J_{th} = \frac{Z_{th}}{\omega} = \frac{X_{th}}{2\pi f} = \frac{1{,}2122}{2\pi \cdot 60} = 3{,}215 \ mH$$

ou seja:

$$\frac{L}{R} = \frac{3{,}215}{0{,}57} = 5{,}641 \times 10^{-3} \text{ s}$$

A componente transitória vale:

$$i_h(t) = A_o e^{-t/\tau} = A_o e^{-t/5{,}641 \times 10^3} = A_o e^{-177{,}27t}$$

Superpondo-se a componente transitória com a componente de regime permanente de curto-circuito (cfr. exemplo 7.1), obtém-se o valor da corrente de curto:

$$i(t) = i_h(t) + i_p(t)$$

$$i(t) = A_0 e^{-177{,}27t} + 2.837\sqrt{2} \cdot \cos\left(377t - 64{,}81° \frac{\pi}{180°}\right) A$$

Por outro lado, estando o circuito operando em vazio e ocorrendo o curto-circuito num instante em que a tensão é nula deverá ser

$$\alpha = \frac{\pi}{2} + k\pi \qquad (k = 0,1,2,\ldots)$$

Para a determinação da constante de integração, A_0, deve-se impor, nesse instante, que a corrente é nula, isto é:

$$0 = A_0 e^{-177{,}27 \cdot 0} + 2.837\sqrt{2} \cos(377 \cdot 0 + 90° - 64{,}81°) =$$
$$= A_0 + 2.837\sqrt{2} \cos(25{,}19°)$$
$$A_0 = -2.837\sqrt{2} \cos(25{,}19°) = -3.630{,}57 \text{ A}$$

Resulta portanto:

$$i(t) = -3.630{,}57 e^{-177{,}27t} + 4.012{,}11 \cos\left(377t + 25{,}19° \times \frac{\pi}{180°}\right) A$$

Na fig. 7.8 apresentam-se as correntes transitória, permanente e total.

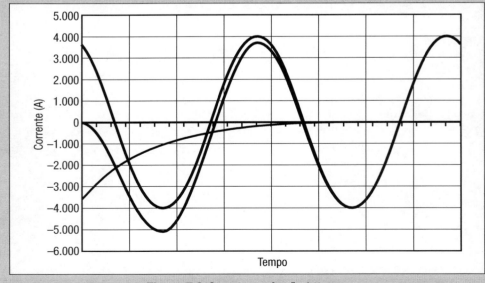

Figura 7.8 Correntes em função do tempo.

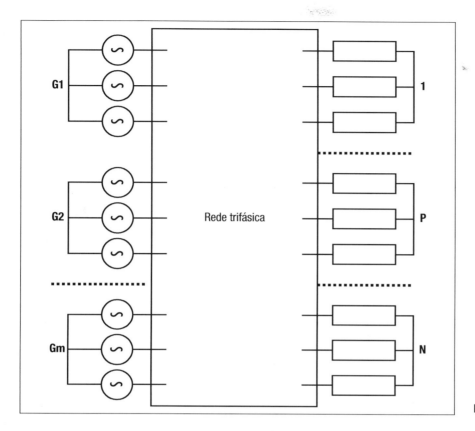

Figura 7.9 Rede Trifásica.

7.3 ESTUDO DE CURTO-CIRCUITO TRIFÁSICO

7.3.1 CÁLCULO DA CORRENTE DE CURTO-CIRCUITO

Seja uma rede trifásica, suprida por m geradores trifásicos simétricos, alimentando n cargas trifásicas equilibradas, conforme apresentado na fig. 7.9.

Quando da ocorrência de um curto-circuito trifásico, sem impedância, no barramento **P**, sabe-se que em condições de regime permanente os geradores de tensão produzem tensões simétricas e as correntes de fases, nos trechos de rede e nas cargas, apresentam módulos iguais e estão defasadas de 120° entre si, ou seja, a rede pode ser representada pelo seu diagrama de sequência positiva, em pu, conforme apresentado na fig. 7.10.

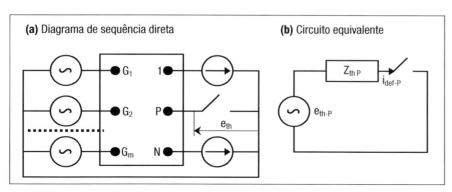

Figura 7.10 Diagrama de sequência direta da rede.

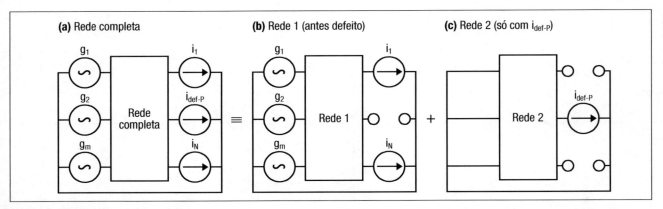

Figura 7.11 Determinação das contribuições.

As cargas do sistema são simuladas por geradores de corrente constante e os geradores de tensão serão simulados por uma fonte de tensão ideal atrás de uma reatância, que é incorporada à rede.

Desta forma, para a determinação da corrente de curto-circuito na barra P, procede-se conforme visto anteriormente. Obtém-se o circuito equivalente de Thèvenin no ponto P. Destaca-se que a tensão e_{th-P} do gerador equivalente de Thevenin é a própria tensão na barra P antes da ocorrência do defeito e que a impedância equivalente, Z_{th-P}, é a impedância vista entre a barra P e a referência, com os geradores inativos, ou seja, geradores de tensão com sua f.e.m. em curto-circuito e geradores de corrente em circuito aberto.

A corrente de defeito, i_{def-P}, é dada por:

$$\dot{i}_{def-P} = \frac{\dot{e}_{th-P}}{\dot{Z}_{th-P}} \qquad (7.23)$$

Após a determinação da corrente de curto-circuito na barra P, passa-se a determinar as contribuições de corrente nos outros pontos da rede elétrica. Para tanto, pode-se substituir o curto-circuito em P por um gerador de corrente ideal, que absorve corrente i_{def-P} da rede, fig. 7.11.

Aplicando-se o princípio de superposição na rede completa, podemos obter duas redes:

- Rede 1, com geradores de tensão e com os geradores de corrente que simulam as cargas ativados, com gerador de corrente de defeito, i_{def-P}, desativado. Corresponde à rede antes do curto-circuito, "condição de pré-falta", fig. 7.11b.
- Rede 2, com gerador de tensão e geradores de corrente que simulam as cargas desativados e gerador de corrente de defeito ativado, fig. 7.11c.

As correntes e tensões da rede completa são determinadas aplicando-se o teorema de Superposição de Efeitos, resultando:

$$\begin{aligned}\dot{V}_k &= \dot{V}'_k + \dot{V}''_k \qquad \text{para} \quad k = 1, ..., n \\ \dot{i}_{k-j} &= \dot{i}'_{k-j} + \dot{i}''_{k-j} \qquad \text{para} \quad (k-j) \in \{\text{conjunto de trechos da rede}\}\end{aligned} \qquad (7.24)$$

onde:
V_k tensão na barra k durante o curto-circuito;
V'_k tensão na barra k antes do curto-circuito;
V"_k tensão na barra k, calculada na Rede 2.
i_{k-j} corrente no trecho, entre as barras k e j, na rede completa;
i'_{k-j} corrente no trecho, entre as barras k e j, na rede antes do curto-circuito;
i"_{k-j} corrente no trecho, entre as barras k e j, na Rede 2.

Exemplo 7.5

Determinar, para a rede da fig. 7.12, as tensões nos barramentos e correntes nos trechos, durante o período transitório, quando da ocorrência de um curto-circuito trifásico na barra 8. Assuma que todos os valores de reatância em p.u. estão na mesma base e que as resistências são desprezíveis.

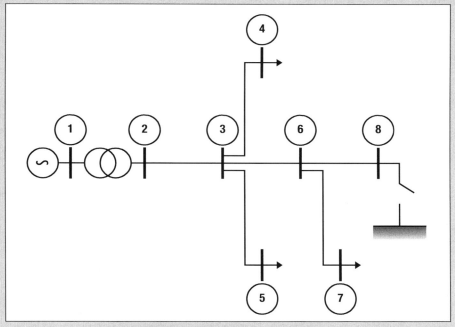

Figura 7.12 Rede para exemplo 7.5.

Resolução

À fig. 7.13 apresenta-se os diagramas de sequência positiva em pu, para as redes: completa, de "pré-falta" e com o gerador de corrente de defeito.

Supondo-se conhecidas as tensões e correntes na rede antes do curto-circuito, rede de pré-falta, determina-se a corrente de defeito na barra 8. O circuito equivalente de Thèvenin na barra 8, apresenta tensão $v_{th\text{-}8}$ e impedância equivalente $z_{th\text{-}8}$ dadas por:

$$\dot{v}_{th\ 8} = \dot{v}'_8$$
$$\overline{z}_{th\ 8} = 0 + jX_{th8} = X''_G + X_{12} + X_{23} + X_{36} + X_{68}$$

234 **7** — Curto-circuito

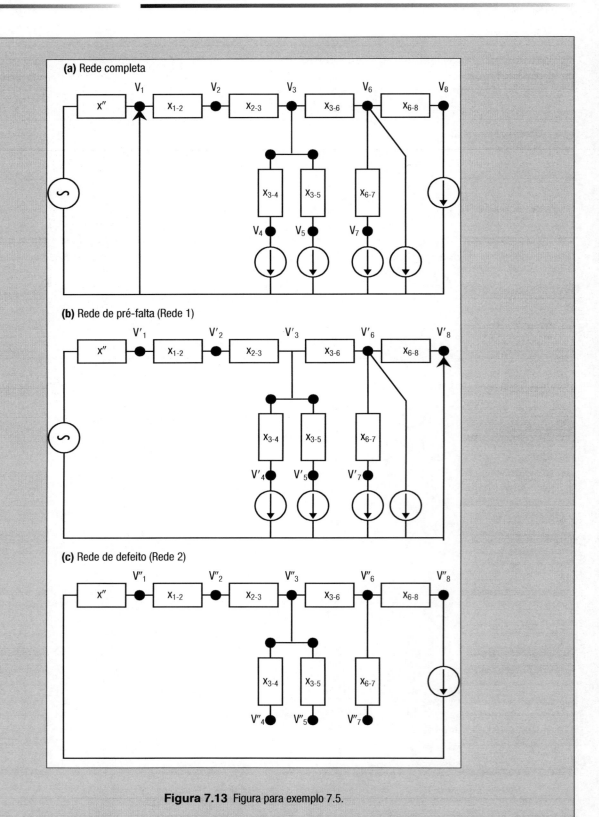

Figura 7.13 Figura para exemplo 7.5.

logo:

$$i_{def\,8} = \frac{v_{th\,8}}{\overline{z}_{th\,8}} = \frac{\dot{v}'_8}{X''_G + X_{12} + X_{23} + X_{36} + X_{68}}$$

portanto, a tensão na barra 8 será dada por:

$$\dot{v}_8 = \dot{v}'_8 + \dot{v}''_8$$

Da rede só com gerador de corrente de defeito:

$$\dot{v}''_8 = -(X''_G + X_{12} + X_{23} + X_{36} + X_{68})\cdot i_{def}$$

$$= -(X''_G + X_{12} + X_{23} + X_{36} + X_{68})\cdot \frac{\dot{v}'_8}{\overline{z}_{th-8}} = -\dot{v}'_8$$

logo, como era de se esperar, resulta:

$$\dot{v}_8 = \dot{v}'_8 + \dot{v}''_8 = \dot{v}'_8 + (-\dot{v}'_8) = 0$$

A tensão na barra 5 é dada por:

$$\dot{v}_5 = \dot{v}'_5 + \dot{v}''_5$$

onde:

$$\dot{v}''_5 = -i_{def}\cdot(X''_G + X_{12} + X_{23}) = -\frac{\dot{v}'_8(X''_G + X_{12} + X_{23})}{X''_G + X_{12} + X_{23} + X_{36} + X_{68}}$$

ou seja

$$\dot{v}_5 = -\frac{\dot{v}'_8(X''_G + X_{12} + X_{23})}{\overline{z}_{th\,8}} + \dot{v}'_5$$

Analogamente determinam-se as demais tensões:

$$\dot{v}_1 = \dot{v}'_1 + \dot{v}''_1 = \dot{v}'_1 - \frac{X''_G}{\vec{z}_{th\,8}}\cdot \dot{v}'_8$$

$$v_2 = v'_2 - \frac{(X''_G + X_{12})v'_8}{z_{th\,8}}$$

$$v_3 = v'_3 - \frac{(X''_G + X_{12} + X_{23})}{z_{th\,8}}v'_8$$

$$v_4 = v'_4 - \frac{(X''_G + X_{12} + X_{23})}{z_{th\,8}}v'_8$$

$$v_6 = v'_6 - \frac{(X''_G + X_{12} + X_{23} + X_{36})}{z_{th\,8}}v'_8$$

$$v_7 = v'_7 - \frac{(X''_G + X_{12} + X_{23} + X_{36})}{z_{th\,8}}v'_8$$

A corrente no trecho 2-3, i_{23}, é dada por:

$$i_{23} = i'_{23} + i''_{23} = (i_4 + i_5 + i_6 + i_7) + i_{def}$$

As correntes nos demais trechos são determinadas analogamente:

$$i_{12} = (i_4 + i_5 + i_6 + i_7) + i_{def}$$
$$i_{34} = i_4$$
$$i_{35} = i_5$$
$$i_{36} = i_7 + i_{def}$$
$$i_{67} = i_7$$
$$i_{68} = i_{def}$$

As contribuições na corrente de curto-circuito trifásico, devido às cargas são, na maioria dos casos, desprezíveis. Além disso, estando, em condições normais, as tensões na rede estão em torno de 1 pu, pode-se proceder ao cálculo da corrente de curto-circuito trifásico, considerando as hipóteses de rede em vazio, sem cargas, com tensões de 1 pu, em todas as barras.

Exemplo 7.6

Determinar, para o período transitório, as correntes em todos os trechos e tensões em todas as barras da rede da fig. 7.14, quando de um circuito trifásico em **P**, levando-se em conta:

a) Condições de "Ppré-falta" da rede.
b) Rede em vazio antes do curto-circuito.

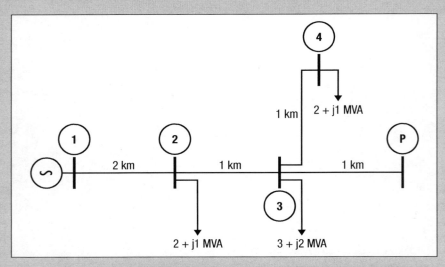

Figura 7.14 Rede do exemplo 7.6.

São dados:

- Gerador: $x'_G = 0,1$ pu, $S_{nom} = 10$ MVA, $V_{nom} = 13,8$ kV e $V_1 = 1$ pu
- Linhas: $r = 0,2$ Ω/km e $x = 0,5$ Ω/km.

Solução

- Determinação do diagrama de sequência positiva da rede, em pu

  Assumindo-se valores de base: $S_B = 10$ MVA e $V_B = 13,8$ kV, resulta:

  $$\overline{z} \text{ (pu/km)} = \frac{0,2 + j0,5}{\dfrac{(13,8)^2}{10}} = 0,0105 + j0,0263 \text{ pu/km}$$

a. Condições da rede antes da falta:

   À tab. 7.2 apresenta-se o cálculo de tensões e correntes na rede, assumindo-se que as cargas são modeladas por corrente constante com a tensão.

				Carga (pu)		Corrente no trecho (pu)			ΔV no trecho (pu)	Tensão barra (pu)
Nó	**Nó anterior**	**r**	**x**	**p**	**q**	$i_{r\text{-acm}}$	$i_{i\text{-acm}}$	**i**		
1	-	-	-	-	-	-	-	-	-	1,0000
2	1	0,0210	0,0525	0,2	0,1	0,7	0,4	0,806/−29,7°	0,0357	0,9643
3	2	0,0105	0,0263	0,3	0,2	0,5	0,3	0,503/−30,9°	0,0131	0,9512
4	3	0,0105	0,0263	0,2	0,1	0,2	0,1	0,224/−26,6°	0,0047	0,9465
5	3	0,0105	0,0263	0,0	0,0	0,0	0,0	0	0,0000	0,9512

Tabela 7.2 Tensões de pré-falta

- Corrente de curto-circuito

  A corrente de curto-circuito em **P** é dada por:

  $$i_{defP} = \frac{\dot{e}}{\overline{z}_{thP}}$$

onde:

$$\dot{e}_o = 0,9512 \angle 0^0 \text{ pu}$$

$$\overline{z}_{thP} = r_{thP} + j x_{thP} = r_{12} + r_{23} + r_{35} + j(x'_G + x_{12} + x_{23} + x_{35}) = 0,042 + j0,205$$

logo:

$$i_{defP} = \frac{0,9512 \angle 0°}{0,042 + j0,205} = 4,546 \angle -78,42° \text{ pu}$$

As tensões e correntes no alimentador, quando a rede é excitada pelo gerador de corrente i_{defP} na barra P, são dadas por:

$i_{12} = i_{23} = i_{35} = i_{defP} = 4,546 \angle -78,42 \text{ pu}$ e $i_{34} = 0$ pu

$v_1 = -i_{defP} \cdot jx'_G = -4,546 \angle -78,42° \times 0,1 \angle 90° = -0,4546 \angle 11,58°$ pu

$v_2 = -i_{defP} \cdot \left[r_{12} + j(x_{12} + x''_G) \right] = -4,546 \angle -78,42 \times \left[0,021 + j(0,0525 + 0,1) \right] = -0,6698 \angle 3,74°$ pu

$v_4 = v_3 = -i_{defP} \cdot \left[r_{12} + r_{23} + j(x_{12} + x_{23} + x''_G) \right] = -4,546 \angle -78,42 \times \left[0,021 + 0,0105 + j(0,0525 + 0,0263 + 0,1) \right] =$
$= -0,8253 \angle 1,58°$ pu

$v_5 = -i_{defP} \cdot \left[r_{12} + r_{23} + r_{35} + j(x_{12} + x_{23} + x_{35} + x'_G) \right] = 0,9512 \angle 0°$

As tensões e correntes no sistema são determinadas por superposição, tab. 7.3:

Nó	Nó anterior	Rede antes da falta		Rede só com i_{def}		Rede "completa"	
		Tensão (pu)	Correntes (pu)	Tensão	Corrente	Tensão	Corrente
1	-	$1,0000\angle 0°$	-	$-0,4546\angle 11,58$	-	$0,5621\angle -9,3°$	-
2	1	$0,9643\angle 0°$	$0,806\angle -29,7°$	$-0,6698\angle 3,74$	$4,546\angle -78,42$	$0,299\angle -8,4°$	$5,114\angle -71,6°$
3	2	$0,9512\angle /0$	$0,583\angle -30,9°$	$-0,8253\angle 1,58$	$4,546\angle -78,42$	$0,128\angle -10,2°$	$4,958\angle -73,4°$
4	3	$0,9465\angle 0°$	$0,224\angle -26,6°$	$-0,8253\angle 1,58$	0	$0,124\angle -10,6°$	$0,224\angle -26,6°$
5	3	$0,9512\angle 0°$	0	$-0,9512\angle 0°$	$4,546\angle -78,42$	0	$4,546\angle -78,42$

Tabela 7.3 Resultados finais

- A seguir, os cálculos serão repetidos para a rede operando em vazio antes da ocorrência do curto-circuito.

    A corrente de curto-circuito na barra P é dada por:

$$i_{def_P} = \frac{1\angle 0°}{z_{thP}} = \frac{1}{0,042 + j0,205} = 4,779\lfloor -78,42° \text{ pu}$$

observando-se erro de 5,12% em relação ao valor alcançado na primeira parte.

Para a rede somente com a corrente i_{defP} tem-se:

$$i_{12} = i_{23} = i_{35} = i_{defP} = 4,779\angle -78,42° \text{ pu} \quad e \quad i_{34} = 0 \text{ pu}$$
$$v_1 = -i_{defP} \cdot jx_G'' = -0,4779\angle 11,58° \text{ pu}$$
$$v_2 = -i_{defP} \cdot \left[r_{12} + j(x_{12} + x_G'') \right] = -0,7357\angle 3,74° \text{ pu}$$
$$v_3 = v_4 = -i_{defP} \cdot \left[r_{12} + r_{23} + j(x_{12} + x_{23} + x_G'') \right] = -0,8676\angle 1,58° \text{ pu}$$
$$v_5 = -1,0\angle 0° \text{ pu}$$

Superpondo-se os efeitos resultam os valores apresentados à tab 7.5.

Nó	Nó anterior	Rede antes da falta		Rede só com i_{def}		Rede "Completa"	
		Tensão (pu)	Corrente (pu)	Tensão (pu)	Correntes (pu)	Tensão (pu)	Correntes (pu)
1	-	$1\angle 0°$	-	$-0,4779\angle 11,58$	-	$0,540\angle -10,2°$	-
2	1	$1\angle 0°$	0	$-0,7357\angle 3,74$	$4,779\angle -78,42$	$0,270\angle -10,2°$	$4,779\angle -78,42°$
3	2	$1\angle 0°$	0	$-0,8676\angle 1,58$	$4,779\angle -78,42$	$0,135\angle -10,2°$	$4,779\angle -78,42°$
4	3	$1\angle 0°$	0	$-0,8676\angle 1,58$	0	$0,135\angle -10,2°$	0
5	3	$1\angle 0°$	0	$-1,0\angle 0°$	$4,779\angle -78,42$	0	$4,799\angle -78,42°$

Tabela 7.5 Rede operando em vazio

Da análise dos valores alcançados nas duas condições operativas, rede com tensões de pré-falta e rede operando em vazio, observa-se que os erros não são consideráveis.

7.3.2 POTÊNCIA DE CURTO-CIRCUITO

A potência do curto-circuito trifásico (em VA) num dado ponto da rede é definida, para sistemas trifásicos, como o produto:

$$S_{3\phi} = \sqrt{3}\, V_{nom} \cdot I_{3\phi} \qquad (7.25)$$

onde:

$S_{3\phi}$ - potência de curto-circuito trifásico em VA;
V_{nom} - tensão nominal de linha, em V;
$I_{3\phi}$ - corrente de curto-circuito no ponto considerado, em A.

No caso de adotar-se tensão de base igual à tensão nominal do sistema, resultará:

$$s_{3\phi} = \frac{S_{3\phi}}{S_b} = \frac{\sqrt{3}\, V_{nom}\, I_{3\phi}}{S_b} = \frac{\sqrt{3}\, V_{nom}\, I_{3\phi}}{\sqrt{3}\, V_b\, I_b} = i_{3\phi} \qquad (7.26)$$

onde:

$s_{3\phi}$ - potência de curto-circuito trifásico, em pu;
$i_{3\phi}$ - corrente de curto-circuito trifásico, em pu;
S_b - potência de base adotada, em VA;
V_b - tensão de base adotada, em V
I_b - corrente de base, em A, calculada a partir de $S_b / (\sqrt{3} \times V_b)$.

Assim, em valores pu, a potência de curto-circuito é igual ao módulo da corrente de curto-circuito.

A definição da potência de curto-circuito pode ser estendida de forma a levar as características resistiva e indutiva da corrente de curto-circuito. Desta forma define-se a "potência complexa de curto-circuito trifásico" que é dada por:

$$\overline{S}_{3\phi} = \overline{s}_{3\phi}\, S_b \qquad (7.27)$$

onde a potência complexa de curto-circuito trifásico, $\overline{s}_{3\phi}$, em pu, é definida por:

$$\overline{s}_{3\phi} = \dot{v}_{nom} \cdot \dot{i}_{3\phi}^{*} \qquad (7.28)$$

e $\dot{i}_{3\phi}$ representa o fasor da corrente de curto-circuito trifásico, em pu.

No caso geral, as tensões nominal e de base são iguais; desta forma:

$$\overline{s}_{3\phi} = \dot{v}_{nom} \cdot \dot{i}_{3\phi}^{*} = 1\angle 0° \cdot \dot{i}_{3\phi}^{*} = \dot{i}_{3\phi}^{*} \qquad (7.29)$$

Destaca-se que o módulo da potência complexa:

$$s_{3\phi} = \left| \overline{s}_{3\phi} \right| = i_{3\phi} \qquad (7.30)$$

é a própria definição de potência aparente de curto-circuito trifásico, apresentada inicialmente.

Exemplo 7.7

Determinar os valores da corrente, em A, e potências aparente e complexa de curto-circuito, em MVA, no período transitório, quando da ocorrência de curto-circuito trifásico nos pontos P_1, P_2, P_3, P_4 e P_5 da rede da fig. 7.15.

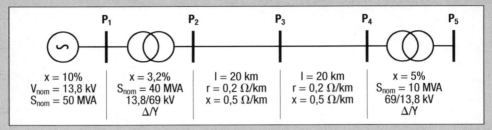

Figura 7.15 Rede para exemplo 7.7.

Resolução

Adotando-se os valores de base:
S_b = 50 MVA;
V_{b1} = 13,8 kV (gerador e BT do tranformador);
V_{b2} = 69,0 kV (AT do tranformador e linhas 1 e 2);

resultam os valores, em pu, para as impedâncias dos componentes da rede:

- Gerador: $x' = 0{,}10$ pu;

- Transformador 13,8/69 kV: $x_{t1} = 0{,}032 \cdot \dfrac{13{,}8^2}{40} \cdot \dfrac{50}{13{,}8^2} = 0{,}04\,\text{pu}$;

- Linhas: $r = \dfrac{0{,}2}{\dfrac{69^2}{50}} \cdot 20 = 0{,}042\,\text{pu}$ e $x = \dfrac{0{,}5}{\dfrac{69^2}{50}} \cdot 20 = 0{,}105\,\text{pu}$;

- Transformador 69/13,8 kV: $x_{t2} = 0{,}05 \cdot \dfrac{13{,}8^2}{10} \cdot \dfrac{50}{13{,}8^2} = 0{,}25\,\text{pu}$.

Na fig. 7.16, apresenta-se o diagrama de sequência positiva, em pu, para a rede considerada.

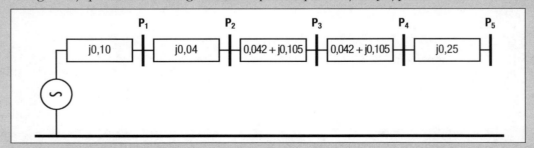

Figura 7.16 Diagrama de sequência positiva em pu.

O cálculo das correntes e potências de curto-circuito nos pontos da rede é imediato, uma vez que a rede, antes do curto-circuito, foi considerada operando em vazio:

7.3 — Estudo de Curto-circuito Trifásico

- Ponto P_1:

$$z_{th1} = j\,x_G' = j0,1\,pu$$

$$i_{3\phi 1} = \frac{1}{j0,1} = -j10\,pu$$

$$I_{3\phi 1} = \left| i_{p_1} \right| . I_{b1}$$

$$I_{b1} = \frac{S_b}{\sqrt{3}\,V_{b1}} = \frac{50}{\sqrt{3}.13,8} = 2,091\,kA$$

$$I_{3\phi 1} = 10 . 2,091 = 20,91\,kA$$

$$\overline{s}_{3\phi 1} = i_{3\phi 1}^* = j10\,pu$$

$$\overline{S}_{3\phi 1} = j10 . 50 = j500\,MVA$$

$$S_{3\phi 1} = \left| \overline{S}_{3\phi 1} \right| = 500\,MVA$$

- Ponto P_2:

$$i_{3\phi 2} = \frac{1}{j0,1 + j0,04} = -j7,14$$

$$I_{b2} = \frac{S_b}{\sqrt{3}V_{b2}} = \frac{50}{\sqrt{3} \times 69} = 0,4184\,kA$$

$$I_{3\phi 2} = \left| i_{3\phi 2}^* \right| . I_{b2} = 2,98\,kA$$

$$\overline{s}_{3\phi 2} = i_{3\phi 2} = j7,14\,pu$$

$$\overline{S}_{3\phi 2} = j7,14 \times 50 = j357\,MVA$$

$$S_{3\phi 2} = 357\,MVA$$

- Ponto P_3:

$$i_{3\phi\,3} = \frac{1}{j0,1 + j0,04 + (0,042 + j0,1050).2} = 4,028 \angle -80,27\,pu$$

$$I_{3\phi 3} = \left| i_{3\phi 3} \right| . I_{b2} = 1,6832\,kA$$

$$\overline{s}_{3\phi 3} = i_{3\phi 3}^* = 4,023 \angle 80,27°\,pu$$

$$\overline{S}_{3\phi 3} = 201 \angle 80,27°\,MVA = 34 + j198\,MVA$$

$$S_{3\phi 3} = 201\,MVA$$

- Ponto P_4:

$$i_{3\phi 4} = \frac{1}{j0,1 + j0,04 + (0,042 + j0,1050).2} = \frac{1}{0,084 + j0,35} = 2,778 \angle -76,5°\,pu$$

$$I_{3\phi 4} = \left| i_{3\phi 4} \right| . I_{b2} = 2,778 . 0,4184 = 1,162\,kA$$

$$\overline{s}_{3\phi 4} = i_{3\phi 4}^* = 2,778 \angle 76,5°\,pu$$

$$\overline{S}_{3\phi 4} = 139 \angle 76,5° = 32 + j135\,MVA$$

$$S_{3\phi 4} = 139\,MVA$$

- Ponto **P₅**:

$$\overline{i}_{3\phi 5} = \frac{1}{0,084 + j(0,035 + 0,25)} = 1,6506 \angle -82,0° \text{ pu}$$

$$I_{3\phi 5} = \left| \overline{i}_{3\phi 5} \right| \cdot I_{b1} = 3,45 \text{ kA}$$

$$\overline{S}_{3\phi 5} = 82 \angle 82,0° \text{ MVA}$$

$$S_{3\phi 5} = 82 \text{ MVA}$$

A potência complexa de curto-circuito numa determinada barra de sistema representa o equivalente do sistema neste ponto. Para demonstrarmos tal afirmação, basta lembrar que:

$$\overline{s}_{3\phi} = \overline{i}_{3\phi}^{*} = \frac{v_{th}^{*}}{z_{th}^{*}} = \frac{1}{z_{th}^{*}}$$

ou

$$\overline{z}_{th} = \frac{1}{\overline{s}_{3\phi}^{*}}$$

Ou seja, a impedância equivalente de Thèvenin da rede de sequência positiva no ponto considerado é igual ao inverso do conjugado da potência complexa de curto-circuito. Esta informação é por demais relevante, principalmente no estudo de curto-circuito em redes, com um único ponto de suprimento, em que a potência de curto-circuito nesse ponto representa o equivalente de toda a rede de alimentação. Por exemplo, no estudo de curto-circuito de uma rede de distribuição primária radial, a potência de curto-circuito no barramento de alta tensão da subestação, representa todo o sistema de geração e transmissão/subtransmissão, fig. 7.17.

Em geral, são fornecidas as potências de curto-circuito nas condições:

- Períodos subtransitório, transitório e regime permanente.
- Sistema com geração máxima, que corresponderá à máxima potência de curto-circuito, e com geração mínima, que corresponderá à mínima potência de curto-circuito.

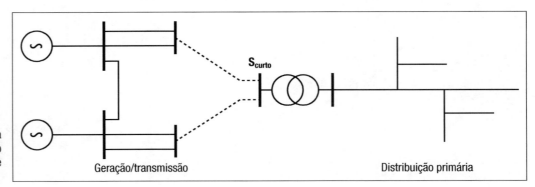

Figura 7.17 Fixação da potência de curto-circuito no ponto de suprimento de uma rede de distribuição.

Uma outra aplicação da potência de curto-circuito é a especificação de disjuntores, no que se refere a capacidade disruptiva. Devemos lembrar que os disjuntores interrompem a corrente no período transitório; desta forma, para a especificação da capacidade disruptiva, devemos respeitar a relação:

$$S_{dis} > \frac{S'_{3\phi}}{f_s}$$

onde:
S_{dis} - capacidade disruptiva do disjuntor;
$S'_{3\phi}$ - potência de curto-circuito trifásico, no período transitório;
f_s - fator de segurança ($f_s < 1,0$). Normalmente adota-se $f_s = 0,8$

7.3.3 BARRAMENTO INFINITO E PARALELO DAS POTÊNCIAS DE CURTO-CIRCUITO

Um barramento infinito é definido como um ponto do sistema que mantém valores de tensão e frequência fixos, independente do tipo ou quantidade de carga que fornece. É evidente que o circuito equivalente de um barramento infinito, no diagrama de sequência positiva, em pu, será dado por um gerador de tensão ideal com impedância interna nula, fig. 7.18.

Da definição de barramento infinito decorre, imediatamente, que a potência de curto-circuito num barramento infinito é infinita.

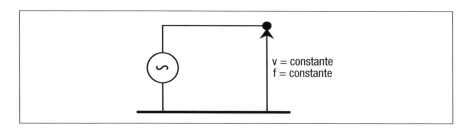

Figura 7.18 Circuito equivalente do barramento infinito.

Exemplo 7-8

Determine a potência de curto-circuito trifásico no secundário de um transformador (ponto P), alimentado no primário por um barramento infinito, fig. 7.19.

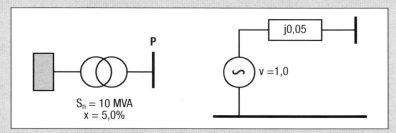

Figura 7.19 Rede e diagrama de sequência positiva, em pu.

> Adotando-se como valores de base, a potência e tensões nominais do transformador, resulta:
>
> $$\bar{i}_{3\phi P} = \frac{1}{j0,05} = -j20 \text{ pu} \quad \text{e} \quad \bar{s}_{3\phi P} = j20 \text{ pu}$$
>
> $$\bar{S}_{3\phi,P} = 10 \cdot j20 = j200 \text{ MVA} \quad \text{e} \quad S_{3\phi P} = 200 \text{ MVA}$$

Seja, fig. 7.20, um sistema, ao qual foi conectado um novo componente, transformador ou linha de transmissão, na barra genérica da rede, barra 1. Nessa barra conhece-se a potência de curto-circuito trifásico, $S_{3\phi 1}$. Quer-se determinar a potência de curto-circuito no terminal de saída do novo componente, barra 2, para o qual conhece-se a potência de curto-circuito quando alimentado por barramento infinito. Isto é, sendo

z_{th1} - a impedância equivalente de Thèvenin no ponto 1 do sistema;
z_{comp} - a impedância do componente;
S_b - a potência de base adotada;
S_∞ - a potência de curto-circuito na barra 2 quando a 1 é suprida por um barramento infinito;

resultará:

$$\bar{i}_{3\phi,2} = \frac{1}{\bar{z}_{th1} + \bar{z}_{comp}} = \frac{1}{\dfrac{S_b}{\bar{S}_1^*} + \dfrac{S_b}{\bar{S}_\infty^*}} \tag{7.31}$$

Por outro lado, tem-se:

$$\bar{S}_2 = S_b \cdot \bar{i}_{3\phi 2}^* = S_b \cdot \frac{1}{\left(\dfrac{S_b}{\bar{S}_1^*} + \dfrac{S_b}{\bar{S}_\infty^*}\right)^*} = \frac{1}{\dfrac{1}{\bar{S}_1} + \dfrac{1}{\bar{S}_\infty}} \tag{7.32}$$

ou seja:

$$\frac{1}{\bar{S}_2} = \frac{1}{\bar{S}_1} + \frac{1}{\bar{S}_\circ} \quad \text{ou} \quad \bar{S}_2 = \frac{\bar{S}_1 \cdot \bar{S}_\circ}{\bar{S}_1 + \bar{S}_\circ} \tag{7.33}$$

A eq. (7.33) mostra que a determinação da potência de curto-circuito a jusante do componente é feita de modo análogo ao cálculo da associação de duas impedâncias em paralelo; daí a denominação: "paralelo das potências de curto-circuito".

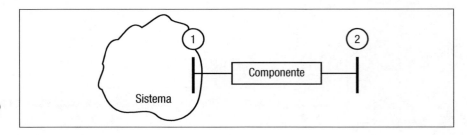

Figura 7.20 Componente conectado ao sistema.

Podemos simplificar a expressão, escrevendo as potências complexas em módulo e fase:

$$\overline{S}_2 = S_2 \angle \psi_2 = \frac{S_1 \angle \psi_1 \times S_\infty \angle \psi_\infty}{S_1 \angle \psi_1 + S_\infty \angle \psi_\infty} \qquad (7.34)$$

No caso de $\psi_1 = \psi_\infty = \psi$, resulta:

$$\overline{S}_2 = \frac{S_1 \times S_\infty}{S_1 + S_\infty} \angle \psi \qquad (7.35)$$

Ou seja, o módulo da potência de curto-circuito na barra 2 será dado pela equação:

$$\overline{S}_2 = \frac{S_1 \times S_\infty}{S_1 + S_\infty} \qquad (7.36)$$

Normalmente, em sistemas de potência, mesmo que as fases de $\overline{S}_1$ e $\overline{S}_\infty$ não sejam exatamente iguais, utilizando a expressão simplificada, só levando em conta os módulos, eq. (7.36), não se incorre em erros consideráveis; pois que há, usualmente, o predomínio das indutâncias nas impedâncias dos componentes do sistema. Pode-se generalizar a equação do paralelo de potência de curto-circuito para uma rede radial com n componentes (n + 1 nós), conforme fig. 7.21.

Tem-se:

$$\overline{S}_{n+1} = \frac{S_b}{\overline{z}^*_{th1} + \overline{z}^*_{comp1} + \overline{z}^*_{comp2} + \ldots + \overline{z}^*_{compn}} = \frac{S_b}{\dfrac{S_b}{\overline{S}_1} + \dfrac{S_b}{\overline{S}_{\infty,1}} + \cdots + \dfrac{S_b}{\overline{S}_{\infty,n}}} \qquad (7.37)$$

onde $\overline{S}_{\infty i}$ é a potência de curto-circuito do componente "i", quando alimentado por um barramento infinito. Resulta que:

$$\frac{1}{\overline{S}_{n+1}} = \frac{1}{\overline{S}_1} + \frac{1}{\overline{S}_{\infty 1}} + \frac{1}{\overline{S}_{\infty 2}} + \cdots + \frac{1}{\overline{S}_{\infty n}}$$

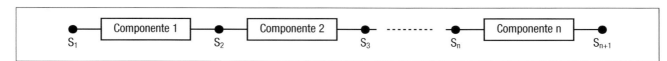

Figura 7.21 Rede radial com n componentes.

Exemplo 7-9

Para a rede do ex. 7.7, pede-se:

1. Determine os módulos de potências de curto-circuito nos pontos P_1, P_2, P_3, P_4 e P_5 pela equação simplificada e compare os resultados.

2. Avalie as potências de curto-circuito nos pontos P_2, P_3, P_4 e P_5, quando o gerador é substituído por fontes de potência de curto de 500 MVA, 1000 MVA, 5.000 MVA e por barramento infinito.

Resolução

Na tab. 7.6 apresentam-se as potências de curto-circuito dos componentes quando alimentados por barramento infinito e utilizando-se potência de base de 50 MVA.

Tabela 7.6 Potências de curto-circuito		
Componente	Impedância $z_{comp.i}$ (pu)	$S_{\infty,1} \dfrac{S_b}{\|z_{comp,i}\|}$ (MVA)
Gerador	j0,1	500
Trafo$_1$	j0,04	1250
LT 's	0,042 + j0,1050	442
Trafo$_2$	j0,25	200

Resulta:

$$S_{3\phi,1} = 500 \text{ MVA}$$

$$S_{3\phi,2} = \frac{S_{3\phi,1} \cdot S_{\infty,trafo}}{S_{3\phi,1} + S_{\infty,trafo}} = \frac{500 \times 1.250}{500 + 1.250} = 357 \text{ MVA}$$

$$S_{3\phi,3} = \frac{S_{3\phi,2} \cdot S_{\infty,LT}}{S_{3\phi,2} + S_{\infty,LT}} = \frac{357 \times 442}{357 + 442} = 197 \text{ MVA}$$

$$S_{3\phi,4} = \frac{S_{3\phi,3} \cdot S_{\infty,LT}}{S_{3\phi,3} + S_{\infty,LT}} = \frac{197 \times 442}{197 + 442} = 136 \text{ MVA}$$

$$S_{3\phi,5} = \frac{S_{3\phi,4} \cdot S_{\infty,trafo\ 2}}{S_{3\phi,4} + S_{\infty,trafo\ 2}} = \frac{136 \times 200}{136 + 200} = 81 \text{ MVA}$$

Comparando-se os resultados acima com os obtidos no ex.7.7, nota-se uma diferença desprezível para os valores das potências de curto-circuito dos pontos P_3, P_4 e P_5.

Para a variação dos valores da potência de curto-circuito, $S_{3\phi1}$, de: 500, 1.000, 5.000, ∞ MVA, aplicando-se a equação simplificada obtém-se os resultados da tab. 7.7.

Tabela 7.7 Potências de curto-circuito

Ponto	Valores de $S_{3\phi1}$ (MVA)			
P1	500	1.000	5.000	∞
P2	357	555	1.000	1.250
P3	197	246	306	326
P4	136	158	181	187
P5	81	88	95	96

Da análise da tabela acima, observa-se que os valores da potência de curto-circuito nos pontos mais afastados praticamente não sofrem influência do valor da potência de curto-circuito no ponto de suprimento (P1). Este resultado é bastante útil nos estudos de curto-circuito, em que não se têm conhecimento da potência de curto-circuito no ponto de alimentação. Se "adentrarmos" na rede de alimentação, "cortando-a" num determinado ponto onde se possa considerá-lo barramento infinito, não se incidirá em erros relevantes. A fig. 7.22 ilustra um caso, onde deseja-se estudar o curto-circuito num sistema de distribuição primária, suprido por uma rede de subtransmissão.

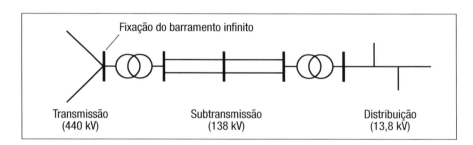

Figura 7.22 Fixação de barramento infinito para estudo de curto-circuito.

7.4 ESTUDO DO CURTO-CIRCUITO FASE-TERRA

7.4.1 CÁLCULO DE CORRENTES E TENSÕES

Seja uma rede trifásica equilibrada, suprida por geradores trifásicos simétricos. Num determinado barramento da rede é estabelecido um curto-circuito entre a fase "A" e a terra (referência da rede), conforme fig. 7.23.

Obviamente, no barramento com defeito, **P**, tem-se tensão nula no ponto A, $V_A = 0$, e correntes nas fase B e C também nulas, $I_B = I_C = 0$. Para a análise das componentes simétricas das correntes e tensões de fase no barramento P, observa-se:

$$\begin{bmatrix} \dot{V}_A \\ \dot{V}_B \\ \dot{V}_C \end{bmatrix} = \begin{bmatrix} 1 & 1 & 1 \\ 1 & \alpha^2 & \alpha \\ 1 & \alpha & \alpha^2 \end{bmatrix} \cdot \begin{bmatrix} \dot{V}_0 \\ \dot{V}_1 \\ \dot{V}_2 \end{bmatrix} \quad (7.38)$$

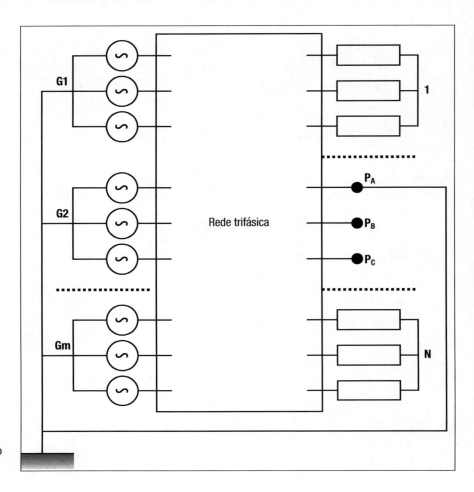

Figura 7.23 Rede trifásica com curto fase à terra.

logo deve ser:

$$\dot{V}_A = \dot{V}_0 + \dot{V}_1 + \dot{V}_2 = 0 \qquad (7.39)$$

Por outro lado para as correntes tem-se:

$$\begin{vmatrix} \dot{I}_0 \\ \dot{I}_1 \\ \dot{I}_2 \end{vmatrix} = \frac{1}{3} \begin{vmatrix} 1 & 1 & 1 \\ 1 & \alpha & \alpha^2 \\ 1 & \alpha^2 & \alpha \end{vmatrix} \cdot \begin{vmatrix} \dot{I}_A \\ 0 \\ 0 \end{vmatrix} \qquad (7.40)$$

donde resulta:

$$\dot{I}_0 = \dot{I}_1 = \dot{I}_2 = \frac{\dot{I}_A}{3} \qquad (7.41)$$

As eqs. (7.39) e (7.41), duas relações acima, são sobremodo importantes para o cálculo do curto fase terra, pois que, definem as condições de contorno, isto é:

- a soma das tensões de sequência positiva, negativa e zero é nula;
- as correntes de sequências positiva, negativa e zero são iguais entre si.

7.4 — Estudo do Curto-circuito Fase-terra

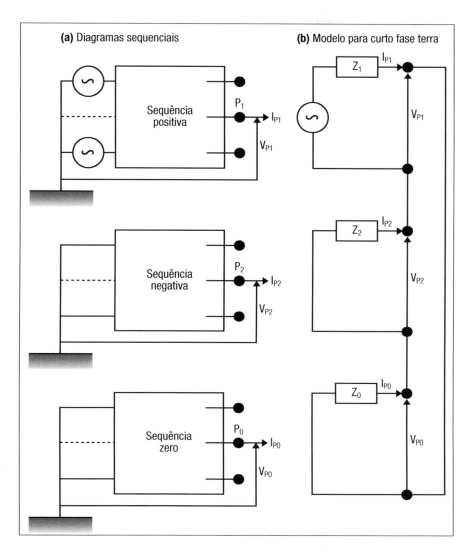

Figura 7.24 Curto-circuito fase à terra.

Da teoria de "Componentes Simétricas", sabe-se que uma rede elétrica equilibrada, suprida por geradores trifásicos simétricos, pode ser representada pelos três diagramas sequenciais, diagramas de sequência positiva, negativa e zero, e, para cada um dos diagramas, pode-se determinar o circuito equivalente de Thèvenin, visto no ponto **P**, fig. 7.24.

Destaca-se que a associação série dos três diagramas, conforme fig. 7.24b.b, satisfaz as relações de componentes simétricas de tensões e correntes determinadas anteriormente. Da análise do circuito elétrico assim obtido, tem-se:

$$\dot{i}_1 = \dot{i}_2 = \dot{i}_0 = \frac{\dot{e}}{\overline{z}_1 + \overline{z}_2 + \overline{z}_0} \quad (7.42)$$

onde:
e   - tensão de sequência positiva da barra **P**, em vazio;
$\overline{z}_1$ - impedância equivalente de sequência positiva na barra **P**;

$\overline{z}_2$ - impedância equivalente de sequência negativa na barra **P**;

$\overline{z}_0$ - impedância equivalente de sequência zero na barra **P**.

As componentes simétricas das tensões são dadas por:

$$\dot{v}_1 = \dot{i}_1 \cdot (\overline{z}_2 + \overline{z}_0) = \frac{\overline{z}_2 + \overline{z}_0}{\overline{z}_1 + \overline{z}_2 + \overline{z}_0} \dot{e} \tag{7.43}$$

$$\dot{v}_2 = -\dot{i}_2 \cdot \overline{z}_2 = \frac{-\overline{z}_2}{\overline{z}_1 + \overline{z}_2 + \overline{z}_0} \dot{e} \tag{7.44}$$

$$\dot{v}_0 = -\dot{i}_0 \cdot \overline{z}_0 = \frac{-\overline{z}_0}{\overline{z}_1 + \overline{z}_2 + \overline{z}_0} \dot{e} \tag{7.45}$$

As componentes de fase das correntes e tensões são determinadas a partir das componentes simétricas pelas equações:

$$\dot{i}_A = \overline{\dot{i}}_{\phi T} = \dot{i}_0 + \dot{i}_1 + \dot{i}_2 = 3\dot{i}_1 = \frac{3\dot{e}}{\overline{z}_1 + \overline{z}_2 + \overline{z}_0} \tag{7.46}$$

$$\dot{i}_B = \dot{i}_0 + \alpha^2 \dot{i}_1 + \dot{i}_2 = (1 + \alpha^2 + \alpha)\dot{i}_1 = 0 \tag{7.47}$$

$$\dot{i}_C = \dot{i}_0 + \alpha \dot{i}_1 + \alpha^2 \dot{i}_2 = (1 + \alpha + \alpha^2)\dot{i}_1 = 0 \tag{7.48}$$

$$\dot{V}_A = \dot{v}_0 + \dot{v}_1 + \dot{v}_2 = \frac{\overline{z}_2 + \overline{z}_0 - \overline{z}_2 - \overline{z}_0}{\overline{z}_1 + \overline{z}_2 + \overline{z}_0} \dot{e} = 0 \tag{7.49}$$

$$
\begin{aligned}
\dot{V}_B &= \dot{v}_0 + \alpha^2 \dot{v}_1 + \alpha \dot{v}_2 = \\
&= \frac{\dot{e}}{\overline{z}_1 + \overline{z}_2 + \overline{z}_0} \left[-\overline{z}_0 + \alpha^2 (\overline{z}_2 + \overline{z}_0) - \alpha \overline{z}_2 \right] = \\
&= \frac{\dot{e}}{\overline{z}_1 + \overline{z}_2 + \overline{z}_0} \left[(\alpha^2 - 1)\overline{z}_0 + (\alpha^2 - \alpha)\overline{z}_2 \right] = \\
&= \frac{\dot{e}}{\overline{z}_1 + \overline{z}_2 + \overline{z}_0} \left[\overline{z}_0 \sqrt{3} \angle -150° + \overline{z}_2 \sqrt{3} \angle -90° \right] = \\
&= \frac{\sqrt{3}\,\alpha^2 \dot{e}}{\overline{z}_1 + \overline{z}_2 + \overline{z}_0} \left[\overline{z}_0 \angle -30° + \overline{z}_2 \angle 30° \right]
\end{aligned}
\tag{7.50}
$$

E o módulo de V_B vale:

$$\left| \dot{V}_B \right| = \sqrt{3} \left| \frac{\dot{e}}{\overline{z}_1 + \overline{z}_2 + \overline{z}_0} \right| \cdot \left| \overline{z}_0 \angle -30° + \overline{z}_2 \angle 30° \right| = \frac{\sqrt{3}}{3} \left| \dot{i}_{\phi T} \right| \cdot \left| \overline{z}_0 \angle -30° + \overline{z}_2 \angle 30° \right|$$

$$\tag{7.51}$$

Analogamente:

$$\dot{V}_c = \dot{v}_0 + \alpha\,\dot{v}_1 + \alpha^2\overline{v}_2 =$$

$$= \frac{\dot{e}}{\overline{z}_1 + \overline{z}_2 + \overline{z}_0}\left[\overline{z}_0(\alpha - 1) + \overline{z}_2(\alpha - \alpha^2)\right] =$$

$$= \frac{\alpha\,\dot{e}\,\sqrt{3}}{\overline{z}_1 + \overline{z}_2 + \overline{z}_0}\left[\overline{z}_0\,\angle 30° + \overline{z}_2\,\angle -30°\right] \tag{7.52}$$

e

$$\left|\dot{V}_C\right| = \frac{\sqrt{3}}{3}\left|\dot{i}_{\phi T}\right| \cdot \left|\overline{z}_0\,\angle 30° + \overline{z}_2\,\angle -30°\right| \tag{7.53}$$

Assim, foi determinada a corrente de defeito e as tensões nas fases sãs para curto-circuito fase à terra na barra **P**. Na hipótese de se desejar calcular as tensões nas demais barras da rede e as correntes nos trechos do sistema deve-se retornar aos diagramas sequenciais e injetar-se as correntes i_1, i_2 e i_0 no ponto P de cada diagrama e calcular-se as componentes simétricas de tensões nos pontos da rede e correntes em cada trecho. A partir daí, as componentes de fase são obtidas diretamente.

Exemplo 7-10

Na rede da fig. 7.25, para a qual são fornecidos os diagramas sequenciais, ocorre defeito fase à terra na barra 4. Pede-se determinar as tensões nas barras 2, 3 e 4 e correntes em toda a rede.

Resolução

- Impedâncias equivalentes de Thèvenin na barra **4**:

$$\overline{z}_{4[0]} = \overline{z}_{4[1]} = \overline{z}_{4[2]} = j(X_G + X_t + X_{24})$$

- Componentes simétricas das correntes e tensões na barra **4**:

$$\dot{i}_{def1} = \dot{i}_{def[0]} = \dot{i}_{def[1]} = \dot{i}_{def[2]} = \frac{1}{3\,j(X'_G + X_t + X_{24})}$$

$$\dot{v}_{4[1]} = \frac{j2(X'_G + X_t + X_{24})}{j3(X'_G + X_t + X_{24})}\,\dot{e} = \frac{2}{3}\,\dot{e}$$

$$\dot{v}_{4[0]} = \dot{v}_{4[2]} = -\frac{-j(X'_G + X_t + X_{24})}{3\,j(X'_G + X_t + X_{24})}\,\dot{e} = -\frac{1}{3}\,\dot{e}$$

- Componentes simétricas das correntes nos trechos:

$$\dot{i}_{G[k]} = \dot{i}_{12[k]} = \dot{i}_{24[k]} = \frac{1}{3j(X'_G + X_t + X_{24})} \qquad e \qquad \dot{i}_{23[k]} = 0 \quad (k = 0,1,2)$$

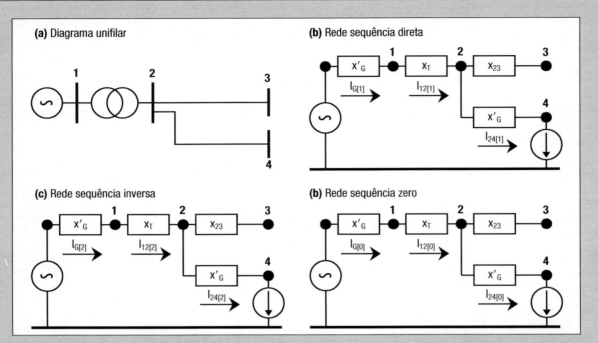

Figura 7.25 Rede para Ex. 7.10.

- Componentes simétricas das tensões nos demais pontos:

$$\dot{v}_{1[1]} = 1 - jX'_{G[1]}\dot{i}_{def1}$$

$$\dot{v}_{2[1]} = \dot{v}_{3[1]} = 1 - j(X'_G + X_t)\dot{i}_{def1}$$

$$\dot{v}_{1[0]} = -jX'_G\dot{i}_{def1}$$

$$\dot{v}_{3[0]} = \dot{v}_{2[0]} = \dot{v}_{3[2]} = \dot{v}_{2[2]} = -j(X'_G + X_t)\dot{i}_{def1}$$

Componentes de fase de tensão e correntes:

$$\begin{bmatrix} \dot{i}_{G[A]} \\ \dot{i}_{G[B]} \\ \dot{i}_{G[C]} \end{bmatrix} = \begin{bmatrix} \dot{i}_{12[A]} \\ \dot{i}_{12[B]} \\ \dot{i}_{12[C]} \end{bmatrix} = \begin{bmatrix} \dot{i}_{24[A]} \\ \dot{i}_{24[B]} \\ \dot{i}_{24[C]} \end{bmatrix} = \begin{bmatrix} 1 & 1 & 1 \\ 1 & \alpha^2 & \alpha \\ 1 & \alpha & \alpha^2 \end{bmatrix} \cdot \begin{bmatrix} \dot{i}_{def1} \\ \dot{i}_{def1} \\ \dot{i}_{def1} \end{bmatrix} = \begin{bmatrix} \dfrac{1}{j(X'_G + X_{12} + X_{24})} \\ 0 \\ 0 \end{bmatrix}$$

$$\begin{bmatrix} \dot{V}_{k[A]} \\ \dot{V}_{k[B]} \\ \dot{V}_{k[C]} \end{bmatrix} = \begin{bmatrix} 1 & 1 & 1 \\ 1 & \alpha^2 & \alpha \\ 1 & \alpha & \alpha^2 \end{bmatrix} \cdot \begin{bmatrix} \dot{V}_{k[0]} \\ \dot{V}_{k[1]} \\ \dot{V}_{k[2]} \end{bmatrix} \quad (k = 1, 2, ..., 4)$$

7.4.2 CURTO-CIRCUITO FASE À TERRA COM IMPEDÂNCIA

Seja a rede da fig. 7.26, onde ocorre, no barramento **P**, um curto-circuito fase à terra através de uma impedância, $\overline{z}_{at}$. As condições de contorno para o defeito são:

$$\dot{V}_A = \overline{z}_{at}.\dot{I}_A \qquad e \qquad \dot{I}_B = \dot{I}_C = 0$$

das quais obtém-se:

$$\dot{I}_0 = \dot{I}_1 = \dot{I}_2 = \frac{\dot{I}_A}{3} \quad ou \quad \dot{I}_A = 3\dot{I}_0$$

e

$$\dot{V}_A = \dot{V}_0 + \dot{V}_1 + \dot{V}_2 = \overline{z}_{at} . \dot{I}_A = 3\overline{z}_{at} . I_0$$

O modelo da fig. 7.26b traduz as relações acima. Desta forma, as componentes simétricas de tensões e correntes na barra **P**, assumindo-se $z_1 = z_2$, valem:

$$\dot{i}_1 = \dot{i}_2 = \dot{i}_0 = \frac{\dot{e}}{2\overline{z}_1 + \overline{z}_0 + 3\overline{z}_{at}} \tag{7.54}$$

$$\dot{v}_1 = \dot{e} - \overline{z}_1\dot{i}_1 = \dot{e} - \frac{\overline{z}_1\dot{e}}{2\overline{z}_1 + \overline{z}_0 + 3\overline{z}_{at}} = \frac{\overline{z}_1 + \overline{z}_0 + 3\overline{z}_{at}}{2\overline{z}_1 + \overline{z}_0 + 3\overline{z}_{at}}\dot{e} \tag{7.55}$$

$$\dot{v}_2 = -\overline{z}_2\dot{i}_2 = -\overline{z}_1\dot{i}_1 = -\frac{\overline{z}_1\,\dot{e}}{2\overline{z}_1 + \overline{z}_0 + 3\overline{z}_{at}} \tag{7.56}$$

$$\dot{v}_0 = -\overline{z}_0\,\dot{i}_0 = -\overline{z}_0\dot{i}_1 = -\frac{\overline{z}_0\dot{e}}{2\overline{z}_1 + \overline{z}_0 + 3\overline{z}_{at}} \tag{7.57}$$

E as componentes de fase de correntes e tensões resultam:

$$\dot{I}_A = 3\dot{i}_0 = \frac{3\dot{e}}{2\overline{z}_1 + \overline{z}_0 + 3\overline{z}_{at}} \quad e \quad \dot{I}_B = \dot{I}_C = 0 \tag{7.58}$$

$$\dot{v}_A = 3\overline{z}_{at}\,\dot{i}_0 = \frac{3\overline{z}_{at}\,\dot{e}}{2\overline{z}_1 + \overline{z}_0 + 3\overline{z}_{at}} \tag{7.59}$$

$$\dot{v}_B = \dot{v}_0 + \alpha^2\dot{v}_1 + \alpha\dot{v}_2 = \alpha^2\frac{\sqrt{3}}{3}\dot{i}_A\left[\overline{z}_0\angle -30° + \overline{z}_1\angle 30° + \sqrt{3}\,\overline{z}_{at}\right] \tag{7.60}$$

$$\dot{v}_C = \dot{v}_0 + \alpha\dot{v}_1 + \alpha^2\dot{v}_2 = \alpha\frac{\sqrt{3}}{3}\dot{i}_A\left[\overline{z}_0\angle 30° + \overline{z}_1\angle -30° + \sqrt{3}\,\overline{z}_{at}\right] \tag{7.61}$$

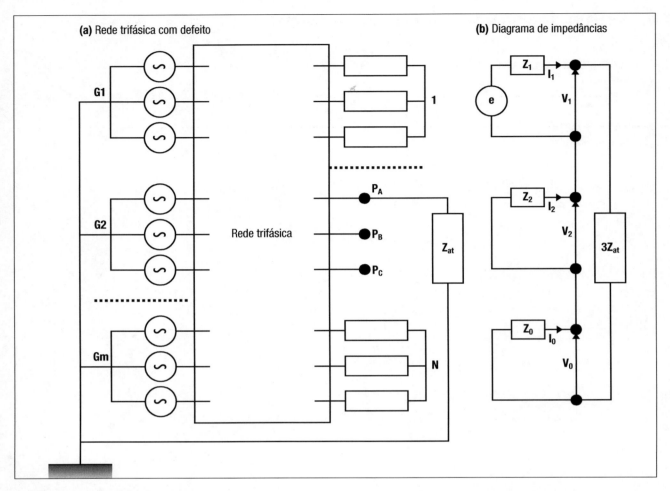

Figura 7.26 Curto-circuito fase à terra.

7.4.3 POTÊNCIA DE CURTO-CIRCUITO FASE À TERRA

Define-se o módulo da potência de curto-circuito fase à terra pela relação:

$$S_{\phi T} = \sqrt{3}\, V_{nom}\, I_{\phi T}$$

onde:
$S_{\phi T}$ - módulo da potência de curto fase terra, em VA;
V_{nom} - tensão nominal de linha, em V;
$I_{\phi T}$ - corrente de curto-circuito fase à terra, em A.

Analogamente ao estudo do curto-circuito trifásico, pode-se definir a potência complexa de curto-circuito fase à terra, pela relação:

$$\overline{s}_{\phi T} = \overline{i}_{\phi T}^{*} \quad e \quad \overline{S}_{\phi T} = \overline{s}_{\phi T} S_b \tag{7.62}$$

onde:
$\overline{s}_{\phi T}$ - potências complexas de curto-circuito fase à terra, em pu;
$\overline{S}_{\phi T}$ - potências complexas de curto-circuito fase à terra, em VA;
S_b - potência de base, em VA;
$\overline{i}_{\phi T}$ - corrente de curto-circuito fase à terra, em pu.

As principais aplicações da potência de curto-circuito fase à terra, em um dado ponto do sistema, são:

- Especificação de disjuntores, principalmente quando o valor da corrente de curto-circuito fase à terra é maior que o valor da corrente de defeito trifásico.

- Determinação da impedância equivalente de Thèvenin, relativa ao diagrama de sequência zero (quando se assume igualdade entre as impedâncias de sequências direta e inversa, $z_1 = z_2$); sendo fornecidas as potências complexas de curto-circuito trifásico ($\overline{S}_{3\phi}$), de curto-circuito fase à terra ($\overline{S}_{\phi T}$) e a potência de base (S_B), resultam os valores das impedâncias equivalentes em pu:

$$\overline{z}_1 = \frac{1}{\overline{s}_{3\phi}^*} = \frac{S_b}{\overline{S}_{3\phi}^*} \qquad (7.63)$$

e

$$\overline{s}_{\phi T} = \dot{i}_{\phi T}^* = \frac{3}{2\,\overline{z}_1^* + \overline{z}_0^*} \qquad (7.64)$$

donde

$$\overline{z}_0 = \frac{3}{\overline{s}_{\phi T}^*} - 2\,\overline{z}_1 = 3\frac{S_b}{\overline{S}_{\phi T}^*} - 2\frac{S_b}{\overline{S}_{3\phi}^*} \qquad (7.65)$$

7.5 ESTUDO DOS CURTOS-CIRCUITOS DUPLA FASE E DUPLA FASE À TERRA

7.5.1 CURTO-CIRCUITO DUPLA FASE

Seja a rede da fig. 7.27, onde ocorre um curto-circuito entre as fases B e C do barramento **P** da rede. As condições de contorno são dadas por:

$$\dot{I}_A = 0 \qquad \dot{I}_B = -\dot{I}_C = \dot{I} \qquad e \qquad \dot{V}_B = \dot{V}_C = \dot{V} \qquad (7.66)$$

Portanto as componentes simétricas das correntes são dadas por:

$$\dot{I}_0 = \frac{\dot{I}_A + \dot{I}_B + \dot{I}_C}{3} = \frac{0 + I - I}{3} = 0$$

$$\dot{I}_1 = \frac{\dot{I}_A + \alpha\dot{I}_B + \alpha^2\dot{I}_C}{3} = (\alpha - \alpha^2)\frac{\dot{I}}{3} \qquad (7.67)$$

$$\dot{I}_2 = \frac{\dot{I}_A + \alpha\,\dot{I}_B + \alpha^2\dot{I}_C}{3} = (\alpha^2 - \alpha)\frac{\dot{I}}{3} = -\dot{I}_1$$

e as das tensões:

$$\dot{V}_0 = \frac{\dot{V}_A + \dot{V}_B + \dot{V}_C}{3} = \frac{\dot{V}_A + 2\dot{V}}{3}$$

$$\dot{V}_1 = \frac{\dot{V}_A + \alpha \dot{V}_B + \alpha^2 \dot{V}_C}{3} = \frac{\dot{V}_A + (\alpha^2 - \alpha)\dot{V}}{3} = \frac{\dot{V}_A - \dot{V}}{3} \qquad (7.68)$$

$$\dot{V}_2 = \frac{\dot{V}_A + \alpha^2 \dot{V}_B + \alpha \dot{V}_C}{3} = \frac{\dot{V}_A - \dot{V}}{3} = \dot{V}_1$$

Observa-se que o circuito equivalente para o estudo de defeitos dupla

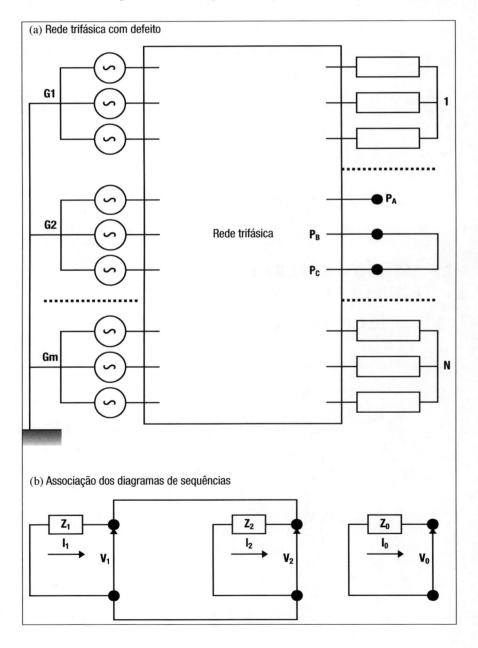

Figura 7.27 Defeito dupla fase.

7.5 — Estudo dos Curto-circuitos Dupla Fase e Dupla Fase à terra

fase é obtido associando-se os circuitos equivalentes de sequência positiva e negativa em paralelo, conforme apresentado à fig. 7.27b. Da análise desse circuito elétrico, resulta:

$$\dot{i}_1 = -\dot{i}_2 = \frac{\overline{e}}{\overline{z}_1 + \overline{z}_2} \qquad (7.69)$$

$$\dot{v}_1 = \dot{v}_2 = \dot{i}_1\,\overline{z}_2 = \frac{\overline{z}_2}{\overline{z}_1 + \overline{z}_2}\,\dot{e} \qquad (7.70)$$

As componentes de fase das correntes são dadas por:

$$\dot{i}_A = \dot{i}_0 + \dot{i}_1 + \dot{i}_2 = 0$$

$$\dot{i}_B = \dot{i}_0 + \alpha^2\,\dot{i}_1 + \alpha\,\dot{i}_2 = (\alpha^2 - \alpha)\dot{i}_1 = \frac{-\,j\sqrt{3}}{\overline{z}_1 + \overline{z}_2}\,\dot{e}$$

$$\dot{i}_C = \dot{i}_0 + \alpha\,\dot{i}_1 + \alpha^2\,\dot{i}_2 = (\alpha - \alpha^2)\dot{i}_1 = \frac{j\sqrt{3}}{\overline{z}_1 + \overline{z}_2}\,\dot{e} \qquad (7.71)$$

e as das tensões:

$$\dot{V}_A = \dot{v}_0 + \dot{v}_1 + \dot{v}_2 = \frac{2\,\overline{z}_2}{\overline{z}_1 + \overline{z}_2}\,\dot{e}$$

$$\dot{V}_B = \dot{v}_0 + \alpha^2\,\dot{v}_1 + \alpha\,\dot{v}_2 = -\dot{v}_1 = -\,\frac{\overline{z}_2}{\overline{z}_1 + \overline{z}_2}\,\dot{e} \qquad (7.72)$$

$$\dot{V}_C = \dot{v}_0 + \alpha\dot{v}_1 + \alpha^2\dot{v}_2 = -\dot{v}_1 = -\,\frac{\overline{z}_2}{\overline{z}_1 + \overline{z}_2}\,\dot{e}$$

No caso particular de impedâncias de sequências direta e inversa iguais, resulta que:

$$\dot{i}_A = 0$$

$$\dot{i}_B = -j\frac{\sqrt{3}}{2}\frac{\dot{e}}{\overline{z}_1} = -j\frac{\sqrt{3}}{2}\,.\,\dot{i}_{3\phi} \qquad (7.73)$$

$$\dot{i}_C = j\frac{\sqrt{3}}{2}\frac{\dot{e}}{\overline{z}_1} = \frac{j\sqrt{3}}{2}\,.\,\dot{i}_{3\phi}$$

onde: $\dot{i}_{3\phi}$ representa a corrente de curto-circuito trifásico. Das eq. (7.73) observa-se que o módulo da corrente de curto-circuito dupla fase relaciona-se com a de curto-circuito trifásico pelo fator

$$\sqrt{3/2} = 0{,}86602$$

Para as tensões tem-se:

$$\dot{V}_A = \dot{e}$$

$$\dot{V}_B = \dot{V}_C = -\frac{\dot{e}}{2} \qquad (7.74)$$

7.5.2 CURTO-CIRCUITO DUPLA FASE À TERRA

Seja a rede da fig. 7.28, onde ocorre, no barramento P, um curto-circuito entre as fases B, C, e a terra, onde as condições de contorno são dadas por:

$$\dot{i}_A = 0 \quad e \quad \dot{V}_B = \dot{V}_C = 0 \tag{7.75}$$

resultando as relações entre componentes simétricas das tensões e correntes:

$$\dot{i}_A = \dot{i}_0 + \dot{i}_1 + \dot{i}_2 = 0$$
$$\dot{v}_0 = \dot{v}_1 = \dot{v}_2 = \frac{\dot{V}_A}{3} \tag{7.76}$$

Tais relações são satisfeitas para a associação paralela dos circuitos equivalentes de sequências positiva, negativa e zero (fig. 7-28.b); analisando o circuito elétrico resultante, tem-se:

$$\dot{i}_1 = \frac{\dot{e}}{\overline{z}_1 + \dfrac{\overline{z}_0\,\overline{z}_2}{\overline{z}_0\,\overline{z}_2}} = \frac{\dot{e}(\overline{z}_2 + \overline{z}_0)}{\overline{z}_1(\overline{z}_0 + \overline{z}_2) + \overline{z}_0\,\overline{z}_2} = \frac{\dot{e}(\dot{z}_2 + \dot{z}_0)}{\overline{D}} \tag{7.77}$$

onde $\overline{D} = \overline{z}_1(\overline{z}_0 + \overline{z}_2) + \overline{z}_0\,\overline{z}_2 = \overline{z}_1\,\overline{z}_0 + \overline{z}_1\,\overline{z}_2 + \overline{z}_0\,\overline{z}_2$. As componentes simétricas das tensões são dadas por:

$$\dot{v}_1 = \dot{v}_2 = \dot{v}_0 = \dot{i}_1 \frac{\overline{z}_2\overline{z}_0}{\overline{z}_2 + \overline{z}_0} = \frac{\overline{z}_2 \cdot \overline{z}_0}{\overline{D}}\,\dot{e} \tag{7.78}$$

e as das correntes:

$$\dot{i}_2 = \frac{\dot{v}_2}{\overline{z}_2} = -\frac{\overline{z}_0}{\overline{D}}\,\dot{e}$$
$$\dot{i}_0 = \frac{\dot{v}_0}{\overline{z}_0} = -\frac{\overline{z}_2}{\overline{D}}\,\dot{e} \tag{7.79}$$

As componentes de fase das correntes são dadas por:

$$\dot{i}_A = \dot{i}_0 + \dot{i}_1 + \dot{i}_2 = 0$$
$$\dot{i}_B = \dot{i}_0 + \alpha^2\dot{i}_1 + \alpha\dot{i}_2 =$$
$$= \frac{\dot{e}}{\overline{D}}\left[-\overline{z}_2 + \alpha^2(\overline{z}_2 + \overline{z}_0) - \alpha\overline{z}_0\right] =$$
$$= \frac{\dot{e}}{\overline{D}}\left[(\alpha^2 - 1)\overline{z}_2 + (\alpha^2 - \alpha)\overline{z}_0\right] =$$
$$= \frac{\alpha^2\sqrt{3}\dot{e}}{\overline{D}}\left[\overline{z}_2 \angle -30 + \overline{z}_0 \angle 30\right]$$

$$\tag{7.80}$$

7.5 — Estudo dos Curto-circuitos Dupla Fase e Dupla Fase à terra

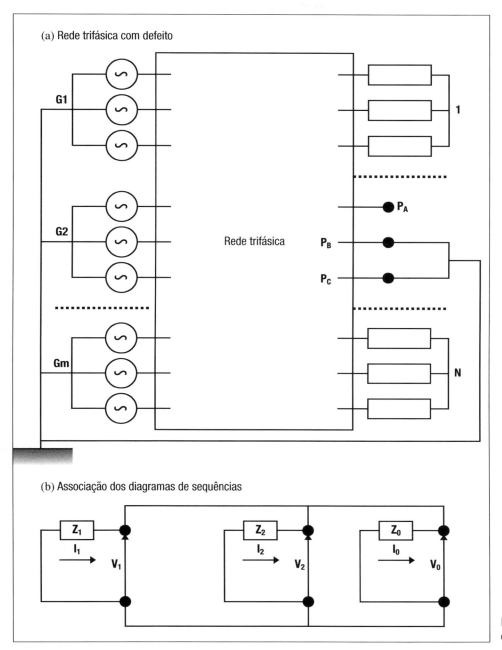

Figura 7.28 Curto-circuito dupla fase à terra.

$$i_C = i_0 + \alpha i_1 + \alpha^2 i_2 =$$
$$= \frac{\dot{e}}{\overline{D}} \left[-\overline{z}_2 + \alpha(\overline{z}_2 + \overline{z}_0) - \alpha^2 \overline{z}_0 \right] =$$
$$= \frac{\dot{e}}{\overline{D}} \left[(\alpha - 1)\overline{z}_2 + (\alpha - \alpha)^2 \overline{z}_0 \right] =$$
$$= \frac{\alpha^2 \sqrt{3}\,\dot{e}}{\overline{D}} \left[\overline{z}_2 \angle 30° + \overline{z}_0 \angle -30° \right]$$

(7.81)

As componentes de fase das tensões são dadas por:

$$\dot{V}_A = \dot{v}_0 + \dot{v}_1 + \dot{v}_2 = \frac{3\overline{z}_2\overline{z}_0}{\overline{D}}\dot{e}$$

$$\dot{V}_B = \dot{V}_C = 0$$
(7.82)

7.5.3 CURTO-CIRCUITO DUPLA FASE À TERRA COM IMPEDÂNCIA

Na fig. 7.29, apresenta-se uma rede elétrica na qual é estabelecido um curto-circuito dupla fase à terra, envolvendo as fases B e C, com impedância de defeito, z_{At}, entre as fases e a terra.

Para esse tipo de defeito as condições de contorno são as seguintes:

$$\dot{I}_A = 0$$

$$\dot{V}_B = \dot{V}_C = \overline{z}_{at}\cdot(I_B + I_C) = 3\overline{z}_{at}\dot{i}_0$$
(7.83)

Que resultam nas relações entre componentes simétricas de tensões e correntes:

$$\dot{I}_A = \dot{i}_0 + \dot{i}_1 + \dot{i}_2 = 0$$
(7.84)

$$\dot{v}_0 = \frac{1}{3}\left[\dot{V}_A + \dot{V}_B + \dot{V}_C\right] = \frac{1}{3}\left(\dot{V}_A + 2\dot{V}_B\right) = \frac{\dot{V}_A}{3} + 2\overline{z}_{at}\dot{i}_0$$

$$\dot{v}_1 = \frac{1}{3}\left[\dot{V}_A + \alpha\dot{V}_B + \alpha^2\dot{V}_C\right] = \frac{1}{3}\left(\dot{V}_A - \dot{V}_B\right) = \frac{\dot{V}_A}{3} - \overline{z}_{at}\dot{i}_0$$
(7.85)

$$\dot{v}_2 = \frac{1}{3}\left[\dot{V}_A + \alpha^2\dot{V}_B + \alpha\dot{V}_C\right] = \frac{1}{3}\left(\dot{V}_A - \dot{V}_B\right) = \frac{\dot{V}_A}{3} - \overline{z}_{at}\dot{i}_0$$

e
$$\dot{v}_0 - \dot{v}_1 = 3\dot{z}_{at}\dot{i}_0$$
(7.86)

As relações definidas pelas eqs. (7.84) e (7.85) são satisfeitas no circuito da fig. 7.29b do qual resulta:

$$\dot{i}_1 = \frac{\overline{z}_1 + \overline{z}_0'}{\overline{z}_1(\overline{z}_1 + 2\overline{z}_0')}\dot{e} \qquad \dot{i}_2 = -\frac{\overline{z}_0'}{\overline{z}_1(\overline{z}_1 + \overline{z}_0')}\overline{e} \qquad \overline{i}_0 = -\frac{1}{\overline{z}_1 + 2\overline{z}_0'}\dot{e}$$
(7.87)

$$\dot{v}_1 = \dot{v}_2 = \frac{\overline{z}_0'}{\overline{z}_1 + 2\overline{z}_0'}\dot{e} \qquad \dot{v}_0 = \frac{\overline{z}_0}{\overline{z}_1 + 2\overline{z}_0'}\dot{e}$$
(7.88)

onde $\overline{z}_0' = z_0 + 3\overline{z}_{at}$ e considerou-se $\overline{z}_1 = \overline{z}_2$.

Após manipulações algébricas, as componentes de fase resultam:

$$\dot{i}_A = 0$$

$$\dot{i}_B = \frac{\alpha^2\sqrt{3}\,\dot{e}}{\overline{D}}\left[\overline{z}_1 \angle -30° + \overline{z}_0' \angle 30°\right]$$
(7.89)

$$\dot{i}_C = \frac{\alpha\sqrt{3}\,\dot{e}}{\overline{D}}\left[\overline{z}_1 \angle 30° + \overline{z}_0' \angle -30°\right]$$

7.5 — Estudo dos Curto-circuitos Dupla Fase e Dupla Fase à terra

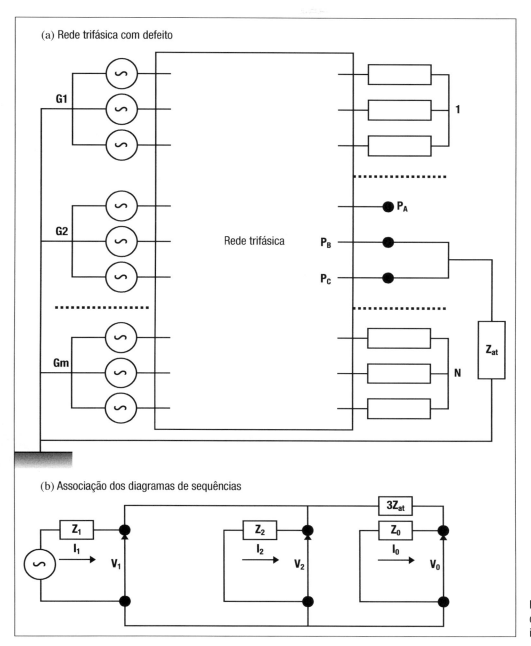

Figura 7.29 Defeito dupla fase à terra com impedância.

onde $D = \bar{D} = \bar{z}_1(\bar{z}_1 + 2\bar{z}_0')$

$$\bar{V}_A = \frac{3(\bar{z}_0 + 2\bar{z}_{at})}{\bar{z}_1 + 2\bar{z}_0'}\bar{e}$$

$$\dot{V}_B = \dot{V}_C = 3\bar{z}_{at}\dot{i}_0 = -\frac{3\bar{z}_{at}}{\bar{z}_1 + 2\bar{z}_0'}\bar{e}$$

(7.90)

7.6 ANÁLISE DE SISTEMAS ATERRADOS E ISOLADOS

7.6.1 CONSIDERAÇÕES GERAIS

Neste item proceder-se-á ao estudo da influência dos valores das impedâncias sequenciais equivalentes no ponto de defeito sobre os valores de correntes e tensões em condições de curto-circuitos que envolvem a terra. Assim, nos subitens subsequentes serão analisados os defeitos fase à terra e dupla fase à terra, calculando-se tensões e correntes em função das relações das impedâncias sequenciais e das correntes e tensões para curto-circuito trifásico. Posteriormente, proceder-se-á à definição e análise de sistemas aterrados e isolados.

7.6.2 ANÁLISE DE DEFEITO FASE À TERRA

Para a análise do curto-circuito fase à terra, serão assumidas as hipóteses:

- Impedâncias equivalentes de sequências positiva e negativa iguais ($z_1 = z_2 = z$).
- Impedância de aterramento no ponto de defeito nula (curto-circuito franco).

A corrente na fase A, em p.u., é dada por:

$$i_A = i_{\phi T} = \frac{3\dot{e}}{2\overline{z} + \overline{z}_0} = \frac{3\overline{z}}{2\overline{z} + \overline{z}_0} \frac{\dot{e}}{\overline{z}} = \frac{3\overline{z}}{2\overline{z} + \overline{z}_0} i_{3\phi} \qquad (7.91)$$

Assumindo-se que as impedâncias de sequência positiva (z), e negativa (z_0) são dadas por:

$$\overline{z} = r + jx \quad e \quad \overline{z}_0 = r_0 + jx_0$$

resulta para o módulo da corrente de defeito fase à terra:

$$\left|i_{\phi T}\right| = 3.\left|i_{3\phi}\right| \cdot \frac{|\overline{z}|}{|2\overline{z} + \overline{z}_0|} = 3 \cdot \left|i_{3\phi}\right| \sqrt{\frac{r^2 + x^2}{(2r + r_0)^2 + (2x + x_0)^2}} \qquad (7.92)$$

Fazendo: $r_0 = k_1 r$ e $x_0 = k_2 X$, resulta:

$$\left|i_{\phi T}\right| = 3.\left|i_{3\phi}\right| \cdot \sqrt{\frac{r^2 + x^2}{(2r + k_1)^2 r^2 + (2 + k_2)^2 x^2}} \qquad (7.93)$$

E na hipótese de ser $k_1 = k_2 = k$ (relação entre as resistências de sequências direta e zero igual a relação entre as reatâncias de sequências direta e zero) resulta:

$$\left|i_{\phi T}\right| = \frac{3}{2 + k}\left|i_{3\phi}\right| \qquad (7.94)$$

As tensões nas fases, em pu, valem:

$$\dot{V}_{BN} = \frac{\alpha^2 \sqrt{3}\,\dot{e}}{2\,\overline{z} + \overline{z}_0}\left[\overline{z}_0 \angle -30° + \overline{z}\angle 30°\right]$$

$$\dot{V}_{CN} = \frac{\alpha \sqrt{3}\,\dot{e}}{2\,z + \overline{z}_0}\left[\overline{z}_0 \angle 30° + \overline{z}\angle -30°\right]$$

$$(7.95)$$

Os módulos das tensões nas fase B e C são determinados em função dos valores k_1, k_2, r, x, resultando:

$$|\dot{V}_{BN}| = \sqrt{3}\ e\ \sqrt{\frac{(1+k_1+k_1^2)r^2 + (1+k_2+k_2^2)x^2 + \sqrt{3}\,rx(k_2-k_1)}{(2+k_1)^2 r^2 + (2+k_2)^2 x^2}}$$

$$|\dot{V}_{CN}| = \sqrt{3}\ e\ \sqrt{\frac{(1+k_1+k_1^2)r^2 + (1+k_2+k_2^2)x^2 - \sqrt{3}\,rx(k_2-k_1)}{(2+k_1)^2 r^2 + (2+k_2)^2 x^2}}$$

$$(7.96)$$

No caso particular de $k_1 = k_2 = k$, resulta:

$$|\dot{V}_{BN}| = |\dot{V}_{eN}| = \sqrt{3}e\sqrt{\frac{(1+k+k^2)(r^2+x^2)}{(2+k)^2(r^2+x^2)}} = \frac{\sqrt{1+k+k^2}}{2+k}.\sqrt{3}e \qquad (7.97)$$

Definindo-se os fatores de sobretensão nas fases B e C, f_{sob-B} e f_{sob-C}, pelas relações:

$$f_{sob-B} = \frac{|\dot{V}_{BN}|}{e} \qquad e \qquad f_{sob-C} = \frac{|\dot{V}_{CN}|}{e}$$

Resultam, para o curto-circuito fase à terra, nas hipóteses adotadas, os fatores de sobretensão dados por:

$$f_{sob-\phi T} = f_{sob-B} = f_{sob-C} = \frac{\sqrt{3(1+k+k^2)}}{2+k} \qquad (7.98)$$

As curvas do fator de sobretensão e módulo da corrente de curto-circuito em função de $k(r_0/r = x_0/x)$, para defeitos fase à terra, estão apresentadas à fig. 7.30.

Da análise das curvas obtidas, com as hipóteses adotadas, conclui-se que:

- Quando a impedância equivalente de sequência zero é nula ocorrem: o valor máximo da relação entre as correntes de curto-circuito fase à terra e trifásico, igual a 3/2, e o valor mínimo do fator de sobretensão, igual a $\sqrt{3/2}$. Destaca-se que este fato é difícil de ocorrer em sistemas elétricos:

- Quando as impedâncias equivalentes de sequência zero e direta são iguais ocorrem valores do fator de sobretensão e da relação entre as correntes de curto fase à terra e trifásicas unitários;

- Quando a impedância de sequência zero é muito maior que a impedância equivalente de sequência direta, o fator de sobretensão pode alcançar o valor $\sqrt{3}$, enquanto a corrente de defeito é praticamente nula.

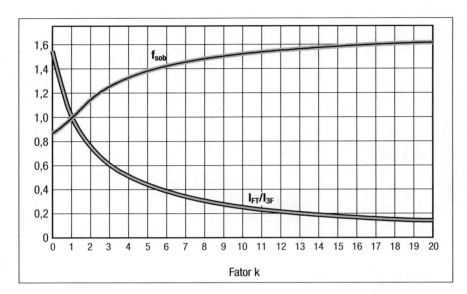

Figura 7.30 Fator de sobretensão e corrente no curto-circuito fase à terra.

7.6.3 ANÁLISE DE DEFEITO DUPLA FASE À TERRA

Para a análise do curto-circuito dupla fase à terra serão adotadas as mesmas hipóteses simplificativas do item precedente: impedâncias de sequências positiva e negativa iguais ($z_1 = z_2 = z$) e curto-circuito "franco" entre as fases B e C e terra. Assim, tem-se:

$$i_B = \frac{\alpha^2 \sqrt{3}\dot{e}}{\overline{z}(\overline{z} + 2\overline{z}_0)} \left[\overline{z}_0 \angle 30° + \overline{z} \angle -30° \right]$$

$$i_C = \frac{\alpha \sqrt{3}\dot{e}}{\overline{z}(\overline{z} + 2\overline{z}_0)} \left[\overline{z}_0 \angle -30° + \overline{z} \angle 30° \right]$$

(7.99)

Supondo-se: $z = r + jx$ e $z_0 = r_0 + jx_0 = k_1 r + jk_2 x$, resultam os módulos das correntes i_B e i_C dados por:

$$|i_B| = \sqrt{3}|i_{3\phi}| \sqrt{\frac{(1+k_1+k_1^2)r^2 + (1+k_2+k_2^2)x^2 - \sqrt{3}\,rx(k_2-k_1)}{(1+2k_1)r^2 + (1+2k_2)x^2}}$$

$$|i_C| = \sqrt{3}|i_{3\phi}| \sqrt{\frac{(1+k_1+k_1^2)r^2 + (1+k_2+k_2^2)x^2 + \sqrt{3}\,rx(k_2-k_1)}{(1+2k_1)r^2 + (1+2k_2)x^2}}$$

(7.100)

e no caso particular de $k_1 = k_2$, tem-se:

$$|i_B| = |i_C| = |i_{2\phi T}| = \sqrt{3} \cdot |i_{3\phi}| \frac{\sqrt{1+k+k^2}}{1+2k}$$

(7.101)

A corrente neutro, i_N, vale:

$$i_N = 3i_0 = -\frac{3\overline{z}}{\overline{z} + 2\overline{z}_0} \frac{\dot{e}}{\overline{z}} = -\frac{3\overline{z}}{\overline{z} + 2\overline{z}_0} i_{3\phi}$$

(7.102)

e seu módulo é dado por:

$$\left|i_N\right| = 3\left|i_{3\phi}\right|\sqrt{\frac{r^2 + x^2}{(1 + 2k_1)^2 r^2 + (1 + 2k_2)^2 x^2}} \qquad (7.103)$$

que no caso particular de $k_1 = k_2 = k$, torna-se:

$$\left|i_N\right| = \left|i_{3\phi 0}\right|\frac{2}{1 + 2k} \qquad (7.104)$$

A tensão na fase **A** é dada por:

$$\dot{V}_{AN} = \frac{3\,\overline{z}_0}{\overline{z} + 2\,\overline{z}_0}\,\dot{e} \qquad (7.105)$$

e o seu módulo resulta:

$$\left|\dot{V}_{AN}\right| = 3\,\dot{e}\sqrt{\frac{k_1^2 r^2 + k_2^2 x^2}{(1 + 2k_1)^2 r^2 + (1 + 2k_2)^2 x^2}} \qquad (7.106)$$

No caso particular de $k_1 = k_2 = k$, tem-se:

$$\left|\dot{V}_{AN}\right| = e\,\frac{3k}{1 + 2k} \qquad (7.107)$$

O fator de sobretensão, no curto-circuito dupla fase à terra é dado por:

$$f_{sob-2\phi T} = \frac{\left|\dot{V}_{AN}\right|}{e} = \frac{3k}{1 + 2k} \qquad (7.108)$$

As curvas do fator sobretensão e módulo das correntes para curto-circuito dupla fase à terra, em função do valor de k, estão apresentadas à fig. 7.31, onde se observa que:

- Quando a impedância equivalente de sequência zero for nula, k = 0, resulta que:
  - A relação entre a corrente de fase no curto-circuito dupla fase à terra e a do curto-circuito trifásico assume seu valor máximo, $\sqrt{3}$.
  - A relação entre a corrente de neutro no defeito dupla fase à terra e a corrente de fase no defeito trifásico assume seu valor máximo, 3.
  - O fator de sobretensão é nulo.
- Quando as impedâncias equivalentes de sequência direta e zero forem iguais, k = 1, resulta que:
  - As correntes de neutro e fase no defeito dupla fase à terra são iguais à corrente de defeito trifásico.
  - O fator de sobretensão é unitário.
- Quando o valor da impedância equivalente de sequência zero for muito maior que o da impedância equivalente de sequência positiva, resulta que:
  - A corrente de fase no defeito dupla fase à terra tende ao valor da corrente de curto dupla fase, $\sqrt{3}\left|i_{\cdot 3\phi}\right|/2$.
  - A corrente de neutro tende à zero.
  - O fator de sobretensão tende a seu valor máximo, 1,5.

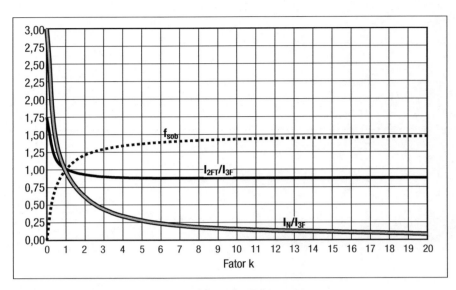

Figura 7.31 Fator de sobretensões e correntes de fase e neutro no defeito dupla fase à terra.

7.6.4 SISTEMAS ATERRADOS E ISOLADOS

Os sistemas aterrados e isolados são definidos a partir da relação entre os módulos das impedâncias equivalentes de sequência zero e direta (z_0/z). É usual considerar-se que um sistema é isolado quando o valor do módulo da impedância de sequência zero (z_0) ultrapassa de três vezes o valor do módulo da impedância de sequência positiva, isto é: $z_0 \geq 3z$. Por outro lado, o sistema é considerado aterrado quando $z_0 < 3z$. Observa-se que na saída de um transformador, com o primário ligado em triângulo e o secundário em estrela aterrada, a impedância de sequência zero corresponde à do transformador e a de sequência direta corresponde à soma das impedâncias do sistema na barra de inserção do transformador com a do transformador, isto é, na saída do transformador será $z_0 < z$, logo, o sistema será aterrado. Lembrando que a impedância de sequência zero de linhas, $z_{0\text{-LT}} = z_{próprio} + 2\,z_{mútuo}$, é maior que a de sequência direta, $z_{1\text{-LT}} = z_{próprio} - z_{mútuo}$, e evoluindo-se pelo sistema através de linhas, haverá um crescimento maior da impedância de sequência zero que o da direta, podendo-se a partir de certa distância ter o sistema isolado.

Nos sistemas aterrados, os valores das correntes de curto-circuito envolvendo a terra são elevados, enquanto os fatores de sobretensão são próximos da unidade. Por outro lado, os sistemas isolados apresentam valores baixos de correntes de defeitos envolvendo a terra, enquanto o fator de sobretensão tende a seu valor limite, $\sqrt{3}$.

Exemplo 7.11

Para a rede da fig. 7.32, são dados:

- A potência de curto-circuito trifásico no ponto $\mathbf{P_0}$ igual a 200 MVAr.

- Os dados nominais do transformador inserido entre as barras $\mathbf{P_0}$ e $\mathbf{P_1}$, ligado com o primário em triângulo e o secundário estrela aterrada, potência nominal de 10 MVA, tensões nominais, 230/34,5 kV, reatâncias de sequências positiva, x_{t1}, e zero, x_{t0}, iguais a 0,05 pu;

- As linhas têm resistência desprezível, e reatância de sequência zero, x_{Lo}, igual à 2 Ω/km e reatância de sequência positiva, x_{L1}, igual a 0,5 Ω/km.

Pede-se determinar os fatores de sobretensão e relação entre correntes de curto-circuito fase à terra e trifásico para defeitos nos pontos P_1, P_2 e P_3.

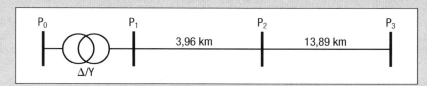

Figura 7.32 Rede de exemplo 7.11.

Resolução

O cálculo será desenvolvido utilizando-se potência de base de 10 MVA e tensões de base iguais às tensões nominais do transformador.

- Barra P_0

Tem-se:

$$S_{3\phi} = 200 \text{ MVA}$$

Logo:

$$s_{3\phi} = 20 \text{ pu} \quad \text{e} \quad x_{sist} = \frac{1}{20} = 0,05 \text{ pu}$$

- Barra P_1

Tem-se:

$$\bar{z}_1 = j(x_{sist} + x_{t1}) = j(0,05 + 0,05) = j0,1 \text{ pu}$$

$$\bar{z}_0 = jx_{t0} = j0,05 \text{ pu} \quad \text{e} \quad k = \frac{z_0}{z_1} = \frac{0,05}{0,1} = 0,5$$

logo

$$\left| i_{\phi T} \right|_{P_1} = \frac{3}{2+k} = \frac{3}{2+0,5} = 1,2$$

$$f_{sob-P_1} = \frac{\sqrt{3(1+k+k^2)}}{2+k} = 0,92$$

- Barra P_2, tem-se:

$$\bar{z}_1 = j\left(x_{sist} + x_{t_1} + x_{L_1} \cdot \frac{\ell}{z_b}\right)$$

onde:

ℓ é o comprimento da LT desde P_1 até P_2, 3,96 km

z_b é a impedância de base que é dada por $z_b = \dfrac{V_b^2}{S_B} = \dfrac{34,5^2}{10} = 119,025\ \Omega$

logo:

$$z_1 = j\left(0,05 + 0,05 + 0,5\frac{3,96}{119,025}\right) = j0,1166\ \text{pu}$$

Analogamente

$$\overline{z}_0 = j\left(x_{10} + x_{L_0}\frac{\ell}{z_b}\right) = j\left(0,05 + 2\frac{3,96}{119,025}\right) = 0,1166\ \text{pu}$$

e

$$k = \frac{z_0}{z_1} = 1$$

logo

$$\left.\left|\frac{i_{\phi T}}{i_{3\phi}}\right|\right|_{P_2} = 1 \qquad \text{e} \qquad f_{sob-P_2} = 1$$

- Barra $\mathbf{P_3}$, tem-se:

$$\overline{z}_1 = j\left(x_{sist} + x_{L_1}\frac{\ell'}{z_b}\right) = j\left(2 \times 0,05 + 0,5\frac{17,85}{119,025}\right) = j0,175\ \text{pu}$$

$$\overline{z}_0 = j\left(x_{t_0} + x_{L_0}\frac{\ell'}{z_b}\right) = j\left(0,05 + 2\frac{17,85}{119,025}\right) = j0,35\ \text{pu}$$

onde ℓ' é o comprimento total de LT.

Portanto:

$$k = \frac{z_0}{z} = 2$$

$$\left.\left|\frac{i_{\phi T}}{i_{3\phi}}\right|\right|_{P_3} = \frac{3}{2+k} = \frac{3}{4} = 0,75 \quad \text{e} \quad f_{sob-P_3} = \frac{\sqrt{3(1+k+k^2)}}{2+k} = 1,146$$

7.6 — Análise de Sistemas Aterrados e Isolados

Da análise dos resultados alcançados no ex. 7.11 nota-se que:

- Na barra P_1, a impedância equivalente de sequência zero, z_0, é menor que a impedância equivalente de sequência positiva, z_1, consequentemente a corrente de defeito fase à terra, $i_{\phi T}$, é maior que a corrente de defeito trifásico, $i_{3\phi}$, e não há sobretensão para o curto-circuito fase à terra.

- A relação z_0/z_1 aumenta à medida que ocorre o deslocamento da barra P_1 para a P_3, provocando a diminuição da relação $i_{\phi T}/i_{3\phi}$ e aumento do fator de sobretensão.

O transformador na ligação triângulo para estrela aterrada funciona como um *reset* na impedância de sequência zero; ou seja, no secundário do transformador a impedância equivalente de sequência zero iguala-se ao valor da impedância de sequência zero do transformador, provocando uma diminuição brusca na relação z_0/z_1 e aterrando o sistema neste ponto.

A relação das impedâncias de sequência zero, z_{L0}, e direta, z_{L1}, da linha de transmissão é $z_{L0}/z_{L1} = 4$; desta forma, quanto maior a distância do ponto de defeito ao ponto de suprimento (P_0), tanto maior a relação entre as impedâncias equivalentes de sequência zero e direta, e mais "isolado" se torna o sistema. Uma maneira para se proceder ao aterramento do sistema em pontos que apresentem relação entre as impedâncias equivalentes de sequência zero e direta (z_0/z_1) alta é a de instalar-se um "transformador de aterramento", que é conectado com o primário na ligação estrela aterrada o secundário na ligação triângulo, conforme fig. 7.33a, ou na ligação "zigue-zague", conforme a fig. 7.33.b.

Em ambos os tipos de ligação do transformador de aterramento, tem-se os circuitos equivalentes de sequência positiva, negativa e zero, desconsiderando-se a impedância de magnetização do transformador, apresentados à fig. 7.34.

As impedâncias z_1, z_2 e z_0 representam as impedâncias equivalentes da rede a montante do ponto P de sequências direta, inversa e zero e x_{ta} representa a reatância de sequência zero do transformador de aterramento em "zigue-zague", as bobinas em paralelo, fig. 7.33b, estão numa mesma "perna" do transformador. Na presença de correntes de sequência zero, devido as polaridades indicadas, igualam a impedância x_{ta} ao valor da reatância de dispersão. Notamos que o novo valor da impedância de equivalente, de sequência zero, z_0' vale:

$$\overline{z}_0' = \frac{\overline{z}_0 \cdot jx_{ta}}{\overline{z}_0 + jx_{ta}} \tag{7.109}$$

e para $|z_0| \gg x_{ta}$, resulta $z_0' = jx_{ta}$, o que provoca uma diminuição acentuada da impedância equivalente de sequência zero. Uma vez que os valores das impedâncias equivalentes de sequência direta e inversa não se alteram, alcança-se, portanto, uma diminuição na relação entre as impedâncias de sequência zero e direta.

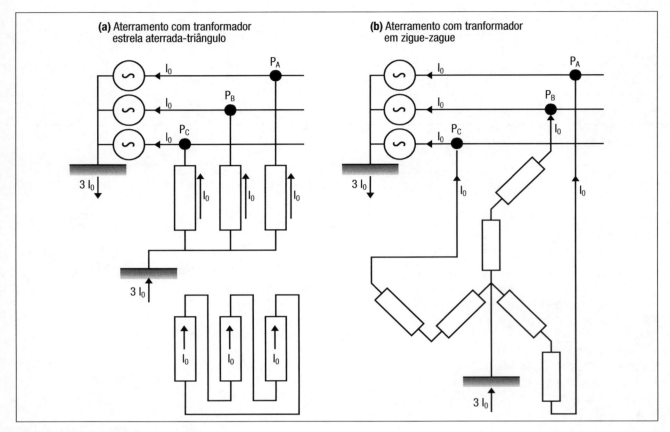

Figura 7.33 Transformador de aterramento.

7.7 ESTUDO DE CURTO-CIRCUITO EM REDES EM MALHA

7.7.1 CONSIDERAÇÕES GERAIS

Conforme visto nos itens anteriores, o cálculo das correntes de curto-circuito pode ser realizado a partir dos equivalentes de Thèvenin, para as sequências direta, inversa e nula, no ponto de defeito. Foi também apresentado, para o curto-circuito trifásico (cf. item 7.3), como podem ser obtidas as contribuições de correntes de outros trechos da rede e tensões em demais barras da rede, quando de um defeito.

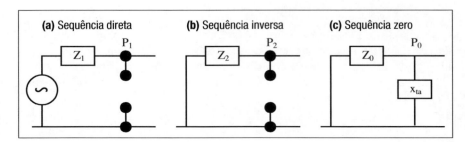

Figura 7.34 Circuitos equivalentes sequenciais no ponto de aterramento.

Neste item, serão estendidos os estudos de curto-circuito para o caso de rede em malha. Em redes radiais, o cálculo das impedâncias equivalentes de Thèvenin é muito simples, a partir da correta ordenação da rede elétrica. No caso de redes em malha, é conveniente partir das matrizes de redes. Em particular, a matriz de impedâncias nodais fornece diretamente as impedâncias de Thèvenin em todas as barras da rede e as impedâncias de transferência, que permitem o cálculo de contribuições e tensões em demais barras da rede.

O método a ser apresentado neste item terá como foco a determinação das impedâncias de Thèvenin, que permitem o cálculo das correntes sequenciais no ponto de defeito, bem como o cálculo de impedâncias de transferência, e sua aplicação no cálculo de correntes e tensões nos demais equipamentos da rede.

7.7.2 REPRESENTAÇÃO MATRICIAL DA REDE

A determinação da matriz de impedâncias nodais fornece os subsídios necessários para o cálculo das correntes de defeito. Em geral, são necessárias as matrizes de sequência direta e nula, dado que a matriz de impedâncias nodais de sequência inversa é assumida igual à de sequência direta.

As matrizes de impedâncias nodais de ambas as sequências são determinadas com base na rede existente, com os geradores (ou pontos de suprimento) desativados, ou seja, representados tão somente com suas impedâncias equivalentes. Isto se explica pela fig. 7.11, onde é aplicado o princípio de superposição de efeitos. Assim, com as redes de sequência positiva e nula assim formadas, pode-se determinar a matriz de impedâncias nodais por quaisquer dos métodos clássicos. Neste item, adotamos o seguinte método para ambas as sequências:

I. Utilização dos modelos de rede para cada um dos componentes, por exemplo:

- Para as linhas, utilização do modelo de linha curta (impedância série), para as seqüências direta e nula.

- Para os transformadores:
    - Modelo com impedância série de curto-circuito para as sequências direta e inversa. No caso de transformadores com primário em delta e secundário em estrela, considera-se defasagem de $+30°$ na tensão de sequência direta e $-30°$ na tensão de sequência inversa. No caso de primário e secundário na mesma ligação, não existe tal defasagem. Tal defasagem, no entanto, não altera a montagem das matrizes de redes.
    - Modelos de sequência nula, com impedância correspondente, com diferentes esquemas em função do tipo de ligação dos enrolamentos do transformador.
    - Impedância do gerador estabelecida em função do instante de estudo e das características do equipamento (ou seja, utilização da reatância subtransitória, transitória ou síncrona, em função do período de curto-circuito que se deseja estudar).

II. Montagem das matrizes de admitâncias nodais. Em geral, a matriz de admitâncias nodais pode ser montada por inspeção, principalmente para o caso que não ocorram mútuas (vide Anexo I). Para tanto, basta conhecer os diagramas de impedâncias de sequência positiva e nula da rede e utilizar o método de montagem por inspeção das matrizes correspondentes.

III. Montagem das matrizes de impedâncias nodais. A matriz de impedâncias nodais pode ser determinada como sendo a matriz inversa da matriz de admitâncias nodais. No entanto, este caminho em geral pode não ser eficiente, pois a matriz de impedâncias nodais é uma matriz cheia e, desta forma, para redes de grande porte, absorve grande área de memória. Para tanto, é mais simples resolver os seguintes sistemas de equações lineares e obter a coluna (i-ésima) da matriz de impedâncias nodais, nas sequências positiva e nula:

$$
\begin{bmatrix} 0 \\ \hline 1 \\ \hline 0 \end{bmatrix} = \begin{bmatrix} Y_{11}^1 & Y_{1i}^1 & Y_{1n}^1 \\ Y_{i1}^1 & Y_{ii}^1 & Y_{in}^1 \\ Y_{n1}^1 & Y_{ni}^1 & Y_{nn}^1 \end{bmatrix} \begin{bmatrix} Z_{1i}^1 \\ \hline Z_{ii}^1 \\ \hline Z_{ni}^1 \end{bmatrix}
$$
$$
\begin{bmatrix} 0 \\ \hline 1 \\ \hline 0 \end{bmatrix} = \begin{bmatrix} Y_{11}^0 & Y_{1i}^0 & Y_{1n}^0 \\ Y_{i1}^0 & Y_{ii}^0 & Y_{in}^0 \\ Y_{n1}^0 & Y_{ni}^0 & Y_{nn}^0 \end{bmatrix} \begin{bmatrix} Z_{1i}^0 \\ \hline Z_{ii}^0 \\ \hline Z_{ni}^0 \end{bmatrix}
$$

(7.110)

O anexo I apresenta, em maior detalhe, a definição da matriz de impedâncias nodais e a determinação de seus elementos.

Exemplo 7.12

Determinar as impedâncias equivalentes de Thevenin, nas sequências positiva e nula, para o nó 4 da rede da fig. 7.35, bem como as impedâncias sequenciais de transferência entre os nós 4-3 e 4-2. Sabe-se que o transformador conta com impedâncias de sequência positiva e zero de j0,05 pu, na ligação triângulo-estrela aterrado, o gerador conta com impedâncias de sequência positiva e zero iguais a j0,10 pu, na ligação estrela aterrado, e que os trechos de linha têm impedâncias de sequência positiva de j0,08pu e impedâncias de sequência zero de j0,125 pu.

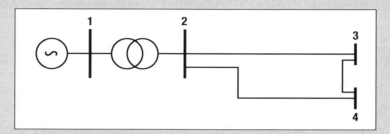

Figura 7.35 Diagrama unifilar para o exemplo 7.12.

Resolução

A figura 7.36 apresenta os diagramas unifilares de sequência positiva e sequência zero. Em cada uma das sequências, observa-se que a determinação dos elementos da 4ª coluna da matriz de admitâncias nodais é realizada a partir de uma injeção de um gerador de corrente de 1 pu na barra 4, conforme expressões matriciais (7.110) e conforme a definição da matriz de impedâncias nodais.

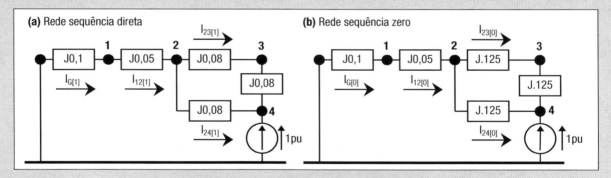

Figura 7.36 Diagramas sequências do exemplo 7.12.

As matrizes sequências de admitâncias nodais da rede, pelo procedimento de montagem por inspeção, são dadas por:

$$Y^1 = -j \begin{bmatrix} 30 & -20 & 0 & 0 \\ -20 & 45 & -12,5 & -12,5 \\ 0 & -12,5 & 25 & -12,5 \\ 0 & -12,5 & -12,5 & 35 \end{bmatrix} \quad Y^0 = -j \begin{bmatrix} 10 & 0 & 0 & 0 \\ 0 & 36 & -8 & -8 \\ 0 & -8 & 16 & -8 \\ 0 & -8 & -8 & 16 \end{bmatrix}$$

Desta forma, para a determinação da coluna da matriz de impedâncias nodais de sequência direta, devemos resolver o sistema:

$$\begin{bmatrix} 0 \\ 0 \\ 0 \\ 1 \end{bmatrix} = -j \begin{bmatrix} 30 & -20 & 0 & 0 \\ -20 & 45 & -12,5 & -12,5 \\ 0 & -12,5 & 25 & -12,5 \\ 0 & -12,5 & -12,5 & 25 \end{bmatrix} \begin{bmatrix} Z_{14}^1 \\ Z_{24}^1 \\ Z_{34}^1 \\ Z_{44}^1 \end{bmatrix} \Rightarrow \begin{bmatrix} Z_{14}^1 \\ Z_{24}^1 \\ Z_{34}^1 \\ Z_{44}^1 \end{bmatrix} = \begin{bmatrix} 0,1000 \\ 0,1500 \\ 0,1767 \\ 0,2033 \end{bmatrix} pu$$

Ou seja, a impedância de entrada da barra 4 vale j0,2033 pu e as impedâncias de transferência entre a barra 4 e 2 e barra 4 e 3 valem, respectivamente, j0,1500 e j0,1767 pu.

Analogamente para a sequência nula, temos:

$$\begin{bmatrix} 0 \\ 0 \\ 0 \\ 1 \end{bmatrix} = -j \begin{bmatrix} 10 & 0 & 0 & 0 \\ 0 & 36 & -8 & -8 \\ 0 & -8 & 16 & -8 \\ 0 & -8 & -8 & 16 \end{bmatrix} \begin{bmatrix} Z_{14}^0 \\ Z_{24}^0 \\ Z_{34}^0 \\ Z_{44}^0 \end{bmatrix} \Rightarrow \begin{bmatrix} Z_{14}^0 \\ Z_{24}^0 \\ Z_{34}^0 \\ Z_{44}^0 \end{bmatrix} = \begin{bmatrix} 0 \\ 0,0500 \\ 0,0917 \\ 0,1333 \end{bmatrix} pu$$

Logo, a impedância de entrada de sequência nula da barra 4 vale j0,1333 pu e as impedâncias de transferência de sequência zero entre as barras 4 e 2 e barras 4 e 3 valem, respectivamente, j0,05pu e j0,0971pu.

Os circuitos sequenciais equivalentes de Thevenin, vistos da barra 4, podem ser representados pelos diagramas da fig. 7.37.

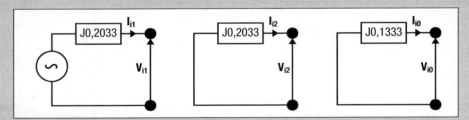

Figura 7.37 Circuitos equivalentes de Thevenin, sequências direta, inversa e nula.

7.7.3 CÁLCULO DAS CORRENTES DE CURTO-CIRCUITO

A determinação das correntes de curto-circuito segue exatamente o mesmo procedimento já visto nos itens 7.3, 7.4 e 7.5, relativos aos cálculos de curto-circuito para os defeitos trifásico, fase terra, dupla fase e dupla fase terra. Ou seja, uma vez determinados os circuitos sequenciais equivalentes de Thèvenin no ponto de defeito, podem ser calculadas as correntes de curto-circuito no ponto de defeito pela correta associação dos diagramas sequenciais.

A obtenção das correntes sequenciais no ponto de defeito permite com que sejam calculadas as tensões sequenciais em quaisquer barras da rede, utilizando-se como base as impedâncias de transferência calculadas conforme apresentado no item anterior. Ou seja, sendo conhecidas as correntes de defeito sequenciais numa barra i da rede, as tensões sequenciais na barra k podem ser avaliadas por:

$$V_k^1 = \left(V_{k,pre}^1 - \overline{Z}_{ki}^1 \cdot \dot{I}_i^1\right)\underline{|\Delta Fase} \quad V_k^2 = \left(\overline{Z}_{ki}^2 \cdot \dot{I}_i^2\right)\underline{|\Delta Fase} \quad V_k^0 = \left(\overline{Z}_{ki}^0 \cdot \dot{I}_i^0\right) \tag{7.111}$$

onde:
V_k^1, V_k^2, V_k^0 são as tensões de sequência positiva, negativa e nula na barra k;
$\dot{I}_i^1, \dot{I}_i^2, \dot{I}_i^0$ são as correntes de defeito na barra i, nas sequências positiva, negativa e nula;
$\overline{Z}_{ki}^1, \overline{Z}_{ki}^2, \overline{Z}_{ki}^0$ são as impedâncias de transferência entre as barras k e i, nas sequências positiva, negativa e nula;
ΔFase corresponde à diferença de fase de tensão de sequência positiva, entre as barras k e i, devido somente à possível defasagem introduzida pelos esquemas de ligação de transformadores.

Uma vez determinadas as tensões em demais barras da rede, podem então ser calculadas as correntes sequenciais em quaisquer componentes da rede. Ou seja, pelas tensões de determinada sequência nos terminais de um componente, pode-se calcular a corrente neste aplicando-se a lei de Ohm, conforme ilustrado na fig. 7.38, ou seja, a corrente entre dois nós r e s conectados por um componente podem ser dadas por:

$$\dot{I}_{rs}^1 = (\dot{V}_r^1 - \dot{V}_s^1)/\overline{Z}_{rs}^1 \quad \dot{I}_{rs}^2 = (\dot{V}_r^2 - \dot{V}_s^2)/\dot{Z}_{rs}^2 \quad \dot{I}_{rs}^0 = (\dot{V}_r^0 - \dot{V}_s^0)/\overline{Z}_{rs}^0 \tag{7.112}$$

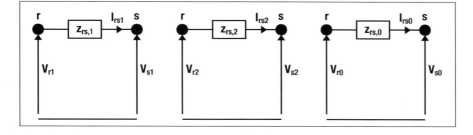

Figura 7.38 Cálculo das contribuições de corrente em um componente rs, representado por impedâncias sequenciais em série.

Exemplo 7.13

Determinar, para a rede do exemplo 7.12, fig. 7.35, as correntes de curto-circuito trifásico e fase terra franco na barra 4. Determinar também as contribuições nos enrolamentos primário e secundário do transformador.

A corrente de curto trifásico é dada por:

$$\dot{I}_4^1 = \frac{1}{j0,2033} = -j4,9188\,\text{pu} \quad \dot{I}_4^2 = 0 \quad \dot{I}_4^0 = 0$$

As tensões nos terminais do transformador são dadas a partir das impedâncias de transferência Z_{14} e Z_{24}, calculadas no exemplo 7.12:

$$\dot{V}_1^1 = 1 - j0,1000.(-j4,9188) = 0,5081pu \quad \dot{V}_1^2 = 0 \quad \dot{V}_1^0 = 0$$

$$\dot{V}_2^1 = 1 - j0,1500.(-j4,9188) = 0,2622pu \quad \dot{V}_2^2 = 0 \quad \dot{V}_2^0 = 0$$

Logo a corrente de sequência positiva passante no secundário do transformador vale:

$$\dot{I}_{12}^1 = \frac{\dot{V}_1^1 - \dot{V}_2^1}{\overline{z}} = \frac{0,5081 - 0,2622}{j0,05} = -j4,9188pu$$

A corrente no primário teria uma defasagem de $-30°$ em relação à corrente do secundário.

Para o caso do curto-circuito fase terra na barra 4, temos as correntes sequenciais dadas por:

$$\dot{I}_4^1 = \dot{I}_4^2 = \dot{I}_4^0 = \frac{1}{2.j0,2033 \div j0,1333} = -j1,8522pu$$

A corrente de curto-circuito na fase A vale:

$$\dot{I}_4^A = 3\,\dot{I}_4^1 = -j5,5566pu$$

As tensões sequenciais nas barras 1 e 2 valem:

$$\dot{V}_1^1 = 1 - j0,1000\,(-j1,8522) = 0,8148\,pu \quad \dot{V}_1^2 = -j0,1000.(-j1,8522) = -0,1852pu \quad \dot{V}_1^0 = 0$$

$$\dot{V}_2^1 = 1 - j0,1500.(-j1,8522) = 0,7222pu \quad \dot{V}_2^2 = -j0,1500.(-j1,8522) = -0,2778pu$$

$$\dot{V}_2^0 = -j0,05.(-j1,8522) = -0,0926pu$$

Logo, as correntes sequenciais de contribuição ao curto-circuito, no transformador, no lado do enrolamento secundário, são dadas por:

$$\dot{I}_{12}^1 = \frac{\dot{V}_1^1 - \dot{V}_2^1}{\overline{z}} = \frac{0,8148 - 0,7222}{j0,05} = -j1,8520pu$$

$$\dot{I}_{12}^2 = \frac{\dot{V}_1^2 - \dot{V}_2^2}{\overline{z}} = \frac{-0,1852 + 0,2778}{j0,05} = -j1,8520pu$$

$$\dot{I}_{12}^0 = \frac{0 - \dot{V}_2^0}{\overline{z}} = \frac{0 + 0,0926}{j0,05} = -j1,8520pu$$

Ou seja a corrente no secundário, na fase A, é igual à corrente de curto-circuito, ou seja $-j5,5566pu$. Para o cálculo da contribuição no primário do transformador, devemos lembrar da rotação de fase, $\pm\Delta$Fase, nas sequências direta e inversa e corrente de sequência nula igual a zero no primário pelo fato das ligações dos enrolamentos (delta-estrela aterrado). Ou seja, as correntes sequenciais no primário do transformador são dadas por:

$$\dot{I}_{12}^1 = -j1,8520\lfloor-30° = 1,8520\lfloor-120°pu$$

$$\dot{I}_{12}^2 = -j1,8520\lfloor+30° = 1,8520\lfloor-60°pu$$

$$\dot{I}_{12}^0 = 0$$

resultando as seguintes correntes nas fases do primário do transformador:

$$
\begin{bmatrix} \dot{I}_{12}^A \\ \dot{I}_{12}^B \\ \dot{I}_{12}^C \end{bmatrix} = \begin{bmatrix} 1 & 1 & 1 \\ 1 & \alpha^2 & \alpha \\ 1 & \alpha & \alpha^2 \end{bmatrix} \begin{bmatrix} I_{12}^0 \\ I_{12}^1 \\ I_{12}^2 \end{bmatrix} = \begin{bmatrix} 1 & 1 & 1 \\ 1 & \alpha^2 & \alpha \\ 1 & \alpha & \alpha^2 \end{bmatrix} \begin{bmatrix} 0 \\ 1,8520\underline{|-120°} \\ 1,8520\underline{|-60°} \end{bmatrix} = \begin{bmatrix} 3,2078\underline{|-90°} \\ 3,2078\underline{|90°} \\ 0 \end{bmatrix} \text{pu}
$$

REFERÊNCIAS BIBLIOGRÁFICAS

[1] STEVENSON, W.D., *Elementos de Análise de Sistemas de Potência*, McGraw-Hill, 1986.

[2] WEEDY, B.M., *Electric power systems*, John Wiley & Sons, 1967.

[3] ELGERD, O. I. *Introdução à Teoria de Sistemas de Energia Elétrica*, McGraw-Hill do Brasil, 1981

[4] BROWN, H. E., *Grandes sistemas elétricos*. Livros Técnicos e Científicos Editora S. A., 1977

[5] EL-ABIAD, A. H. & STAGG, G. W., *Computação Aplicada a Sistemas de Geração e Transmissão de Potência* - Editora Guanabara Dois, Rio de Janeiro, 1979.

[6] OLIVEIRA, C. C. B., SCHMIDT, H. P., KAGAN, N., ROBBA, E. J., *Introdução a sistemas elétricos de potência – Componentes simétricas* – Blucher, 1996.

QUALIDADE DO SERVIÇO

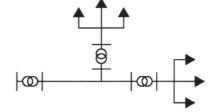

8.1 INTRODUÇÃO – UMA VISÃO DE QUALIDADE DE ENERGIA

As mudanças na estrutura do setor elétrico, com grande parte das empresas distribuidoras sendo privatizadas, levam à necessidade de um maior controle da qualidade da energia elétrica fornecida aos consumidores finais. Para tanto, torna-se importante o estabelecimento de índices de desempenho do fornecimento, de modo que seja possível o controle da qualidade de energia elétrica de forma objetiva.

Existe uma **interdependência** direta entre as chamadas fontes poluidoras e as cargas sensíveis, que se estabelece principalmente no sistema de distribuição. O principal, para o correto funcionamento do sistema elétrico, é que esta inter-relação estabeleça-se de forma harmoniosa, dentro de limites aceitáveis, de forma que o consumidor de energia elétrica não venha a ser prejudicado pela presença de alguns dos fatores que diminuem a qualidade da energia elétrica.

O fornecimento de energia elétrica aos consumidores deve obedecer a dois conceitos básicos, normalmente denominados de qualidade de serviço e qualidade do produto.

A **Qualidade do serviço**, basicamente entendida como a "continuidade de fornecimento", é fruto de interrupções no sistema elétrico, provocadas por falhas no sistema (manutenção corretiva) e por atividades de manutenção programada (manutenção preventiva), em função de serviços necessários a serem realizados no sistema. São muitos os indicadores ligados à continuidade, e estes serão propriamente definidos e tratados no próximo item deste capítulo.

A **Qualidade do produto**, que é caracterizada basicamente pela forma de onda de tensão dos componentes de um sistema trifásico, contempla principalmente os seguintes fenômenos:

- *Variação de frequência*: o sistema elétrico deve operar em frequência dos parâmetros tensão e corrente em valor predeterminado, 60Hz no Brasil.Variações na frequência, em relação a este valor, são em geral acarretadas por variações da carga do sistema que, por sua vez são reguladas pelos controles de velocidades dos geradores ligados ao sistema. Variações de frequência podem impactar no funcionamento de determinados equipamentos, em particular na conexão de alguns tipos de geração distribuída.

- *Variações de tensão de longa duração*: em função da variação contínua da carga do sistema elétrico, a tensão em barras de unidades consumidoras geralmente sofre variação ao longo do dia. Alguns tipos de equipamentos apresentam menor rendimento ou diminuição da vida útil quando operam com tensão aplicada inferior ou superior a determinados valores limites. A regulação deste setor define três faixas de operação, quais sejam nível de tensão em faixa aceitável, em faixa precária ou em faixa crítica. O controle da tensão de fornecimento em consumidores do sistema define indicadores que estabelecem a porcentagem do tempo que o consumidor se encontra nas faixas de tensão precária e crítica, geralmente quando um registrador é instalado na entrada do consumidor, durante uma semana, medindo valores eficazes de tensão, em intervalos de 10 minutos. A fig. 8.1 ilustra a variação de tensão em um consumidor e a determinação de dois indicadores, denominados DRP e DRC, respectivamente, a Duração Relativa de Transgressão de Tensão Precária e a Duração Relativa de Transgressão de Tensão Crítica, que representam a porcentagem do tempo que o consumidor é alimentado nestas faixas de tensão. Nota-se, para o exemplo, que o consumidor encontra-se com DRP igual a 38%, pois encontra-se na faixa de tensão precária (assumida entre 0,90 e 0,95 pu neste caso) 38% do tempo, e com DRC igual a 11%, pois encontra-se com tensão abaixo de 0,90 pu, considerada a tensão crítica, durante 11% do tempo.

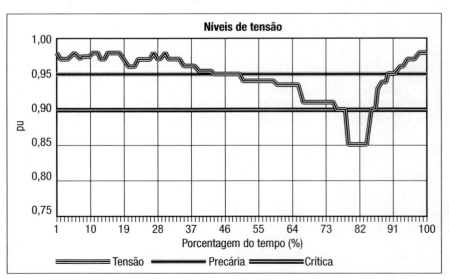

Figura 8.1 Controle de níveis de tensão em regime permanente.

- *Variações de tensão de curta duração*: são variações nos níveis de tensão acarretadas principalmente por faltas no sistema elétrico ou por outros tipos de eventos, como é o caso, por exemplo, da partida de grande motores ligados ao sistema de distribuição. As variações de tensão de curta duração (VTCDs) são caracterizadas principalmente por dois parâmetros, quais sejam a sua magnitude e duração. As VTCDs são definidas como sendo variações no valor de tensão eficaz (magnitude) para valores abaixo de 0,9 pu (afundamentos de tensão – *voltage sags*) ou acima de 1,1 pu (elevações de tensão – *voltage swells*), com duração inferior a 1min. O efeito maior deste fenômeno leva a mau funcionamento de equipamentos sensíveis, principalmente no caso de afundamentos de tensão. No caso de elevações de tensão, podem ser provocados danos ou mesmo queima do equipamento. Valores de magnitude e de duração das VTCDs medem a sua severidade e devem ser confrontados com o nível de sensibilidade (ou susceptibilidade) dos equipamentos. O mais difícil no controle do efeito das VTCDs sobre os equipamentos é que, conforme mencionado acima, originam de defeitos no sistema, ocorridos muitas vezes muito longe da instalação do consumidor, conforme ilustrado no sistema da fig. 8.2. Neste sistema, uma falta, por exemplo trifásica, em um ramal do circuito 1 provoca afundamento na barra da subestação, o que acarreta afundamentos de tensão em todos os circuitos vizinhos, em particular o circuito 5 que alimenta consumidor sensível a VTCDs, podendo levar, dependendo da severidade, interrupções de processos produtivos. É relevante notar que, desconsiderando religadores no circuito 1, o fusível do ramal do circuito 1 vai isolar o defeito (tempo de abertura deste fusível corresponderá à duração do afundamento de tensão). Aparentemente a interrupção dos consumidores de um único ramal nada teria a ver com interrupções de processos no resto do sistema, porém é o que ocorre com VTCDs. Daí a dificuldade muito grande no controle de situações acarretadas por faltas no sistema. Mesmo com o sistema de proteção atuando corretamente, as VTCDs são dificilmente evitadas. Obviamente, quanto maior for a potência de curto-circuito da subestação (ou quanto mais "próxima" de um barramento infinito for a barra da SE), menor será o efeito da falta em um alimentador sobre os demais. A fig. 8.3 ilustra as formas de onda e de valor eficaz, em afundamento de tensão, como poderia ser o caso da VTCD no consumidor sensível do circuito 5.

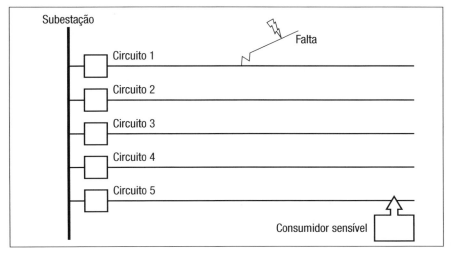

Figura 8.2 VTCD provocada por falta.

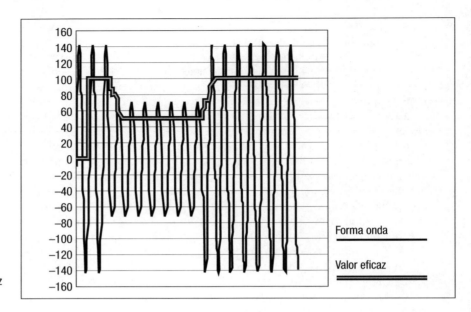

Figura 8.3 Forma de onda e valor eficaz de um Afundamento de tensão.

Determinados tipos de processos industriais podem sofrer sérias consequências pela ocorrência de VTCDs, quando o mau funcionamento de equipamentos sensíveis provoca a parada de processos, perda de matéria-prima, longo tempo para reinicialização do processo etc., que em suma podem gerar prejuízos para as empresas produtoras.

- *Distorções harmônicas de tensão e corrente*: são distorções, em regime permanente, ou semipermanente, da forma de onda de tensão ou de corrente, geralmente causadas por dispositivos (cargas) não lineares existentes no sistema. Em geral, são composição de formas de onda periódicas com frequência múltipla inteira da fundamental da rede. A utilização de cargas não lineares provoca o aparecimento de correntes harmônicas, que são injetadas no sistema elétrico. Mesmo assumindo o sistema elétrico linear, teremos quedas de tensão em cada uma das frequências harmônicas, provocando o aparecimento de distorções na forma de onda de tensão. Também neste caso o impacto na distorção de tensão será função da potência de curto-circuito (ou equivalentes de Thevenin, em cada frequência) no ponto de injeção das correntes harmônicas. Correntes harmônicas circulando no sistema de distribuição aumentam as perdas elétricas no sistema, e limitam a capacidade de transporte de demanda, além da possibilidade de ocorrência de ressonâncias harmônicas em determinados pontos do sistema, que podem provocar danos às instalações (sobretensões harmônicas). Distorções harmônicas podem ainda provocar queima de capacitores e fusíveis, sobreaquecimento de transformadores e motores, vibração ou falha de motores, falha ou operação indevida de disjuntores, mau funcionamento de relés de proteção, problemas em controle de equipamentos, interferência telefônica, medições incorretas de energia elétrica, dentre outros efeitos. A fig. 8.4 ilustra uma forma de onda distorcida, com o seguinte conteúdo harmônico: fundamental 100%, magnitude da 3ª harmônica igual a 40% da magnitude da fundamental, 5ª harmônica 20%, 7ª harmônica 7%, 9ª harmônica 5%, 11ª harmônica 4% e 13ª harmônica 2%.

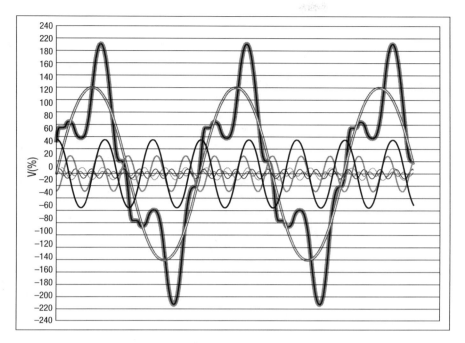

Figura 8.4 Forma de onda com distorção harmônica.

Um indicador importante relativo às distorções harmônicas considera a porcentagem de cada conteúdo harmônico da grandeza em relação à fundamental, como é o caso das porcentagens apontadas no exemplo da fig. 8.4, para cada harmônica individual. Outro indicador importante, que agrega os conteúdos harmônicos individuais é a distorção harmônica total, dada pela expressão:

$$\mathrm{DHT}_V = \frac{\sqrt{\sum_{h=2}^{\infty} V_h^2}}{V_1} \qquad (8.1)$$

onde V_h representa o valor eficaz da grandeza harmônica de frequência h vezes a da rede (harmônica de ordem h) e V_1 representa o valor eficaz da grandeza na frequência da rede. Para o exemplo da fig. 8.4, a DHT vale 45,76%.

- *Desequilíbrios de tensão e corrente*: são fenômenos de longa duração, assim como as variações de tensão de longa duração, e ocorrem em sistemas trifásicos devido a diversos fatores, como o modo de ligação de cargas e a assimetria existente nas redes elétricas. Desequilíbrios ocorrem em corrente e tensão trifásicas, sempre que ocorram diferenças em módulos ou em ângulos entre as componentes de fase. Desequilíbrios de corrente são comumente originados pelas cargas do sistema. Por exemplo, quando são conectados transformadores de distribuição monofásicos em redes trifásicas, obviamente temos cargas desequilibradas para a rede primária, de média tensão. Desequilíbrios de corrente provocam, em função das quedas de tensão na rede, desequilíbrios de tensão. Em redes assimétricas, por exemplo em linhas de transmissão ou distribuição sem transposição, mesmo quando não há desequilíbrio de corrente, haverá a presença de desequilíbrio de tensão junto a carga. O desequilíbrio de tensão ou corrente é normalmente definido pela relação entre as componentes de sequência negativa e positiva. Desequilíbrio de tensão é um indicador muito importante de qualidade de energia, pois pode originar diversos impactos sobre as cargas do sistema: em motores elétricos, provoca redução da potência útil, redução do torque mecânico, redução da vida útil e aumento das vibrações. Nas redes, pode provocar interferências em linhas de telecomunicação e aumento das perdas ôhmicas. Um importante efeito dos desequilíbrios de tensão ocorre em bancos de capacitores: 2% de desequilíbrio permanente de tensão pode provocar uma perda de vida útil nas unidades do banco de 20 a 25%.

- *Flutuações de tensão*: são oscilações provocadas por cargas variáveis: na baixa tensão podem ser provocadas por eletrodomésticos, bombas-d'água e elevadores; na média tensão, podem ser provocadas por fornos a arco, máquinas de solda, laminadoras e grandes motores; em sistemas de alta e extra-alta tensão, são originadas apenas em fornos a arco. O principal efeito destas oscilações de tensão são cintilações em sistemas de iluminação (*flicker*), que provocam uma sensação bastante desagradável a pessoas em ambientes iluminados. As frequências verificadas neste fenômeno são bastante baixas, na ordem de 10Hz, e ocorrem sobre a frequência da rede. A fig. 8.5a ilustra uma visualização de valores instantâneos de flutuação de tensão. A fig. 8.5b ilustra os valores de tensão eficaz medidos em um

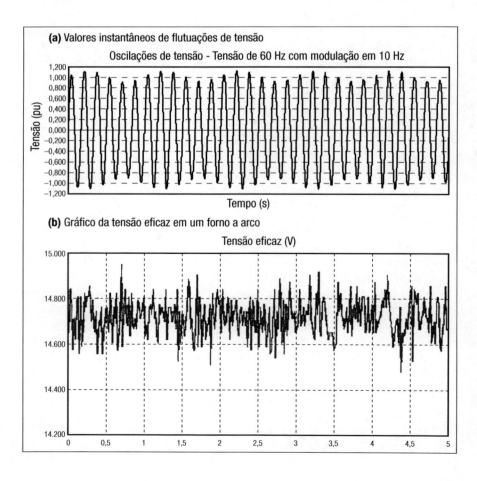

Figura 8.5 Flutuações de tensão.

forno a arco, com tensão nominal de 14,4kV. Indicadores de flutuação de tensão tentam expressar o desconforto relacionado à cintilação em lâmpadas elétricas (por exemplo, em lâmpadas incandescentes, em dada tensão nominal). Para tanto, o sinal de tensão é tratado e são definidos dois indicadores: o primeiro é denominado PST, de curta duração, medido a cada 10 minutos; o segundo é denominado PLT, de longa duração, medido a cada 2 horas, calculado a partir dos valores de PST computados nos 12 intervalos de 10 minutos.

Os conceitos acima, relacionados à qualidade de produto, não serão analisados em maior nível de detalhe neste livro. Outro fator importante, concernente à qualidade de atendimento, que trata das atividades comerciais da empresa de distribuição, principalmente nas relações com seus clientes, não será tratado aqui.

Os próximos itens deste capítulo tratam da continuidade de serviço, um importantíssimo indicador de qualidade do serviço, sendo apresentados, em detalhe, os indicadores correspondentes, bem como métodos para o cálculo destes indicadores em função das ocorrências verificadas na rede de distribuição (método *a posteriori*) e para o cálculo de estimação destes indicadores (método *a priori*).

8.2 CONTINUIDADE DE FORNECIMENTO

A continuidade de fornecimento é, em geral, avaliada pelas empresas de distribuição, a partir das ocorrências na rede de distribuição. Por exemplo, uma determinada falha em dado equipamento da rede pode causar a interrupção de vários consumidores. A contabilização da qualidade do serviço a estes consumidores ou relacionada a este sistema de distribuição é avaliada após um determinado período, em geral, mensalmente, trimestralmente ou anualmente. Trataremos este tipo de avaliação da qualidade do serviço como avaliação *a posteriori*.

Em algumas outras situações, é importante realizar uma estimação da qualidade de serviço. Em geral, tal estimação é feita com base em alguns parâmetros estatísticos, como valores históricos de taxas de falha dos equipamentos (número de vezes, em determinado período, que o equipamento deve falhar) e como tempos médios para atendimento de uma determinada ocorrência na rede. Este tipo de análise será tratada aqui neste capítulo como avaliação *a priori*.

8.2.1 AVALIAÇÃO DA CONTINUIDADE DE FORNECIMENTO *A POSTERIORI*

Para melhor fixação dos conceitos envolvidos na análise da continuidade do fornecimento em um sistema de distribuição primário típico, seja o exemplo da fig. 8.6. Neste sistema, estão representados dois circuitos primários: o circuito em análise e o circuito que o socorre quando de contingências. Além disso, estão representados: os disjuntores, D, na saída da SE, chave de proteção, P, chaves fusíveis, F, na saída dos ramais, chave de seccionamento, NF, que opera na condição normal fechada, e chave de socorro entre os dois circuitos, NA, que opera na condição normal aberta. No caso de ocorrer, num instante t_0, um defeito no trecho 01-04, poderia ter-se a seguinte sequência de eventos:

- O disjuntor do circuito em análise, D, atua desenergizando todo o circuito.
- A equipe de manutenção percorre o alimentador, identificando o ponto de defeito e, em seguida, abre a chave de proteção P isolando o trecho com defeito.
- Fecha no instante t_1 a chave de socorro, NA, restabelecendo o suprimento aos consumidores a jusante da barra 04.
- Procede ao reparo do defeito e, ao tempo t_2, término do reparo, abre a chave NA, fecha a chave de proteção, P, e liga o disjuntor, restabelecendo o suprimento de todo o alimentador.

Assim, nessa contingência tem-se:

- no intervalo de tempo $\Delta t_1 = t_1 - t_0$, a interrupção do suprimento a 140 consumidores e a potência instalada não atendida foi de 5,4 MVA (consumidores de todo o circuito);
- no intervalo de tempo $\Delta t_2 = t_2 - t_1$, a interrupção do suprimento a 30 consumidores e a potência instalada não atendida foi de 2,0 MVA (consumidores e carga do trecho 01-04);

Para possíveis defeitos nos demais trechos do circuito, ter-se-ia condições análogas, isto é, a cada interrupção no fornecimento de energia por manutenção, seja ela corretiva ou preventiva, pode-se determinar o tempo em que a energia não foi distribuída, o número de consumidores atingidos pela interrupção e a demanda não atendida.

Assim, definindo as seguintes variáveis:

C_{ai} - número de consumidores atingidos na interrupção "i";
C_s - número total de consumidores existentes na área em estudo;
t_i - duração da interrupção de suprimento "i", usualmente em minutos;
P_i - demanda não atendida na contingência "i";
P_s - demanda total do sistema;
T - período de estudo;
N - número de ocorrências no período de estudo.

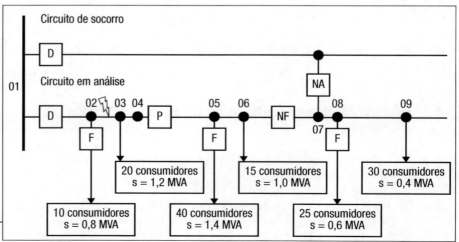

Figura 8.6 Rede para análise de interrupção.

8.2 — Continuidade de Fornecimento

Define-se, para um determinado período, por exemplo, o ano, os índices operativos a seguir:

- Duração equivalente por consumidor, **DEC**, que exprime o espaço de tempo em que, em média, cada consumidor na área de estudo considerada ficou privado do fornecimento de energia elétrica no período considerado, formalmente:

$$DEC = \frac{\sum_{i=1}^{N} C_{ai} \cdot t_i}{C_s} \qquad (8.2)$$

O DEC, que tem dimensão de tempo – usualmente o minuto ou a hora, representa o tempo em que um consumidor médio da área em estudo teve seu fornecimento interrompido, isto é, sendo o período de análise o ano e a duração das contingências em minutos, representa os minutos que o consumidor médio ficou desligado durante o ano.

- Duração equivalente por potência instalada, D_k, que exprime o espaço de tempo em que, em média, a potência instalada de cada uma das cargas do conjunto considerado ficou privada do fornecimento de energia elétrica no período considerado, formalmente:

$$D_k = \frac{\sum_{i=1}^{N} P_i \cdot t_i}{P_s} \qquad (8.3)$$

O indicador D_k, que tem dimensão de tempo, representa o tempo médio em que a potência instalada na área em estudo teve seu suprimento interrompido. Este indicador, em algumas empresas de distribuição, é também conhecido como **DEP**. Seu uso é relacionado à importância da potência instalada na gestão do fornecimento de energia, em contraste a uma gestão voltada para o consumidor, como é o caso do **DEC**.

- Duração média por consumidor, **d**, que representa o tempo médio de interrupção para os consumidores que sofreram interrupção, isto é:

$$d = \frac{\sum_{i=1}^{N} C_{ai} \cdot t_i}{\sum_{i=1}^{N} C_{ai}} \qquad (8.4)$$

- Duração média por potência instalada, d_k, que representa o tempo médio de interrupção para a potência instalada que sofreu interrupção, isto é:

$$d_k = \frac{\sum_{i=1}^{N} P_i \cdot t_i}{\sum_{i=1}^{N} P_i} \qquad (8.5)$$

- Frequência equivalente de interrupção por consumidor, **FEC**, que exprime o número de interrupções que, em média, cada consumidor considerado sofreu, no período considerado, isto é:

$$FEC = \frac{\sum\limits_{i=1}^{N} C_{ai}}{C_s} \tag{8.6}$$

Destaca-se que este parâmetro é adimensional, representando o número de interrupções sofridas pelo consumidor médio da área em estudo no período considerado.

- Frequência equivalente de interrupção por potência instalada, **f_k,** que representa o número de interrupções sofridas pela potência média instalada na área, isto é:

$$f_k = \frac{\sum\limits_{i=1}^{N} P_i}{P_s} \tag{8.7}$$

- Confiabilidade por consumidor, C, que é dada pela relação dos consumidores $\times$ horas efetivamente atendidos no período e o total de consumidores $\times$ horas na hipótese de não haver contingências no período, isto é:

$$C = \frac{C_s \cdot T - \sum\limits_{i=1}^{N} C_{ai} \cdot t_i}{C_s \cdot T} = 1 - \frac{DEC}{T} \tag{8.8}$$

Evidentemente, na aplicação da eq. (8.8), deve-se exprimir o período de observação, T, e a duração das contingências, t_i, na mesma unidade de tempo.

- Confiabilidade por potência, C_k, que é dada pela relação entre a energia efetivamente fornecida à potência instalada e a que seria fornecida na hipótese de não haver contingências, isto é:

$$C_k = \frac{P_s \cdot T - \sum\limits_{i=1}^{N} P_i \cdot t_i}{P_s \cdot T} = 1 - \frac{D_k}{T} \tag{8.9}$$

- Energia não distribuída, END, que corresponde à energia não fornecida aos consumidores (ou a um consumidor individual) de um sistema, durante o período de observação T:

$$END = \sum\limits_{i=1}^{N} P_{mi} \cdot t_i \tag{8.10}$$

onde P_{mi} corresponde à potência média que seria fornecida ao sistema durante a interrupção i. Conhecidos os fatores típicos da carga (vide Capítulo 2), podemos relacionar a potência média com a potência instalada, isto é:

$$P_{mi} = f_{c\,arg\,a} P_{max\,i} = f_{c\,arg\,a} f_{dem} P_i$$

8.2 — Continuidade de Fornecimento

e, assumindo-se os fatores de carga, f_{carga}, e de demanda, f_{dem}, constantes para todas as composições de consumidores em cada contingência i, temos, a partir da eq. (8.3), a seguinte relação da END com DEP (ou D_k):

$$END = \sum_{i=1}^{N} P_{mi} \cdot t_i = f_{carga} f_{dem} \sum_{i=1}^{N} P_i \cdot t_i = f_{carga} f_{dem} P_s DEP$$

Observa-se que todos os indicadores da operação da rede, apresentados anteriormente, representam valores médios ou coletivos de uma área de estudo.

A título de exemplo, seja uma área que conta com 100.000 consumidores e, durante um ano, 100 desses consumidores sofreram 100 horas de interrupção, ou seja, 6.000 minutos de interrupção no ano. Ora, nessas condições o DEC será dado por:

$$DEC = \frac{100 \times 6000}{100.000} = 6 \text{ minutos}$$

Isto é, o DEC global da área, de 6 minutos/ano, está aparentemente muito bom. Porém, os 100 consumidores que sofreram interrupções, ficaram durante 1,14% do ano sem fornecimento de energia. A duração média por consumidor exprime melhor o desempenho da rede no atendimento aos consumidores, isto é:

$$d = \frac{100 \cdot 6000}{100} = 6000 \text{ minutos}$$

Exemplo 8.1

Para o sistema de distribuição da fig. 8.6, suponha que, durante um ano, foram registradas as ocorrências apresentadas na tab. 8.1. Pede-se determinar todos os indicadores de operação.

Tabela 8.1 Contingências para exemplo 8.1

Número da contingência	Trecho de ocorrência	Número de Consumidores	Potência instalada (MVA)	Duração (minuto)
1	Ramal 02	10	0,8	120
2	06 – 08	110 55	3,4 1,0	50 110
3	01 – 04	140 30	5,4 2,0	40 30
4	Ramal 05	40	1,4	80
5	05 – 06	110 55	3,4 2,0	45 160

Solução

Notamos que, para algumas ocorrências, existem manobras efetuadas pela equipe de manutenção, que atendem parte da carga interrompida. É o caso da contingência 2 no trecho 06-08: nos primeiros 50 minutos da ocorrência, 110 consumidores são interrompidos, pela abertura do dispositivo de proteção P; porém, para os 110 minutos subsequentes da ocorrência, apenas 55 consumidores são interrompidos, pois a equipe determina que a falha encontra-se no trecho 06-08 e abre a chave (seccionadora) NF, entre os nós 06 e 07. Deve-se atentar que, para efeito do cálculo de indicadores de duração, como o DEC, estes dois subperíodos podem ser tratados como duas ocorrências; porém, para efeito de indicadores de frequência, como o FEC, deve-se tomar o cuidado de não contar mais de uma interrupção para uma ocorrência encadeada, como é o caso da contingência 2.

a. Indicador DEC

Tem-se, em minutos:

$$DEC = \frac{10.120 + 110.50 + 55.110 + 140.40 + 30.30 + 40.80 + 110.45 + 55.160}{140} = \frac{36200}{140} = 258,57$$

b. Duração equivalente por potência instalada

Tem-se, em minutos:

$$D_k = \frac{0,8.120 + 3,4.50 + 1,0.110 + 5,4.40 + 2,0.30 + 1,4.80 + 3,4.45 + 2,0.160}{5,4} = \frac{1183,0}{5,4} = 219,07$$

c. Duração média por consumidor

Tem-se, em minutos:

$$d = \frac{10.120 + 110.50 + 55.110 + 140.40 + 50.30 + 40.80 + 110.45 + 55.160}{10 + 110 + 55 + 140 + 50 + 40 + 110 + 55} = \frac{36800}{570} = 64,56$$

d. Duração média por potência instalada

Tem-se, em minutos,

$$d_k = \frac{0,8.120 + 3,4.50 + 1,0.110 + 5,4.40 + 2,0.30 + 1,4.80 + 3,4.45 + 2,0.160}{0,8 + 3,4 + 1,0 + 5,4 + 2,0 + 1,4 + 3,4 + 2,0} = \frac{1183,0}{19,4} = 94,33$$

e. Frequência equivalente por consumidor

Tem-se, em interrupções por ano:

$$FEC = \frac{10 + 110 + 140 + 40 + 110}{140} = \frac{410}{140} = 2,93$$

f. Frequência equivalente por potência instalada

Tem-se, em interrupções por ano:

$$f_k = \frac{0,8 + 3,4 + 5,4 + 1,4 + 3,4}{5,4} = \frac{14,4}{5,4} = 2,67$$

g. Confiabilidade por consumidor

Tem-se, utilizando-se a mesma unidade de tempo, o minuto, para o período de estudo e para a duração das contingências, isto é, T = 8760 × 60 = 525.600 minutos

$$C = 1 - \frac{262,86}{525.600} = 0,9995 = 99,95\%$$

h. Confiabilidade por potência instalada

Tem-se, analogamente:

$$C_k = 1 - \frac{219,07}{525.600} = 0,9996 = 99,96\%$$

Para um melhor controle da qualidade de serviço das empresas de distribuição, a ANEEL, Agência Nacional de Energia Elétrica, no uso de suas atribuições emitiu a Resolução nº 24, de 27 de janeiro de 2000, que teve por finalidade rever, atualizar e consolidar as disposições referentes à continuidade da distribuição de energia elétrica definidas pela Portaria 046 de 1978, ainda do DNAEE – Departamento Nacional de Águas e Energia Elétrica.

Um dos conceitos introduzidos nesta resolução diz respeito ao Conjunto de Unidades Consumidoras, que representa "... qualquer agrupamento de unidades consumidoras, global ou parcial, de uma mesma área de concessão de distribuição, definido pela concessionária ou permissionária e aprovado pela ANEEL". A fig. 8.7 ilustra o estabelecimento de 6 conjuntos de unidades consumidoras em área de concessão de uma empresa.

A ideia de definição de um conjunto parte da suposição que agrupamentos de consumidores, principalmente em áreas contíguas, devem ter seu nível de qualidade de serviço estabelecido em função de características físicas da rede (por exemplo, extensão da rede, área de cobertura etc.) e de características do mercado de energia (por exemplo, potência instalada, consumo médio etc.). Isto ficará mais claro quando forem tecidos comentários sobre as metas estabelecidas para os indicadores de continuidade de serviço de cada conjunto de uma empresa.

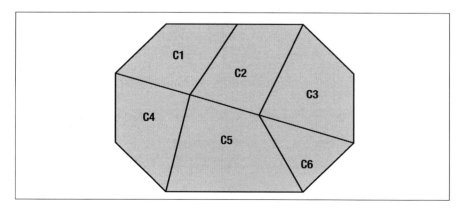

Figura 8.7 Definição de conjuntos de unidades consumidoras.

Outra característica importante consiste na necessidade de se ter um controle maior sobre cada consumidor, o que é difícil realizar através de indicadores coletivos, como é o caso do DEC ou FEC, definidos anteriormente. Desta forma, são definidos três indicadores importantes, relacionados à duração e frequência de interrupções em um dado consumidor:

- Duração de interrupção individual por unidade consumidora (DIC) – Intervalo de tempo que, no período de observação, em cada unidade consumidora ocorreu descontinuidade da distribuição da energia elétrica:

$$DIC = \sum_{i=1}^{N} t_i \qquad (8.11)$$

- Frequência de interrupção individual por unidade consumidora (FIC) – Número de interrupções ocorridas, no período de observação em cada unidade consumidora, ou seja, o indicador FIC é dado simplesmente por:

$$FIC = N \qquad (8.12)$$

- Duração máxima de interrupção contínua por unidade consumidora (DMIC) – Tempo máximo de interrupção contínua, da distribuição de energia elétrica, para uma unidade consumidora qualquer:

$$DMIC = max_{i=1,...,N}(t_i) \qquad (8.13)$$

Exemplo 8.2

Determinar os indicadores individuais DIC, FIC e DMIC para as ocorrências do exemplo 8.1 sobre os consumidores das barras 02 (ramal 02), 03, 05 (ramal 05), 06, 08 e 09.

Sendo $DIC_{i,Cont,k}$ o valor da duração de interrupção nos consumidores da barra i devido a contingência k, podemos avaliar o DIC_i, isto é, a duração dos consumidores conectados às barras da rede conforme se segue:

$DIC_{02} = DIC_{02,Cont. 1} + DIC_{02,Cont.2} + DIC_{02,Cont.3} + DIC_{02,Cont. 4} + DIC_{02,Cont. 5} = 120 + 0 + 70 + 0 + 0 = 190\ min$

$DIC_{03} = DIC_{03,Cont. 1} + DIC_{03,Cont.2} + DIC_{03,Cont.3} + DIC_{03,Cont. 4} + DIC_{03,Cont. 5} = 0 + 0 + 70 + 0 + 0 = 70\ min$

$DIC_{05} = DIC_{05,Cont. 1} + DIC_{05,Cont.2} + DIC_{05,Cont.3} + DIC_{05,Cont. 4} + DIC_{05,Cont. 5} = 0 + 50 + 40 + 80 + 205 = 375\ min$

$DIC_{06} = DIC_{06,Cont. 1} + DIC_{06,Cont.2} + DIC_{06,Cont.3} + DIC_{06,Cont. 4} + DIC_{06,Cont. 5} = 0 + 50 + 40 + 0 + 205 = 295\ min$

$DIC_{08} = DIC_{08,Cont. 1} + DIC_{08,Cont.2} + DIC_{08,Cont.3} + DIC_{08,Cont. 4} + DIC_{08,Cont. 5} = 0 + 160 + 40 + 0 + 45 = 245\ min$

$DIC_{09} = DIC_{09,Cont. 1} + DIC_{09,Cont.2} + DIC_{09,Cont.3} + DIC_{09,Cont. 4} + DIC_{09,Cont. 5} = 0 + 160 + 40 + 0 + 45 = 245\ min$

8.2 — Continuidade de Fornecimento

E, analogamente para os valores de FIC, tem-se:

$$FIC_{02} = FIC_{02,Cont.\,1} + FIC_{02,Cont.2} + FIC_{02,Cont.3} + FIC_{02,Cont.\,4} + FIC_{02,Cont.\,5} = 1 + 0 + 1 + 0 + 0 = 2$$

$$FIC_{03} = FIC_{03,Cont.\,1} + FIC_{03,Cont.2} + FIC_{03,Cont.3} + FIC_{03,Cont.\,4} + FIC_{03,Cont.\,5} = 0 + 0 + 1 + 0 + 0 = 1$$

$$FIC_{05} = FIC_{05,Cont.\,1} + FIC_{05,Cont.2} + FIC_{05,Cont.3} + FIC_{05,Cont.\,4} + FIC_{05,Cont.\,5} = 0 + 1 + 1 + 1 + 1 = 4$$

$$FIC_{06} = FIC_{06,Cont.\,1} + FIC_{06,Cont.2} + FIC_{06,Cont.3} + FIC_{06,Cont.\,4} + FIC_{06,Cont.\,5} = 0 + 1 + 1 + 0 + 1 = 3$$

$$FIC_{08} = FIC_{08,Cont.\,1} + FIC_{08,Cont.2} + FIC_{08,Cont.3} + FIC_{08,Cont.\,4} + FIC_{08,Cont.\,5} = 0 + 1 + 1 + 0 + 1 = 3$$

$$FIC_{09} = FIC_{09,Cont.\,1} + FIC_{09,Cont.2} + FIC_{09,Cont.3} + FIC_{09,Cont.\,4} + FIC_{09,Cont.\,5} = 0 + 1 + 1 + 0 + 1 = 3$$

Para o indicador DMIC, basta tomar o valor da maior duração de interrupção no período, ou seja, a maior contribuição de DIC devido a uma dada contingência:

$$DMIC_{02} = \max\{DIC_{02,Cont.\,1}, DIC_{02,Cont.2}, DIC_{02,Cont.3}, DIC_{02,Cont.\,4}, DIC_{02,Cont.\,5}\} = 120 \text{ min}$$

$$DMIC_{03} = \max\{DIC_{03,Cont.\,1}, DIC_{03,Cont.2}, DIC_{03,Cont.3}, DIC_{03,Cont.\,4}, DIC_{03,Cont.\,5}\} = 70 \text{ min}$$

$$DMIC_{05} = \max\{DIC_{05,Cont.\,1}, DIC_{05,Cont.2}, DIC_{05,Cont.3}, DIC_{05,Cont.\,4}, DIC_{05,Cont.\,5}\} = 205 \text{ min}$$

$$DMIC_{06} = \max\{DIC_{06,Cont.\,1}, DIC_{06,Cont.2}, DIC_{06,Cont.3}, DIC_{06,Cont.\,4}, DIC_{06,Cont.\,5}\} = 205 \text{ min}$$

$$DMIC_{08} = \max\{DIC_{08,Cont.\,1}, DIC_{08,Cont.2}, DIC_{08,Cont.3}, DIC_{08,Cont.\,4}, DIC_{08,Cont.\,5}\} = 160 \text{ min}$$

$$DMIC_{09} = \max\{DIC_{09,Cont.\,1}, DIC_{09,Cont.2}, DIC_{09,Cont.3}, DIC_{09,Cont.\,4}, DIC_{09,Cont.\,5}\} = 160 \text{ min}$$

É interessante notar que os valores médios de DIC e FIC correspondem exatamente aos valores de DEC e FEC:

$$\overline{DIC} = \frac{190 \cdot 10 + 70 \cdot 20 + 375 \cdot 40 + 295 \cdot 15 + 245 \cdot 25 + 245 \cdot 30}{140} = 258,57 = DEC$$

$$\overline{FIC} = \frac{2 \cdot 10 + 1 \cdot 20 + 4 \cdot 40 + 3 \cdot 15 + 3 \cdot 25 + 3 \cdot 30}{140} = 2,93 = FEC$$

Deixamos a dedução de tal afirmação para o leitor.

Além dos indicadores coletivos e individuais, acima definidos, cabe ainda a definição de alguns indicadores muito importantes para a gestão das empresas de distribuição e que, quando bem gerenciados e controlados, levam à melhoria dos indicadores vistos pelo lado do consumidor. O primeiro parâmetro importante neste sentido refere-se ao **tempo de atendimento de emergência**, conhecido por TA. Este indicador representa o intervalo de tempo que transcorre desde o instante em que ocorreu a interrupção do suprimento até aquele em que o sistema foi restabelecido. Para o caso de interrupções não programadas destacam-se os tempos parciais:

t_1': tempo transcorrido desde o instante de ocorrência da contingência até o conhecimento de sua ocorrência pelo COD, "tempo de telefonemas";

t'_2: tempo necessário para que a equipe de manutenção, ou de reparo do defeito, seja acionada;

t'_3: tempo gasto pela equipe de manutenção para se deslocar ao ponto de interrupção, correr a linha, e identificar a causa e o ponto de defeito;

t'_4: tempo para manobra de chaves para o restabelecimento dos consumidores fora da área em defeito;

t_1: tempo de pesquisa do defeito, que é dado por:

$$t_1 = t'_1 + t'_2 + t'_3 + t'_4$$

t_2: tempo médio para o reparo do defeito e o completo restabelecimento do sistema.

Na fig. 8.8.a é apresentado um diagrama de frequência de ocorrências para diferentes faixas de tempos de atendimento (de um valor mínimo a um valor máximo), o que facilita a gestão deste indicador. Na fig. 8.8.b, apresentam-se as frequências acumuladas – por exemplo, 100% das ocorrências verificadas apresentam valor de tempo de atendimento não superior a 200 min. Da mesma forma, o valor de 50% corresponde ao tempo médio de atendimento, ou seja, 50% das ocorrências apresentam valor não superior a 120 min.

O estabelecimento dos seguintes indicadores derivados torna-se bastante útil para análise da distribuição dos tempos de atendimento de uma empresa:

- TMA – tempo médio de ocorrências, que pode ser avaliado por:

$$\text{TMA} = \frac{\sum_{i=1}^{N} \text{TA}_i}{N} \tag{8.14}$$

- TX% - tempo de atendimento não superado em X% do total de ocorrências. Por exemplo, o valor 50% corresponde ao TMA. Valores comumente utilizados são para 80 e 90% das ocorrências, o que no caso da fig. 8.8, correspondem aos valores aproximados de 160 e 180min, respectivamente.

- FMA – frequência média de ocorrências, avaliado por:

$$\text{FMA} = \frac{N \times 10.000}{C_s} \tag{8.15}$$

Figura 8.8 Tempos de atendimento.

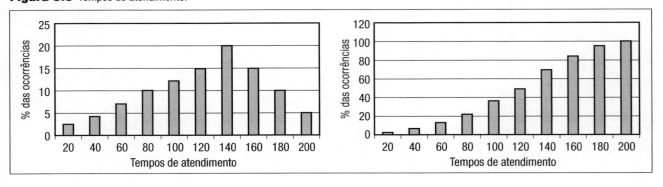

8.2 — Continuidade de Fornecimento

A definição de metas dos indicadores coletivos e individuais de continuidade do serviço é estabelecida através da Resolução ANEEL 024/2000. As metas ou padrões são estabelecidos por conjunto de unidades consumidoras, em valores mensais, trimestrais e anuais. Além disso, a definição de tais metas é função dos dados históricos dos indicadores, de informações do contrato de concessão da empresa e de um estudo de *benchmarking*, conforme será explicado a seguir.

O estudo de *benchmarking* para estabelecimento de metas de qualidade de serviço tem por princípio que diferentes conjuntos de unidades consumidoras devem apresentar as mesmas metas, desde que seus atributos que definem o nível de qualidade exigida sejam os mesmos. A maior dificuldade nesta metodologia consiste na definição correta dos atributos de cada conjunto que melhor definam o padrão de qualidade de serviço correspondente. Além disso, nem sempre são disponíveis todos os dados de atributos necessários. Uma vez definidos os atributos dos conjuntos, e tendo-se um universo de conjuntos representativos (por exemplo, todos os conjuntos das empresas distribuidoras), estes devem ser separados em grupos ou *clusters*. A fig. 8.9 ilustra o estabelecimento de *clusters* no caso, supondo-se dois atributos i e j, o que possibilita a representação gráfica bidimensional. Cada ponto no gráfico representa um conjunto, com atributos conhecidos, como é o caso do conjunto C_k, que foi classificado no $Cluster_1$.

A definição de metas dos indicadores DEC e FEC é estabelecida, para um dado *cluster*, da seguinte forma:

- determina-se a distribuição de valores de DEC (ou FEC) para todos os conjuntos pertencentes ao *cluster*.

- avalia-se o primeiro decil, isto é, o valor de DEC (ou FEC) no qual 10% dos melhores conjuntos não ultrapassam este valor.

- define-se a meta do indicador como sendo o primeiro decil.

A fig. 8.10 ilustra o procedimento, realizado para aproximadamente 5.000 conjuntos de unidades consumidoras. Em função das dificuldades para a obtenção de dados de conjuntos por todas as empresas distribuidoras, os atributos selecionados por conjunto são: área de atuação, comprimento de

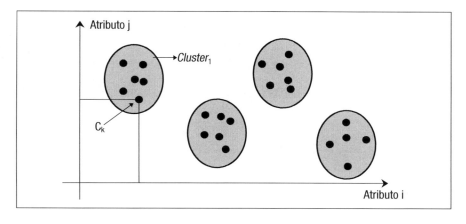

Figura 8.9 Definição de *clusters* de conjuntos de unidades consumidoras.

rede primária, potência instalada, número de consumidores e consumo médio mensal. O gráfico abaixo, à direita, representa todos os conjuntos e o *cluster* 1, em análise. Para este *cluster*, foi estabelecida meta de DEC de 7,12 horas/ano e de 8,67 interrupções/ano, de acordo com as curvas de distribuição de frequências acumuladas, à esquerda do gráfico. Deve-se ainda notar que, na figura, são apresentados, para cada *cluster*:

- o número de conjuntos que pertencem a determinado *cluster*, por exemplo, o *cluster 1* conta com 270 conjuntos;
- o valor médio da área de atuação dos conjuntos que pertencem ao *cluster*;
- o valor médio do comprimento de rede primária dos conjuntos que pertencem ao *cluster*;
- o valor médio da potência instalada dos conjuntos que pertencem ao *cluster*;
- o valor médio do número de consumidores dos conjuntos que pertencem ao *cluster*;
- o valor médio do consumo médio mensal dos conjuntos que pertencem ao *cluster*.

Deve-se ressaltar que a definição do valor estabelecido por *benchmarking* é apenas um dos subsídios para a definição de meta dos conjuntos, sendo também utilizados as séries histórias e subsídios do contrato de concessão da empresa para seu estabelecimento; porém este valor de meta por *benchmarking* tem sido utilizado pela ANEEL para o estabelecimento de uma meta de longo prazo, isto é, na qual os conjuntos de unidades consumidoras deverão atender gradualmente, em horizontes de 8 anos.

A metodologia acima permite avaliação das metas de continuidade relativas aos indicadores coletivos, isto é, DEC e FEC. Resta a definição de metas individuais, relativas aos indicadores DIC, FIC e DMIC. A Resolução ANEEL 024/2.000 estabelece uma relação direta entre as metas de indicadores coletivos e indicadores individuais. A tab. 8.2, extraída da Resolução, ilustra

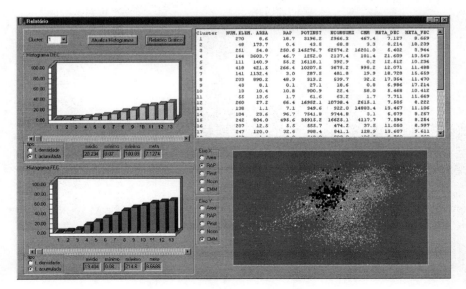

Figura 8.10 *Benchmarking* aplicado a conjuntos de unidades consumidoras.

esta relação para o caso de consumidores com tensão inferior a 1kV. Nesta mesma tabela, são também mostradas as metas anuais, trimestrais e mensais, para cada indicador, em função da faixa de valores de DEC ou FEC. Ou seja, para um dado consumidor, localizado em conjunto com meta de DEC igual a 25 horas/ano, sua meta de DIC será de 90 horas/ano, 45 horas/trimestre e 30 horas/mês e sua meta de DMIC será de 12 horas/interrupção.

Tabela 8.2 Metas de indicadores individuais

Faixa de variação das metas anuais de indicadores de continuidade dos conjuntos (DEC ou FEC)	Valores-limites de continuidade por unidade consumidora						
	Unidades consumidoras localizadas no perímetro urbano, atendidas em tensão inferior a 1 kV ou localizadas fora do perímetro urbano, com carga instalada inferior a 100 kVA						
	DIC (horas)			DMIC (horas)	FIC (interrupções)		
	Anual	Trimestral	Mensal		Anual	Trimestral	Mensal
0 – 10	80	40	27	12	40	20	13
> 10 – 20	85	43	29	12	50	25	17
> 20 – 30	90	45	30	12	60	30	20
> 30 – 45	100	48	33	14	75	38	25
> 45 – 60	110	48	37	14	90	38	30
> 60 – 80	120	48	40	16	90	38	30
> 80	120	48	40	18	96	38	32

A partir de 2005, caso um consumidor tenha sua meta de indicador individual transgredida, este terá ressarcimento direto em sua conta de energia. O valor a ser ressarcido será determinado pela seguinte equação:

$$\text{Penalidade} = \left(\frac{\text{DIC}_v}{\text{DIC}_p} - 1 \right) \cdot \text{DIC}_p \cdot \frac{\text{CM}}{730} \cdot \text{kei} \qquad (8.16)$$

onde:

DIC_v – corresponde ao valor da duração de interrupção individual verificado no período;

DIC_p – corresponde ao valor da duração de interrupção individual previsto (meta);

CM – corresponde à média aritmética do valor das faturas mensais do consumidor afetado relativas às tarifas de uso, referentes aos 3 (três) meses anteriores à ocorrência;

kei – coeficiente de majoração, que variará de 10 a 50, e cujo valor poderá ser alterado pela ANEEL a cada revisão ordinária das tarifas.

8.2.2 AVALIAÇÃO DA CONTINUIDADE DE FORNECIMENTO *A PRIORI*

É muito importante ao engenheiro de distribuição estimar a qualidade de serviço de um dado sistema de distribuição. Este tipo de estimação pode ser utilizado, por exemplo, na definição do tipo de rede a ser utilizada em uma dada situação, em função de um nível de qualidade almejado. Ou mesmo quando se deseja fazer uma previsão dos indicadores de continuidade de um dado conjunto de unidades consumidoras, em função da rede de distribuição que atende os consumidores.

A metodologia a ser discutida nesta seção tem por objetivo avaliar estimativa dos seguintes indicadores de continuidade de serviço: END, DEC, FEC, DIC e FIC, em sistemas de distribuição primária, devido às interrupções não programadas (manutenção corretiva).

A extensão para considerar também os sistemas de baixa tensão é relativamente simples. Também, a consideração dos indicadores específicos, devido às interrupções programadas, não será tratada aqui, sendo uma extensão direta da metodologia aqui descrita.

Para a estimação dos indicadores acima, são necessárias as seguintes informações básicas:

- topologia e características do alimentador primário;
- dispositivos de proteção e seccionamento disponíveis no alimentador;
- taxas de falha dos trechos da rede;
- energia mensal absorvida e número de consumidores primários distribuídos pelas barras da rede;
- tempos médios de restabelecimento.

A taxa de falha de um dado equipamento da rede elétrica corresponde a uma importantíssima informação para o cálculo *a priori* dos indicadores de continuidade de serviço. Este parâmetro, para o caso de trechos de rede, representa o número médio de falhas que ocorrem por ano e por unidade de comprimento do trecho, para o atendimento da manutenção corretiva.

É importante também definir o conceito de falha temporária, que representa aquele tipo de falha que é sanada pela interrupção e restabelecimento do suprimento através da manobra de uma chave religadora, seccionalizadora, ou disjuntor com religamento, não sendo necessária a intervenção da equipe de manutenção. Por exemplo, no caso de ramos de árvores que, por efeito do vento, ocasionam a abertura de arco elétrico entre as fases do alimentador. Existindo a montante do ponto de defeito chave religadora ter-se-á sua atuação com a interrupção do arco e o restabelecimento da rigidez dielétrica do meio.

No exemplo da fig. 8.11, se ocorrer uma falha temporária na zona protegida pela chave religadora, haverá uma interrupção de curta duração aos consumidores a jusante da chave, em função das características de funcionamento do dispositivo de proteção (ciclos de abertura e religamento do circuito até o restabelecimento dos consumidores). No caso da figura, o gráfico "corrente × tempo" mostra 1 ciclo de religamento da chave, suficiente para a extinção da falha temporária, e restabelecimento do circuito, evitando a interrupção de longa duração.

Definimos também as falhas permanentes, que representam aquele tipo de defeito que somente poderá ser corrigido pela intervenção da equipe de manutenção, por exemplo, a queima de uma cruzeta, a perfuração de um isolador.

A taxa de falha constitui informação extremamente difícil de ser obtida, pois depende de avaliação estatística do comportamento de um dado equipamento ou conjunto de equipamentos durante um longo período de tempo,

8.2 — Continuidade de Fornecimento

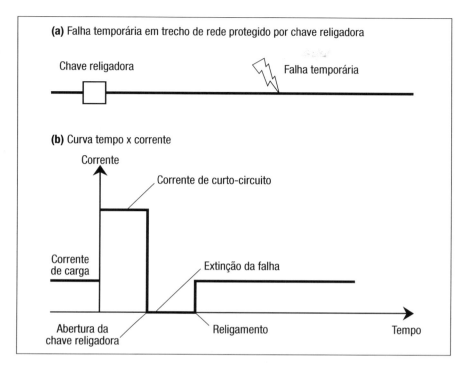

Figura 8.11 Exemplo de falha temporária e proteção por chave religadora à montante.

sob as condições ambientais que se apresentam à rede de distribuição na qual está instalado. De qualquer forma, este dado deve ser perseguido pelas empresas de distribuição, a partir de dados de fabricantes e de seus bancos de dados de ocorrências, pois permite um acompanhamento bastante preciso da sua rede levando a parâmetros mais eficazes para a gestão da manutenção de seu sistema.

Algumas hipóteses simplificativas também devem ser assumidas. As principais são descritas a seguir:

- A proteção contra sobrecorrentes está perfeitamente adequada e sua atuação obedece *in toctum* ao estabelecido em seu projeto. Por exemplo, no caso da contingência 5 sobre a rede da fig. 8.6 (falha no trecho 05-06), imagina-se que o protetor P atua seletivamente, isto é, antes de sua retaguarda, que é o disjuntor D na saída do alimentador; também, para as contingências em ramais protegidos por fusíveis F, estes atuam antes da proteção de retaguarda, interrompendo somente os respectivos consumidores. Assim, qualquer efeito devido à não coordenação da proteção é desconsiderado.

- Nas condições de contingências, não são previstas transferências de blocos de carga entre dois ou mais circuitos. O exemplo de falha no trecho 05-06 da fig. 8.6 não consideraria a presença do alimentador de socorro para atender aos 55 consumidores localizados nas barras 08 (ramal 08) e 09 através da abertura da chave NF, entre as barras 06 e 07, e fechamento da chave NA entre os dois alimentadores. A transferência de blocos de carga nem sempre é prática usual das empresas de distribuição, porém está-se tornando cada vez mais corrente em função da automação da rede e utilização das chaves automáticas (telecomandadas). A extensão da metodologia aqui descrita para a desconsideração desta hipótese simplificativa é possível de ser implementada sem prejuízo para aplicação da metodologia geral.

- S soma das parcelas $t'_1 + t'_2$, relativa aos tempos de telefonemas e de acionamento da equipe de manutenção, será estabelecida a priori, isto é, com base em tempos médios, em geral, conhecidos pela empresa.

- A parcela $\mathbf{t'_3}$, para a equipe de manutenção correr a linha e identificar o ponto de defeito, será estabelecida através do tempo gasto pela equipe de manutenção para alcançar o trecho de defeito, deslocando-se ao longo da linha com velocidade constante.

- A parcela $\mathbf{t'_4}$, de manobra de chaves, quando está atividade for necessária, será calculada pelo tempo gasto pela equipe de manutenção para alcançar a chave a ser manobrada, deslocando-se ao longo da linha, a partir do ponto de defeito, com velocidade constante.

- O tempo de reparo até o completo restabelecimento do sistema, $\mathbf{t_2}$, será assumido constante e seu valor médio será estimado a partir da média ponderada dos tempos de reparos e probabilidade de ocorrência dos vários defeitos, isto é:

$$t_2 = \sum_k p_k \cdot t_{rep,k} \qquad (8.17)$$

onde p_k corresponde à probabilidade do defeito na rede ser do tipo "k", com $\sum_k p_k = 1$, e $t_{rep,k}$ corresponde ao tempo médio de reparo para os defeitos do tipo "k". As informações para obtenção de t_2 estão, em geral, disponíveis no banco de dados de ocorrências da distribuição.

- As falhas permanentes e temporárias serão simuladas através de um fator, fat_{per}, que expressa a relação entre as falhas permanentes e falhas totais na rede de distribuição. Um número bastante usual para as redes de distribuição é 0,3, isto é, para cada 100 falhas na rede, 30 são permanentes e 70 são temporárias.

A partir da definição da taxa de falha por trecho de rede, podemos avaliar as taxas de falha compostas por blocos de carga. Um bloco de carga é representado por um conjunto de trechos de rede que se derivam de uma chave que não conta, entre eles, com chave alguma. A título de elucidação, na fig. 8.12, apresenta-se o diagrama unifilar do alimentador primário em análise da fig. 8.6 com seus blocos de carga.

A taxa de falhas de um bloco de carga pode ser avaliada pela seguinte expressão, em função das taxas de falha dos trechos de rede correspondentes:

$$ND_i = \sum_{i=1,n_{trecho,i}} \ell_{i,j} \cdot t_{f,i,j} \qquad (8.18)$$

onde:

$\ell_{i,j}$ - comprimento do trecho "j" do bloco "i";

$t_{f,i,j}$ - taxa de falha unitária, número de falhas por quilômetro e por ano, do trecho "j" do bloco "i";

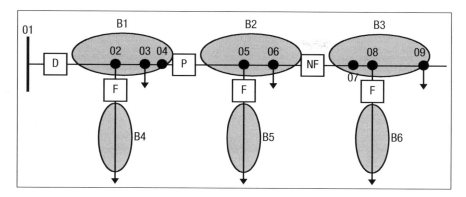

Figura 8.12 Blocos de carga de um alimentador.

A utilização do conceito de blocos de carga é muito útil para a estimação do indicadores de continuidade de serviço. Falhas em qualquer um dos trechos da rede que compõem um dado bloco de carga levam a um mesmo efeito nos indicadores de continuidade de serviço. Uma rede com um grande número de trechos pode ser reduzida a uma rede representada topologicamente por poucos blocos de carga, o que tende a diminuir o esforço de cálculo exigido. A rede com 6 blocos de carga da fig. 8.6 poderia estar representando uma rede com um número muito grande de barras e trechos de rede.

O procedimento para estimação dos indicadores de continuidade de serviço simula a ocorrência de um número ND_i de falhas em cada bloco de carga i da rede. Quando da ocorrência de uma falha em um dado bloco i da rede, tem-se:

- um certo número de consumidores, $N_{i,t1}$, que permanece sem fornecimento de energia durante o tempo t_1 de pesquisa de defeito no bloco i.

- após a isolação do bloco i, a equipe de manutenção procede ao reparo da falha, o que leva um tempo t_2. Neste intervalo de tempo, um determinado número de consumidores, $N_{i,t2}$, permanece sem fornecimento de energia.

A contribuição aos valores de **DEC** e **FEC** para contingências no bloco "i" pode então ser avaliada por:

$$DEC_i = fat_{per} \cdot ND_i \left(\frac{N_{i,t1} \cdot t_1}{C_s} + \frac{N_{i,t2} \cdot t_2}{C_s} \right)$$

$$FEC_i = fat_{per} \cdot ND_i \frac{N_{i,t1}}{C_s} \tag{8.19}$$

A partir das parcelas de DEC_i e FEC_i para cada um dos n_B blocos de carga, podemos avaliar os valores de **DEC** e **FEC** globais do circuito, ou seja:

$$DEC = \sum_{i=1}^{n_B} DEC_i \qquad FEC = \sum_{i=1}^{n_B} FEC_i \tag{8.20}$$

Dado que não estamos considerando as ocorrências na rede secundária, os indicadores de continuidade de serviço individuais DIC e FIC são os mesmos para todos os consumidores de um dado bloco i. Para a determinação destes parâmetros, determinam-se, para um dado bloco i específico, as contingências que ocasionam a interrupção do fornecimento de energia aos consumidores correspondentes. Assim, podem-se avaliar os indicadores individuais por bloco, DIC_i e FIC_i, pelas expressões abaixo:

$$DIC_i = \sum_{i=1}^{n_k} fat_{por,k} \cdot ND_k \left(t_{1,k} + t_{2,k} \right) \qquad FIC_i = \sum_{i=1}^{n_k} fat_{por,k} \cdot ND_k \qquad (8.21)$$

onde n_k representa os blocos que, quando em contingência, afetam o bloco i e $t_{1,k}$ e $t_{2,k}$ os tempos relativos aos tempos de pesquisa e de restabelecimento relativos ao bloco k.

Para o estabelecimento da energia não distribuída em cada bloco i, **END_i**, mensal ou anual, utilizamos a demanda média anual ou mensal correspondente, que é dada por

$$D_{m,bloco\,i} = D_{méd,mensal} = \frac{\varepsilon_{mensal}}{720,0} \qquad D_{m,bloco\,i} = D_{méd,anual} = \frac{\varepsilon_{anual}}{8760,0} \qquad (8.22)$$

Tendo-se o valor de DIC_i de cada bloco de carga, o cálculo da END é avaliado por:

$$END = \sum_{i=1}^{n_B} DIC_i \cdot D_{m,bloco\,i} \qquad (8.23)$$

Exemplo 8.3

Estimar os indicadores de continuidade de serviço DEC, FEC, END, DIC e FIC da rede da fig. 8.13, assumindo uma taxa de falha única $t_{falha,i}$ por bloco, fator de defeitos permanentes, fat_{per}, demanda média por bloco $D_{med,i}$, número de consumidores por bloco N_i e número total de consumidores N_s.

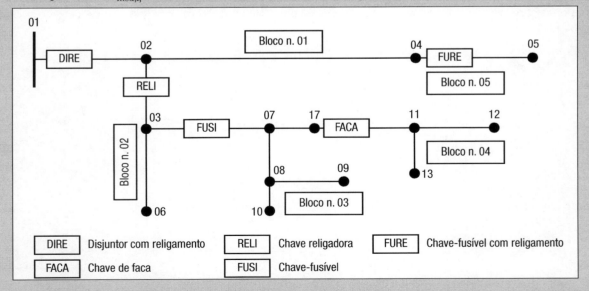

Figura 8.13 Rede do Exemplo 8.3.

8.2 — Continuidade de Fornecimento

Bloco 1: Este bloco é suprido através de um disjuntor com religamento; logo, em ocorrendo uma contingência no bloco, ocorrerá o desligamento de todo o alimentador somente para os defeitos permanentes. Todos os consumidores serão interrompidos durante os tempos t_1 e t_2, isto é:

$$DEC_1 = fat_{per} \cdot t_{falha,1} \frac{(t_{1,1} + t_{2,1})\, N_s}{N_s} = fat_{per} \cdot t_{falha,1} \cdot (t_{1,1} + t_{2,1})$$

$$FEC_1 = fat_{per} \cdot t_{falha,1} \frac{N_s}{N_s} = fat_{per} \cdot t_{falha,1}$$

$$END_1 = D_{med,1} \cdot fat_{per} \cdot t_{falha,1} \cdot (t_{1,1} + t_{2,1})$$

Bloco 2: Este bloco é suprido através de um religador; logo, em ocorrendo uma contingência no bloco, ocorrerá o desligamento tão somente para os defeitos permanentes. Todos os consumidores envolvidos serão interrompidos durante os tempos t_1 e t_2, isto é:

$$DEC_2 = fat_{per} \cdot t_{falha,2} = \frac{\left(t_{1,2} + t_{2,2}\right) \displaystyle\sum_{j=2,3,4} N_j}{N_s}$$

$$FEC_2 = fat_{per} \cdot t_{falha,2} = \frac{\displaystyle\sum_{j=2,3,4} N_j}{N_s}$$

$$END_2 = D_{med,2} \cdot fat_{per} \cdot t_{falha,2} \cdot \left(t_{1,2} + t_{2,2}\right)$$

Bloco 3: Este bloco é suprido através de uma chave fusível que conta com uma chave religadora a montante; logo, em ocorrendo uma contingência no bloco, ocorrerá a fusão do elo fusível somente para os defeitos permanentes. Todos os consumidores envolvidos, blocos 03 e 05, serão interrompidos durante os tempos t_1 e t_2, isto é:

$$DEC_3 = fat_{per} \cdot t_{falha,3} = \frac{\left(t_{1,3} + t_{2,3}\right) \displaystyle\sum_{j=3,4} N_j}{N_s}$$

$$FEC_3 = fat_{per} \cdot t_{falha,3} = \frac{\displaystyle\sum_{j=3,4} N_j}{N_s}$$

$$END_3 = D_{med,3} \cdot fat_{per} \cdot t_{falha,3} \cdot \left(t_{1,3} + t_{2,3}\right)$$

Bloco 4: Este bloco é suprido através de uma chave de faca que conta, a montante, com uma chave-fusível e uma chave religadora; logo, em ocorrendo uma contingência no bloco, ocorrerá a interrupção do suprimento somente para os defeitos permanentes, quando ocorrerá a fusão do elo fusível. Durante o tempo t_1, todos os consumidores envolvidos, blocos 03 e 04, serão interrompidos. Ao ser identificado o ponto de defeito procede-se à abertura da chave de faca, à substituição do elo fusível, com o restabelecimento dos consumidores do bloco 03. Assim, durante o tempo t_2 restarão desenergizados somente os consumidores do bloco 4, isto é:

$$DEC_4 = fat_{per} \cdot t_{falha,4} = \left(\frac{t_{1,4}\left(N_3 + N_4\right)}{N_s} + \frac{t_{2,4} N_4}{N_s} \right)$$

$$FEC_4 = fat_{per} \cdot t_{falha,4} = \frac{N_3 + N_4}{N_s}$$

$$END_4 = fat_{per} \cdot t_{falha,4} \cdot \left(t_{med,3} + t_{2,5} \cdot D_{med,4}\right)$$

8 — Qualidade do Serviço

Bloco 5: Este bloco é suprido através de uma chave de fusível com religamento que conta, a montante, com um disjuntor com religamento. Assume-se, como critério de projeto do sistema de proteção, o religamento do disjuntor não é acionado por defeitos na zona de proteção da chave-fusível. Logo, em ocorrendo uma contingência no bloco, ocorrerá a interrupção do suprimento somente para os defeitos permanentes, quando ocorrerá a fusão do elo fusível. Todos os consumidores envolvidos, bloco 05, serão interrompidos durante os tempos t_1 e t_2, isto é:

$$DEC_5 = fat_{per} \cdot t_{falha,5} \frac{(t_{1,5} + t_{2,5}) \, N_5}{N_s}$$

$$FEC_5 = fat_{per} \cdot t_{falha,5} \frac{N_5}{N_s}$$

$$END_5 = D_{med,5} \cdot fat_{per} \cdot t_{falha,5} \cdot (t_{1,5} + t_{2,5})$$

Para determinação dos indicadores DIC e FIC, podemos montar a tab. 8.3 que fornece, para cada bloco em estudo, os blocos cujas contingências o afetam.

Bloco Estudo	Blocos que intervêm	
	Tempo t_1	Tempo t_2
01	01	01
02	01-02	01-02
03	01-02-03-04	01-02-03
04	01-02-03-04	01-02-03-04
05	01-05	01-05

Tabela 8.3 Interações entre blocos

Assim, a título de exemplo, o DIC e o FIC de qualquer um dos consumidores do bloco 03 é dado por:

$$DIC_4 = fat_{per} \cdot \left(\sum_{i=1,2,3,4} t_{falha,i} \cdot t_{1,i} \sum_{i=1,2,3} t_{falha,i} \cdot t_{2,i} \right)$$

$$FIC_4 = fat_{per} \cdot \sum_{i=1,2,3,4} t_{falha,i}$$

A utilização da metodologia exposta neste item, que permite a estimação dos indicadores de continuidade de serviço a priori, é muito dependente dos tempos médios de restabelecimento e das taxas de falha. No entanto, estas informações nem sempre são muito precisas, e representam variáveis que devem ser obtidas por análises estatísticas sobre as bases de dados de ocorrências das empresas de distribuição. Os índices são computados mensal, trimestral e anualmente, para controle da qualidade de serviço, conforme exposto no item 8.2.1. Estas 'medições' dos indicadores permitem corrigir os valores adotados de taxas de falha e de tempos de restabelecimento para a estimação dos indicadores de uma dada rede ou sistema em estudo.

8.2 — Continuidade de Fornecimento

Do equacionamento desenvolvido até o momento, observa-se que o valor do FEC varia linearmente com a taxa de falha. Formalmente, tem-se:

$$FEC = t_{falha} \cdot \Im(rede)$$

onde t_{falha} representa a taxa de falha unitária e $\Im(rede)$ representa a influência da rede (topologia, proteção, distribuição de consumidores etc.) sobre o FEC. Podemos então proceder a um ajuste da taxa de falhas da rede a partir de valores de FEC verificados, FEC_{ver}, na rede de distribuição. Formalmente resulta:

$$FEC_{Ver} = K_{FEC} \cdot FEC$$

Ou seja, a nova taxa de falha ajustada será dada por:

$$t'_{falha} = t_{falha} K_{FEC}$$

O indicador DEC deve ser então corrigido pela alteração na taxa de falha. Além disso, duas parcelas incidem diretamente sobre o DEC: uma correspondente ao tempo t_1, tempo de pesquisa e isolação do defeito, e a outra correspondente ao tempo de correção do defeito, tempo t_2. Considera-se que existe uma maior incerteza sobre a adoção de t_2, isto é, somente esta parcela de DEC será corrigida. Formalmente resulta:

$$DEC = t_{falha} \left[\Im(rede, t_1) + t_2 \cdot \Im'(rede) \right]$$

Ou seja, assumindo que os tempos t_1 não devem ser alterados, para a correção do DEC atua-se sobre o tempo t_2 após a correção da taxa de falha, resultando:

$$\begin{aligned}
DEC_{ver} &= t_{falha} \cdot K_{FEC} \cdot \left[\Im(rede, t_1) + K_{DEC} \cdot t_2 \cdot \Im'(rede) \right] = \\
&= K_{FEC} \cdot \left[t_{falha} \cdot \Im(rede, t_1) + K_{DEC} \cdot t_2 \cdot t_{falha} \cdot \Im'(rede) \right] = \\
&= K_{FEC} \cdot DEC_{t1} + K_{DEC} \cdot K_{FEC} \cdot DEC_{t2}
\end{aligned}$$

donde o fator de correção, K_{DEC}, a ser aplicado a t_2 é dado por:

$$K_{DEC} = \frac{DEC_{Ver} - K_{FEC} \times DEC_{t1}}{K_{FEC} \times DEC_{t2}}$$

REFERÊNCIAS BIBLIOGRÁFICAS

[1] ANEEL, Resolução 024/2000, Continuidade da Distribuição da Energia Elétrica.

[2] ANEEL, Resolução 505/2001, Conformidade dos níveis de tensão de energia elétrica em regime permanente.

MATRIZES DE REDE

AI.1 CONSIDERAÇÕES GERAIS

Neste item, são apresentadas as matrizes de admitâncias e impedâncias nodais de uma rede elétrica. Estas matrizes permitem o cálculo elétrico dos sistemas de potência, em particular para as redes em malha, como foi visto no capítulo 6, para o caso de fluxo de potência e no capítulo 7, para o cálculo de curto-circuito.

Inicialmente define-se a matriz de admitâncias nodais para, em seguida, ser definida a matriz de impedâncias nodais.

Este anexo não pretende esgotar o assunto sobre as matrizes de rede, mas sim entender as suas definições, como relacionam correntes e tensões numa rede elétrica, e como funcionam os métodos para suas montagens.

A solução de problemas elétricos utilizando as matrizes de redes leva à solução de sistemas de equações lineares. Este anexo também aborda este assunto, através de método de triangularização da matriz de admitâncias nodais e retrossubstituição.

AI.2 MATRIZ DE ADMITÂNCIAS NODAIS

AI.2.1 DEFINIÇÃO

Dada uma rede genérica com "n" nós, conforme a fig. AI.1, os elementos da matriz de admitâncias nodais podem ser definidos como se segue.

- *Admitância de entrada na barra i:* é definida pela relação entre a corrente injetada na barra i e a tensão aplicada nesta barra, quando as demais barras da rede são curto-circuitadas para a barra de referência:

$$\overline{Y}_{ii} = \frac{\dot{I}_i}{\dot{V}_i} \qquad (AI.1)$$

A1 — Matrizes de Rede

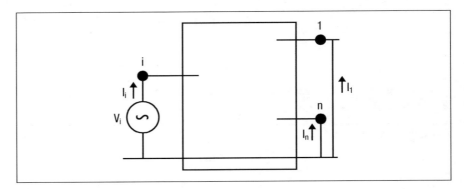

Figura AI.1 Definição da matriz Y.

- *Admitância de transferência entre as barras j e i:* é definida pela relação entre a corrente injetada na barra j e a tensão aplicada na barra i, quando as barras da rede, a menos da i-ésima, são curto-circuitadas para a barra de referência:

$$\overline{Y}_{ji} = \frac{\dot{I}_j}{\dot{V}_i} \qquad (AI.2)$$

A aplicação da definição acima, para a barra i, permite a obtenção de uma coluna da matriz de admitâncias nodais. Ao aplicar tal definição para as demais barras da rede, obviamente, obtém-se todas as colunas da matriz de admitâncias nodais, a denominada matriz Y. Para facilitar o cálculo dos elementos da matriz Y a partir da definição, é normal aplicar um gerador de tensão de 1 pu, dado que as redes são lineares – obviamente, o denominador das expressões AI.1 e AI.2 será unitário, e os elementos da Y serão numericamente iguais às respectivas correntes injetadas.

Exemplo AI.1

Determinar a matriz de admitâncias nodais para a rede da fig. AI.2a, que representa um quadripolo (por exemplo, uma linha de transmissão ou um transformador fora de seu tap nominal). As figs. A2b e A2c ilustram a aplicação da definição para determinação, respectivamente, das colunas 1 e 2 da matriz **Y**.

Primeira coluna: conforme fig. AI.2b, as correntes I_1 e I_2 podem ser calculadas diretamente pela solução do circuito que, em função do curto-circuito na barra 2, fica muito simples:

$$\dot{I}_2 = -\overline{y}_{12} \cdot 1 \qquad \dot{I}_1 = \overline{y}_1 \cdot 1 + \overline{y}_{12} \cdot 1$$

ou seja,

$$\overline{Y}_{21} = \frac{\dot{I}_2}{1} = -\overline{y}_{12} \qquad \overline{Y}_{11} = \frac{\dot{I}_1}{1} = \overline{y}_1 + \overline{y}_{12}$$

Segunda coluna: conforme fig. AI.2c, pode-se calcular os elementos da segunda coluna da Y:

$$\dot{I}_1 = -\overline{y}_{12} \cdot 1 \qquad \dot{I}_2 = \overline{y}_2 \cdot 1 + \overline{y}_{12} \cdot 1$$

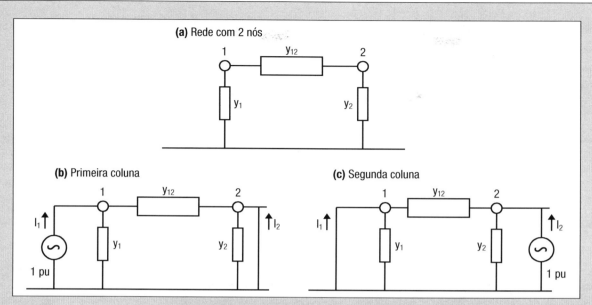

Figura AI.2 Exemplo de cálculo da **Y** pela definição

ou seja,

$$\overline{Y}_{12} = \frac{\dot{I}_1}{1} = -\overline{y}_{12} \quad \overline{Y}_{22} = \frac{\dot{I}_2}{1} = \overline{y}_2 + \overline{y}_{12}$$

e a matriz Y fica igual a:

$$\overline{Y} = \begin{bmatrix} \overline{y}_1 + \overline{y}_{12} & -\overline{y}_{12} \\ -\overline{y}_{12} & \overline{y}_2 + \overline{y}_{12} \end{bmatrix}$$

Pode-se demonstrar que, num sistema elétrico genérico, a matriz de admitâncias nodais relaciona as correntes injetadas nos nós com as tensões nodais. Para tanto, supõe-se o sistema da fig. AI.3, no qual considera-se a aplicação de "n" geradores de tensão.

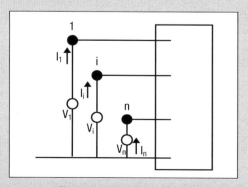

Figura AI.3 Rede genérica.

A fig. AI.4 mostra a aplicação do princípio de superposição para o sistema da fig. AI.3, que pode ser resolvido pelo cálculo dos "n" circuitos, cada um com a aplicação de um gerador de tensão ativado (1 pu) e os demais desativados (0 pu, ou curto-circuitados). Cada um dos circuitos da fig. AI.4 representa a determinação de uma coluna da matriz Y, conforme definido anteriormente, ou seja, as figs. AI.4a, AI.4b e AI.4c ilustram a determinação das colunas 1, "i" e "n", respectivamente.

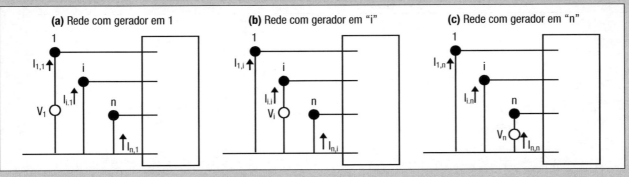

Figura AI.4 – Princípio de superposição.

Ou seja, as correntes injetadas em cada um dos nós da fig. AI.3 podem ser obtidas, por superposição, conforme se segue.

$$\dot{I}_1 = \dot{I}_{1,1} + ... + \dot{I}_{1,i} + ... + \dot{I}_{1,n}$$
$$...$$
$$\dot{I}_i = \dot{I}_{i,1} + ... + \dot{I}_{i,i} + ... + \dot{I}_{i,n}$$
$$...$$
$$\dot{I}_n = \dot{I}_{n,1} + ... + \dot{I}_{n,i} + ... + \dot{I}_{n,n}$$

E, utilizando-se as definições das admitâncias de entrada e de transferência (eqs AI.1 e AI.2), pode-se escrever as equações abaixo:

$$\dot{I}_1 = \overline{Y}_{1,1}.\dot{V}_1 + ... + \overline{Y}_{1,i}.\dot{V}_i + ... + \overline{Y}_{1,n}.\dot{V}_n$$
$$...$$
$$\dot{I}_i = \overline{Y}_{i,1}.\dot{V}_1 + ... + \overline{Y}_{i,i}.\dot{V}_i + ... + \overline{Y}_{i,n}.\dot{V}_n$$
$$...$$
$$\dot{I}_n = \overline{Y}_{n,1}.\dot{V}_1 + ... + \overline{Y}_{n,i}.\dot{V}_i + ... + \overline{Y}_{n,n}.\dot{V}_n$$

e, matricialmente, tem-se que:

$$\begin{bmatrix} \dot{I}_1 \\ ... \\ \dot{I}_i \\ ... \\ \dot{I}_n \end{bmatrix} = \begin{bmatrix} \overline{Y}_{1,1} & ... & \overline{Y}_{1,i} & ... & \overline{Y}_{1,n} \\ ... & ... & ... & ... & ... \\ \overline{Y}_{i,1} & ... & \overline{Y}_{i,i} & ... & \overline{Y}_{i,n} \\ ... & ... & ... & ... & ... \\ \overline{Y}_{n,1} & ... & \overline{Y}_{n,i} & ... & \hat{Y}_{n,n} \end{bmatrix} \begin{bmatrix} \dot{V}_1 \\ ... \\ \dot{V}_i \\ ... \\ \dot{V}_n \end{bmatrix}$$

ou, simplesmente, **I = Y. V**, mostrando que a matriz **Y** relaciona o vetor de correntes injetadas com o vetor de tensões nodais de um sistema elétrico.

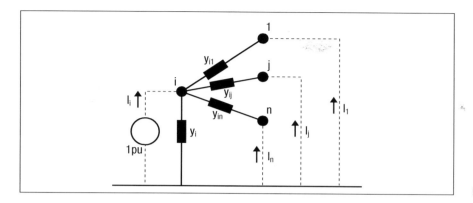

Figura AI.5 Parte de rede genérica.

AI.2.2 MONTAGEM DA MATRIZ DE ADMITÂNCIAS NODAIS

A matriz de admitâncias nodais pode ser facilmente montada quando não existem mútuas entre os elementos da rede. Seja a fig. AI.5, na qual são representadas as ligações de uma barra "i" genérica com as demais barras da rede (inclusive a barra de referência). Aplica-se a definição para o cálculo da i-ésima coluna da **Y**, ou seja, aplicação de gerador de tensão de 1 pu na barra "i" e demais barras curto-circuitadas para a referência.

Assim, a admitância de transferência entre uma barra qualquer e a barra i é determinada como se segue.

$$\overline{Y}_{1i} = \frac{\dot{I}_1}{1} = -\overline{y}_{i1} \quad \ldots \quad \overline{Y}_{ji} = \frac{\dot{I}_j}{1} = -\overline{y}_{ij} \quad \ldots \quad \overline{Y}_{ni} = \frac{\dot{I}_n}{1} = -\overline{y}_{in}$$

E, a admitância de entrada, é dada por:

$$\overline{Y}_{ii} = \frac{\dot{I}_i}{1} = \overline{y}_i - \frac{\dot{I}_1}{1} - \ldots - \frac{\dot{I}_j}{1} - \ldots - \frac{\dot{I}_n}{1} = \overline{y}_i + \overline{y}_{i1} + \ldots + \overline{y}_{ij} + \ldots + \overline{y}_{in}$$

As equações acima mostram a regra de montagem da **Y** sem mútuas:

- a admitância de entrada da barra é determinada pela somatória das admitâncias que chegam neste nó;
- a admitância de transferência entre 2 nós é dada pela admitância existente entre os 2 nós, com o sinal negativo.

Para o caso da rede com mútuas, pode-se montar a matriz de admitâncias nodais de forma análoga, desde que os elementos com mútuas sejam tratados como blocos representados pelas suas correspondentes matrizes de impedâncias e admitâncias dos elementos de rede.

Para ilustrar este procedimento, seja o trecho de rede trifásica da fig. AI.6.

A relação entre as quedas de tensão por fase e as correntes de fase é dada pela matriz de impedâncias dos elementos, $\Delta \mathbf{V} = \mathbf{z}\,\mathbf{I}$, ou:

$$\begin{bmatrix} \Delta \dot{V}_{AA'} \\ \Delta \dot{V}_{BB'} \\ \Delta \overline{V}_{CC'} \end{bmatrix} = \begin{bmatrix} \overline{Z}_{aa} & \overline{Z}_{ab} & \overline{Z}_{ac} \\ \overline{Z}_{ba} & \overline{Z}_{bb} & \overline{Z}_{bc} \\ \overline{Z}_{ca} & \overline{Z}_{cb} & \overline{Z}_{cc} \end{bmatrix} \begin{bmatrix} \dot{I}_{AA'} \\ \dot{I}_{BB'} \\ \dot{I}_{CC'} \end{bmatrix}$$

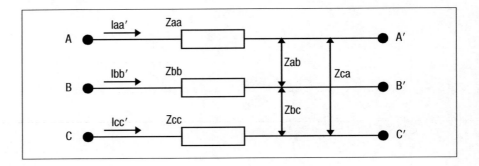

Figura AI.6 Trecho de rede trifásica.

e a relação entre as correntes de fase e as quedas de tensão se dá pela matriz de admitâncias dos elementos, inversa da matriz de impedância dos elementos, $\mathbf{I} = \mathbf{y} \cdot \mathbf{V}$, ou:

$$\begin{bmatrix} \dot{I}_{AA'} \\ \dot{I}_{BB'} \\ \dot{I}_{CC'} \end{bmatrix} = \begin{bmatrix} \overline{y}_{aa} & \overline{y}_{ab} & \overline{y}_{ac} \\ \overline{y}_{ba} & \overline{y}_{bb} & \overline{y}_{bc} \\ \overline{y}_{ca} & \overline{y}_{cb} & \overline{y}_{cc} \end{bmatrix} \begin{bmatrix} \Delta\dot{V}_{AA'} \\ \Delta\dot{V}_{BB'} \\ \Delta\dot{V}_{CC'} \end{bmatrix}$$

Para a montagem da matriz de admitâncias nodais dos 6 nós A, B, C, A', B', e C', deve-se notar as seguintes relações:

$$\begin{aligned}
\dot{I}_A = \dot{I}_{AA'} & & \dot{I}_{A'} = -\dot{I}_{AA'} & & \Delta\dot{V}_{AA'} = \dot{V}_A - \dot{V}_{A'} \\
\dot{I}_B = \dot{I}_{BB'} & & \dot{I}_{B'} = -\dot{I}_{BB'} & & \Delta\dot{V}_{BB'} = \dot{V}_B - \dot{V}_{B'} \\
\dot{I}_C = \dot{I}_{CC'} & & \dot{I}_{C'} = -\dot{I}_{CC'} & & \Delta\dot{V}_{CC'} = \dot{V}_C - \dot{V}_{C'}
\end{aligned}$$

Assim, sendo:

$$\begin{bmatrix} \dot{I}_{AA'} \\ \dot{I}_{BB'} \\ \dot{I}_{CC'} \end{bmatrix} = \begin{bmatrix} \overline{y}_{aa} & \overline{y}_{ab} & \overline{y}_{ac} \\ \overline{y}_{ba} & \overline{y}_{bb} & \overline{y}_{bc} \\ \overline{y}_{ca} & \overline{y}_{cb} & \overline{y}_{cc} \end{bmatrix} \begin{bmatrix} \dot{V}_A - \dot{V}_{A'} \\ \dot{V}_B - \dot{V}_{B'} \\ \dot{V}_C - \dot{V}_{C'} \end{bmatrix}$$

resulta a seguinte matriz $\mathbf{Y}$:

$$\begin{bmatrix} \dot{I}_A \\ \dot{I}_B \\ \dot{I}_C \\ \hline \dot{I}_{A'} \\ \dot{I}_{B'} \\ \dot{I}_{C'} \end{bmatrix} = \left[\begin{array}{ccc|ccc} \overline{y}_{aa} & \overline{y}_{ab} & \overline{y}_{ac} & -\overline{y}_{aa} & -\overline{y}_{ab} & -\overline{y}_{ac} \\ \overline{y}_{ba} & \overline{y}_{bb} & \overline{y}_{bc} & -\overline{y}_{ba} & -\overline{y}_{bb} & -\overline{y}_{bc} \\ \overline{y}_{ca} & \overline{y}_{cb} & \overline{y}_{cc} & -\overline{y}_{ca} & -\overline{y}_{cb} & -\overline{y}_{cc} \\ \hline -\overline{y}_{aa} & -\overline{y}_{ab} & -\overline{y}_{ac} & \overline{y}_{aa} & \overline{y}_{ab} & \overline{y}_{ac} \\ -\overline{y}_{ba} & -\overline{y}_{bb} & -\overline{y}_{bc} & \overline{y}_{ba} & \overline{y}_{bb} & \overline{y}_{bc} \\ -\overline{y}_{ca} & -\overline{y}_{cb} & -\overline{y}_{cc} & \overline{y}_{ca} & \overline{y}_{cb} & \overline{y}_{cc} \end{array}\right] \begin{bmatrix} \dot{V}_A \\ \dot{V}_B \\ \dot{V}_B \\ \dot{V}_{A'} \\ \dot{V}_{B'} \\ \dot{V}_{C'} \end{bmatrix}$$

Sendo as barras 1 e 2 as terminais do trecho trifásico, pode-se escrever que:

$$\begin{bmatrix} \dot{I}_1 \\ \dot{I}_2 \end{bmatrix} = \begin{bmatrix} \overline{y} & -\overline{y} \\ -\overline{y} & \overline{y} \end{bmatrix} \begin{bmatrix} \dot{V}_1 \\ \dot{V}_2 \end{bmatrix}$$

onde

$$\dot{I}_1 = \begin{bmatrix} \dot{I}_A \\ \dot{I}_B \\ \dot{I}_C \end{bmatrix} \quad \dot{I}_2 = \begin{bmatrix} \dot{I}_{A'} \\ \dot{I}_{B'} \\ \dot{I}_{C'} \end{bmatrix} \quad \dot{V}_1 = \begin{bmatrix} \dot{V}_A \\ \dot{V}_B \\ \dot{V}_C \end{bmatrix} \quad \dot{V}_2 = \begin{bmatrix} \dot{V}_{A'} \\ \dot{V}_{B'} \\ \dot{V}_{C'} \end{bmatrix}$$

Ou seja, a montagem da matriz Y entre os dois nós se dá exatamente como a montagem por inspeção para a rede sem mútuas, porém basta considerar os blocos de trechos com mútuas entre si, representados pelas correspondentes matrizes de admitâncias dos elementos como se fossem a admitância do trecho.

AI.3 MATRIZ DE IMPEDÂNCIAS NODAIS

AI.3.1 DEFINIÇÃO

Dada uma rede genérica com "n" nós, conforme a fig. AI.7, os elementos da matriz de impedâncias nodais podem ser definidos como se segue.

- *Impedância de entrada na barra* i: é definida pela relação entre a tensão na barra i e a corrente injetada nesta barra (através da aplicação de um gerador de corrente), quando as demais barras da rede são deixadas em aberto:

$$\overline{Z}_{ii} = \frac{\dot{V}_i}{\dot{I}_i} \tag{AI.3}$$

- *Impedância de transferência entre as barras j e i*: é definida pela relação entre a tensão na barra j e a corrente injetada aplicada na barra i, quando as barras da rede, a menos da i-ésima, são deixadas em aberto:

$$\overline{Z}_{ji} = \frac{\overline{V}_j}{\dot{I}_i} \tag{AI.4}$$

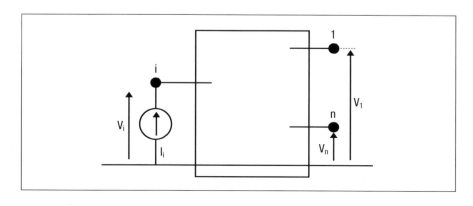

Figura AI.7 Definição da matriz Z.

AI.3.2 MONTAGEM DA MATRIZ DE IMPEDÂNCIAS NODAIS

A aplicação da definição, eqs. AI.3 e AI.4, para a barra i, permite a obtenção de uma coluna da matriz de impedâncias nodais. Por outro lado, aplicando-a para as demais barras da rede, obviamente, obtém-se todas as colunas da matriz de impedâncias nodais, a denominada matriz **Z**. Para facilitar o cálculo dos elementos da matriz **Z** a partir da definição, é normal aplicar um gerador de corrente de 1 pu, dado que as redes são lineares – obviamente, o denominador das expressões AI.3 e AI.4 será unitário, e os elementos da **Z** serão numericamente iguais às respectivas tensões nodais.

Há algoritmos que podem ser utilizados na montagem da matriz de impedâncias nodais, entretanto, sua apresentação foge ao escopo deste livro.

Exemplo AI.2

Determinar a matriz de impedâncias nodais para a rede da fig. AI.2a. As figs. AI.8a e AI.8b ilustram a aplicação da definição para determinação, respectivamente, das colunas 1 e 2 da matriz **Z**. Notar que as admitâncias dos ramos da rede foram substituídas pelas respectivas impedâncias, determinadas pelos valores do inverso ($z = 1/y$).

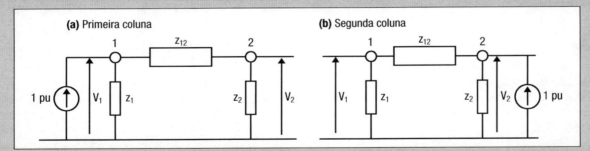

Figura AI.8 Exemplo de cálculo da **Z** pela definição

Primeira coluna: conforme fig. AI.8a, as tensões V_1 e V_2 podem ser calculadas diretamente pela solução do circuito:

$$\dot{V}_1 = 1 \frac{\overline{z}_1 \left(\overline{z}_{12} + \overline{z}_2 \right)}{\overline{z}_1 + \overline{z}_{12} + \overline{z}_2}$$

$$\dot{V}_2 = \frac{\dot{V}_1}{\overline{z}_{12} + \overline{z}_2} \overline{z}_2 = \frac{\overline{z}_1 \overline{z}_2}{\overline{z}_1 + \overline{z}_{12} + \hat{z}_2}$$

ou seja,

$$\overline{Z}_{11} = \frac{\dot{V}_1}{1} = \frac{\overline{z}_1 \left(\overline{z}_{12} + \overline{z}_2 \right)}{\overline{z}_1 + \overline{z}_{12} + \overline{z}_2}$$

$$\overline{Z}_{21} = \frac{\dot{V}_2}{1} = \frac{\overline{z}_1 \overline{z}_2}{\overline{z}_1 + \overline{z}_{12} + \overline{z}_2}$$

Segunda coluna: analogamente, pode-se calcular os elementos da segunda coluna da **Z**:

$$\overline{Z}_{22} = \frac{\overline{z}_2\left(\overline{z}_{12} + \overline{z}_1\right)}{\overline{z}_1 + \overline{z}_{12} + \overline{z}_2}$$

$$\overline{Z}_{21} = \frac{\overline{z}_1 \overline{z}_2}{\overline{z}_1 + \overline{z}_{12} + \overline{z}_2}$$

e a matriz **Z** fica igual a:

$$[Z] = \frac{1}{\overline{z}_1 + \overline{z}_2 + \overline{z}_{12}} \begin{bmatrix} \overline{z}_1\left(\overline{z}_{12} + \overline{z}_2\right) & \overline{z}_1 \overline{z}_2 \\ \overline{z}_1 \overline{z}_2 & \overline{z}_1\left(\overline{z}_{12} + \overline{z}_2\right) \end{bmatrix}$$

AI.4 CORRELAÇÃO ENTRE TENSÕES E CORRENTES NUMA REDE

Num sistema elétrico genérico, a matriz de impedâncias nodais relaciona as tensões nodais com as correntes injetadas. De fato, seja o sistema da fig. AI.9, no qual estão aplicados de "n" geradores de corrente.

A fig. AI.10 mostra a aplicação do princípio de superposição para o sistema da fig. AI.9, que pode ser resolvido pelo cálculo de n circuitos, cada um com a aplicação de um gerador de corrente ativado (1 pu) e os demais desativados (0 pu, ou em aberto). Cada um dos circuitos da fig. AI.10 representa a determinação de uma coluna da matriz Z, conforme definido anteriormente, ou seja, as figs. AI.10a, AI.10b e AI.10c ilustram a determinação das colunas 1, i e n, respectivamente.

Ou seja, as tensões nodais em cada um dos nós da fig. AI.10 podem ser obtidas, por superposição, conforme se segue.

$$\dot{V}_1 = \dot{V}_{1,1} + \ldots + \dot{V}_{1,i} + \ldots + \dot{V}_{1,n}$$

$$\ldots$$

$$\dot{V}_i = \dot{V}_{i,1} + \ldots + \dot{V}_{i,i} + \ldots + \dot{V}_{i,n}$$

$$\ldots$$

$$\dot{V}_n = \dot{V}_{n,1} + \ldots + \overline{V}_{n,i} + \ldots + \dot{V}_{n,n}$$

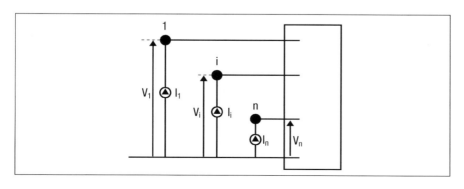

Figura AI.9 Rede genérica.

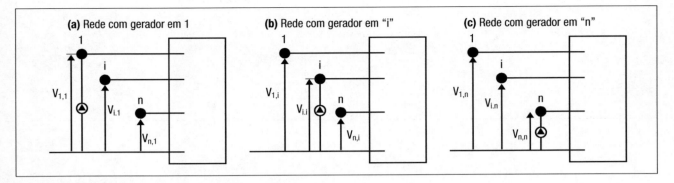

Figura AI.10 Princípio de superposição.

E, utilizando-se as definições das impedâncias de entrada e de transferência (eqs AI.3 e AI.4), pode-se escrever as equações abaixo:

$$\dot{V}_1 = \overline{Z}_{1,1}\cdot\dot{V}_1 + \ldots + \overline{Z}_{1,i}\cdot\dot{V}_i + \ldots + \overline{Z}_{1,n}\cdot\dot{V}_n$$

...

$$\dot{V}_i = \overline{Z}_{i,1}\cdot\dot{V}_1 + \ldots + \overline{Z}_{i,i}\cdot\dot{V}_i + \ldots + \overline{Z}_{i,n}\cdot\dot{V}_n$$

...

$$\dot{V}_n = \overline{Z}_{n,1}\cdot\dot{V}_1 + \ldots + \overline{Z}_{n,i}\cdot\dot{V}_i + \ldots + \overline{Z}_{n,n}\cdot\dot{V}_n$$

e, matricialmente, tem-se que:

$$\begin{bmatrix}\dot{V}_1\\ \ldots\\ \dot{V}_i\\ \ldots\\ \dot{V}_n\end{bmatrix} = \begin{bmatrix}\overline{Z}_{1,1} & \ldots & \overline{Z}_{1,i} & \ldots & \overline{Z}_{1,n}\\ \ldots & \ldots & \ldots & \ldots & \ldots\\ \overline{Z}_{i,1} & \ldots & \overline{Z}_{i,i} & \ldots & \overline{Z}_{i,n}\\ \ldots & \ldots & \ldots & \ldots & \ldots\\ \overline{Z}_{n,1} & \ldots & \overline{Z}_{n,i} & \ldots & \overline{Z}_{n,n}\end{bmatrix}\begin{bmatrix}\dot{I}_1\\ \ldots\\ \dot{I}_i\\ \ldots\\ \dot{I}_n\end{bmatrix}$$

ou, simplesmente, **V** = **Z**. **I**, mostrando que a matriz **Z** relaciona o vetor de tensões nodais com o vetor de correntes injetadas de um sistema elétrico. Ou seja, a matriz **Z** é a matriz inversa da **Y**:

$$\begin{bmatrix}\overline{Y}_{1,1} & \ldots & \overline{Y}_{1,i} & \ldots & \overline{Y}_{1,n}\\ \ldots & \ldots & \ldots & \ldots & \ldots\\ \overline{Y}_{i,1} & \ldots & \overline{Y}_{i,i} & \ldots & \overline{Y}_{i,n}\\ \ldots & \ldots & \ldots & \ldots & \ldots\\ \overline{Y}_{n,1} & \ldots & \overline{Y}_{n,i} & \ldots & \overline{Y}_{n,n}\end{bmatrix}\begin{bmatrix}\overline{Z}_{1,1} & \ldots & \overline{Z}_{1,i} & \ldots & \overline{Z}_{1,n}\\ \ldots & \ldots & \ldots & \ldots & \ldots\\ \overline{Z}_{i,1} & \ldots & \overline{Z}_{i,i} & \ldots & \overline{Z}_{i,n}\\ \ldots & \ldots & \ldots & \ldots & \ldots\\ \overline{Z}_{n,1} & \ldots & \overline{Z}_{n,i} & \ldots & \overline{Z}_{n,n}\end{bmatrix} = \begin{bmatrix}1 & \ldots & 0 & \ldots & 0\\ \ldots & \ldots & \ldots & \ldots & \ldots\\ 0 & \ldots & 1 & \ldots & 0\\ \ldots & \ldots & \ldots & \ldots & ..\\ 0 & \ldots & 0 & \ldots & 1\end{bmatrix}$$

Desta forma, a i-ésima coluna da matriz **Z** pode ser obtida a partir da resolução do seguinte sistema de equações:

$$\begin{bmatrix}\overline{Y}_{1,1} & \ldots & \overline{Y}_{1,i} & \ldots & \overline{Y}_{1,n}\\ \ldots & \ldots & \ldots & \ldots & \ldots\\ \overline{Y}_{i,1} & \ldots & \overline{Y}_{i,i} & \ldots & \vec{Y}_{i,n}\\ \ldots & \ldots & \ldots & \ldots & \ldots\\ \overline{Y}_{n,1} & \ldots & \overline{Y}_{n,i} & \ldots & \overline{Y}_{n,n}\end{bmatrix}\begin{bmatrix}\overline{Z}_{1,i}\\ \ldots\\ \overline{Z}_{i,i}\\ \ldots\\ \overline{Z}_{n,i}\end{bmatrix} = \begin{bmatrix}0\\ \ldots\\ 1\\ \ldots\\ 0\end{bmatrix} \quad \text{(AI.5)}$$

A1.5 — Solução de Sistemas de Equações Lineares

Exemplo AI.3

Determinar a primeira coluna da matriz $\mathbf{Z}$ dos exemplos AI.1 e AI.2 a partir da eq. AI.5.

Do exemplo AI.1, tem-se que a matriz $\mathbf{Y}$ é dada por:

$$\overline{Y} = \begin{bmatrix} \overline{y}_1 + \overline{y}_{12} & -\overline{y}_{12} \\ -\overline{y}_{12} & \overline{y}_2 + \overline{y}_{12} \end{bmatrix}$$

logo a primeira coluna da $\mathbf{Z}$ pode ser obtida pela solução do sistema de equações:

$$\begin{bmatrix} \overline{y}_1 + \overline{y}_{12} & -\overline{y}_{12} \\ -\overline{y}_{12} & \overline{y}_2 + \overline{y}_{12} \end{bmatrix} \begin{bmatrix} \overline{Z}_{11} \\ \overline{Z}_{21} \end{bmatrix} = \begin{bmatrix} 1 \\ 0 \end{bmatrix}$$

ou,

$$\left(\overline{y}_1 + \overline{y}_{12}\right)\overline{Z}_{11} - \overline{y}_{12}\overline{Z}_{21} = 1$$

$$-\overline{y}_{12}\overline{Z}_{11} + \left(\overline{y}_2 + \overline{y}_{12}\right)\overline{Z}_{21} = 0 \Rightarrow \overline{Z}_{11} = \frac{\left(\overline{y}_2 + \overline{y}_{12}\right)\overline{Z}_{21}}{\overline{y}_{12}}$$

logo:

$$\left(\overline{y}_1 + \overline{y}_{12}\right)\frac{\left(\overline{y}_2 + \overline{y}_{12}\right)\overline{Z}_{21}}{\overline{y}_{12}} - \overline{y}_{12}\overline{Z}_{21} = 1$$

ou

$$\overline{Z}_{21} = \frac{\overline{y}_{12}}{\left(\overline{y}_1 + \overline{y}_{12}\right)\left(\overline{y}_2 + \overline{y}_{12}\right) - \overline{y}_{12}^2} = \frac{\overline{y}_{12}}{\overline{y}_1 \overline{y}_2 + \overline{y}_{12}\left(\overline{y}_1 + \overline{y}_2\right)} = \frac{\overline{z}_1 \overline{z}_2}{\overline{z}_{12} + \overline{z}_1 + \overline{z}_2}$$

e

$$\overline{Z}_{11} = \frac{\left(\overline{y}_2 + \overline{y}_{12}\right)\overline{Z}_{21}}{\overline{y}_{12}} = \frac{\overline{y}_2 + \overline{y}_{12}}{\overline{y}_1 \overline{y}_2 + \overline{y}_{12}(\overline{y}_1 + \overline{y}_2)} = \frac{\overline{z}_1 \left(\overline{z}_{12} + \overline{z}_2\right)}{\overline{z}_1 + \overline{z}_{12} + \overline{z}_2}$$

O que mostra que os resultados obtidos por este método são os mesmos da aplicação da definição da matriz $\mathbf{Z}$, conforme exemplo AI.2.

AI.5 SOLUÇÃO DE SISTEMAS DE EQUAÇÕES LINEARES

AI.5.1 INTRODUÇÃO

A equação AI.5 permite a determinação de uma coluna da matriz de impedâncias nodais pela solução de um sistema linear de equações. Este tipo de sistema de equações pode ser resolvido a partir da triangularização da matriz (de admitâncias nodais, neste caso), e um processo de retrossubstituição.

Este método é bastante conveniente para sua aplicação na resolução de redes elétricas, principalmente porque:

- A matriz de admitâncias nodais é esparsa (só conta com elementos na diagonal e nas posições da matrizes correspondentes às ligações entre barras). A matriz triangularizada correspondente também é, geralmente, esparsa.

- O método permite com que a matriz de admitâncias nodais seja triangularizada uma única vez para diversos possíveis vetores de termos independentes, ou seja, diferentes vetores de correntes injetadas. Por exemplo, para a determinação sequencial de colunas da matriz $\mathbf{Z}$, pode-se triangularizar a matriz $\mathbf{Y}$ uma única vez.

Para elucidar o método, seja o sistema $\mathbf{I} = \mathbf{Y} \cdot \mathbf{V}$, para uma rede com três barras:

$$\begin{bmatrix} \overline{Y}_{11} & \overline{Y}_{12} & \vec{Y}_{13} \\ \overline{Y}_{21} & \overline{Y}_{22} & \overline{Y}_{23} \\ \overline{Y}_{31} & \overline{Y}_{32} & \vec{Y}_{33} \end{bmatrix} \begin{bmatrix} \dot{V}_1 \\ \dot{V}_2 \\ \overline{V}_3 \end{bmatrix} = \begin{bmatrix} \dot{I}_1 \\ \dot{I}_2 \\ \dot{I}_3 \end{bmatrix} \tag{AI.6}$$

A triangularização consiste em, através de manipulações algébricas no sistema de equações, transformar a matriz em triangular superior, com os elementos da diagonal unitários, ou seja:

$$\begin{bmatrix} 1 & \overline{Y}'_{12} & \overline{Y}'_{13} \\ 0 & 1 & \overline{Y}'_{23} \\ 0 & 0 & 1 \end{bmatrix} \begin{bmatrix} \dot{V}_1 \\ \dot{V}_2 \\ \dot{V}_3 \end{bmatrix} = \begin{bmatrix} \dot{I}'_1 \\ \dot{I}'_2 \\ \dot{I}'_3 \end{bmatrix} \tag{AI.7}$$

Deve-se notar em AI.7 que a manipulação algébrica sobre as equações lineares modifica o termo conhecido, no caso, o vetor de correntes injetadas.

AI.5.2 RETROSSUBSTITUIÇÃO

A partir da equação AI.7 torna-se trivial a determinação do vetor desconhecido, no caso o vetor de tensões nodais, utilizando o método denominado de retrossubstituição. Basta partir da última equação em direção à primeira. Assim, da última equação, tem-se:

$$\dot{V}_3 = \dot{I}'_3$$

Partindo-se para a segunda equação, e substituindo-se o valor de V_3, tem-se:

$$\dot{V}_2 = \dot{I}'_2 - \overline{Y}'_{23} \dot{V}_3$$

E, finalmente, substituindo os valores de V_2 e V_3 na primeira equação:

$$\dot{V}_1 = \dot{I}'_1 - \overline{Y}'_{12} \dot{V}_2 - \overline{Y}'_3 \dot{V}_3$$

AI.5.3 TRIANGULARIZAÇÃO DA MATRIZ

A triangularização da matriz pode ser realizada da seguinte forma, para cada linha em análise:

1. multiplica-se os elementos da linha em análise pelo inverso do elemento da diagonal, de modo que a diagonal seja unitária.

2. os elementos da coluna da matriz, abaixo da diagonal da linha em análise, devem ser transformados para zero. Para tanto, basta realizar operações algébricas nas linhas dos elementos que deseja se anular com a linha em análise.

O procedimento dos passos acima é realizado da primeira até a última linha da matriz. Para ilustrar o procedimento, considere o sistema de eq. AI.6. Realizando o passo 1 para a primeira linha do sistema, tem-se:

$$\left[\begin{array}{ccc} 1 & \dfrac{\overline{Y}_{12}}{\overline{Y}_{11}} & \dfrac{\overline{Y}_{13}}{\overline{Y}_{11}} \\ \overline{Y}_{21} & \overline{Y}_{22} & \overline{Y}_{23} \\ \overline{Y}_{31} & \overline{Y}_{32} & \overline{Y}_{33} \end{array}\right] \left[\begin{array}{c} \dot{V}_1 \\ \dot{V}_2 \\ \overline{V}_3 \end{array}\right] = \left[\begin{array}{c} \dfrac{\dot{I}_1}{\overline{Y}_{11}} \\ \dot{I}_2 \\ \dot{I}_3 \end{array}\right]$$

O passo 2 consiste em transformar os elementos Y_{21} e Y_{31} em nulos. Para o elemento Y_{21}, por exemplo, basta multiplicar a primeira linha por $-Y_{21}$ e somar com a segunda linha. Realizando de forma análoga para Y_{31}, tem-se:

$$\left[\begin{array}{ccc} 1 & \dfrac{\overline{Y}_{12}}{\overline{Y}_{11}} & \dfrac{\overline{Y}_{13}}{\overline{Y}_{11}} \\ 0 & \overline{Y}_{22} - \overline{Y}_{21}\dfrac{\overline{Y}_{12}}{\overline{Y}_{11}} & \overline{Y}_{23} - \overline{Y}_{21}\dfrac{\overline{Y}_{13}}{\overline{Y}_{11}} \\ 0 & \overline{Y}_{32} - \overline{Y}_{31}\dfrac{\overline{Y}_{12}}{\overline{Y}_{11}} & \overline{Y}_{33} - \overline{Y}_{31}\dfrac{\overline{Y}_{13}}{\overline{Y}_{11}} \end{array}\right] \left[\begin{array}{c} \dot{V}_1 \\ \dot{V}_2 \\ \dot{V}_3 \end{array}\right] = \left[\begin{array}{c} \dfrac{\dot{I}_1}{\overline{Y}_{11}} \\ \dot{I}_2 - \dfrac{\overline{Y}_{21}}{\overline{Y}_{11}}\dot{I}_1 \\ \dot{I}_3 - \dfrac{\overline{Y}_{31}}{\overline{Y}_{11}}\dot{I}_1 \end{array}\right]$$

Como este é o resultado da primeira linha em análise, pode-se dizer que os elementos Y_{ij} foram modificados para $Y_{ij}^{(1)}$ e os elementos do termo conhecido foram modificados para $I_i^{(1)}$, ou seja:

$$\left[\begin{array}{ccc} 1 & \overline{Y}_{12}^{(1)} & \overline{Y}_{13}^{(1)} \\ 0 & \overline{Y}_{22}^{(1)} & \overline{Y}_{23}^{(1)} \\ 0 & \overline{Y}_{32}^{(1)} & \dot{Y}_{33}^{(1)} \end{array}\right] \left[\begin{array}{c} \dot{V}_1 \\ \dot{V}_2 \\ \dot{V}_3 \end{array}\right] = \left[\begin{array}{c} \dot{I}_1^{(1)} \\ \dot{I}_2^{(1)} \\ \overline{I}_3^{(1)} \end{array}\right]$$

Aplicando o procedimento para a segunda linha, passos 1 e 2, deve-se multiplicá-la por $1/Y_{22}^{(1)}$ e "zerar" o elemento $Y_{32}^{(1)}$, resultando no seguinte sistema:

$$
\begin{array}{|c|c|c|}
\hline
1 & \overline{Y}_{12}^{(1)} & \overline{Y}_{13}^{(1)} \\
\hline
0 & 1 & \dfrac{\overline{Y}_{23}^{(1)}}{\overline{Y}_{22}^{(1)}} \\
\hline
0 & 0 & \overline{Y}_{33}^{(1)} - \overline{Y}_{32}^{(1)}\dfrac{\overline{Y}_{23}^{(1)}}{\overline{Y}_{22}^{(1)}} \\
\hline
\end{array}
\begin{array}{|c|}
\hline
\dot{V}_1 \\
\hline
\dot{V}_2 \\
\hline
\overline{V}_3 \\
\hline
\end{array}
=
\begin{array}{|c|}
\hline
\dot{I}_1^{(1)} \\
\hline
\dfrac{\dot{I}_2^{(1)}}{\overline{Y}_{22}^{(1)}} \\
\hline
\dot{I}_3^{(1)} - \dfrac{\overline{Y}_{32}^{(1)}}{\dot{Y}_{22}^{(1)}}\dot{I}_2^{(1)} \\
\hline
\end{array}
$$

Ou seja, os elementos da segunda linha em diante foram modificados de $Y_{ij}^{(1)}$ para $Y_{ij}^{(2)}$ assim como os elementos do vetor de termos conhecidos de $I_i^{(1)}$ para $I_i^{(2)}$:

$$
\begin{bmatrix}
1 & \overline{Y}_{12}^{(1)} & \overline{Y}_{13}^{(1)} \\
0 & 1 & \overline{Y}_{23}^{(2)} \\
0 & 0 & \overline{Y}_{33}^{(2)}
\end{bmatrix}
\begin{bmatrix}
\dot{V}_1 \\
\dot{V}_2 \\
\dot{V}_3
\end{bmatrix}
=
\begin{bmatrix}
\dot{I}_1^{(1)} \\
\dot{I}_2^{(2)} \\
\dot{I}_3^{(2)}
\end{bmatrix}
$$

Finalmente a aplicação do procedimento para a terceira linha passa somente pelo passo 1, ou seja, basta multiplicá-la pelo inverso do elemento da diagonal:

$$
\begin{array}{|c|c|c|}
\hline
1 & \overline{Y}_{12}^{(1)} & \overline{Y}_{13}^{(1)} \\
\hline
0 & 1 & \overline{Y}_{23}^{(2)} \\
\hline
0 & 0 & 1 \\
\hline
\end{array}
\begin{array}{|c|}
\hline
\dot{V}_1 \\
\hline
\dot{V}_2 \\
\hline
\dot{V}_3 \\
\hline
\end{array}
=
\begin{array}{|c|}
\hline
\dot{I}_1^{(1)} \\
\hline
\dot{I}_2^{(2)} \\
\hline
\dfrac{\dot{I}_3^{(2)}}{\overline{Y}_{33}^{(2)}} \\
\hline
\end{array}
$$

E, com a 3ª correção do elemento I_3 do termo conhecido, tem-se:

$$
\begin{bmatrix}
1 & \overline{Y}_{12}^{(1)} & \overline{Y}_{13}^{(1)} \\
0 & 1 & \overline{Y}_{23}^{(2)} \\
0 & 0 & 1
\end{bmatrix}
\begin{bmatrix}
\dot{V}_1 \\
\dot{V}_2 \\
\dot{V}_3
\end{bmatrix}
=
\begin{bmatrix}
\dot{I}_1^{(1)} \\
\dot{I}_2^{(2)} \\
\dot{I}_3^{(3)}
\end{bmatrix}
$$

Assim, a matriz $\mathbf{Y}$ é triangularizada e o vetor de termos conhecidos é corrigido em função das manipulações algébricas realizadas, conforme mostrado no item AI.5.1.

AI.5.4 CORREÇÃO DO TERMO CONHECIDO APÓS A TRIANGULARIZAÇÃO DA MATRIZ

O procedimento de transformação do termo conhecido segue uma formação bastante definida, que pode ser verificada pela triangularização realizada no item anterior.

Para cada linha "i" em análise, os termos $I_k(k > i)$ e I_i, são modificados conforme as seguintes equações:

$$\hat{I}_k^{(i)} = \hat{I}_k^{(i-1)} - \frac{\overline{Y}_{ki}^{(i-1)}}{\overline{Y}_{ii}^{(i-1)}} \hat{I}_i^{(i-1)}, \quad k > i$$

$$\hat{I}_i^{(i)} = \frac{\hat{I}_i^{(i-1)}}{\overline{Y}_{ii}^{(i-1)}}$$

onde os termos $I_i^{(0)}$ e $Y_{ij}^{(0)}$ representam elementos do sistema original. Notando ainda que, pelo fato da matriz Y ser simétrica:

$$\overline{Y}_{ki}^{(i)} = \frac{\overline{Y}_{ki}^{(i-1)}}{\overline{Y}_{ii}^{(i-1)}} \quad \text{e} \quad \overline{Y}_{ik}^{(i-1)} = \overline{Y}_{ki}^{(i-1)}$$

resulta que a correção a ser aplicada sobre os elementos do vetor de termos conhecidos para emular as operações realizadas deve ser feita, para cada linha em análise, da seguinte forma:

$$\hat{I}_k^{(i)} = \hat{I}_k^{(i-1)} - \overline{Y}_{ik}^{(i)} \hat{I}_i^{(i-1)}, \quad k > i$$

$$\hat{I}_i^{(i)} = \frac{\hat{I}_i^{(i-1)}}{\overline{Y}_{ii}^{(i-1)}}$$

(AI.8)

Nota-se, das eqs. AI.8, que a correção em I_k depende do elemento Y_{ik} modificado pela triangularização da matriz, ou seja, este fator de correção está armazenado na própria matriz triangularizada.

Exemplo AI.4

Para a rede da fig. AI.11, determinar a matriz Y e a sua triangularização. Após, a triangularização, resolver para o vetor de correntes injetadas $I_1 = 10$, $I_2 = -8$, $I_3 = 0$.

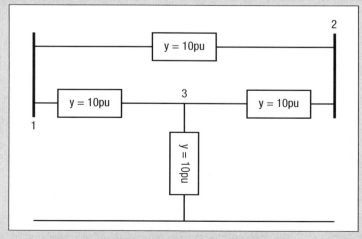

Figura AI.11 Rede do exemplo AI.4.

Solução

a. *Matriz* Y: pelo método de montagem por inspeção, tem-se:

$$Y = \begin{bmatrix} 20 & -10 & -10 \\ -10 & 20 & -10 \\ -10 & -10 & 30 \end{bmatrix}$$

b. *Triangularização da* Y: aplicando os passos 1 e 2 para a primeira linha, tem-se:

$$\begin{bmatrix} 1(0,05) & -0,5 & -0,5 \\ 0 & 15 & -15 \\ 0 & -15 & 25 \end{bmatrix}$$

O termo $(0,05)$ na posição $(1,1)$ da matriz representa o multiplicador $1/Y_{11}$ para ser usado posteriormente. Aplicando os passos 1 e 2 para a segunda linha, tem-se:

$$\begin{bmatrix} 1(0,05) & -0,5 & -0,5 \\ 0 & 1(0,0667) & -1 \\ 0 & 0 & 10 \end{bmatrix}$$

E, aplicando o passo 1 para a terceira linha, tem-se a matriz Y triangularizada:

$$\begin{bmatrix} 1(0,05) & -0,5 & -0,5 \\ 0 & 1(0,0667) & -1 \\ 0 & 0 & 1(0,10) \end{bmatrix}$$

c. *Solução do sistema*: a correção do termo conhecido deve emular as manipulações algébricas realizadas na triangularização da matriz, conforme eq. AI.8.

- 1ª linha:

$$I_1^{(1)} = I_1^{(0)} \frac{1}{Y_{11}^{(0)}} = 10 \times 0,05 = 0,5$$

$$I_2^{(1)} = I_2^{(0)} - Y_{12}^{(1)} . I_1^{(0)} = -8 - (-0,5) \times 10 = -3$$

$$I_3^{(1)} = I_3^{(0)} - Y_{13}^{(1)} . I_1^{(0)} = 0 - (-0,5) \times 10 = 5$$

- 2ª Linha:

$$I_2^{(2)} = I_2^{(1)} \frac{1}{Y_{22}^{(1)}} = -3 \times 0,0667 = -0,2$$

$$I_3^{(2)} = I_3^{(1)} - Y_{23}^{(2)} . I_2^{(1)} = 5 - (-1) \times (-3) = 2$$

- 3ª Linha:

$$I_3^{(3)} = I_3^{(2)} \frac{1}{Y_{33}^{(2)}} = 2 \times 0,10 = 0,2$$

A1.5 — Solução de Sistemas de Equações Lineares

Logo, a solução do sistema com a matriz triangularizada deve utilizar retrossubstituição sobre o seguinte sistema de equações:

$$\begin{bmatrix} 1 & -0,5 & -0,5 \\ 0 & 1 & -1 \\ 0 & 0 & 1 \end{bmatrix} \begin{bmatrix} V_1 \\ V_2 \\ V_3 \end{bmatrix} = \begin{bmatrix} 0,5 \\ -0,2 \\ 0,2 \end{bmatrix}$$

Ou seja,

$$V_3 = 0,2$$
$$V_2 = -0,2 + V_3 = 0$$
$$V_1 = 0,5 + 0,5V_2 + 0,5V_3 = 0,6$$

ORDENAÇÃO DA REDE NO MÉTODO DE NEWTON-RAPHSON

AII.1 MÉTODO DE ORDENAÇÃO DO JACOBIANO

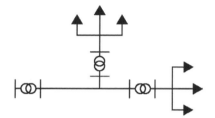

Neste anexo é analisada a metodologia a ser utilizada na ordenação da rede tendo em vista a triangularização do jacobiano no método de Newton-Raphson. O método clássico de ordenação resume-se em:

- Determinar-se o número de ligações de todas as barras da rede.

- Ordenar-se as linhas e as colunas da matriz de admitâncias nodais segundo o número crescente de ligações de cada barra, isto é, as barras com menor número de ligações serão as primeiras a serem inseridas na matriz.

No caso particular da matriz do jacobiano conta-se, conforme visto no capítulo 6, com quatro submatrizes, havendo a possibilidade de seguir-se o procedimento clássico em cada conjunto, isto é, monta-se, pelo critério de número mínimo de ligações, a submatriz correspondente às barras de potência ativa dada e, a seguir, a submatriz correspondente às barras de potência reativa conhecida. Alternativamente, sugere-se pesquisar a montagem, na ordem das ligações mínimas, da equação de potência ativa seguida pela de potência reativa. A análise será levada a efeito utilizando-se a rede da fig. AII.1, na qual a barra 1 será fixada como barra *swing*, a barra 5 como barra de tensão controlada e as barras 2, 3, 4 e 6 como barras de carga e sabe-se que:

- barra 1: dados v_1, δ_1. Incógnitas p_1 e q_1;
- barra 5: dados v_5 e p_5. Incógnitas δ_5 e q_5;
- barras 2, 3, 4 e 6: dados p_2 e q_2, p_3 e q_3, p_4 e q_4, p_6 e q_6. Incógnitas v_2 e δ_2, v_3 e δ_3, v_4 e δ_4, v_6 e δ_6.

A2 — Ordenação da Rede no Método de Newton Raphson

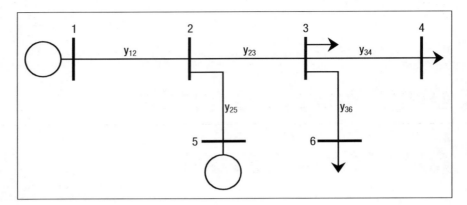

Figura AII.1 Rede para simulação do número de operações.

Na tab. AII.1 estão apresentados os números de ligações de todas as barras.

Tabela AII.1 Número de ligações

Barra	1	4	6	5	2	3
Número de ligações	1	1	1	1	3	3

A equação interligando as tensões e correntes nodais através da matriz de admitâncias é dada por:

$$\begin{bmatrix} \dot{i}_1 \\ \dot{i}_4 \\ \dot{i}_6 \\ \dot{i}_5 \\ \dot{i}_2 \\ \dot{i}_3 \end{bmatrix} = \begin{bmatrix} \otimes & 0 & 0 & 0 & \otimes & 0 \\ 0 & \otimes & 0 & 0 & 0 & \otimes \\ 0 & 0 & \otimes & 0 & 0 & \otimes \\ 0 & 0 & 0 & \otimes & \otimes & 0 \\ \otimes & 0 & 0 & \otimes & \otimes & \otimes \\ 0 & \otimes & \otimes & 0 & \otimes & \otimes \end{bmatrix} \begin{bmatrix} \dot{v}_1 \\ \dot{v}_4 \\ \dot{v}_6 \\ \dot{v}_5 \\ \dot{v}_2 \\ \dot{v}_3 \end{bmatrix}$$

As equações referentes à potência ativa da rede são:

$$p_1 = v_1 v_1 Y_{11} \cos\theta_{11} + v_1 v_2 Y_{12} \cos(\delta_2 + \theta_{12} - \delta_1)$$

$$p_2 = v_2 v_1 Y_{12} \cos(\delta_1 + \theta_{12} - \delta_2) + v_2 v_2 Y_{22} \cos\theta_{22} +$$
$$+ v_2 v_3 Y_{23} \cos(\delta_3 + \theta_{23} - \delta_2) + v_2 v_5 Y_{25} \cos(\delta_5 + \theta_{25} - \delta_2)$$

$$p_3 = v_3 v_2 Y_{32} \cos(\delta_2 + \theta_{32} - \delta_3) + v_3 v_3 Y_{33} \cos\theta_{33} +$$
$$+ v_3 v_3 Y_{34} \cos(\delta_4 + \theta_{34} - \delta_3) + v_3 v_6 Y_{36} \cos(\delta_6 + \theta_{36} - \delta_3)$$

$$p_4 = v_4 v_4 Y_{44} \cos\theta_{44} + v_4 v_3 Y_{43} \cos(\delta_3 + \theta_{43} - \delta_4)$$

$$p_5 = v_5 v_{51} Y_{55} \cos\theta_{55} + v_5 v_2 Y_{52} \cos(\delta_2 + \theta_{25} - \delta_5)$$

$$p_6 = v_6 v_6 Y_{66} \cos\theta_{66} + v_6 v_3 Y_{63} \cos(\delta_3 + \theta_{63} - \delta_6)$$

A2.1 — Método de Ordenação do Jacobiano

e as da potência reativa são:

$$-q_1 = v_1 v_1 Y_{11} \operatorname{sen}\theta_{11} + v_1 v_2 Y_{12} \operatorname{sen}(\delta_2 + \theta_{12} - \delta_1)$$

$$-q_2 = v_2 v_1 Y_{12} \operatorname{sen}(\delta_1 + \theta_{12} - \delta_2) + v_2 v_2 Y_{22} \operatorname{sen}\theta_{22} +$$
$$+ v_2 v_3 Y_{23} \operatorname{sen}(\delta_3 + \theta_{23} - \delta_2) + v_2 v_5 Y_{25} \operatorname{sen}(\delta_5 + \theta_{25} - \delta_2)$$

$$-q_3 = v_3 v_2 Y_{32} \operatorname{sen}(\delta_2 + \theta_{32} - \delta_3) + v_3 v_3 Y_{33} \operatorname{sen}\theta_{33} +$$
$$+ v_3 v_3 Y_{34} \operatorname{sen}(\delta_4 + \theta_{34} - \delta_3) + v_3 v_6 Y_{36} \operatorname{sen}(\delta_6 + \theta_{36} - \delta_3)$$

$$-q_4 = v_4 v_4 Y_{44} \operatorname{sen}\theta_{44} + v_4 v_3 Y_{43} \operatorname{sen}(\delta_3 + \theta_{43} - \delta_4)$$

$$-q_5 = v_5 v_{51} Y_{55} \operatorname{sen}\theta_{55} + v_5 v_2 Y_{52} \operatorname{sen}(\delta_2 + \theta_{25} - \delta_5)$$

$$-q_6 = v_6 v_6 Y_{66} \operatorname{sen}\theta_{66} + v_6 v_3 Y_{63} \operatorname{sen}(\delta_3 + \theta_{63} - \delta_6)$$

Dessas equações, as referentes a p_1, q_1 e q_5 não serão utilizadas durante o processo iterativo. Serão utilizadas, após o término do processo iterativo, para o cálculo dessas incógnitas.

O jacobiano do sistema de equações é:

$$
\begin{bmatrix} \Delta p_4 \\ \Delta p_6 \\ \Delta p_5 \\ \Delta p_2 \\ \Delta p_3 \\ \Delta p_4 \\ \Delta p_6 \\ \Delta p_2 \\ \Delta p_3 \end{bmatrix} =
\begin{bmatrix}
x & 0 & 0 & 0 & x & x & 0 & 0 & x \\
0 & x & 0 & 0 & x & 0 & x & 0 & x \\
0 & 0 & x & x & 0 & 0 & 0 & x & x \\
0 & 0 & x & x & x & 0 & 0 & x & x \\
x & x & 0 & x & x & x & x & x & x \\
x & 0 & 0 & 0 & x & x & 0 & 0 & x \\
0 & x & 0 & 0 & x & 0 & x & 0 & x \\
0 & 0 & x & x & x & 0 & 0 & x & x \\
x & x & 0 & x & x & x & x & x & x
\end{bmatrix}
\begin{bmatrix} \Delta p_4 \\ \Delta p_6 \\ \Delta p_5 \\ \Delta p_2 \\ \Delta p_3 \\ \Delta p_4 \\ \Delta p_6 \\ \Delta p_2 \\ \Delta p_3 \end{bmatrix}
$$

Observa-se, para efeito de ordenação, que a matriz do Jacobiano pode ser considerada como se fora a matriz de admitâncias nodais e procede-se à sua ordenação pelo número de ligações. Na tab. AII.2 apresenta-se o número de ligações correspondentes a cada linha do jacobiano.

Tab. AII.2 – Ordenação do Jacobiano								
N. da linha	**1**	**2**	**3**	**4**	**5**	**6**	**7**	**8**	**9**
Variável	Δp_4	Δp_6	Δp_5	Δp_2	Δp_3	Δq_4	Δq_6	Δq_2	Δq_3
N. ligações	3	3	3	4	7	3	3	4	7

Observa-se que, em cada barra de carga o número de ligações é o mesmo para as equações da potência ativa e reativa. Assim, recomenda-se utilizar na montagem do jacobiano a sistemática a seguir:

- ordenam-se as barras da rede na ordem crescente do número de ligações;
- monta-se o jacobiano colocando-se, nas barras de carga, em seqüência a equação da potência ativa e a da reativa;

- agrupam-se os termos do ângulo e do módulo da tensão de cada barra em linhas sucessivas.

	$\Delta\delta_4$	$\Delta\delta_6$	$\Delta\delta_5$	$\Delta\delta_2$	$\Delta\delta_3$	Δv_4	Δv_6	Δv_2	Δv_3		
Δp_4	x	0	0	0	x	x	0	0	x		$\Delta\delta_4$
Δq_4	x	0	0	0	x	x	0	0	x		$\Delta\delta_6$
Δp_6	0	x	0	0	x	0	x	0	x		$\Delta\delta_5$
Δq_6	0	x	0	0	x	0	x	0	x		$\Delta\delta_2$
Δp_5 =	0	0	x	x	0	0	0	x	x		$\Delta\delta_3$
Δp_2	0	0	x	x	x	0	0	x	x		Δv_4
Δq_2	0	0	x	x	x	0	0	x	x		Δv_6
Δp_3	x	x	0	x	x	x	x	x	x		Δv_2
Δq_3	x	x	0	x	x	x	x	x	x		Δv_3

	$\Delta\delta_4$	Δv_4	$\Delta\delta_6$	Δv_6	$\Delta\delta_5$	$\Delta\delta_2$	Δv_2	$\Delta\delta_3$	Δv_3		
Δp_4	x	x	0	0	0	0	0	x	x		$\Delta\delta_4$
Δq_4	x	x	0	0	0	0	0	x	x		Δv_4
Δp_6	0	0	x	x	0	0	0	x	x		$\Delta\delta_6$
Δq_6	0	0	x	x	0	0	0	x	x		Δv_6
Δp_5 =	0	0	0	0	x	x	x	0	x		$\Delta\delta_5$
Δp_2	0	0	0	0	x	x	x	x	x		$\Delta\delta_2$
Δq_2	0	0	0	0	x	x	x	x	x		Δv_2
Δp_3	x	x	x	x	0	x	x	x	x		$\Delta\delta_3$
Δq_3	x	x	x	x	0	x	x	x	x		Δv_3